城镇规划设计指南丛书

城镇安全防灾

骆中钊 戴俭 张磊 张惠芳 ▣ 总主编

王志涛 ▣ 主 编

王 飞 ▣ 副主编

中国林业出版社

图书在版编目（CIP）数据

城镇安全防灾 / 骆中钊等总主编 . –– 北京：中国

林业出版社，2020.8

（城镇规划设计指南丛书）

ISBN 978-7-5219-0661-5

Ⅰ . ①城… Ⅱ . ①骆… Ⅲ . ①城镇 – 防灾 – 城市规划

Ⅳ . ① TU984.11

中国版本图书馆 CIP 数据核字 (2020) 第 120488 号

––

策　　划：纪　亮

责任编辑：陈　惠

出版：中国林业出版社（100009 北京西城区刘海胡同 7 号）

网站：http://www.forestry.gov.cn/lycb.html

印刷：河北京平诚乾印刷有限公司

发行：中国林业出版社

电话：（010）8314 3573

版次：2020 年 8 月第 1 版

印次：2020 年 8 月第 1 次

开本：1/16

印张：20

字数：350 千字

定价：116.00 元

编委会

组编单位：
世界文化地理研究院
国家住宅与居住环境工程技术研究中心
北京工业大学建筑与城规学院

承编单位：
乡魂建筑研究学社
北京工业大学建筑与城市规划学院
天津市环境保护科学研究院
北方工业大学城镇发展研究所
燕山大学建筑系
方圆建设集团有限公司

编委会顾问：
国家历史文化名城专家委员会副主任　郑孝燮
中国文物学会名誉会长　谢辰生
原国家建委农房建设办公室主任　冯　华
中国民间文艺家协会驻会副会长党组书记　罗　杨
清华大学建筑学院教授、博导　单德启
天津市环保局总工程师、全国人大代表　包景岭
恒利集团董事长、全国人大代表　李长庚

编委会主任：骆中钊

编委会副主任：戴　俭　张　磊　乔惠民

编委会委员：
世界文化地理研究院　骆中钊　张惠芳　乔惠民　骆　伟　陈　磊　冯惠玲
国家住宅与居住环境工程技术研究中心　仲继寿　张　磊　曾　雁　夏晶晶　鲁永飞
中国建筑设计研究院　白红卫
方圆建设集团有限公司　任剑锋　方朝晖　陈黎阳
北京工业大学建筑与城市规划学院　戴　俭　王志涛　王　飞　张　建　王笑梦　廖含文　齐　羚
北方工业大学建筑艺术学院　张　勃　宋效巍
燕山大学建筑系　孙志坚
北京建筑大学建筑与城市规划学院　范霄鹏
合肥工业大学建筑与艺术学院　李　早
西北工业大学力学与土木建筑学院　刘　煜
大连理工大学建筑环境与新能源研究所　陈　滨
天津市环境保护科学研究院　温　娟　李　燃　闫　佩
福建省住建厅村镇处　李　雄　林琼华
福建省城乡规划设计院　白　敏
《城乡建设》全国理事会　汪法濒
《城乡建设》　金香梅
北京乡魂建筑设计有限责任公司　韩春平　陶茉莉
福建省建盟工程设计集团有限公司　刘　蔚
福建省莆田市园林管理局　张宇静
北京市古代建筑研究所　王　倩
北京市园林古建设计研究院　李松梅

编者名单

1《城镇建设规划》
总主编 骆中钊 戴 俭 张 磊 张惠芳
主 编 刘 蔚
副主编 张 建 张光辉

2《城镇住宅设计》
总主编 骆中钊 戴 俭 张 磊 张惠芳
主 编 孙志坚
副主编 陈黎阳

3《城镇住区规划》
总主编 骆中钊 戴 俭 张 磊 张惠芳
主 编 张 磊
副主编 王笑梦 霍 达

4《城镇街道广场》
总主编 骆中钊 戴 俭 张 磊 张惠芳
主 编 骆中钊
副主编 廖含文

5《城镇乡村公园》
总主编 骆中钊 戴 俭 张 磊 张惠芳
主 编 张惠芳 杨 玲
副主编 夏晶晶 徐伟涛

6《城镇特色风貌》
总主编 骆中钊 戴 俭 张 磊 张惠芳
主 编 骆中钊
副主编 王 倩

7《城镇园林景观》
总主编 骆中钊 戴 俭 张 磊 张惠芳
主 编 张宇静
副主编 齐 羚 徐伟涛

8《城镇生态建设》
总主编 骆中钊 戴 俭 张 磊 张惠芳
主 编 李 燃 刘少冲
副主编 闫 佩 彭建东

9《城镇节能环保》
总主编 骆中钊 戴 俭 张 磊 张惠芳
主 编 宋效巍
副主编 李 燃 刘少冲

10《城镇安全防灾》
总主编 骆中钊 戴 俭 张 磊 张惠芳
主 编 王志涛
副主编 王 飞

总前言

习近平总书记在党的十九大报告中指出,要"推动新型工业化、信息化、城镇化、农业现代化同步发展"。走"四化"同步发展道路,是全面建设中国特色社会主义现代化国家、实现中华民族伟大复兴的必然要求。推动"四化"同步发展,必须牢牢把握新时代新型工业化、信息化、城镇化、农业现代化的新特征,找准"四化"同步发展的着力点。

城镇化对任何国家来说,都是实现现代化进程中不可跨越的环节,没有城镇化就不可能有现代化。城镇化水平是一个国家或地区经济发展的重要标志,也是衡量一个国家或地区社会组织强度和管理水平的标志,城镇化综合体现一国或地区的发展水平。

从 20 世纪 80 年代费孝通提出"小城镇大问题"到国家层面的"小城镇大战略",尤其是改革开放以来,以专业镇、重点镇、中心镇等为主要表现形式的特色镇,其发展壮大、联城进村,越来越成为做强镇域经济,壮大县区域经济,建设社会主义新农村,推动工业化、信息化、城镇化、农业现代化同步发展的重要力量。特色镇是大中小城市和小城镇协调发展的重要核心,对联城进村起着重要作用,是城市发展的重要递度增长空间,是小城镇发展最显活力与竞争力的表现形态,是"万镇千城"为主要内容的新型城镇化发展的关键节点,已成为镇城经济最具代表性的核心竞争力,是我国数万个镇形成县区城经济增长的最佳平台。特色与创新是新型城镇可持续发展的核心动力。生态文明、科学发展是中国新型城镇永恒的主题。发展中国新型城镇化是坚持和发展中国特色社会

主义的具体实践。建设美丽新型城镇是推进城镇化、推动城乡发展一体化的重要载体与平台,是丰富美丽中国内涵的重要内容,是实现"中国梦"的基础元素。新型城镇的建设与发展,对于积极扩大国内有效需求,大力发展服务业,开发和培育信息消费、医疗、养老、文化等新的消费热点,增强消费的拉动作用,夯实农业基础,着力保障和改善民生,深化改革开放等方面,都会产生现实的积极意义。而对新城镇的发展规律、建设路径等展开学术探讨与研究,必将对解决城镇发展的模式转变、建设新型城镇化、打造中国经济的升级版,起着实践、探索、提升、影响的重大作用。

《中共中央关于全面深化改革若干重大问题的决定》已成为中国新一轮持续发展的新形势下全面深化改革的纲领性文件。发展中国新型城镇也是全面深化改革不可缺少的内容之一。正如习近平同志所指出的"当前城镇化的重点应该放在使中小城市、小城镇得到良性的、健康的、较快的发展上",由"小城镇 大战略"到"新型城镇化",发展中国新型城镇是坚持和发展中国特色社会主义的具体实践,中国新型城镇的发展已成为推动中国特色的新型工业化、信息化、城镇化、农业现代化同步发展的核心力量之一。建设美丽新型城镇是推动城镇化、推动城乡一体化的重要载体与平台,是丰富美丽中国内涵的重要内容,是实现"中国梦"的基础元素。实现中国梦,需要走中国道路、弘扬中国精神、凝聚中国力量,更需要中国行动与中国实践。建设、发展中国新型城镇,

就是实现中国梦最直接的中国行动与中国实践。

城镇化更加注重以人为核心。解决好人的问题是推进新型城镇化的关键。新时代的城镇化不是简单地把农村人口向城市转移，而是要坚持以人民为中心的发展思想，切实提高城镇化的质量，增强城镇对农业转移人口的吸引力和承载力。为此，需要着力实现两个方面的提升：一是提升农业转移人口的市民化水平，使农业转移人口享受平等的市民权利，能够在城镇扎根落户；二是以中心城市为核心、周边中小城市为支撑，推进大中小城市网络化建设，提高中小城市公共服务水平，增强城镇的产业发展、公共服务、吸纳就业、人口集聚功能。

为了推行城镇化建设，贯彻党中央精神，在中国林业出版社支持下，特组织专家、学者编撰了本套丛书。丛书的编撰坚持三个原则：

1. 弘扬传统文化。中华文明是世界四大文明古国中唯一没有中断而且至今依然充满着生机勃勃的人类文明，是中华民族的精神纽带和凝聚力所在。中华文化中的"天人合一"思想，是最传统的生态哲学思想。丛书各册开篇都优先介绍了我国优秀传统建筑文化中的精华，并以科学历史的态度和辩证唯物主义的观点来认识和对待，取其精华，去其糟粕，运用到城镇生态建设中。

2. 突出实用技术。城镇化涉及广大人民群众的切身利益，城镇规划和建设必须让群众得到好处，才能得以顺利实施。丛书各册注重实用技术的筛选和介绍，力争通过简单的理论介绍说明原理，通过翔实的案例和分析指导城镇的规划和建设。

3. 注重文化创意。随着城镇化建设的突飞猛进，我国不少城镇建设不约而同地大拆大建，缺乏对自然历史文化遗产的保护，形成"千城一面"的局面。但我国幅员辽阔，区域气候、地形、资源、文化乃至传统差异大，社会经济发展不平衡，城镇化建设必须因地制宜，分类实施。丛书各册注重城镇建设中的区域差异，突出因地制宜原则，充分运用当地的资源、风俗、传统文化等，给出不同的建设规划与设计实用技术。

丛书分为建设规划、住宅设计、住区规划、街道广场、乡村公园、特色风貌、园林景观、生态建设、节能环保、安全防灾这 10 个分册，在编撰中得到很多领导、专家、学者的关心和指导，借此特致以衷心的感谢！

丛书编委会

前　言

　　2012 年党的十八大报告中明确提出了坚持走中国特色"新型城镇化道路"的发展战略,将建设新型城镇化上升为全面建设小康社会的基本载体,并于 2014 年国家正式发布了《国家新型城镇化规划(2014—2020 年)》,对新型城镇化的发展目标和重点任务进行了全方位的安排,提出城镇发展要由速度扩张向质量提升转变。可见,新型城镇化关键的一环是提高城镇化质量,而城镇防灾减灾能力与水平则是衡量城镇化质量的一项重要指标。当前,世界范围内的防灾减灾形势日趋严峻,灾害已成为影响人类经济、社会可持续发展的隐患。在城镇化过程中居安思危,做好安全防灾工作,成为维护人类自身生存的重大举措,对全面提升城镇化质量和保障城镇可持续发展的作用至关重要。

　　从古至今自然灾害一直与人类社会的发展同行,可以说城镇的发展史也是一部城镇建设与自然灾害不断抗争的血泪史。我国幅员辽阔,由于所处的特殊地理位置、复杂的地形和不稳定的季风气候等条件,导致我国孕灾环境异常复杂,致灾因子多种多样,成为世界上自然灾害最为严重的国家之一。特别是近些年来,我国发生了一系列的重特大自然灾害,如 2006 年桑美台风、2008 年低温雨雪冰冻灾害、2008 年汶川地震、2010 年舟曲泥石流、2012 年北京特大暴雨等,均使我国人民生命财产和经济社会发展蒙受了巨大的损失,同时也造成了广泛的社会影响。

　　城镇化可以说是一柄"双刃剑",从灾害角度来看,由于城镇具有人口、财富、建设工程等在空间地域上集聚的特点,使其成为一个庞大和复合型极强的承灾体,同时也导致其暴露性和易损性显著增大。国外发达国家的发展经验和已有灾害经验均表明,灾害发生在城镇地区极易造成连锁与放大效应,经济越发达地区越易形成大灾和巨灾。根据《国家新型城镇化规划(2014—2020 年)》,到 2020 年我国常住人口城镇化率将达到 60% 左右,在今后一段时间我国城镇规模仍将保持持续增大的态势。

　　从上述的灾害背景和城镇化进程两方面来看,由于我国在城镇化过程中客观上脱离不了孕灾环境、致灾因子的束缚,主观上随着城镇化进一步推进,城镇承灾体的复杂性和暴露性还将不断增大,导致城镇灾害风险有进一步增大的趋势,新型城镇化安全防灾面临着严峻的挑战。

　　基于我国灾害严重的现实情况,安全防灾越来越受到党和国家各级政府以及民众的广泛关注,党的十八大报告、十八届三中全会和国家新型城镇化规划都把"提高灾害防御能力,健全防灾减灾救灾体制"列为社会主义生态文明建设和加强创新社会治理能力的重要内容。

　　本书是"城镇规划设计指南丛书"中的一册,书中扼要地介绍了新型城镇对安全防灾的需求和城镇安全防灾的基本策略;着重地分章阐述了气象灾害、地震灾害、地质灾害、城镇火灾等安全防灾对策;深入地探析了灾害预警与应急预案建设和高新技术在安全防灾中的应用;并在附录中编入设计实例,以方便读者阅读参考。

书中理念新颖、观点鲜明、内容丰富。具有可资借鉴的实用性、广泛普及的适应性和颇富内涵的趣味性，因此是一本实用性较强的读物，适合于广大群众、各级领导干部和社会各界人士阅读，可供从事新型城镇建设的广大设计人员、规划人员和管理人员工作中参考，并可作为新型城镇建设各级管理干部的培训教材和各大院校相关专业师生的教学参考。

本书的编著得到北京工业大学苏经宇教授的悉心指导，特致衷心地感谢。

在本书编著过程中，还得到很多专家、学者和社会各界很多知名人士的支持和帮助，参阅了许多专家、学者的著作和文献，并吸纳了其中的成果，在此表示衷心的感谢。大部分被作者引用的书名或论文名已在本书列出，但由于本书内容繁多，有些参考资料可能在使用过程中由于疏漏而没有被列出，敬请谅解。

安全防灾工程是一项系统工程，涉及多个学科，知识面广。限于水平，书中难免存在疏漏和错误之处，恳请专家和读者批评指正。

骆中钊
于北京什刹海畔滋善轩乡魂建筑研究学社

目　录

7 灾害的应急管理与教育

8 防灾韧性城市建设

9 高新技术在安全防灾中的应用

（提取码：6t33）

附录一：城镇安全防灾实例

附录二：城镇安全防灾相关法规

（提取码：18ay）

1 新型城镇与安全防灾

1.1 灾害与安全防灾

1.1.1 灾害及灾害链

（1）灾害的定义

从古至今，灾害一直伴随在人类左右，频繁发生的各种灾害严重威胁着人类的生存、阻碍着人类社会的发展和进步。尽管"灾害"一词在人们日常生活中已经常用，但尚未有统一的定义。灾在我国的繁体字中有"烖""菑""災"三种写法，三个字都是会意造字。"烖"是火烧毁房屋，"菑"是水淹没田地，这两个字出现较早，而"災"字直到东汉许慎编著《说文解字》才出现，"災"是"水"和"火"的结合，意思是"水火为灾"。"災"字的出现，表明灾已经演化为一个抽象化了的集合概念，泛指水、火等等的对人类构成危害的自然事件。在会意的基础上，我们的古人进一步进行了解释，如《左传·宣公十六年》："凡火，人火曰火，天火曰灾"，指明由人引发的火并不是灾，而雷击等自然现象引发的天火才是灾。因此可以看出，我国古代一般认为"灾"原指自然发生的"火灾"，后泛指人力不能支配和控制的水、火、荒、旱、战争、瘟疫等所造成的祸害。

在现代学术研究中，灾害的定义也由于不同的研究目的导致其范畴有很大的差异。如有的学者认为："灾害是直接或间接地对人类的生命、财产、甚至舒适产生危害或损害的自然现象"。"灾害是由自然因素、人为因素或二者兼有的原因所引发的对人类生命、财产和人类生存发展环境造成破坏损失的现象或过程"。也有学者从较广义范围进行定义："灾害的定义，可说是人类生命财产或环境资源因危害发生而导致大量损失的事件"。另外，世界卫生组织对灾害作出的定义为："任何引起设施破坏、经济严重受损、人员伤亡、健康状况及卫生条件恶化的事件，如其规模已超出事件发生社区的承受能力而不得不向社区外部寻求专门援助时，就可称为灾害"。联合国"国际减轻自然灾害十年"专家组对灾害的定义为："灾害是指自然发生或人为产生的，对人类和人类社会具有危害后果的事件与现象"。而联合国灾害管理培训教材则把灾害定义为："自然或人为环境中对人类生命、财产和活动等社会功能的严重破坏，引起广泛的生命、物质或环境损失；这些损失超出了受影响社会靠自身资源进行抵御的能力"。综上所述来看，关于灾害的定义虽有不同，但其仍具有共同的特点：灾害一般是由于自然因素、人为因素或是人与自然综合因素引起的不幸事件或过程，它对人类的生命财产及人类赖以生存和发展的资源与环境造成了危害和破坏。

为了对灾害有一个全面的认识，也便于从不同层面和不同角度制定防灾减灾策略和对策，我们可以从灾害形成的角度进一步探析灾害。灾害系统论认为："灾害的发生是一个复杂的巨系统，是孕灾环境（E）、致灾因子（H）和承灾体（S）共同作用的结果"（图1-1）。

孕灾环境从广义上来说即为孕育灾害产生的自然环境与社会环境，是灾害起源、发展和形成的环境。根据各类致灾因素产生的不同环境系统，自然环境又可划分为大气圈、水圈、岩石圈、生物圈等环境系统的不同圈层；社会环境则可划分为人类圈与技术圈。致灾因子就是直接起到危害作用的物质或物质的状态，包括自然致灾因素、人为致灾因素和环境致灾因素三个系统。其中自然致灾因素包括地震、洪水、火山喷发、滑坡、泥石流、台风、暴雨、龙卷风等，人为致灾因素包括技术、冲突、战争、动乱、空难、海难、核泄漏、危险品爆炸等，环境致灾因素由自然、人为因素相互作用下的环境系统及要素变化所造成，并反作用于自然及人为环境，如全球变暖、环境污染、荒漠化、植被退化等。承灾体是各种致灾因素作用的对象，包括人类本身及生命线系统，各种建筑物及生产线系统，以及各种自然资源等。

从上述的灾害形成条件可以看出，灾害由致灾因子作用于承灾体后才能形成，孕灾环境和致灾因子是灾害形成的外因，也是灾害产生的客观条件，如果没有致灾因子的存在也就没有了灾害发生的原动力；而承灾体本身则是灾害形成的内因，同样如果没有承载致灾因子作用的实际对象诸如工程、经济、人员等，也不会产生灾害。一般来说，灾害程度随致灾因子强度增强而增大，随着承灾体防御能力增强而减弱（图1-2）。某种事件或现象是否被判定为灾害，主要是看它是否作用于与人类活动有关的承灾体上，也即是否造成了人员伤亡和财产损失等危害。例如，一次山体滑坡发生在人烟稀少的深山，若没有造成人员伤亡和财产损失，甚至无人知晓，则这种滑坡就不构成灾害（但从生态破坏角度看则应构成灾害）；但是如果这次滑坡阻断了河流而形成堰塞湖，并且对下游有人类活动的广大地区造成严重的次生水灾威胁，或者是滑坡发生在人员聚居的城镇，导致房屋倒塌、人员伤亡、农田被掩埋、水利设施被冲毁等，这次滑坡就构成灾害事件。再如2001年11月14日，昆仑山口地区发生了8.1级的强烈地震，是新中国成立以来中国大陆内部震级第二大地震，仅次于1950年8月15日西藏墨脱8.6级地震。但由于地震位置较为偏僻，震中区人口稀少，地震影响区绝大部分地区为无人区，因而未造成人员伤亡，所以未能形成灾害。而2008年发生在我国四川的汶川8.0级地震则由于发生在城镇密集地区，导致大量房屋和基础设施破坏，并且造成69227人遇难、374643人受伤、17923人失踪、直接经济损失8450余亿元的惨剧，也成为继1976年唐山大地震后伤亡最惨重的一次地震，因此这次地震成为巨灾。

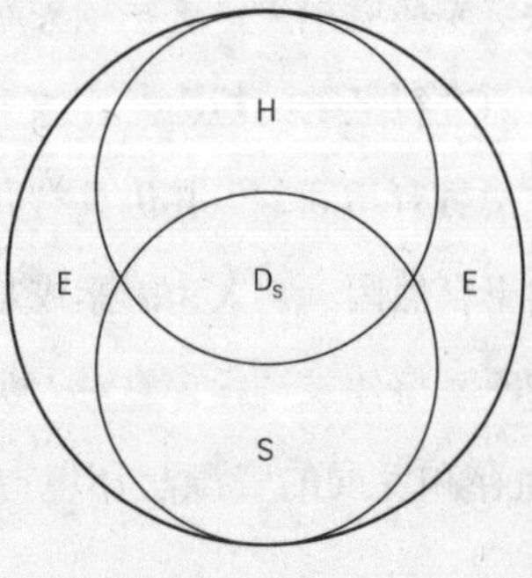

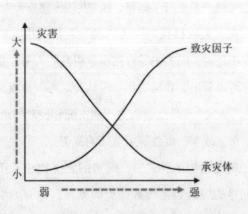

灾害系统中诸元素之间关系的模型
E- 孕灾环境，H-致灾因子，S-承灾体，D_S-灾害系统

图1-1 灾害系统结构图

图1-2 致灾因子与承灾体对灾害程度影响示意图

可以看出，灾害是以灾害事件对人类社会造成的影响为出发点来定义的，灾害之所以成为灾害必须以造成人类生命、财产损失等后果为前提。简言之，灾害需有"承灾体"才能成为灾害，而承灾体本身是一个广义的范畴，包括了城镇中的建设工程、人口、环境等。而城镇灾害则是承灾体为城镇的灾害，由于城镇人口众多，建筑密集，财富集中，是社会的经济、文化、政治中心，因而城镇灾害具有种类多、损失重、影响大、连发性强、灾害损失增长严重等特点。有统计表明，城镇灾害造成的人员伤亡占全部灾害死亡人数的 50% 以上，占财产损失 80% 以上。

（2）灾害链

自然灾害发生之后，破坏了人类生存的和谐条件。许多自然灾害，特别是等级高、强度大的自然灾害发生后，常常会诱发一连串的其他灾害，灾害影响范围也会从一个地域空间扩散到另一个更广阔的地域空间，这种呈链式有序结构的灾害传承效应现象叫做灾害的连发性或者灾害链。灾害链中最早发生起主导作用的灾害称为原生灾害，而由原生灾害所诱导出来的灾害则称为次生灾害或衍生灾害。灾害链反映的是事物之间的普遍联系，是人类经过很长历史时期的经验和观察而产生的观念，最典型的灾害链说法有"由雨致涝""旱极而蝗"和"大灾之后必有大疫"等等。1987 年我国地震学家郭增建首次提出灾害链的理论概念："灾害链就是一系列灾害相继发生的现象"；随后文传甲又把灾害链定义为："一种灾害启动另一种灾害的现象"，即前一种灾害为启动灾环，后一事件为被动灾环，更突出强调了事件发生之间的关联性；肖盛燮等人从系统灾变角度将其定义为："灾害链是将宇宙间自然或人为等因素导致的各类灾害，抽象为具有载体共性反映特征，以描绘单一或多灾种的形成、渗透、干涉、转化、分解、合成、耦合等相关的物化流信息过程，直至灾害发生给人类社会造成损坏和破坏等各种链锁关系的总称"；史培军教授将

灾害链定义为："由某一种致灾因子或生态环境变化引发的一系列灾害现象"，并将其划分为串发性灾害链与并发性灾害链两种。

历史上多次发生的各类灾害都以灾害链形式出现，例如，1960 年 5 月 22 日智利接连发生了 7.7 级、7.8 级、8.5 级三次大震，在震源附近的瑞尼赫湖区分别引起了 300 万 m^3、600 万 m^3 和 3000 万 m^3 的三次大滑坡，这些滑坡体又滑到瑞尼赫湖里，使湖水上涨了 24m，湖水外溢后淹没了湖东 65km 处的瓦尔迪威亚城，全城水深 2m，造成 100 万人无家可归。这次地震还引起了巨大的海啸，在智利附近的海面上浪高达 30 米，海浪以每小时 600~700km 的速度扫过太平洋，抵达日本时仍高达 3~4m，结果使得 1000 多所住宅被冲走，1500hm^2 良田被淹没，15 万人无家可归。这次灾害发生发展过程中，形成了地震—滑坡—洪水灾害链和地震—海啸—水灾两个灾害链。

对于灾害链的基本类型，一般可以归纳为五种情形：

1）因果型灾害链

是指灾害链中相继发生的自然灾害之间有成因上的联系，即前一次灾害为后一次灾害提供了诱发条件，或前一次灾害转化成了另一种灾害的致灾因子。例如，大地震之后引起瘟疫、地震造成水库大坝溃坝、旱灾之后引起森林火灾、暴雨引发滑坡、暴雨引起水库决口等。2008 年 5 月 12 日发生的汶川大地震造成唐家山大量山体崩塌，两处相邻的巨大滑坡体夹杂巨石、泥土冲向湔江河道，形成巨大的堰塞湖。堰塞坝体长 803m，宽 611m，高 82.65 至 124.4m，方量约 2037 万 m^3，上下游水位差约 60m。6 月 6 日，唐家山堰塞湖储水量达超过 2.2 亿 m^3，6 月 10 日 1 时 30 分达到最高水位 743.1m，最大库容 3.2 亿 m^3，极可能崩塌引发下游出现洪灾，为汶川大地震形成的 34 处堰塞湖中最危险的一座。

2) 重现型灾害链

这是同一种灾害二次或多次重现的情形。台风的二次冲击、大地震后的强余震都是灾害重现的例子。2001 年 7 月 6 日发生在我国沿海地区的台风尤特，它的自身强度、登陆强度都是很小的。然而该台风却造成了巨大的经济损失，究其主要原因除了台风带来的强降雨外，还缘于台风尤特与前一次台风榴莲的登陆仅相隔 4 天，是同一种灾害重现的例子。大地震后的强余震也是灾害二次重现的例子，如 1976 年唐山 7.8 级大地震发生后，紧接着在当天就发生了 7.25 级余震。

3) 互斥型灾害链

是指某一种灾害发生后另一灾害就不再出现，或者减弱的情形。我国民间有谚语"一雷压九台"的说法，这个谚语的意思是说当地有雷电时，就不会来台风，包含了互斥型灾害链的意义。历史上曾有所谓大雨截震的记载，如 1733 年 8 月 2 日云南东川曾发生 7 级地震，大震后发生了一系列余震，但经过一次大雨后余震就不再活动了，这也是互斥型灾害链的例子。

4) 偶排型灾害链

是指一些灾害偶然在相隔不长的时间在靠近的地区发生的现象，但它们之间是否存在因果关系、是否有内在联系及各自的发生机理等目前尚不明确。例如，大旱与大震、大水与地震、风暴潮与地震等就属于这类灾害链。我国历史上有不少关于偶排型灾害链的记载，如 1556 年 1 月 23 日陕西关中发生大地震，造成 83 万人死亡，而在这次大地震前的 1553 ~ 1555 年间，陕西和其相邻地区发生了大旱。

5) 同源型灾害链

是指形成链的各灾害的相继发生是由共同的某一因素引起或触发的情形。例如 1923 年日本关东大地震后引起了大面积的火灾，同时，强烈地震又引发了附近海域的海啸，地震—火灾和地震—海啸这两个灾害链就同源自一个地震。又例如 1556 年发生在我国的陕西华县 8.5 级大地震，不仅引发了大规模的滑坡，还引起了大范围的火灾和水灾。地震—滑坡、地震—火灾、地震—水灾这三个灾害链均源于同一地震。

1.1.2 灾害的主要类型

分类是人们认识世界的重要方法之一，它是根据事物的特点分别归类，任何学科的进步都有赖于正确的分类。人们对认识对象的正确分类和分级，可以更准确、更清晰地了解事物的变化规律，完成认识过程质的飞跃，并推动本学科向更高层次发展。因此，对灾害进行科学的分类，对于做好防灾减灾工作和进行灾害的定量化研究具有重要的作用。

基于对灾害不同理解和若干分类标准，通常有以下多种分类方法：

（1）基于致灾因素的不同进行分类，传统上致灾因素通常可分为自然因素及人为因素两大类，因此可以把灾害分为自然灾害和人为灾害两种（图 1-3）。强烈的破坏性自然事件称为自然灾害，例如，地震、洪水、龙卷风等，由于人类的疏忽、管理失误或故意行为给人类生存造成的巨大破坏性影响，称为人为灾害，例如，火灾、爆炸、交通事故、核电站事故以及战争、骚乱、凶杀、恐怖主义袭击等等。

（2）基于承灾体的不同，可以把灾害分为人类生命致损灾害、财产致损灾害和人类环境致损灾害三大类。

（3）基于因果关系的不同，可以把灾害分为原生灾害、次生灾害和衍生灾害三种。次生灾害多发生在气象灾害与地质灾害领域，具有隐蔽性和突发性的特点，危害性大；衍生灾害是指由于人们缺乏对原生灾害的了解，或受某些社会因素和心理影响等，造成的盲目避灾损失，以及人心浮动等一系列社会问题引起的灾害。

(4) 按灾情分类,可把灾害分 8 个等级,即微灾、轻灾、中灾、重灾、大灾、暴灾、巨灾、极灾。

(5) 按灾害发生的生态环境进行分类,分为山地灾害、平原灾害、陆地灾害、海洋灾害、城市灾害、乡村灾害等。

(6) 按危害的国民经济进行分类,分为工业灾害、农业灾害、交通灾害等。

我国《突发事件应对法》中,对突发事件的定义为突然发生,造成或者可能造成严重社会危害,需要采取应急处置措施予以应对的自然灾害、事故灾难、公共卫生事件和社会安全事件。

(1) 自然灾害。主要包括水旱灾害,气象灾害,地震灾害,地质灾害,海洋灾害,生物灾害和森林草原火灾等。

(2) 事故灾难。主要包括工矿商贸等企业的各类安全事故,交通运输事故,公共设施和设备事故,

环境污染和生态破坏事件等。

(3) 公共卫生事件。主要包括传染病疫情,群体性不明原因疾病,食品安全和职业危害,动物疫情,以及其他严重影响公众健康和生命安全的事件。

(4) 社会安全事件。主要包括恐怖袭击事件,经济安全事件和涉外突发事件等。

中华人民共和国住房和城乡建设部(下文简称建设部)1997 年公布的《城市建筑综合防灾技术政策纲要》,提出城市建筑综合防灾应针对我国城市易发并致灾的地震、火灾、风灾、洪水和地质破坏五大灾种,因地制宜,制定合理的设防标准,采用先进技术,在满足各类建(构)筑物使用功能的同时,提高其综合防灾能力。

王占礼在总结国内外灾害有关情况的基础上,将我国的灾害分为地质灾害、气象灾害、环境污染灾害、火灾、海洋灾害、生物灾害 6 大类,41 个小类(表 1-1)。

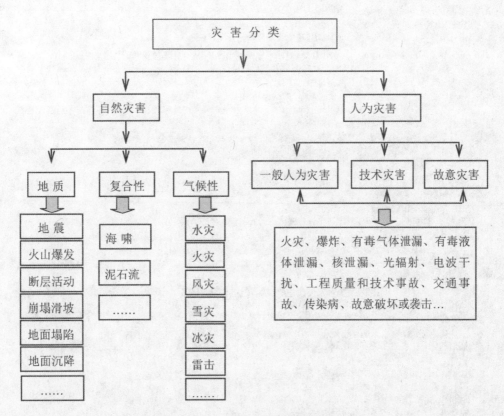

图 1-3 基于致灾因素的灾害分类

表 1-1　我国灾害主要类型、成因条件及分布情况

类型		成因	分布
地质灾害	地震	地壳岩层能量突然释放而导致周围物质强烈运动产生地震，受区域地壳结构和活动断裂构造控制，分布和活动呈区域性和周期性特点	内生型、显露性灾害，分布地面以下数公里至数十公里，乃至数百公里
	崩滑流	受区域性和地带性双重因素的控制，人为因素显著，特别是对交通运输、水利建设、矿山的开采影响更大	外生型、显露性灾害，分布于地表浅部岩土体内
	水土流失	包括水力侵蚀、风力侵蚀、重力侵蚀、冻融侵蚀等，受区域性厚层风化壳及岩土松散与大气降水的侵蚀、搬运和人为影响，如陡坡开荒、人口无计划增长、乱砍滥伐等，多发于我国的山地丘陵，加上对地表覆盖物被破坏，致使土壤裸露、径流加速，冲刷增大	外生型、显露性灾害，分布于地表浅层以下一定深度内，全国水土流失面积 492 万 km²，分布于西北黄土高原地区、长江流域和南方丘陵区
	沙化	受区域性气候的影响，在大风作用下所产生的结果，在严重干旱作用下人为破坏植被，过度耕作而贫瘠化，尤其是对工矿建设，公路、铁路修筑，大型水库修筑，破坏性更大，在新增沙漠中80%是由人类活动所致	外生型、显露性灾害，分布地表数十米至百余米，分布于西北、东北和华北11个省区，形成长达万里风沙危害线
	盐碱化	受气候、地形、地下水的影响，由于地势低洼排水不畅，地下水高矿化度大，蒸发量大于降水量，盐分聚集在耕作层而形成	内生型、显露性灾害，分布于地表
	塌陷	受区域地壳构造控制，在人为因素的直接和间接作用下，造成地面塌陷，岩溶水源被大量抽吸，地下水或岩溶矿床疏干排水，泥沙被潜流带走，其中煤矿开采区以人为诱发塌陷为主	外生型为主的隐伏性灾害，分布地表以下一定深度内
	地面沉降	由于自然条件和人为因素作用下所形成的地表高程不断降低的环境地质现象。导致地面沉降的自然因素包括地壳升降运动、地震、火山活动以及沉积物自然固结压实等；人为因素主要是油气、煤、盐岩开采，修建地下工程，灌溉，对局部进行静荷载和动荷载等，过量抽吸地下水和油气资源开发是引起地面沉降最关键的因素	外生型隐性灾害，分布于地表以下一定深度
	地裂缝	受区域地壳构造控制，与岩石体胀缩性密切相关，人为因素起着附加作用。地裂缝是现代地表破坏的一种形式，绝大多数发生在上部沉积层中，成因有地质构造和非地质构造	内生型与外生型、兼备显露性灾害，分布于地表下一定深度
	坑道突水	受区域性地质条件控制，在人为工程活动影响下发生，当矿山开采和地下工程掘进，改变了岩体与水的压力平衡，沿孔隙、层面、裂隙、断层、岩溶穴和管道大量突泥与突水	外生型、显露性灾害，分布于地下深处
	河洪淤泥	河流是外动力地质作用的主要动力，上游以侵蚀作用为主，下游以沉积作用为主，常造成河道与港口淤积	外生型、显露性灾害，分布于地表浅层
	软土变形	三角洲及滨海平原广泛发育，滨海相和三角洲相厚层软土淤泥，具有透水性差、强度低，压缩性高，变形大的特点，属软弱土	外生型、隐性灾害，分布于地表浅层
	地方病	由于地质历史发展的原因或其他因素，地壳表面元素分布局部地区呈异常现象，例如某些元素的过多或过少等在当地居民人体与环境之间交换出现不平衡，或人体环境摄入的元素超出或低于人体所适应的变动范围，形成地方病	内生型、隐性灾害，分布于地表、人、畜体内
气象灾害	干旱	是气候、地理和社会等多种因素综合影响的结果，降水量持续偏少，季风反常，大气活动中心位置和强度出现异常环流的形势总是明显偏离常年状态。是危害农业生产的第一天敌	外生型、显露性灾害，分布于地表
	洪涝	是冷暖空气的交锋面-锋面在一个地区长期徘徊和停滞所造成降水过于集中的结果。水土流失和植被破坏是加剧洪灾发生的另一重要因素。分暴雨危害和连阴雨危害。1998年的全国性洪灾就是连降暴雨所造成的，经济损失高达3 290亿元	外生型、显露性灾害，分布于地表
	干热风	春末夏初，北方云量很少，太阳辐射强，地面增温快，5～6月华北、关中、汾河谷地，河套、河西走廊和新疆盆地月平均升温5～8℃，此时长江以北处在大陆性气团控制之下，雨量稀少，高温干燥	外生型、显露性灾害，分布于地表
	霜冻	受地形、地势、土壤等条件的影响，主要受北方冷空气的侵入和在夜间由于地面或植物表面辐射散热冷却而成	外生型、显露性灾害，分布于地表
	台风	由深厚的高温、高湿、对流强烈的空气所组成。受地球自转偏向力的作用，一般在10～15℃之间发生多，对流层中风切变化小，低空有辐合的场流，上述4个条件相互影响，对流作用更加旺盛	外生型、显露性灾害，分布于地表
	雹灾	在冰雹云中增长形成，然后降到地面的一种固态降水，强烈的上升气流，丰富的含水量，足够的低温和适当的温度配置，冰雹胚胎数量适当，则形成冰雹，出现时间短，来势猛，强度大，受灾损失惨重	外生型、显露性灾害，分布于地表
环境污染灾害	废气污染	生产和燃烧过程中排放的各种释放到空气中的废气，这些废气转化二次有毒物质，在植物体内如果积累了污染物，动物摄取了含污染物的饲料，则会发生疫病，达到了对动植物的危害，其中酸雨已成为一个跨世界难点问题	外生型、显露性兼隐性灾害，分布地面至天空数百米
	废水污染	工业废水与生活废水未经净化处理排到水体中破坏水体原来的功能，使水体自净作用减弱，主要来源于农田施肥与喷施农药、农村牲畜圈圈、化工厂、化肥厂、农药厂、炼油厂、油漆厂等	外生型、显露性灾害兼隐性灾害，分布于地表、水中、人畜体内
	废渣污染	人们在生产和生活过程中的废弃物，任意丢弃或放在地表上或排入江河湖海，这些物质乱堆乱放，使土地性能变坏。天长日久，经雨雪淋溶，就会污染地下水、河川和湖泊。城市垃圾未经无公害处理，直接作为土肥，无计划堆弃于坑注沟塘。未经处理直接或间接恶化城市的生态环境的。固体废物中的尾矿、煤干灰、干污泥和垃圾中的粉尘会随风飘扬，许多种固体废物本身在焚烧时，还会散发毒气	外生型、显露性灾害兼隐性灾害，分布于地表、水中、人畜体内

续

类型		成因	分布
环境污染灾害	农药污染	主要是由于从生产、包装、运输到使用，每个环节管理不善所造成的。生产中的跑冒滴漏，不经处理任意排放，包装简陋、包装破损，运输装卸散漏，保管不善，风吹雨淋，用完容器不回收，随意丢弃移作他用。农药的施用也是污染的一个主要环节	外生型，显露性兼隐性灾害，分布于地表、大气、水体、人体和牧畜体内
	化肥污染	主要是生产中冒、跑、滴、漏，特别是过量的施用，造成对环境的污染，氮、磷流失如果进入水体，可造成水体的富营养化，氮的流失，使水体中硝酸盐蓄积，饮用后致使婴儿出现正铁血红蛋白血症，还有亚硝酸盐与促胺在体内生成亚硝酸胺，从而引起癌变	外生型，显露性兼隐性灾害，分布于土体、水体、大气、人畜体内
	噪声	由机械噪声、空气动力性噪声、电磁性噪声所造成，城市噪声70%来自于交通工具。交通噪声超过70dB的路段占91.2%，区域环境超标达50%，工业噪声对周围人群影响大。在高噪声车间里，噪声性耳聋的发病率达70%	外生型，显露性灾害，分布于大气空间之中
	恶臭	主要来源于金属冶炼、炼油、石油化工、塑料、橡胶、牛皮、纸浆、化肥、医药、农药、毛、人造丝等化工厂的生产过程，有的则是从"三废"中排放出来，城乡的垃圾和粪便处理场，污泥晒场以及牲畜棚圈也是来源之一	外生型，显露性兼隐性灾害，分布于地表、土体、水体之中
	农作物焚烧	主要是水稻、小麦、玉米等农作物收获之后，农民因运输困难、处理费用高，再利用价值低，将农作物秸秆就地焚烧，集中焚烧，可产生相当严重的空气污染，影响飞机、汽车、火车的运行	外生型，显露性灾害，分布于地表大气之中
	白色污染	主要来源于农业生产和日常生活使用的塑料制品。我国1995年的塑料制品达680万t，全国铁路每年仅用塑料快餐饭盒达6亿个，回收率仅17%，全国每年残存在田间、土壤、沟中的塑料薄膜占供应量10%，其中地膜残存量最大，其他各类破碎的塑料制品还不在内，它破坏了土壤成分、降低肥力、影响作物生长。每公顷土地残留塑料制品60kg，使小麦减产10%～25%，玉米减产15%～20%，水稻减产8%～14%，大豆减产6%～10%，蔬菜减产15%～59%，这些废弃物飞到水里，在分解过程中造成鱼虾缺氧窒息，水质变坏	外生型，显露性兼隐性灾害，分布于地表、水体、土体之中，分布城乡周围
	公害病	环境污染引起地方性疾病	内生型，隐性灾害，分布于地表、人畜体内
火灾	森林火灾	主要由于天然火源和人为火源造成。非生产性用火，如在森林中烧火取暖做饭，林区村屯烟囱跑火，夜间走路打火把，烧山驱兽等，野外吸烟乱扔烟头已成为林区重要火源之一，春秋冬3个季节，最为严重，人为火源达80%以上，究其根源是人们防火意识淡薄	外生型，显露性兼隐性灾害，主要分布于在东北和西南地区
	草原火灾	它是失去人为控制，自由蔓延扩散的一种危害，主要由于人们在生活和生产中，不注意防火，再加上适宜的温度、植物、地形，就形成火灾，人为的火灾占到85%以上	外生型，显露性兼隐性危害，分布于地表
	其他火灾	人们在生产和生活过程中，失去控制的燃烧现象，由于防火措施不力，违章犯规、装修失控、管理不严、渎职失职、体系不全所造成。其中90%是人为造成的，随着经济活动的加快，火灾还在逐年扩大	外生型，显露性兼隐性火害，分布于城乡及各类建筑物中
海洋灾害	风暴潮	风力对海平面的作用而导致开阔的水面相对于正常的水位增多或由气孔的下降和风力的共同作用，而导致水位相对正常水位的增量	外生型，显露性灾害，分布于海面和沿海地区
	海浪	地处季风地区，受大风的推动和热带气旋的作用，在海面上形成热带风暴和强烈风暴，使海面形成高10m的巨大浪潮，伴随台风和暴雨，直接侵袭大陆	外生型，显露性灾害，分布于海面
	海冰	由于冬天天气寒冷，在沿海近岸海域形成不同程度的结冰现象	外生型，显露性灾害，分布海面和沿海地区
	赤潮	由甲藻引起的海水变色，随甲藻周期性的大量增加而出现	外生型，显露性灾害，分布于海面和沿海地区
	海面上升	由于温室效应，导致全球气温变暖，冰川融化，加之受地面及其他人为因素影响（如筑堤建坝引起的河水水位提高）	外生型，显露性灾害，分布于沿海和沿海相邻地区
	海潮入侵	通过大潮和小潮的来回变化，使河口盐度随汐的变化，呈现相反的规律，加之降水不足，地下水位下降	外生型，显露性灾害，分布于海面和沿海地区
生物灾害	病害	农作物、森林和牧草在雨水、气流、昆虫等的传播下，使病原侵入寄主之后，遇到适宜的条件，作物、森林、牧草出现病状，病害由少增多，由点到面传播扩大，流行成灾	内生型，隐性灾害，分布于农作物、森林、草地的整个生长阶段
	虫害	害虫分布广泛，具远距离迁飞的习性，突增突减现象无规律性，繁殖力强、繁殖快，具有暴食性，由于栽培技术的变化，加上环境条件的综合作用对农作物、森林、牧草危害猖獗	外生型，显露性灾害，分布于地表和地下
	草害	由于杂草具有极高的繁殖力和再生能力，草种子具有早熟性、寿命长、传播能力极强，这就形成了比农作物和牧草高大，生长势强，发生密度大，抑制作物生长，造成田间管理费用加大，人畜中毒	外生型，显露性灾害，分布于地表
	鼠害	随着人口的增多和工业生产的发展，对综合治理鼠害的疏忽，加之管理失误，致使老鼠的密度加大，数量增多，就形成了对农作物、森林、牧草的危害	外生型，显露性灾害，分布于城乡各个角落

灾害的分类是一个十分复杂的问题，根据不同的研究角度和技术手段可以形成许多不同的分类方法。需要引起注意的是，随着城镇规模的扩大，基础设施的复杂化，人口、财富及其在城镇中的密集程度不断增加，不仅导致新的致灾因素增加，而且由于人类对自然资源的索取力度不断增加，使生态循环和平衡遭受不同程度的破坏并引起报复；另一方面，由于地区间发展的不平衡，全球经济一体化的矛盾和国际与地区间交往的不断扩大，社会不安定因素增多，出现人为灾害和技术事故的可能性也在增加。在城镇快速发展的时代，新的灾害不断发生，灾害的种类越来越多，已突破了纯自然因素发生的范围，灾害分类还会出现其他分类方式（图1-4）。

图1-4左边的4种灾害为人们已往关注的主要灾种，分别为地震、洪涝、飓风、火灾和地质灾害，为与新灾种相区分，可将其统称为传统灾害；下图所示为伴随着城镇化进程出现的环境和气象灾害、技术和人为宇宙灾害、食品与疾病灾害等。地震、火灾、技术事故和人为灾害通常具有突发的性质，可以统称为突发灾害，而洪涝、风灾、城市环境污染等则通常不具有突发的性质，可以统称为非突发灾害。

由于我国不同地区城镇人口规模、自然条件、历史环境、发展基础、经济水平差别很大，灾害种类、灾损程度、防灾减灾的能力也参差不齐，因此不同地区城镇安全防灾整治的内容和要求也有较大差别。本书选择在城镇建设中灾害出现频率较高、灾损程度较大的气象、地震、地质、火灾等自然灾害为对象，重点介绍其相关的基础知识和防灾减灾策略。

1.1.3 自然灾害对城镇发展的危害

自然灾害对人类社会和城镇发展的影响是十分重大而深远的。历史上的多次巨灾不仅造成人员伤亡和经济损失，受灾国家或地区的悠久文化遗产也被无情摧毁，甚至是毁城灾难也有发生，严重影响了城镇的发展。如1980年以来我国科学家对古代楼兰王国的遗迹进行了多次考察，有大量证据表明楼兰古国的灭绝可能因一次大的自然灾害，有人推测，当时的楼兰古国可能遭遇了一次人类难以抵御的大尘（沙）

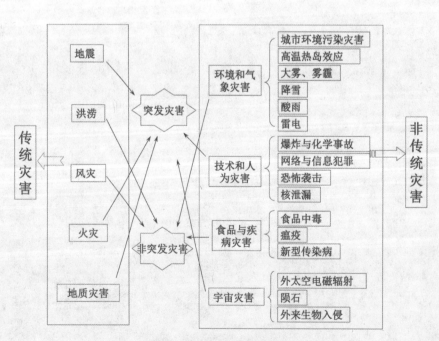

图1-4　传统与非传统灾害分类

暴；再如 2003 年 12 月的伊朗巴姆地震，使得这座具有 2000 年历史，并于 20 世纪 50 年代就已列入联合国教科文组织世界文化遗产名录的建筑，瞬间几乎荡然无存。

自然灾害给我国对经济社会发展造成了重大影响，使得我们的生存环境日益恶劣，对和谐社会建设影响极大，自然灾害已成为制约城镇可持续发展的重要因素。即使在经济相当发达、科学技术十分先进的现代社会，各类灾害仍在全球横行肆虐，严重威胁着人类的生存环境和可持续发展。总的说来，城镇灾害对人类社会造成的危害主要表现在以下几个方面：

（1）危害人类的生命

灾害第一位的属性是对人类生命的危害，这里所指的对人类生命的危害，既包括了生命的剥夺，也包括肢体的致残、健康的恶化，还包括精神的损害，如心理障碍、恐惧等。大多数灾害事件，如地震、洪水、雷击、瘟疫、火灾等等，都有可能直接对人类的生命造成危害，一场严重的自然灾害可以造成成千上万人的死亡。表 1-2 为近 300 年以来世界上死亡人数 10 万人以上的大灾难。

表 1-2　近 300 年来世界死亡人数大于 10 万人的大灾难目录

时间	受灾地区	灾型	死亡人数（万人）
1696.6.29	中国上海	风暴潮	10
1731.10.7	印度加尔各答	热带气旋	30
1731.10.11	印度加尔各答	地震	30
1770 ~ 1772	孟加拉	饥荒	800-1000
1782 ~ 1786	日本津轻藩	饥荒	20
1786.6.1	中国四川泸定	地震	10
1810	中国	饥荒	900
1811	中国	饥荒	2000
1812.10.19 ~ 12.13	法国	冻害	40
1835 ~ 1836	日本本州北部	涝、饥荒	约 30
1837	印度北部	饥荒	100
1845 ~ 1846	爱尔兰	饥荒	150
1846	中国	饥荒	28
1849	中国	饥荒	1500
1857	中国	饥荒	500
1862.7.27	中国广东广州	风暴潮	10
1865	印度东北部	饥荒	100
1876.10.31	孟加拉巴卡尔甘杰	热带气旋	20
1876 ~ 1878	中国山东、河南、河北等	旱灾	1300
1879 冬	中国新疆喀什	冻害	10
1881.10.8	越南海防	台风	10
1882.6.5	印度孟买	热带气旋	10
1888	中国	饥荒	350
1896 ~ 1906	印度	饥荒、黑死病	1000
1897	孟加拉	热带气旋	17

（续）

时间	受灾地区	灾型	死亡人数（万人）
1908.12.28	意大利墨西拿	地震	11
1915.7.2-9	中国广东	洪水	约10
1918～1919	印度	饥荒、流感	1500
1920	中国山东、河南、河北等	旱灾	50
1920.12.16	中国宁夏海原	地震	24
1923.9.1	日本东京	地震	14
1923	中国十二省	水灾	约30
1923～1925	中国云南东部	霜冻、饥荒	约30
1923～1925	中国四川	旱灾、饥荒	10
1929～1932	中国四川、甘肃、陕西等	旱灾、饥荒	1770
1931.7.3下旬	中国湖北、湖南、安徽	水灾	14
1931～1936	中国	水灾	698
1932.7	中国吉林、黑龙江	水灾	60
1935.7.3-8	中国湖北、湖南	水灾	14
1937	印度加尔各答	飓风	30
1942～1943	中国河南	旱灾	约300
1943	中国广东	旱灾	300
1943～1944	孟加拉	洪水、饥荒	350
1946	中国湖南	饥荒	300
1968～1973	非洲萨赫勒地区	旱灾	150
1970.11.12	孟加拉	飓风	50
1971	越南	洪水	10
1976.7.28	中国河北唐山	地震	24
1984	埃塞俄比亚	旱灾	>100
1988	苏丹	饥荒、疾病	56
2004.12.26	印度洋沿岸	地震、海啸	约30

（2）恶化人类的生存环境

人类的生存环境，既包括了自然环境、生态系统，也包括了通过人类劳动创造的人造环境。有些灾害会造成自然环境的恶化，使得自然环境不适合人类生存。例如，产生对生命有害的物质，使得生命在该种环境中难以存活；地质地貌发生变化，不适合人类居住；土壤肥力和水源供应发生变化，不能满足生产和生活的需求等等。

2008年5月12日我国的汶川8.0级大地震造成了巨大的人员伤亡和财产损失的同时，也引发了大面积的滑坡、崩塌和泥石流等次生灾害，引起一系列生态环境问题，造成大范围植被破坏、水土流失加剧、野生动物生境破坏与隔离、河道堵塞、耕地毁坏，生态系统和生物多样性受到严重破坏，生态服务功能受损，人居环境受到严重威胁和破坏。

现代城镇是在自然环境的基础上，通过人类的改造，集中了居住区、政府、商场、工厂、学校、医院以及交通、供水、电力、通讯等各类市政设施的人造环境，因此，也吸引了大量的人口在这里定居和生活。由于大量人口的聚集，灾害对人造环境的破坏所带来的损坏后果也越发严重。

（3）对生命线工程造成影响

水、电、通讯、煤气的供应和交通是现代化城市的生命线工程，关系到城市建设和生产的正常运行和发展，也关系到千家万户的切身利益。城市现代化程度越高，对生命线的依赖就越重，而自然灾害对生命线工程的潜在威胁也就越大。地震、滑坡、洪水、泥石流等巨灾对生命线工程可以全部或部分摧垮，造成毁灭性破坏。

2003 年 8 月 14 日下午，俄亥俄州的康尼斯维尔电厂停机及两条输电电缆失灵，导致美国的中西部和东北部以及加拿大的安大略省经历了一次大停电事故，其影响范围包括美国的俄亥俄州、密歇根州、宾夕法尼亚州、纽约州、佛蒙特州、马萨诸塞州、康涅狄格州、新泽西州和加拿大的安大略省，损失负荷达 61.8 GW，影响了 5 千万人口的用电，造成国内生产总值每天损失达 250 亿美元至 300 亿美元。停电当天，纽约市发生了 60 起严重火灾，电梯救援行动多达 800 次，紧急求救电话接近 8 万次，急诊医疗服务求助电话也创记录地达到 5000 次。美国三大汽车制造厂也停止生产，地铁停驶、交通阻塞、班机延误，民众生活面临种种不便。北美大停电也暴露了现代科学文明脆弱的一面，网络化运营管理一方面使生活便捷，但同时也容易带来大范围灾难，反映出现代城市群对城市生命线工程的依赖性。

日本由于其特殊的海岛型地理位置导致其各类自然灾害频繁发生，日本在经历多次灾害经验后，采取了积极的减轻灾害损失的各种措施，在灾害防御方面有着先进的经验。但即便是这样，在 1995 年发生的阪神地震中（图 1-5），造成 6500 余人死亡、受伤约 2.7 万人，无家可归的灾民近 30 万人，毁坏建筑物约 10.8 万幢，经济损失约 1000 亿美元，水、

图 1-5　1995 年阪神地震城市破坏情况

电、煤气、公路、铁路和港湾都遭到严重破坏，并引发了严重的次生火灾。阪神大地震是非常典型的现代化城市灾害，由于城市化急剧发展，临海地填海造田，陡斜坡住宅建筑林立，维持城市机能的生命线工程及其设施和国家基本建设工程布满地下地上，各种系统和网络的高度集约化中枢化，形成有机的综合体。具有这样特点的复杂城市，地震发生时易发生各种各样要素复合起来的综合灾害。诸如房屋建筑倒塌，道路铁路网断裂曲折，港湾设施破坏，大范围水、电、气、电话中断供应，灾区生产活动停止，生活受到严重困难和障碍。

（4）对工业和矿业造成危害

工业区是人口最为密集，社会财富最为集中的地区，因此，一旦发生灾害，往往也是危害程度最高的地区。工矿企业的生产系统是人-机-环境-资源组成的巨系统；工矿区的生活系统是由人-生命线工程-环境组成的另一巨系统。灾害对其中任一个子系统或环节的侵袭与破坏，都可对工业和矿业构成威胁。

在所有的自然灾害中，地震、洪水、大风、风暴潮、滑坡、泥石流等高强度灾害对工矿企业的危害最大，可以使整个企业或其中一部分顷刻毁灭，造成巨大损失。如，1976年唐山大地震100亿元损失中，大部分是工矿企业损失。

（5）对社会运行机制的影响

社会运行机制是指人类在社会关系和社会秩序的基础上开展的各种政治、经济、文化、体育等活动。灾害既妨碍各类社会活动的开展，同时损害这些活动的基础——社会关系和社会秩序。在重大灾害发生时，经济、文化、体育等，人类的社会活动往往都处于混乱或停滞的状态，严重的阻碍人类社会的有序发展。同时，重大灾害一般都会带来饥民、流民、难民、孤儿等一系列社会问题，灾民流离失所，衣食无着，恐慌不安，甚至家庭破坏，而且可以使社会动荡不安，破坏社会正常运行机制，从而产生更为深远的影响。

随着城镇化的发展，城市建筑、各类基础设施、能源设施、工矿企业等都是十分复杂和庞大的系统工程，这些承灾体一旦遭到灾害损坏，就会处于失控状态，将给社会经济运行带来巨大破坏甚至毁灭性的打击。每个系统既是一个封闭结构，也与其他系统有着千丝万缕的联系，例如，一个矿山的破坏，会造成几十个甚至上百个工厂的停工，水源、电力、交通、能源等生命线工程的破坏，还会造成整个城市生产生活秩序的瘫痪。因此，因结构、系统的破坏，造成的间接经济损失，要比直接经济损失大得多，有些间接经济损失甚至难以用数字表达出来。

1.1.4 我国自然灾害特点

我国是自然灾害高发区，是世界上灾害种类最多的国家，自然灾害有以下几个主要特点：

（1）成因背景复杂

中国位于欧亚大陆东部，太平洋西岸，由于其特殊的地理位置及地势，导致自然孕灾环境复杂，从而也孕育了多种多样的致灾因子。

以水圈洪涝环境为例来说，自大兴安岭西麓向西南，经阴山—贺兰山—祁连山—巴颜喀拉山—冈底斯山，直达西南国境线将我国分为内流流域和外流流域。外流流域面积占全国总面积的64%，多处于湖泊周围低洼地和江河两岸及入海口地区，易形成洪涝灾害；而内流流域占全国总面积的36%，多位于西北山地，河道淤浅，雨季多易泛滥成灾。

再以岩石圈地震环境为例来说，我国处于欧亚地震带和环太平洋地震带交界处，绝大部分地区被地震区和地震带所覆盖，全国共分为10个地震区，其中包括23个地震亚区，这些亚区又分为30个地震带，导致地震灾害频发。

可以看出，我国特殊的地理位置，强烈的地壳运动，多山的地形，不稳定的季风气候等导致气象、地震、地质、海洋等孕灾环境和致灾因子较为复杂，洪涝、台风、冰雹、霜冻、雪灾等气象灾害，地震灾害，滑坡、泥石流、地面沉降、地裂缝等地质灾害，森林、草场火灾等频繁发生，使得城镇安全防灾面临着严峻的形势。

（2）分布地域广

我国各省（市、区）均不同程度遭受自然灾害的影响，70%以上的城市、50%以上的人口分布在气象、地震、地质和海洋等自然灾害严重的地区。三分之二以上的国土面积受到洪涝灾害威胁，东部、南部沿海地区以及部分内陆地区经常遭受热带气旋侵袭，东北、西北、华北等地区旱灾频发，西南、华南等地的严重干旱时有发生。各省（市、区）均发生过5级以上的破坏性地震，约占国土面积69%的山地、高原区域因地质构造复杂导致滑坡、崩塌、泥石流等地质灾害频繁发生等等。

（3）灾害频率高

我国素有"三岁一饥、六岁一衰、十二岁一荒"之说。据史料统计，自公元前206年至1949年的2155年中，共发生水灾1029次，较大的旱灾1056次，几乎水旱灾害年年有之。1949年以来，平均每年出现旱灾7.5次，洪涝灾害5.8次，登陆台风7.0个，

低温冻害2.5次，7级以上地震1.3次，沿海重大风暴潮7次，较大的崩塌、滑坡、泥石流每年近100次，严重农作物病虫害每隔3～4年发生一次，森林病虫害每年发生面积800万 hm²，草原虫鼠害每年发生2000万 hm²，灾害额度非常之高。

（4）造成损失重

我国的自然灾害不但发生的频率高，而且强度大、损失严重。据民政部统计，2006年至2015年10年间我国因灾直接经济损失超过4.3万亿元（图1-6），其中2008年由于汶川地震的发生更是高达近1.2万亿元；2006年至2015年10年间我国因灾死亡（含失踪）人口10万余人。

据中华人民共和国民政部（以下简称民政部）2015年社会服务发展统计公报显示，2015年全国各类自然灾害共造成1.9亿人次不同程度受灾，因灾死亡失踪967人，紧急转移安置644.4万人次；农作物受灾面积21769.8千 hm²，其中绝收面积2232.7千 hm²；倒塌房屋24.8万间，损坏房屋250.5万间；因灾直接经济损失2704.1亿元。国家减灾委员会、民政部共启动20次国家救灾应急响应，累计救助受灾群众6000余万人次，向受灾省份累计下拨中央自

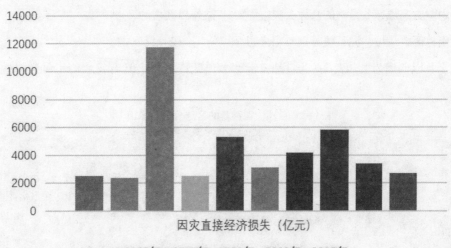

图1-6　我国2006～2015年因灾直接经济损失示意图

然灾害生活补助资金 94.72 亿元，紧急调拨 4.7 万顶救灾帐篷、16.1 万床棉被、11 万件棉大衣、2.3 万个睡袋、5 万张折叠床等生活类中央救灾物资。

近些年来，多次发生严重影响我国城乡建设的大灾和巨灾。2006 年 8 月"桑美"台风袭击了浙闽地区，造成 483 人死亡；2008 年年初我国南方的低温雨雪冰冻灾害造成 129 人死亡，4 人失踪，紧急转移安置 166 万人，倒塌房屋 48.5 万间，损坏房屋 168.6 万间，因灾直接经济损失 1516.5 亿元；2008 年 5.12 汶川 8.0 级特大地震，共造成 69227 人遇难、17923 人失踪，受伤人数达 37 万多人，受灾群众 4625 万人，需紧急转移安置 1510 万人，直接经济损失 8450 余亿元；2010 年 4 月 14 日玉树 7.1 级地震，共造成 2698 人遇难、270 人失踪，经济损失估计数十亿元。

（5）地域分异明显

根据历史和现代自然灾害发生的时空分布规律，虽然各类灾害在地区上交织发生，但各地区仍然显现相对某一主导灾害为核心，伴生其他自然灾害的格局。如旱灾主要分布于西北、黄土高原和华北地区，水灾多出现在七大流域中下游沿河两岸，台风、风暴潮多见于东南沿海地区，地震主要发生于西南、西北和华北的活动构造带上，雪灾、寒潮大风主要分布于青藏高原和内蒙古高原，冬春季的森林火灾集中分布于东北和西南林区，滑坡、泥石流等则集中分布在地貌二级阶地上且以西南为主，表 1-3 为自然灾害种类的区域分异及原因。

当前和今后一个时期，在全球气候变化背景下，极端天气气候事件发生的几率进一步增大，降水分布不均衡、气温异常变化等因素导致的洪涝、干旱、高温热浪、低温雨雪冰冻、森林草原火灾、农林病虫害等灾害可能增多，出现超强台风、强台风以及风暴潮等灾害的可能性加大，局部强降雨引发的山洪、滑坡和泥石流等地质灾害防范任务更加繁重。随着地壳运动的变化，地震灾害的风险也有所增加。

1.1.5 城镇灾害的特征与启示

进入二十一世纪以来，世界范围内的特大灾害频繁发生，给各国人民带来了苦痛的灾难。表 1-4 总结了近些年来世界范围内部分具有典型特征的特大灾害，并提取了与城镇建设有重要关联的因素。通过比较表中各次灾害可以看出这些灾害对城镇建设的影响存在一些共性，通过对这些共性的总结也可以给城镇建设安全防灾工作带来了一些启示。

（1）危害性

灾害之所以称为灾害，就是因为它会对人类生命、财产和赖以生存的其他环境和社会条件产生严重的危害性，其程度往往又是本地区难以独立承受而急需外界救援的。

（2）突发性

许多灾害具有发生的不可预料性或难以精确预

表 1-3　自然灾害种类的区域分异及原因

灾种	地域分异	原因
旱灾	华北平原、东北平原、西南为多发区	季节降水和年际降水的时空分布不均衡
洪涝	长江中下游平原、黄淮海平原为多发区	受夏季风的影响大，受夏威夷高压势力的强弱、雨带进退快慢的影响
地震	台湾省、华北、西北、西南为多发区	台湾位于亚欧板块和太平洋板块交界处；西南区位于地中海—喜马拉雅地震带上；华北、西北位于环太平洋构造带上
滑坡、泥石流	西南为多发区	西南地区地形崎岖，地质构造复杂，大斜坡多，降水历时长
低温冷害	东北地区为多发区	纬度高、气温低，接近冬季风源地
台风	东南沿海为多发区	濒临西北太平洋

表1-4 近几年特大灾害一览表

时间	灾害名称	强度（年遇水平）	死亡人数（人）	受灾面积（10⁴km²）	经济损失（亿人民币）
2003	欧洲热害	1/50a ~ 1/100a	37451	约100	1300.0
2004	印度洋地震-海啸	8.9级	230210	800km海岸线严重受损，深入内陆达5km	约70.0
2005	美国卡特里娜飓风	1/100a	≥1833	约40	约8750.0
2005	南亚克什米尔地震	7.6级	约80000	约20	约350.0
2008	缅甸飓风	1/50a ~ 1/100a	78000	约20	约280.0
2008	中国南方低温雨雪冰冻灾害	1/50a ~ 1/100a	129	约100	1516.5
2008	中国汶川地震	8.0级	69227	约50	8500.0
2009	莫拉克台风	12级	673	台湾、福建、浙江等	42
2010	海地地震	7.3级	222650	影响本国，还影响到了相邻各国	约7800.0
2010	智利地震	8.8级	约800	波及多个城市和多个相邻国家	约3000.0
2011	东日本地震	9.0级	15843	海啸波及日本沿海绝大部分地区	10157
2012	7.21北京特大暴雨	61年来最大	79	—	近百

注：本表格相关数据来源于互联网

报的特点，灾害的发生往往在不知情的情况下突然发生，因此决定了灾害的突发性。以地震灾害为例来说，目前地震发生的时间、地点和震级仍无法准确预测，往往在毫无征兆的情况下发生。由于灾害的突发性，人们往往疏于防范，且灾害往往在短暂的时间内发生，一旦强度较大灾害发生极易造成惨重的损失。因此，城镇规划建设要重视"灾前预防"，提前消除灾害影响或使灾害风险处于可控状态。

（3）不确定性

灾害发生时其强度具有较强的不确定性，超过预期设防标准的灾害时有发生。如汶川地震时当地设防烈度多为Ⅶ度，而实际烈度远超过上述标准；2012年夏季我国多个城市的暴雨也超过预期水平。由于致灾因子的强度远远超过人们的预期，给各类工程的灾害防御带来了难度。因此，城镇规划与建设需重视超设防标准灾害的毁灭性打击，采用多种防灾手段相结合的方式进行灾害综合防御。

（4）区域性

一次大规模的地震、台风、洪水等灾害等的影响范围不仅是单个城镇，往往会殃及多个行政区域，有的影响范围达数千、数万平方公里，如汶川地震造成四川、甘肃、陕西、重庆等10省（市）的400多个县（市、区）不同程度受灾。而以往我们的防灾减灾工作多是以单个城市、单个部门为主进行的，需要从区域层面统筹考虑各部门、各城市防灾协同和跨区域防灾减灾合作。

（5）连锁性

灾害常以灾害链的形式在时间和空间尺度上被层层放大，除直接灾害造成严重损失外，其连锁反应引发的次生灾害会进一步扩大灾害影响。且由于城镇的正常运行对交通、供水、供电、煤气、抢险、通讯网络等复杂设施和系统的依赖程度很强，灾害发生时往往触及一点则会波及全城。如印尼地震引发海啸、汶川地震引发滑坡进而形成堰塞湖、日本地震导致核泄漏事故等都加重了灾害损失。2007年7月18日山东济南遭受特大暴雨袭击，导致城市交通中断，通讯、电力等公共设施损毁，造成34人死亡，经济损失近亿元。因此，通过灾害监测预警与紧急处置系统建设对直接灾害进行有效控制，防止直接灾害进一步扩大具有重要的意义。

（6）频繁性

各种灾害都按照自身确定的和不确定的规律频繁发生，相互之间可交叉诱发。虽然地震、海啸、洪水和台风等灾害的发生具有一定的周期性和准周期性（灾变期），但这些灾害又不会那么准确地按周期重复发生，例如台风活跃在每年的夏季，但各年份台风发生的时间却具有不重复性。因此，城镇灾害防御是一项长期坚持不懈的工作。

同时，总结了近几年发生的 3 次具有典型特征的地震实例（表 1-5、图 1-7），分别为 2008 年、2010 年和 2011 年在中国、海地和日本发生的三次地震，均造成了不同程度的损失。

从震级来看，海地地震最小为 7.3 级，日本地震最大为 9.0 级，中国汶川地震居中为 8.0 级。而从地震所造成的建设工程破坏程度和人员伤亡情况来看则恰好相反，海地地震震级小于汶川地震，但人员伤亡数倍于汶川地震；汶川地震震级小于东日本地震，而人员伤亡也数倍于东日本地震。分析其深层次的原因是因为各个国家在防灾减灾方面的国家政策、经济投入、技术水平等方面有较大差异，如在灾害防御的设防水准方面，日本采取了较高的抗震设防水平，而海地基本上处于未设防的状态，在地震作用下工程设施的破坏程度差异化明显。可以看出，提高承灾体抗灾水平、完善应急救灾机制及综合减灾措施成为有效减少城镇灾害时人员伤亡和经济损失的根本手段。

图 1-7　海地、汶川和东日本地震城市破坏情况

表 1-5　三次典型地震损失的比较

名称	时间	震级	人员伤亡	经济损失
海地	2010-01-12	7.3 级	22.25 万人死亡，19.6 万人受伤	超过整个国家 GDP 的一半
汶川	2008-05-12	8.0 级	遇难 69227 人，受伤 374643 人，失踪 17923 人	8452 亿
东日本	2011-03-11	9.0 级	地震及海啸造成 15769 人死亡、4227 人失踪	约 1.5 万亿元

1.1.6 城镇安全防灾的内涵及重要性

安全的概念应用很广，覆盖了各种社会主体的方方面面，如同灾害一样，目前尚没有一个统一的定义。"安全"与"灾害"是一对相对概念，无论是自然原因或人为原因，只要造成对人们生命和财产安全威胁的就构成灾害。相应的，安全通常指"主体正常活动不受影响或影响没有超过允许限度"的状态。因此，安全是依附于主体的，不是独立存在的，这些主体可以是个体、集体、社会总体和人类总体，也可以是单体工程、工程系统、社区、城区、城镇、城镇群等。安全是相对的，不是绝对的，是相对于危险而言的。

在安全防灾实践中，"公共安全""防灾""减灾"等概念被广泛使用。这些概念由于使用者的角度不同，其内涵相差也很大。部分学者对城镇安全的定义包括："城市安全是指城市在发展中所保持的一种动态稳定与协调状态，以及抗干扰的一种抵御能力，一般包括城市生态环境安全、食品安全、经济安全、社会安全等多方面的内容"，"城市公共安全是专门研究城市由于人为因素和自然因素导致的事故灾害及其对城市带来的风险"，"城市公共安全指城市工业危险源、城市人口密集的公共场所、城市公共设施、城市自然灾害、城市公共卫生、恐怖袭击与破坏、城市生态环境等7个方面的风险"。

公共安全从我国法学理论角度讲，主要是指故意或者过失实施危害或足以危害不特定多数人的生命、健康、重大财产安全，重大公共财产安全和法定其他公共利益的安全。在安全管理与实践中，公共安全的涵义被大大扩展了。特别是当代国家和社会安全日益复杂，广义的公共安全定义包含了自然因素、生态环境、公共卫生、经济、社会、技术、信息等等多种侧面问题，囊括了人民身体健康、生态环境、互联网络安全、生物物种安全、科学技术保密、矿产

资源保护、国际贸易畅通、货币金融稳定、公众心理稳定等各个方面。

防灾与减灾的概念最初是从灾害应对不同阶段为出发点而提出的。防灾主要指在常态建设中通过采取各种对策和措施对灾害进行防御，减灾主要指在灾害发生后减轻灾害造成的影响。随着研究和实践的深入，这两个概念已经相互包容，没有太大差别。

由于灾害的管理和应对主要是分灾种、分部门进行的，随着社会的发展和进步，单灾种防御已经不能满足人们对安全的要求，因此"综合防灾"的概念便被提了出来。美国人较早使用了"综合防灾（Comprehensive Prevention）"这一概念，其内涵是全灾种设计（包括自然灾害、技术事故、核战争与恐怖袭击）、全社会参与（包括各级政府、社会私营和公营部门、社区）和全过程（包括灾前、灾中和灾后）防御。

一般来讲，城镇安全防灾的内涵应包括两个方面：一是城镇各子系统的运行平稳、有序，相互之间协调有方，以确保城镇的功能得以正常发挥，人民的生产生活运转良好；二是当城镇发生不可避免的灾害时，能迅速有效地控制灾害的发展和蔓延，使之产生不利的影响降至最小，使城镇基本功能正常运转。

灾害有的是可以避免的，有的则是不可避免的，不以人们的主观意志为转移。譬如，技术事故、工程事故通过严密设计和监管是可以防范的，甚至有的战争和恐怖活动，通过和平努力也是可以避免的，但对于大规模的气象灾害、地质灾害、地震灾害等人类迄今还无法控制，工程技术的发展也仍然无法保证工程和项目的绝对安全。从以下几个方面也可以看出城镇安全防灾所面临的挑战依然严峻，因此，在新型城镇化进程中的安全防灾则显得极其重要。

①城镇的人口、财富、工程设施等高度集中，形成一个有机的大体系，复杂的开放的巨系统。其内部各种因素、各子系统相互依存，相互影响，一

个系统发生灾害，会影响到其他子系统的正常运转，引起连锁反应，使灾害加重。

②人为灾害增多具有一定的普遍性。因此，除灾害造成的直接损失外，其造成的社会性矛盾也可能造成政治和经济危机。城市灾害的社会性是全方位的，它反映了国家的法律法规、保险补偿制度、救济、教育和道德水平等多方面，是保证和谐社会的基础。

③长期以来的城镇建设几乎没有考虑防灾或考虑不足，形成目前城镇"防灾欠账"的现实窘境，也导致目前的城镇防灾压力巨大。新一代城镇建设如果仍不重视安全防灾，那么，脆弱的城镇在未来的损失将是无法估量的。

1.2 我国古代安全防灾思想

1.2.1 古代防灾思想的萌芽

（1）防灾思想起源于"天人合一"理念

中国古代重视环境保护的意识来源于儒家、道家"天人合一"的思想。"天人合一"的实质是人与自然的协调统一、和谐共存。显然，这一观念有助于构建一种健康的生态伦理，它强调尊重自然、顺应自然、保护自然，对人与自然的和谐发展有益，对预防自然灾害也有益。因为自然灾害往往由于人与自然的关系失调引起，与人对自然的过度开发和破坏有直接关系。因此，在人与自然之间构建一种和谐平衡的关系至关重要，它可有效预防自然灾害。

人们的物欲越强，发展的步伐越快，给环境带来的压力就越大。而环境的承受能力是有极限的。当没有限度的发展超越了环境的可承受能力时，人类将面临灭顶之灾。可见，儒家、道家的生态伦理思想不仅有助于环境的保护，还有助于预防自然灾害的发生。

（2）古代防灾减灾预防为主思想

汉代大儒董仲舒在《春秋繁露·俞序》中说："爱人之大者，莫大于思患而豫防之。"这里的"爱

人"指爱民，"豫防"即预防。这句话的意思是：能够爱民的统治者，应当时刻思考民众所面临的灾患并采取措施加以预防。道家鼻祖老子的《道德经》第64章也提出了"为之于未有，治之于未乱"的名论，其含义是"要在事物还未发生前先把它办完，要在事物还未混乱之前先把它理好。"这体现了一种防患于未然的理念，用今语言之即所谓重在预防。这说明，在中华文明史上影响最大的两个学派——儒家与道家在对待灾害的态度上都有一种重在预防的倾向，这一态度不仅对中国历代的防灾理念产生了积极影响，也为现今的防灾学科建设提供了最基本的理念。

1.2.2 鲧禹治水与防洪减灾

（1）从鲧禹治水说起

中国历代发生的灾害以水旱为最多，在经历了灾害打击后，历代也极为重视防灾工作，兴修水利就是预防灾害的一种有效途径。在《史记》《尚书》等古籍中均有关于鲧、禹治水的记载，其中疏导九河经验，奠定了治水理论。鲧治水采用"壅防百川、堕高堙庳"，推行"鲧作城""堙洪水"的防治方法，这在黄土高原地区和平原地区是适用的，只是鲧的治水方法不够完备。禹治水是以疏排为主，"予决九川距四海，浚畎浍距川。"（《尚书·虞书·益稷》）但一概用疏排之法，同样会引起严重危害，例如使黄河河道日益降低，水土流失日益严重。因此，鲧、禹治水各有所长、各有所短、各有利弊，对二者评价不可偏颇。

后期荀子提出的"制天命而用之"的唯物自然观，奠定了治水理论的哲学基础。《荀子·王制》主张："修堤梁，通沟浍，行水潦，安水藏，及时决塞；岁虽凶败水旱，使民有所耕艾，司空之事也。"阐明了兴修水利的方法和意义。

（2）古代城市防洪思想

1）"防"

历代政治家、思想家都很重视水利问题。水既有利也有害，利在促进农业发展，害在水患致灾。通过兴修水利工程可以达到趋利避害、防御水旱灾害的目的。

《元史·河渠一》曰："水为中国患，尚矣。知其所以为患，则知其所以为利，因其患之不可测，而能先事而为之备，或后事而有其功，斯可谓善治水而能通其利者也。"只有"善治水"才能"通其利"，不仅如此，善治水还能防水患。以上言论体现了古代哲人对水灾以预防为主，防患于未然的学术思想。

2）"导"

宋代对于城市水系的排洪防灾作用已有深刻认识。成书于北宋元丰七年的《吴郡图经续记》就已明确指出，苏州城发达的河渠水系具有重要的排洪作用，能够"泄积潦，安居民""故虽名泽国，而城中未尝有垫溺荡析之患"。

北宋绍圣初年吴师孟著有《导水记》，记载了成都疏导城内河渠的情况，又据《宋史·河渠志》，绍圣元年十一月，李伟言："清汴导温洛贯京都，下通淮、泗，为万世利。自元祐以来屡危急，而今岁特甚。臣相视武济山以下二十里名神尾山，乃广武埽首所起，约置刺堰三里余，就武济河下尾废堤、枯河基址增修疏导，回截河势东北行，留旧埽作遥堤，可以纾清汴下注京城之患。"可见，在近千年之前，对于防洪减灾就有了这样的认识。

3）"蓄"

一般而论，古城的河渠水系，既有导的作用，又有蓄的功能。明代宋濂在《行水金鉴》中论述了黄河水患比长江为多发的原因："以中原之平旷夷衍，无洞庭、彭蠡以为之汇，故河常横溃为患。"清代学者魏源在《湖广水利论》中也谈到："历代以来，有河患无江患。河性悍于江，所经兖、豫、徐地多平衍，其横溢溃决无足怪。江之流澄于河，所经过两岸，其狭处则有山以夹之，其宽处则有湖以潴之。宜乎千年

永无溃决。"魏源分析其原因，一是由于中下游筑圩围垦；二是上游过度开发，水土不保，泥沙下泄，由江达湖，水去沙不去，调蓄作用减少。

明清北京城的三海以及紫禁城的筒子河就拥有很大的蓄水容量，是城市重要的防洪空间。

4）"高"

城市和房屋选址于低洼之处，洪水冲来，不仅受淹，且有被冲毁之患。故《管子》提出城市选址的原则："高毋近阜，而水用足，下毋近水，而沟防省。"

历代帝王的宫城都踞高而建，汉长安和唐长安的宫城分踞龙首原的北麓和南麓，地势高敞，利于军事防卫，利于排水和防洪。

5）"坚"

古代选择城址，很注意城址之坚实。《管子·牧民》提出："错国于不倾之地。"《管子·度地》也提出："故圣人之处国者，必于不倾之地。"因此，古代城址选择有丰富的实践经验和科学思想，选址与防御洪灾相结合，避免在洪水直接冲击的河流凹岸上建城，城址多选在河流的凸岸上。

6）"迁"

迁的思想一是让江河改道，远离城市；二是迁城以避水患；三是在洪灾发生之前，暂把百姓和财物迁出城外，以降低洪灾时的生命财产损失。

古代对于黄河的水患，历代统治者均少良策，往往采取迁城以避河患。

1.2.3 古代城市防灾规划理念

我国城市建设历史悠久，虽然中国古代城市规划布局以体现封建礼制观念为主要指导思想，但在城市规划建设时对城市的防灾问题也给予了精心的考虑。《管子·立正篇》记载："凡立国都，非于大山之下，必于广川之上，高勿近阜而水用足，低勿近水而沟防省"，体现了我国古代城市规划选址时充分考虑自然条件对防灾的影响。

（1）城市防洪规划

《国语·周语》中即提出"囿有林池，所以御灾也。"

古代城市选址注重防洪的学术思想，当以《管子》为代表。《管子》提出的城市选址防洪的原则可以归结为5点：一是选址地势稍高之处建城；二是河床稳定，城址方可临河；三是在河流的凸岸建城，城址可以少受洪水冲刷；四是以天然岩石作为城址的屏障；五是迁城以避水患。战国末期李冰父子主持修建的都江堰，在现在仍发挥着重要的防洪灌溉作用。

明清北京城中的三海，蓄水量很大，是城市重要的防洪空间，城市外围的护城河也是防洪的重要保障。在晚清时期，防灾思想有了重要突破：清末水旱灾害频繁，有识之士提出了植树防灾的思想，主张广植树木，改善被破坏的生态环境，以减少水旱灾害的发生。这种思想探究了引起灾害的深层原因，提出来保护生态环境，旨在从根本上抵御自然灾害频繁发生。

（2）城市防火设计

火灾也是我国古代城市所面临的一项重要灾害。自周王城开始，我国古代城市建设就明确地用宽阔的道路和围墙划分城市防火单元；利用自然河道，组织城中通达的水系用于生活与防火；有明确的功能分区，将手工业区、市场区等火灾易发区与宫室区、居住区分开；城市道路采用方格网的空间布局，利于扑救与疏散，防止延烧；建设园林、开辟广场用于隔断火灾和疏散避难。

到了宋代，我国经济发展到了一个空前繁荣的阶段，随之而来的是城市建筑密集、街道拥挤、火灾频发。因此当时的汴州在城市改扩建过程中贯穿了防火思想，增加城市绿地，拓宽道路，增设广场，增大了建筑物间的防火间距，疏浚汴河，沿街划定了植树地带。在一些中小城镇，创造了一种"火巷"，宽度很小，两侧建筑用封火山墙封闭，且不对其直接开窗，不仅节约了城市用地，还起到了较好的防火效果。此外，在宋代的部分城市中还建立了"望火楼"以及专救烟火的队伍——防隅军。

（3）战争防御

战争频发的古代，防御是城市安全最重要的方面。中国古籍中记述"筑城以卫君，造郭以守民"，城和郭就是指保卫城市的城墙。城市外围修建高大的城墙、城楼和护城河，起到对外御敌的作用。而城市中的建筑院落大都采用内向型的空间布局，如北方的四合院、南方的四水归堂，它们外侧封闭，内侧开敞，防盗也是这种布局的一个实用目的。

1.3 国内外安全防灾发展简况

1.3.1 国际安全防灾发展简况

1987年12月11日，第42届联大通过了169号决议，决定将1990～2000年这10年定为"国际减轻自然灾害十年"（IDNDR），简称"国际减灾十年"。在1989年年底举行的第44届联合国大会上，经社理事会通过了"国际减灾十年的决议案"和"国际减轻自然灾害十年国际行动纲领"，宣布"国际减轻自然灾害十年"活动于1990年1月1日开始，指定每年10月第二个星期的星期三为"国际减轻自然灾害日"，每年以确立主题、目标和目的的方式予以纪念。旨在通过广泛的国际合作、技术援助和转让、项目示范、教育与培训等手段，把当今世界各国，特别是发展中国家由于自然灾害造成的人员财产损失以及社会和经济的影响减轻到最低程度，这也标志着国际灾害研究进入了一个新的发展阶段。

由于灾害在世界范围内造成的损失，第一届世界减灾大会在1994年通过了《建立一个更安全的世界的横滨战略：防灾、备灾和减轻自然灾害的指导方针及其行动计划》，对减少灾害风险和灾害影响提供了具有里程碑意义的指导。2005年1月18日至22日，第二届世界减灾大会在日本兵库县神户市举行，通过了《2005—2015年行动纲领：加强国家和社区的抗灾能力》，为未来十年如何减少灾害给全球造成的损失描绘出行动蓝图。突出了加强国家和社区抗灾能力的必要性，并为此确定了各种途径。2015年3月18日，第三届世界减灾大会在日本仙台落下帷幕，大会评估了《2005—2015年行动纲领：加强国家和社区的抗灾能力》的执行情况，并通过了2015年后全球减灾领域新的行动框架—《2015—2030年仙台减轻灾害风险框架》。该框架预期了未来15年全球减灾工作的成果和目标，明确了7项具体目标、13项原则和4项优先行动事项。《2015—2030年仙台减轻灾害风险框架》的预期成果聚焦于人及其健康和生计，力求大幅减少生命、生计和健康灾害风险和损失，大幅减少人员、企业、社区和国家在经济、实物、社会、文化和环境资产等方面的风险和损失。在7个全球性具体目标中，针对人员伤亡、受灾人数和直接经济损失给出了量化指标，并针对基础设施安全、减轻风险战略实施、发展中国家行动支持和多危害预警系统利用明确了可比较性目标。通过这些工作可以看到世界各国对安全防灾的重视。

（1）灾害管理

在灾害管理方面，很多发达国家的防灾减灾工作是整个国家危机管理中一个相当重要的组成部分。尤其是进入20世纪90年代以后，一些工业发达国家把灾害处理工作作为维护社会稳定、保障经济发展、提高人民生活质量的重要工作内容，事故应急救援已成为维持国家管理正常运行的重要支撑体系之一。美国、日本和欧盟的一些国家都已经建立了运行良好的防灾减灾管理体制，包括防灾减灾法规、管理机构、指挥系统、抗灾减灾队伍、资源保障和公民知情权等方面，形成了比较完善的灾害处理系统，并且逐渐向建立标准化灾害管理体系方向发展，以使其更加科学、规范和高效。

1）法律体系

日本作为自然灾害的重灾大国是全球较早制定灾害管理基本法的国家，日本防灾减灾的法律建设可以追溯到1880年颁布的《备荒储备法》，该法主要是为了确保在遇到灾害或饥荒的时候，能够有足够的粮食和物资供给而通过立法来进行粮食和物资储备。日本政府在汲取多次灾害经验教训的基础上，逐步形成了完善的防灾减灾体制和法律法规体系。日本的防灾减灾法律体系是一个以《灾害对策基本法》为龙头的相当庞大的体系，同时还颁布了与灾害各个阶段"备灾—应急—灾后恢复重建"相关的多项法律法规，逐步形成了自己的灾害管理法律体系。《灾害对策基本法》是日本在经历了1959年的严重台风灾害以后于1961年公布实施的，它是日本安全防灾的根本大法，对国家防灾减灾理念和目的、防灾减灾组织体系、防灾减灾规划、灾害预防、灾害应急对策、灾后修复、财政金融措施、灾害紧急事态等事项作了明确规定。到目前为止，日本已制定有关灾害的法律达百余个，其目的就是使国家确保灾害对策的综合性、计划性、制度化和对策的法制化、规范化，使减灾行动有效。其中属于基本法的有《灾害对策基本法》等6项，与防灾直接有关的有《河川法》《海岸法》等15项，属于灾害应急对策法的有《消防法》《水防法》《灾害救助法》（1947年制定）等3项，与灾后重建及重大灾害的特别财政援助有直接关系的有《公共土木设施灾害重建工程费国库负担法》等24项，与防灾机构设置有关的有《消防组织法》等4项。

日本的防灾法律的制定不仅涉及单纯的灾害防治法，对于灾后的保险、重建等各个方面都有较为详细的规定，可以说日本的防灾法律已形成一套由防灾、控灾、制灾、减灾为一体的多元化体系，并且体系中的各个法律又互相支撑，使得法律的制定更加完整。这些法规不仅成为灾害各个阶段灾害管理活动的依据，也为建立一个良好的灾害管理组织体系提供了法律保障和依据，有效地保障了日本减灾事业的发展。

美国是一个风险意识和危机感比较强的国家，美国应对灾害和突发事件的管理模式是以法律先行，总统挂帅，以国家安全委员会为中枢，国务院、国防部、司法部等有关部委分工负责，中央情报局等跨部委独立机构负责协调，临时性危机决策特别小组发挥关键作用，国会负责监督的综合性、动态组织体系。美国有各类全国性防灾法律有近百部，其历史可以追溯到1803年针对新罕布尔城市大火制定的国会法案。针对飓风、地震、洪水和其他自然灾害的特别法案往往通过上百次修订。如1950年制定的《灾害救济法》，于1966、1969、1974年先后进行修改，每一次修改都扩大了联邦政府的救援范围，强化了预防、应急管理、减灾和恢复重建的全面协调。1988年，美国国会通过了《罗伯特·斯坦福减灾与应急救助方案》，成为美国在应对灾害方面最重要的立法。2000年美国国会颁布了《减灾法案2000》，设立了专门项目为州和地方政府灾前防灾减灾提供技术和资金援助。

2）组织管理

日本灾害管理主要由中央政府设置以内阁总理大臣为首的"中央防灾会议"制度，作为防灾减灾工作的最高决策机构。中央防灾会议由防灾大臣（1名）、各省厅大臣、指定的公共部门首长（4名）和专家学者（4名）组成，主席由首相担任，日常事务由国土厅负责，并建立了分级管理的科学体系，灾害分等级管理。相应的，地方也设立了地方防灾会议，由地方行政首长直接负责本地的灾害应急管理工作(图1-8)。

美国灾害行政管理对策的第一责任者是灾害发生地区所在的州，美国政府只对超越当地灾害对策能力的部分由总统按紧急事态法令予以紧急救援。2001年"911"事件后，美国政府于2002年成立了"国土安全部"，把FEMA、移民局、中情局及许多相关

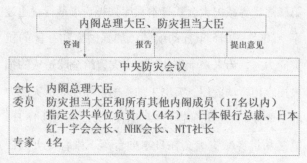

图1-8　日本中央防灾会议组织图

部门聚集在此部下，力求解决上述国家重大国土安全问题。同时进一步完善了其信息预警机制，不定期地通过一套以颜色区分的警戒级别系统，向社会各界发布恐怖威胁警告，并给民众提供详细指南。

3）规划体系

日本由"中央防灾会议"负责制定《防灾基本规划》，作为防灾领域的最高层次规划。中央政府有关部门和指定公共机构要以《防灾基本规划》为指导制定《防灾业务规划》，地方政府的"防灾会议"则要制定《区域防灾规划》（图1-9）。具体内容包括防灾据点、避难场所及疏散道路、都市防灾区划及防灾街区整建等。值得一提的是，日本的防灾规划与都市计划（总体规划）之间是平行关系，具有相互制约和协调的作用，都市计划会根据防灾规划的要求进行有关防灾措施的调整与落实。

美国则拥有一个庞大而详细的《联邦应急计划》，《联邦应急计划》包括政府各部门在紧急情况下的应对原则和方案，该规划是美国国土安全部在2004年颁布的，它整合了联邦一级的机构、能力和资源，使之成为多学科、多灾种的、统一的国家事故管理办法，详细规定了在国家级别的事故中联邦负责协调的机构及其运行的过程。规划针对恐怖事件、自然灾害和其他应急情况，主要包括预防、准备、回应和恢复四个阶段。美国的防灾规划分为城市总体规划内的防灾规划和地方专项防灾规划两个层面，二者之间密切相关，相互之间互有指导与调整。城市总体规划层面主

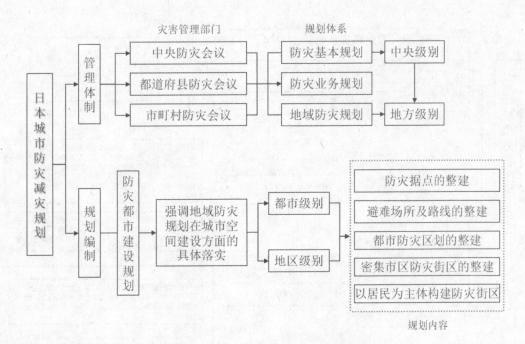

图 1-9 日本防灾减灾规划体系示意图

要体现在城市总体规划中的安全因素部分，重点以自然灾害为对象，内容相对简单；而地方专项防灾规划则更加全面、详细、有针对性，是真正的在城市中运行有效的规划（图 1-10）。

4）宣传教育

日益增长的灾害损失使人们认识到，公众具有较高的防灾意识和正确的知识，对于提高他们的自护能力，减少灾害可能带来的生命财产损失非常重要。因此，发达国家对防灾减灾基本知识的宣传普及活动都非常重视，有许多制度化而又丰富多彩的形式。如众多的宣传活动日，重视在学校开展防灾教育，开展多样化的防灾训练等。

5）投入保障

发达国家的防灾减灾基本法中均对各种情况下中央和地方政府的经费支出义务、应付灾害的财政措施和金融措施等作出了详尽的规定，这是对防灾减灾投入最根本的制度保障。如日本的防灾减灾领域的政府资金投入分为科技研究、灾害预防、国土整治、灾后恢复重建四个项目。这些资金投入分散在政府的各有关部门，如科技研究主要在文部科学省，国土整

治主要在国土交通省，内阁府的防灾部门只是把各有关部门的预算加以汇总。

6）保险体制

保险和减灾的关系是天然的。只有通过不断地减灾防治才能避免出险，从而达到减灾，为保险创益。运用保险制度分散灾害风险得到了人们的普遍认同。因此，世界各发达国家在抗御自然灾害上，都很注意保险业的发展。美国是世界上最早建立国家强制性灾害保险体制的国家，由法律保障强制执行，国家保险计划归属美国联邦紧急事务管理局统一管理，保费金额依所在地区的危险度而定。

（2）安全防灾研究

在安全防灾科学研究方面，国际上与此相关的项目研究取得了长足的进展。例如在地震灾害的研究方面，对地震的成因、起源和预报技术、地震动的作用、地震危险性分析、震灾要素、成灾机理、成灾条件和地震灾害的类型划分等各方面的研究均有很丰富的成果，但据目前的水平，要完全预报地震的发生还不现实，因而对地震对策的研究更为突出。从上世纪 70 年代开始，一些研究机构和科学家致力

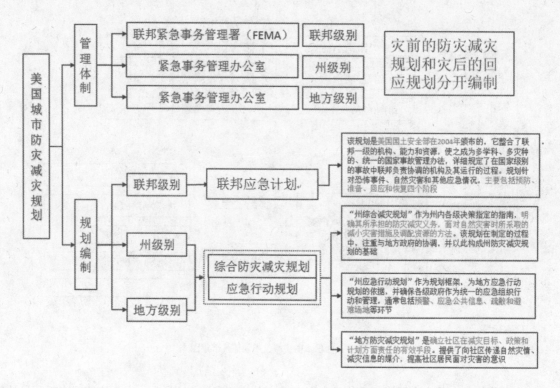

图 1-10　美国防灾减灾规划体系示意图

于地震灾害损失的预测工作，取得了许多成果。建造能够抗御强烈地震的建筑物历来是美国防御地震最重要的措施，自 1948 年以来，美国一直在颁布地震区划图，为了能在区划图上反映对地震新的认识水平，经常对地震区划图进行修订。1971 年加州圣弗尔南多地震对抗震防灾规划起了很大的推动作用，规划人员开始认识到它们在防震减灾方面的重要性。1977 年由议会通过了《减轻美国地震危险性条例》，给抗震规划和相关技术的研究提供了经费，规划人员开始介入抗震研究。此后由四个联邦机构：联邦紧急事务管理署（FEMA）、地质调查局（USGS）、国家科学基金会（NSF）和国家标准局（NBS）牵头，会同地方州政府一起委托大学和私营咨询公司在全国重点城市开展地震灾害损失研究。同时，自 1971 年美国圣费尔南多大地震开始，生命线系统抗震问题的研究受到各国学者的广泛关注，三十多年来，生命线系统的抗灾技术得到了很大的发展。1998 年，美国联邦紧急事务署与美国土木工程师学会联合会成

立了美国生命线工程联合会，统一协调生命线工程科学研究、技术开发与工程实践等方面的工作。日本也开展了类似的研究，日本对大阪和静冈地区的震害预测和防灾预案十分详尽。

地质灾害是一个开放的复杂系统，对其防治主要包含两方面：一是工程的防治措施，二是灾前的预警预报。地质灾害的监测和预报依然是国际上面临的难题。自 20 世纪 80 年代以来，国内外取得了长足进展，特别是 90 年代以来，数字化信息监测预报技术、人工智能预测预报模型和非线性预测预报模型的发展，给地质灾害监测预报研究带来了新的挑战和希望。另一方面，地理信息系统（GIS）、遥感技术系统（RS）和卫星全球定位系统（GPS）等技术发展迅速，为滑坡泥石流等地质灾害的区划、监测与预警预报提供了强有力的支撑。

在防洪灾害的研究方面，一些国家对洪水成灾的研究，洪水发生的时空分布规律、洪水的预测预报、防洪设防标准的研究和对洪水造成经济损失的

预计、洪水淹没过程的数值模拟、洪水发展的水力学模型、防洪应急对策的研究等方面均取得了很大的成就。

在火灾研究方面，上世纪70年代初，美国哈佛大学的埃蒙斯教授将质量守恒、动量守恒、能量守恒和化学反应原理巧妙地运用到研究建筑火灾的领域上，开创了火灾过程机理研究的先河。1985年国际火灾安全科学学会的成立具有划时代的意义，标志着人类开始对火灾问题进行系统的科学攻关和研究。由于燃烧理论、系统安全原理、科学计算技术、非线性动力学理论以及宏观与小尺度动态测量和信息科学技术的迅猛发展，为火灾科学重大研究项目的实施奠定了坚实的基础。

在地裂缝灾害的研究方面，美国是对其研究较为广泛和深入的国家。关于地裂缝的成因，集中形成了3种不同的观点。Leonard最早从地震角度分析了1927年9月12日出现与亚利桑那州Picacho城附近的地裂缝及地面异常破裂的成因，认为是1927年9月11日发生于亚利桑那州东南部城附近的地震活动导致了岩层破裂，并使已具破裂面的岩层重新复活。之后有些学者也对亚利桑那、加利福尼亚、德克萨斯等州地裂缝的研究也坚持构造成因观点。还有在研究早期为大多数地裂缝研究者所接受的地下水开采成因。20世纪70年代末以来，Holzer等人通过对亚利桑那州中南部构造盆地地裂缝的活动性、地质环境资料及地面沉降观测资料综合分析认为，该区域构造活动与地下水开采是影响地裂缝发育及活动的两个主要因素，从而提出了构造与地下水开采复合成因。

在岩溶塌陷研究方面，近些年来国外学者开展了大量工作，并取得了一定的成果。在岩溶塌陷地质灾害信息管理方面，早在1984年，美国存在岩溶塌陷问题的几个州相继建立了岩溶塌陷数据库，并存放于公共信息系统中，大大提高了岩溶塌陷资料的利用率。在岩溶塌陷监测预报方面，早在1984年就尝试运用地质雷达进行潜在塌陷的监测工作，如美国学者Benson等在北卡罗来纳州Wilmin西南部的一条军用铁路进行了试验，该项工作从1984年开始，1987年结束，试验中，每隔半年用地质雷达以相同的频率（80Mhz）、相同的牵引速度沿1113m铁路线扫描一次，通过不同时间探测结果的对比，圈定扰动点并作出预报。

在防灾空间的研究与发展上，以日本最具有代表性。日本重视城镇防灾空间的防灾作用由来已久，其契机就是1923年的关东大地震。这次大震灾中，城镇的广场、绿地和公园等公共场所对阻止火势蔓延起到了积极的作用。地震发生后，当时约东京人口的70%的市民把公园等公共场所作为避难处。日本政府于1973年在城镇绿地保全法里把建设城镇公园置于防灾系统的地位，1986年制定了紧急建设防灾绿地计划提出要把城镇公园建设成为具有避难地功能的场所。从1972年开始至今日本已实施6个建设城镇公园计划，每个计划都有加强城镇的防灾结构、扩大城镇公园和绿地面积等，把城镇公园建设成为保护城镇居民生命财产的避难地等内容。1993年日本修改城镇公园法实施令，把公园提到紧急救灾对策所需要的设施的高度，第一次把发生灾害时作为避难场所和避难通道的公园称为防灾公园。1995年1月17日阪神大地震发生后，神户市1250处大大小小的公园在救灾方面发挥了巨大作用，促使日本重视公园为防灾救灾的根据地。1996年7月建设省的咨询机构城镇计划中央审议会在关于今后城镇公园等建设与管理报告中提出要把建设防灾公园、加强城镇公园的防灾功能作为建设城镇公园的重点。日本东京的防灾计划及应变对策，主要为应变因地震引起的火灾、海啸、地层错动等影响居民生命安全的灾害因子而制定城镇防灾空间计划，以确保东京市民可拥有防灾与避难及灾后恢复建设的避灾机制。

1.3.2 我国安全防灾现状

(1) 灾害管理

在灾害管理体制方面，我国实行政府统一领导和决策，政府各部门按照统一决策和自身的职能分工负责，灾害分级管理，属地管理为主，按行政区域采取统一的组织指挥的减灾救灾领导体制。在国务院统一领导下，中央层面设立国家减灾委员会、国家防汛抗旱总指挥部、国务院抗震救灾指挥部、国家森林防火指挥部和全国抗灾救灾综合协调办公室等机构，负责减灾救灾的协调和组织工作。各级地方政府成立职能相近的减灾救灾协调机构。在减灾救灾过程中，注重发挥中国人民解放军、武警部队、民兵组织和公安民警的主力军和突击队作用，注重发挥人民团体、社会组织及志愿者的作用。

在长期的减灾救灾实践中，我国建立了符合国情并具有中国特色的减灾救灾工作机制。国家减灾委员会是国务院领导下的部级议事机构，在民政部设办事机构（国家减灾委员会办公室，全国抗灾救灾综合协调办公室）是国家灾害管理的综合协调机构。其前身是成立于1989年的中国国际减灾十年委员会，2000年10月更名为中国国际减灾委员会，2005年4月更名为国家减灾委员会。其主要任务是：研究制定国家减灾工作的方针、政策和规划，协调开展重大减灾活动，指导地方开展减灾工作，推进减灾国际交流与合作，组织、协调全国抗灾救灾工作。

目前，国家防汛抗旱总指挥部在水利部单设办事机构（国家防汛抗旱总指挥部办公室），负责国家防汛抗旱总指挥部的日常工作。历任总指挥都是国务院副总理，国家防汛抗旱总指挥部办公室内设8个处：综合处、防汛一处、防汛二处、防汛三处、防汛四处、抗旱一处、抗旱二处、减灾处、技术信息处。国家森林防火总指挥部在国家林业局设办事机构（国家森林防火办公室），负责国家森林防火指挥部的日常工作。

一般由国家林业局局长担任总指挥，地方各级人民政府根据实际需要，组织有关部门和当地驻军设立森林防火指挥部，负责本地区的森林防火工作。县级以上森林防火指挥部应当设立办公室，配备专职干部，负责日常工作。国务院抗震救灾指挥部在民政部设办事机构（国家抗震救灾综合协调办公室），负责领导、指挥和协调地震应急工作。

由于多次灾害的影响，我国从上世纪80年代后期开始相继颁布了一系列减灾法律法规，各省（市、区）也颁布实施了地方性防灾法规和规章，形成了由国家法律、行政法规、地方法规、部门规章和地方政府规章组成的法规体系基本框架。如《中华人民共和国水法》《中华人民共和国水土保持法》《中华人民共和国防洪法》《中华人民共和国消防法》《中华人民共和国气象法》《中华人民共和国防震减灾法》《中华人民共和国突发事件应对法》《草原防火条例》《地震预报管理条例》《核电厂核事故应急管理条例》《突发公共卫生事件应急条例》等。这些法律法规的颁布，提升了灾害管理工作的水平，大大增强了灾害管理的法制化水平，取得了一定的成效。虽然我国在灾害防御方面的法律法规有了很大进展，但当前的减灾工作并未使灾害损失从根本上得到有效控制。一方面是由于我们前面提到的灾害背景和城镇化过程中带来的新问题，另一方面则是由于缺乏由国家强制力保证的制度规则导致综合减灾工作不到位。

在安全防灾技术标准制订方面，我国已初步建立了相应的技术标准体系。例如，在抗震减灾方面，颁布了《建筑工程抗震设防分类标准》《建筑物抗震设计规范》《构筑物抗震设计规范》《非结构构件抗震设计规范》《镇（乡）村建筑抗震技术规程》《城市抗震防灾规划标准》《建筑抗震鉴定标准》及《建筑抗震加固技术规程》等；在火灾安全方面，制定了《城市消防规划规范》《建筑设计防火规范》《高层民用建筑设计防火规范》《人民防空工程设计防火规范》《建筑内部装修设计防火规范》等；在防洪减灾方面，制定了《防洪标准》《城市防法规划规范》《堤防工程设计规范》《灌溉与排水工程设计规范》《市政工程质量检验评定标准》《城市防洪工程设计规范》等；在防治地质灾害方面，制定了《岩土工程勘察规范》等国家标准，有力地指导了我国防灾建设。

在抗震减灾方面，我国逐步形成了以中国地震局和建设部为主导的抗震防灾防御和预警体系以及应急管理体系，使测、报、防、抗、救等减灾活动能够密切结合和相互配合；在防火方面，在公安部和建设部的合作下，在我国城市内初步建立了火灾预防体系、建筑防火技术体系、消防救火体系和消防指挥体系；在防洪减灾方面，我国逐步建立了常规防洪工程体系、非常规防洪工程体系和防洪非工程体系以及水情、工情、灾情评价体系和洪水灾害保障体系；在气象方面，以国家气象局与有关部门相互配合和协调，对城乡气象的预警和应急抢险取得了很大的成就。通过这些体系所发挥的作用，使我国综合防灾损失逐步降低，为城乡的可持续发展提供了有力保障。

但是，综合防灾工作特别是重大灾害事件的预防控制和管理涉及面很广，其中包括部门分工，基础设施建设、资源整合与配置与调度等等。由于我国灾害管理处于"分兵把守"的状态，导致了减灾管理工作政出多门，令不一致，不利于统一指挥和协调，同样不能实现减灾资源配置的最优化和灾害损失的最小化。例如，在基础信息建设方面，人防、卫生、公安、交通等相关职能部门都在开发和研究自己的信息系统，建立监测和防控体系，但相互之间缺乏信息沟通，重复建设的问题没有得到解决，信息资源还没有整合起来。当重大灾害发生时，只能召集各部门领导成立临时的应急性机构，这必然使得资源和信息的整合

在短时间内无法实现，从而贻误了救援的黄金时机。同样，由于灾害管理的条块分割、各自为政，导致各部门拥有应急救援队伍，人力、物力、技术资源存在重复建设，资源不能得到有效配置，信息资源缺乏互联和共享，致使救援资源综合利用效率低，救援队伍整体装备水平较差等。上述问题都可能直接减弱政府防灾减灾的能力，影响救灾的最终效果和质量。

（2）安全防灾研究

我国在城镇安全防灾研究方面起步比较晚，城镇防灾作为一门学科被予以关注还是20世纪70年代以后的事。我国近些年来在防灾减灾研究方面有了长足的进展，目前，我国依靠科技进步，支持研究开发，发展了一系列城市综合防灾减灾的技术手段。但由于我国经济发展跟发达国家相比有较大差距，所以在防灾研究方面的水平无论研究质量还是研究数量都与发达国家存在一定的差距，在灾害的防治和减灾措施方面的步伐相对要比发达国家落后，与当前国家整体防灾减灾的需要甚不适应。

1989年，我国政府积极响应联合国关于开展国际减灾十年活动的号召，成立了中国国际减灾十年委员会，并于其后专门组织如"地震、地质灾害及城镇减灾重大技术研究"等专题研究，在城镇的地震、滑坡、泥石流灾害防御方面都开展了试验示范研究。随着城市的发展，在结构抗震、城市防火、抗风、防治地质灾害、防洪等的基础研究和新技术应用方面，取得了一系列可喜的成绩。如20世纪90年代初，国家自然基金委员会立项开展了"城市和工程减灾基础研究"，我国的"九五""十五"科技攻关计划都将其列入重大研究项目，在城市的洪涝、地震、滑坡、泥石流灾害防御方面都开展了试验示范研究，取得了丰硕成果。在国家"十一五""十二五"科技支撑计划任务中也对城市、小城镇及农村地区的防灾减灾技术给予了大力的支持。

在抗震防灾规划方面，我国的城市抗震防灾规

划工作是在 1978 年第二次全国抗震工作会议上首先提出的，并于 1981 年在烟台、海口进行抗震防灾规划编制的试点。抗震工作的重点是抓好城市抗震，其主要目标是：在遭遇相当于基本烈度的破坏性地震时，第一，要确保城市要害系统的安全，并保证震后人民生活的基本需要，水、电、粮食、医疗基本不受影响；第二，重要工矿企业不致严重破坏，不发生次生灾害，生产基本正常进行或能迅速恢复；第三，住宅和其他公用建筑物不致大面积倒塌、大量伤人。中国建筑科学研究院工程抗震研究所周锡元、刘锡荟等在建设部支持下首先开展了城市抗震防灾的理论和应用研究，有关的研究内容包括地震危险性分析、土层地震反应计算方法、建筑和生命线工程的易损性和震害预测、抗震防灾规划的技术和指标、震损建筑鉴定与加固改造方法、抗震防灾对策和措施等等，明确了城市抗震防灾规划的目标、内容和编制程序。这些研究成果是建设部《城市抗震防灾规划编制工作暂行规定》的技术基础。根据这一规定又开展了编制方法的研究工作，提出了《城市抗震防灾规划编制指南》，指导了国内许多城市开展城市抗震防灾规划的编制工作。在抗震防灾规划编制和推广过程中，中国地震局工程力学研究所、上海同济大学、冶金部建筑研究总院等许多单位也先后进行了许多工作，中国石油天然气总公司、中国石化总公司、中国地震局所属的各地方局也进行了很多研究工作，特别是在重要设备和设施方面。这些工作对于编制独立工矿区的抗震防灾规划也具有重要意义。抗震防灾规划的基础研究主要集中在地震危险性分析和地震小区划方法，场地条件对震害和地震动的影响，震害预测和人员伤亡估计方法，对避震疏散场地和道路的基本要求，防灾资源配置和利用原则，指挥和应急管理体制等方面。在实际工作中进一步发现，作为防灾规划的基础，地震危险性及其对城市影响的研究虽然非常重要，但是毕竟只是基础，而且也不可能精确地加以确定，

因此，关于城市的地震危险性，一般情况下应该主要依据国家地震局在地震区划图中给出的研究结果，在 1987 年颁发的《城市抗震防灾规划编制工作补充规定》中体现了这样的观点。由于地震是不确定性很大的随机现象，我国学者对地震基本烈度的概率含义进行了研究和标定，提出了三水准设防的思想。对于建筑，这一思想自 1989 年以来，已在抗震设计规范中得到了体现，在城市抗震防灾规划方面，也对抗震设防目标进行了调整，增加了针对罕遇地震的对策和措施。新世纪以来，北京工业大学抗震减灾研究所提出了"基于现状发展并重的城市抗震防灾规划的研究编制模式和技术路线"，该方法把发展中的城市作为研究对象，使得防灾规划具有一定的前瞻性，并以分别在建设部试点"泉州市规划区抗震防灾规划"和"厦门市城市建设综合防灾规划"的编制工作中进行了研究与应用。

我国每年由于洪水造成的村镇人员伤亡和经济损失都是严重的。洪水威胁着江河流域的地势低洼地带，如行洪区和蓄滞洪区。我国科研工作者在长期的防洪科研工作中，有了较多的防洪技术基础和积累。现已在缓坡上波浪谱的变形及破碎，多向不规则水波的观测与分析，物理、化学和生物过程综合作用的近海水域三维水动力学和水质模拟，波、流共同作用下污染物的扩散传播，高阶 Boussinesq 方程的理论，波浪变形复合数学模型，非线性波浪与结构物的相互作用和结构物的非线性动力响应，浪溅区结构物波浪冲击的数值模拟，波浪渗流力学等方面取得了国际前沿水平的研究成果。

地质灾害是一个开放的复杂系统，对其防治主要包含两方面：一是工程的防治措施，二是灾前的预警预报。地质灾害的监测和预报依然是国际上面临的难题。自上世纪 80 年代以来，国内外取得了长足进展，特别是 90 年代以来，数字化信息监测预报技术、人工智能预测预报模型和非线性预测预报模型的

发展，给地质灾害监测预报研究带来了新的挑战和希望。另一方面，地理信息系统（GIS）、遥感技术系统（RS）和卫星全球定位系统（GPS）等3S技术发展迅速，为滑坡泥石流等地质灾害的区划、监测与预警预报提供了强有力的支撑。我国虽然对地质灾害的发生与发展的监测和预测进行了一定研究，但目前只在少数重要地质灾害危险点上布设了监测，而这些监测主要依靠当地群众轮流观察，缺乏常规监测设备，也没有规范的监测制度。另外，地质灾害很多边远山村，通信预警手段原始落后，难以满足灾害防御的要求。

在强风灾害方面，风灾是我国自然灾害中发生频次最高、影响程度最大的灾种之一，而台风灾害又是风灾中最严重的一种。近20年我国在结构抗风研究和技术应用方面，解决了大量的工程技术难题，推动了我国相关学科的进步和社会的发展。相比而言，我国风工程研究和应用的重点是大型结构的抗风，这主要由经济利益引导所致。

但是，与国外某些发达国家相比，总体上说我国目前城市防灾科技水平还是比较落后，无论是在灾害防御方面还是在应急科技支撑方面都还有诸多不足。例如在欧美的城市综合防灾体系中，大多建立了多级抗灾遥感计算机网络和抗灾救灾决策系统；欧盟国家已将卫星遥感应用到灾害形成过程、预警、减灾、灾害评估与管理之中；澳大利亚的灾害遥感系统已经在国家的防灾规划及管理中发挥了重大作用。然而，我国安全科技尚未转化为生产力，还没有建立完善的城市灾害风险评估系统、灾害预警系统以及灾后应急处置系统。在运用现代计算机、通信、网络、卫星、遥感、地理信息、生物技术等高新技术的减灾应用方面，同发达国家的差距还相当大。另外，我国综合防灾减灾相关的研究工作相对滞后，减灾工作缺乏坚实的理论支撑，减灾研究力量分散，防灾技术偏重于单一技术，缺乏综合性。我国许多学术机构都开展了针对各种具体灾害和风险的研究，但这些研究活动都是以部门为单位分头进行，而且以各专门领域的灾害或风险控制为主，缺乏总体性的风险分析或风险研究，上述现象的根本原因在于欠缺系统化的基础性研究。

1.4 新型城镇化下的安全防灾

1.4.1 新型城镇化概述

从世界各国发展的经验来看，城镇化是以农村人口向城市迁移和集中为特征的一种过程，是人类生产和生活活动在区域空间上的聚集，是传统农村型社会向现代城市型社会转型的主要内容和重要表现形式，是劳动、土地等生产要素从传统农业向制造业和服务业转移，以提高资源要素配置效率，居民生活环境得到改善，生活条件不断提高的过程。世界经济与社会发展的历史经验和我国几十年建设与改革的实践都表明，城镇化是经济与社会发展的必由之路。城镇化水平不仅是一个国家或地区经济发展水平的标志，同时又是社会文明程度的标志之一。

城镇是我国国民经济和社会发展的重要载体，城镇化已成为推动中国经济发展的主要动力。大力发展城镇化已经成为中国当前的战略之一，为中小城镇和小城镇发展带来巨大的发展机遇。在2010年政府工作报告中，温家宝总理提出了"统筹推进城镇化和新农村建设，着力提高城镇综合承载能力"。2012年11月8日，中共十八大首次提出坚持走中国特色新型工业化、信息化、城镇化、农业现代化道路，指出城乡发展一体化是解决三农问题的根本途径，将建设新型城镇化上升为全面建设小康社会的基本载体。

改革开放以来，伴随着工业化进程加速，我国城镇化经历了一个起点低、速度快的发展过程。中国的城镇化进程比西方晚，从19世纪后半期开始，速度很慢，发展也不平衡，东南沿海较快，内陆地区多处在农业社会；中华人民共和国成立以来城市化速度加快，但由于经济发展及政策上的变化波动，起伏较大，总体上与同时期西方国家相比较慢，20世纪70年代末约到达14%；改革开放以来，随着经济的快速发展，城市化速度加快，1978～2013年，城镇常住人口从1.7亿人增加到7.3亿人，城镇化率从17.9%提升到53.7%，年均提高1.02个百分点（图1-11）；城市数量从193个增加到658个，建制镇数量从2173个增加到20113个（表1-6）。根据《国家新型城镇化规划（2014—2020年）》，到"十三五"期末，我国常住人口城镇化率将到达60%左右，这意味着我国仍将维持每年1%的高速城镇化进程。

表1-6 城市（镇）数量和规模变化情况（单位：个）

	1978年	2010年
城市合计	193	658
1000万以上人口城市	0	6
500万-1000万人口城市	2	10
300万-500万人口城市	2	21
100万-300万人口城市	25	103
50万-100万人口城市	35	138
50万以下人口城市	129	380
建制镇	2173	19410

注：表中数据来源于《国家新型城镇化规划》（2014—2020年）

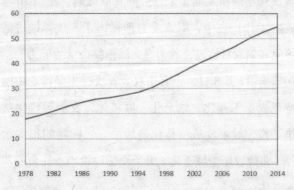

图1-11 1978～2014年我国城市化水平发展示意图

新型城镇化不是简单的重复国外城镇化的老路，也不是城市功能在郊区或农村的线性延伸，必须适应中国国情的基本要求。走新型城镇化道路，必须坚持科学发展观，以人为本，统筹经济、社会全面、协调与可持续发展。因此，新型城镇化包括经济、人口、社会、城镇基础设施和城区生态环境等方方面面协调发展，是一个追求可持续发展的过程，是人在社会生活中追求一种理想的生活方式问题。其目标是实现以人为本的经济、社会、环境的协调可持续发展，实现城乡区域协调发展和提高城镇居民和农村居民的生活质量和水平，生活质量和宜居性已经成为城镇化发展的更高要求。

传统城镇化更多关注通过城市空间的扩展和城市数量的增加来承载经济社会的发展，强调的是城市的发展空间。具体的表现是城镇数量增加，城市（尤其是大城市）空间无序扩张，土地资源利用效率低下。新型城镇化则是将城乡空间作为一个整体来考虑，强调大中小城市和城镇以及乡村地区空间的协调统筹，以保障和支撑城乡区域功能的协调互补。表现在区域城镇体系上则是要坚持大中小城市、小城镇和乡村地区的协调发展，充分利用各自的优势，构建一个结构完整、功能完善、运行协调的城镇体系。在空间利用上则更强调发展模式的集约化，统筹城乡区域土地利用、开发建设、基础设施、资源环境保护等安排，充分利用现有城镇的物质基础，整合城镇内部各类组成要素，完善城镇结构，强化城镇内涵和提升城镇功能。新型城镇化发展的空间布局也要根据不同区域的差异化发展特征而提出相应的发展对策，而且在关注城市新增发展空间规划建设的同时，更加注重城市现有功能系统与各类设施的完善。

2014年3月，国家正式颁发了《国家新型城镇化规划（2014—2020年）》，它的出台将新型城镇化研究提升到一个新的高度、新的境界。国家新型城镇化规划明确了未来城镇化的发展路径、主要目标和战略任务，统筹相关领域制度和政策创新，是指导全国城镇化健康发展的宏观性、战略性、基础性规划。

1.4.2 新型城镇化背景下的防灾需求

新型城镇化是健康的城镇化，"健康"是其重要标签。新型城镇化包含了人口、经济、基础设施、资源和环境等各个方面的城镇化，通过新型城镇化发展使城镇成为具有较高品质的宜居之所。因此，新型城镇化要实现城镇由速度扩张向质量提升的转变，其关键的一环是提高城镇化质量，而城镇安全防灾能力与水平应作为衡量城镇化质量的一项重要指标。同时，由于我国是一个灾害多发国家，在国家实施新型城镇化规划的轨道中，顺应新型城镇化的方向，反思并深入研究城镇规划过程中安全防灾存在的问题，做到居安思危、灾前防御，对全面提升城镇化质量和保障城镇可持续发展起着至关重要的作用。基于此，在《国家新型城镇化规划（2014—2020年）》的要求下，提出了要"健全防灾减灾救灾体制"的基本要求，完善城镇应急管理体系，加强防灾减灾能力建设，强化行政问责制和责任追究制。着眼抵御台风、洪涝、沙尘暴、冰雪、干旱、地震、山体滑坡等自然灾害，完善灾害监测和预警体系，加强城镇消防、防洪、排水防涝、抗震等设施和救援救助能力建设，提高城镇建筑灾害设防标准，合理规划布局和建设应急避难场所，强化公共建筑物和设施应急避难功能。完善突发公共事件应急预案和应急保障体系。加强灾害分析和信息公开，开展市民风险防范和自救互救教育，建立巨灾保险制度，发挥社会力量在应急管理中的作用。

城镇化可以说是一柄"双刃剑"，在城镇经济腾飞的同时，也给城镇增加了致灾因素和易损性，使得城镇面临的灾害风险逐步增加。历史灾害经验和已有研究表明，经济愈发达地区，愈易于形成大灾和巨灾。例如：美国联邦紧急事务管理委员会（FEMA）对全美特别是对加州未来的地震可能损失进行了评估，结果认为：如果1906年发生在旧金山的大地震

再次在旧金山或洛杉矶重现，则死亡人数将分别达到1.1万和1.4万，经济损失将达550亿美元，综合损失是1906年地震的数十倍。再如1995年1月17日发生的日本阪神大地震，造成的直接经济损失约达1000亿美元，成为有史以来的灾害经济损失之最。可以看出，如果在城市经济发展过程中不充分考虑其安全防灾能力的话，一旦灾害突然发生时，其所产生的灾害将是触目惊心的。

随着我国城镇化进程的加快和城镇的发展，从安全防灾角度来看，由于以下几个方面的原因城镇的防灾能力变得更脆弱了（图1-12）。

（1）根据《国家新型城镇化规划（2014—2020年）》，至2020年我国常住人口城镇化率达到60%左右，在今后一段时间我国城镇规模将持续增大。城镇是一个集约人口、集约经济、集约科学文化的空间地域，城镇建设在单位土地上的聚集程度变大，使得城镇这个承灾体系统相对于单个的诸如建筑、工程设施、人员等承灾体规模更为巨大。同时，现代城镇高度发达，城镇中各种功能的实施和城镇的正常运转依靠庞大的城镇基础设施系统的正常运转，随着其规模的不断增大，基础设施系统日益庞大，系统的复杂程度日益提高。另外，随着城镇不断发展，不但现有生命线系统的规模不断增大，而且各种新型生命线系统不断涌现，城镇轨道、磁悬浮、天然气系统等等，相应的防灾问题也越来越复

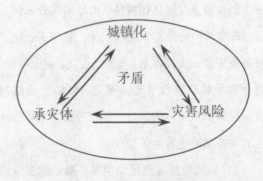

图1-12 城镇化带来的问题

杂，带来的防灾压力也不断提高，往往在灾害面前发生连锁反应而使灾害进一步扩大。而灾害的形成是与承灾体密切相关的，如2001年昆仑山口西发生8.1级地震，由于建筑、基础设施等承灾体少，没有形成大规模灾害，而汶川8.0级地震则由于致灾因子作用于众多承灾体上形成了大规模灾害。同时，一些传统的灾害与危机有时会出现新的意想不到的新问题，造成致灾因素、不可控因素也越来越多，灾害发生的几率也在增加。所以，从灾害的角度来看城镇化对于灾害产生了连锁效应和放大效应，更易造成严重灾难，这已被近些年国内外的城镇所证实。

（2）经济结构调整推动城镇化的发展，产业结构升级实现三大产业之间及其内部关系协调和升级，同时也改变了城镇承灾体的构成和社会属性。城镇化的发展始终与产业演进同步，在经济发展初期，农业的进步、农业生产率的提高是城镇化发展的推动力。随着经济的发展，建立起机器大工业体系，使原来分散的手工业生产方式和农村经济发生了性质上或地域上的变化，促进了非农业经济活动的集中。随着第三产业发展，城市与区域之间形成整体性的有机联系，高技术产业成为经济增长和城市发展的新动力。其中最突出的变化就是大都市和城市群的发展，使得作为现代工业载体的城市集中了社会大量的生产要素，并带动了为工业和就业人口服务的第三产业的发展。新时期的城镇化应发挥城镇的聚集效应，为工业和服务业发展搭建载体，由原来过分依赖工业发展，改变为同时依靠农业现代化、新型工业化、现代服务业等多元支撑体系，实现工业化、农业现代化、信息化和城镇化良性互动。可见，城镇产业结构的升级促使城镇承灾体的构成、属性等都发生了变化，潜在的灾害风险也发生了变化。

（3）基础设施城镇化强调城乡基础配套设施的均质化，保证城乡居民同样享有同样的基础配套设施，共享经济社会发展进步的成果，以及实现城乡公共服务的均质化等。这就要求大中小城市和城镇以及乡村地区空间的协调统筹，使得城市内部、乡村内部及城乡之间生命线工程错综复杂，通讯、电力、供水、交通等生命线网络系统和重大工程设施紧密的联系为一个整体，构成城乡正常发展和灾后应急救灾的载体与依托，也是灾害最容易破坏的对象，且由于灾害连锁效应突出，任何一个环节发生破坏，都会影响到其他相关环节的连锁反应，往往次生的灾害会将原生的灾害进一步放大，城乡区域在自然灾害面前变得极为脆弱。

（4）生态城镇化需要构建人与自然之间和谐的城镇化环境，全面创造良好城乡人居环境。城镇化过程中坚持走可持续发展道路，在城镇化发展的同时，重视环境综合治理以及资源的合理开发和利用。传统城镇化背景下，我国经济增长方式粗放、技术水平低造成资源利用率低，加大了对自然资源的过量开发，导致水土流失、土地荒漠化等问题日益突出。据统计截止到2011年，全国113个环保重点城市年取水总量为227.3亿吨，不达标水量为21.3亿吨，占9.4%，其中全国36个重点城市饮用水水源水质达到Ⅱ类水体标准的水样数量比例由2002年的24.8%下降到2009年的8.6%（图1-13）。在新型城镇化的发展条件下，更需要关注城镇化发展与资源与环境的关系，减少资源消耗和浪费，降低环境污染和生态破坏，增进人与自然的和谐，以优化生态环境、构建人与自然之间和谐的城镇化环境并形成良性循环的路径，全面创造良好城乡人居环境。因此，安全防灾不仅需要考虑城市规划对象的空间范畴变化，而且还需考虑影响城乡发展的各种生态要素的条件变化，规划控制潜在自然灾害的风险变化，以保障城乡人居环境的安全、和谐、健康。

（5）由于我国长期以来实行的是城乡二元化的体制，也造成了防灾减灾管理重城市轻农村的现象，

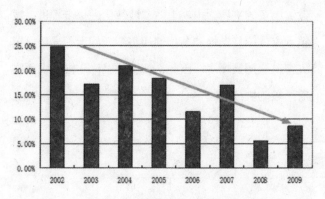

图1-13 全国36个重点城市饮用水水源水质达标比例

导致了目前"高风险的城市，不设防的农村"的现实窘境。在城市建设中，防灾欠账较多，城市防灾标准低、基础设施老化等亦是高速发展的城市所面临的重大挑战。例如近几年发生在我国许多城市的暴雨内涝暴露了我国排水标准低的问题，据国家防汛办统计，2008年以来，我国每年洪涝必成灾的城镇都在130座以上，2013年竟达到234座；据住建部统计，2008—2010年间，有62%的城镇发生不同程度的内涝，最大积水深度超过0.5m的占74.6%，其中水灾持续超过3小时的有137座城镇。从沿海城镇到内陆城镇，从北方城镇到南方城镇，无不饱受内涝之困。当然这与当初城市建设的财力密切相关，现在需要全面审视和评估。另外，城市建成区尤其是旧城区，存在大量建设年代久远的基础设施，普遍存在老化现象，过去安全的系统目前来看可能会失稳，过去完善的设施现在也可能变得并不安全。据统计：截止2014年5月底，我国共排查油气管道隐患2.9万处，平均每10km 2.5处，但整改率仅12.6%。这些基础设施在维持城市正常使用功能时已经频繁出现问题，一旦遭受灾害后就更加岌岌可危，在历次灾害中也正是这些老化的基础设施破坏严重，影响了城市的防灾救灾功能。同时，《国家新型城镇化规划（2014—2020年）》将"推动城乡发展一体化"作为专门的一篇进行安排，足见国家对城乡一体化的重视。然而现实的问题是我国量大面广的农村住房缺少本质安全的设防，不抗震、不防火、无法应对地质灾害等隐患，都成为城镇化发展的障碍。因此，应以城乡一体化作为契机，改变"不设防的农村"的窘迫局面，通过改革逐步形成适应我国国情的农村地区防灾减灾管理机制，形成城乡防灾减灾能力协调发展的新格局。

（6）快速的城镇化造成人口超过百万的特大城市不断增加，许多特大城市中心城区建筑、人口高度密集，部分区域每平方公里多达几万人，应急避难空间明显不足，也造成灾害隐患。通过科学的手段提高其综合防灾能力是保障城市可持续发展的一个重要方面。由于我国综合防灾规划管理体制与科技手段总的来说还比较薄弱，目前我国特大城市规划的防灾内容仍是一块短板，防灾需求与要求在城市规划中并未很好的解决。

（7）快速的城镇化也造成了城市安全管理的脱节或滞后，尤其是中小城市安全管理力量更为薄弱。尽管近十年来，各级城镇总体规划中都有防灾规划篇，但实际上并未在城镇防灾规划建设中起到太大作用。这不仅源自规划本身欠科学、欠深入，也源自其尚未与城镇总体运行的应急管理体系相衔接，此种状况必然要改变。要保障城市防灾安全，仅通过规划并不能取得预期的目标，"三分规划，七分管理"，必须通过管理予以落实规划中的各种防灾对策和措施才能实现预期目标，从而达到保障城市综合防灾能力的目的。

总的来看，由于我国特殊的地理位置、多山的地形以及不稳定的季风气候等导致孕灾环境非常复杂，致灾因子也是多种多样，加之城镇化过程中人们的生产活动，也会产生一些新的人为或复合孕灾环境和致灾因子；同时，在新型城镇化过程中，由于城镇具有人口、财富、工程设施等集聚的特点，导致其成为一个庞大和复合型极强的承灾体。因此，由时间、空间、强度均具有较强不确定性的致灾因子作用在一个人员、财产和工程集中的城镇复合承灾体上，使得城镇灾害无论在频度、损失程度，还是影响深度等各方面都呈现出非线性递增的趋势（图1-14）。而我们在城镇化过程中，客观上脱离不了孕灾环境、致灾因子的束缚，主观上随着城镇化进一步推进，城镇承灾体的复杂性和易损性还将不断增大，导致城镇灾害风险明显增多。因此，新型城镇化防灾减灾面临着严峻的挑战。

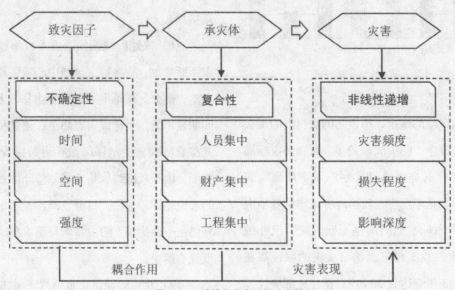

图 1-14 城镇化灾害形势示意图

2 城镇安全防灾的基本策略

2.1 加强安全防灾法律法规与标准体系建设

2.1.1 完善安全防灾法律法规体系

(1) 法律法规是安全防灾的保障

国内外防灾减灾经验表明，通过防灾减灾能力建设，提升城乡灾害防御水平，是降低灾害损失、减轻人员伤亡并保障经济社会可持续发展的主要途径。我国当前的减灾工作并未使灾害损失从根本上得到有效控制，灾损水平高位运行的现状未根本转变，灾害经济损失水平远高于欧美日等发达国家的损失水平。造成这种现实情况的客观原因是由于我国灾害背景严重，城镇化发展过程中防灾方面带来一些新问题，经济社会的快速发展增加了城镇易损性等；而主观上说明我国城乡防灾能力和管理水平都还有极大地提升空间。

当前我国仍采用的是"分灾种、分部门的灾害管理模式"，注重单项灾害管理，还没有形成综合性的城市应急管理体系（表2-1）。这也导致了实际减灾管理工作政出多门，令不一致，不利于统一指挥和协调，设防标准不统一、缺乏科学管理，防灾资源协调难度大，重应急、轻预防，综合减灾措施得不到很好的贯彻执行，不能实现减灾资源配置的最优化和灾害损失的最小化。另一方面，减灾工作程序不规范，

表2-1　中国灾害管理部门的职能划分

职能	监测预报	防灾抗灾	救灾	援建
气象灾害	中国气象局	各级政府，农、林、渔、交通、工业等部门	各级政府，国务院生产办、民政、部队等	政府
海洋灾害	国家海洋局	各级政府，交通及水产、能源、建设等	各级政府，国务院生产办、民政、交通、部队等	政府
洪水灾害	中国气象局中华人民共和国水利部	各级政府，水利及交通、建设等	各级政府，国务院生产办、民政、部队等	政府
地质灾害	国土资源部、建设部	各级政府，铁道及交通、建设等	各级政府，国务院生产办、民政、交通、铁道等	政府
地震灾害	中国地震局	各级政府，地震局及建设、交通等	各级政府，国务院生产办、民政、部队等	政府
农业灾害	中华人民共和国农业部	各级政府，农业部门	各级政府，国务院生产办、民政、部队等	政府
林业灾害	国家林业和草原局	各级政府，林业部门	各级政府，国务院生产办、民政、部队等	政府
特重大事故	中华人民共和国交通运输部、国家安全生产监督总局、中华全国总工会等	各级政府，省市安监局	各级政府，国务院生产办、民政、红十字会等	政府

制度建设、组织机构、决策系统、物资装备、工作方式等落后于减灾工作的实际需要，减灾投入与产出不相对应，达不到预期的减灾效果。造成这种状况的主要原因还是法律法规的缺位，需要由国家强制力保证的制度规则来促进安全防灾工作。

未来一段时间将是我国城镇化发展的关键阶段，安全防灾能力建设是确保城镇化质量的重要方面，是社会经济可持续发展的重要保障。而灾害管理是安全防灾的最主要的手段，其目的在于防止或避免灾害的发生，一旦灾害发生，及时采取相应行动减轻灾害所造成的损失和不利影响；灾害发生后，及时向灾民提供必要的援助，帮助灾民重建家园，恢复生产。减轻自然灾害需要监测、预报、预警、防灾、抗灾、救灾、恢复重建等多种措施的社会协调行动，其本身就是一项复杂的系统工程。法制建设是安全防灾的基础和保障，为了确实保证城镇的防灾安全性，需要通过立法把减轻灾害系统工程的关键环节和基本框架、主要内容、对策措施等以法律规范的形式把其固定化、制度化，赋予其权威性和强制性，使灾害预防、灾中救助和灾后恢复重建都有法律依据，提高灾害管理水平，提高我国的综合防灾减灾救灾能力。这是贯彻依法治国方略，建设社会主义法治国家在安全防灾工作中的具体体现和必然要求。

同时，安全防灾法律法规体系建设也是加强安全防灾宣传教育，提高民众安全防灾意识和技能的有效途径，加强安全防灾的宣传与教育作为减轻灾害系统工程的一项重要内容，也是安全防灾的应对措施之一。因此，安全防灾的宣传教育必须通过立法使之经常化，固定化和规范化。

另外，完善安全防灾法律法规体系是实现科学减灾，促进科技成果转化的有力保证。要想在灾害面前有所作为，就必须对灾害的分布状况、灾害的发生规律、灾害的成因和特征、灾害的危害后果、防御此类灾害发生和减轻灾害危害后果的措施等进行深入细致的研究，走科学减灾的道路。

（2）我国安全防灾法律法规基本情况

目前，我国已经基本形成了以《中华人民共和国突发事件应对法》为龙头的安全防灾法律法规体系(表2-2)。根据该法规定，突发事件是指突然发生，造成或者可能造成严重社会危害，需要采取应急处置措施予以应对的自然灾害、事故灾难、公共卫生事件和社会安全事件，适用于突发事件的预防与应急准备、监测与预警、应急处置与救援、事后恢复与重建等应对活动。另外，规定了国家建立统一领导、综合协调、分类管理、分级负责、属地管理为主的应急管理体制。相应的按照不同灾害种类与管理职责我国已经制订了如《中华人民共和国气象法》《中华人民共和国防震减灾法》《中华人民共和国水法》《中华人民共和国水土保持法》《中华人民共和国防洪法》《中华人民共和国消防法》等一系列法律法规，同时，各省（区、市）也颁布实施了地方性防灾法规和规章，形成了由国家法律、行政法规、地方法规、部门规章和地方政府规章组成的较为完善的法规体系基本框架。

2.1.2 完善安全防灾标准体系

（1）必要性

工程建设标准是从事各类工程建设活动的技术依据和准则，是政府运用技术手段实现对建设市场宏观调控、推动科技进步和提高建设水平的重要途径。不仅如此，它还是推动技术进步、提高建设水平的一项重要途径。城镇安全防灾的重要环节是提高各类工程建设的抗灾能力，通过行之有效的标准规范，特别是工程建设强制性标准，为建设工程实施安全防范措施、消除安全隐患提供统一的技术要求，以确保在现有的技术、管理条件下尽可能地保障建设工程安全，从而最大限度地保障建设工程质量安全、人民群众的生命财产与人身健康安全以及其他社会公共利益等方面。

表 2-2　我国应对各类灾害的法律法规

颁布部门	颁布日期	实施日期	法律法规
全国人大及常委会	2007 年 8 月 30 日	2007 年 11 月 1 日	《中华人民共和国突发事件应对法》
	2007 年 10 月 28 日	2008 年 1 月 1 日（2015 年 4 月 24 日修订）	《中华人民共和国城乡规划法》
	2002 年 8 月 29 日	2002 年 10 月 1 日	《中华人民共和国水法》
	2001 年 8 月 31 日	2002 年 1 月 1 日	《防沙治沙法》
	1999 年 10 月 31 日	2000 年 1 月 1 日（2014 年 8 月 31 日修订）	《中华人民共和国气象法》
	1999 年 6 月 28 日	1999 年 9 月 1 日	《中华人民共和国公益事业捐赠法》
	1998 年 4 月 29 日	2009 年 5 月 1 日（2008 年 10 月 28 日修订）	《中华人民共和国消防法》
	1997 年 12 月 29 日	1998 年 3 月 1 日（2008 年 12 月 27 日修订）	《中华人民共和国防震减灾法》
	1997 年 8 月 29 日	1998 年 1 月 1 日（2015 年 4 月 24 日修订）	《中华人民共和国防洪法》
	1991 年 6 月 29 日	2011 年 3 月 1 日（2010 年 12 月 25 日修订）	《中华人民共和国水土保持法》
	1984 年 9 月 20 日	1985 年 1 月 1 日（1998 年 4 月 29 日修正）	《中华人民共和国森林法》
国务院	2006 年 1 月 10 日	2006 年 1 月 10 日（2011 年 10 月 16 日修订）	《国家自然灾害救助应急预案》
	2003 年 11 月 24 日	2004 年 3 月 1 日	《地质灾害防治条例》
	2002 年 3 月 19 日	2002 年 5 月 1 日	《人工影响天气管理条例》
	2000 年 5 月 27 日	2000 年 5 月 27 日	《蓄滞洪区运用补偿暂行办法》
	2000 年 1 月 29 日	2000 年 1 月 29 日	《中华人民共和国森林法实施条例》
	1995 年 2 月 11 日	1995 年 4 月 1 日	《破坏性地震应急条例》
	1994 年 10 月 9 日	1994 年 12 月 1 日	《中华人民共和国自然保护区条例》
	1993 年 10 月 5 日	1993 年 10 月 5 日	《草原防火条例》
	1991 年 7 月 2 日	1991 年 7 月 2 日（2005 年 7 月 15 日修订）	《中华人民共和国防汛条例》
	1991 年 3 月 22 日	1991 年 3 月 22 日	《水库大坝安全管理条例》
	1989 年 12 月 18 日	1989 年 12 月 18	《森林病虫害防治条例》
	1988 年 1 月 16 日	1988 年 3 月 15 日	《森林防火条例》
	1983 年 12 月 29 日	1983 年 12 月 29 日	《中华人民共和国海洋石油勘探开发环境保护管理条例》
国务院中央军事委员会	2005 年 6 月 7 日	2005 年 7 月 1 日	《军队参加抢险救灾条例》
民政部	2008 年 4 月 28 日	2008 年 4 月 28 日	《救灾捐赠管理办法》

　　我国的工程建设标准，属于技术法规范畴，一般由标准、规范、规程、规定和要点等组成，一经批准颁布，则是从事技术工作的工程人员必须遵照执行的，有很强的约束力。为了正确有效地运用这些技术法规，还编制了一系列编制说明、条文说明、设计手册、标准图和通用图，以及各种计算表格。

　　标准体系是一定范围内的标准按其内在联系形成的科学的有机整体，工程建设标准体系则是工程建设领域的部分或所有工程建设标准，依据彼此客观存在的内在联系，构成的一个或若干个科学的有机整体。标准体系的建立可有效促进工程建设标准化的改革与发展，保护国内市场、开拓国际市场，提高标准化管理水平，确保标准编制工作的秩序，减少标准之间的重复与矛盾，运用系统分析的方法建立标准体系十分重要。安全防灾标准体系的建立与完善从以下几个方面来看有着迫切的需求：

1）我国处于灾害高发区，城镇化建设与发展临着严重的灾害背景，因此防灾减灾工作十分重要和繁重。

2）城镇安全防灾工作在各灾种、不同区域发展极不均衡，对城镇安全防灾工作指导性差，缺少技术标准支持。

3）随着我国国民经济的持续稳步发展、城镇化进程的加快，大型及重要建筑逐渐增多，城市基础设施建设发展迅猛，其复杂度和易损性日益提高，防灾隐患也随之增加，迫切需要技术标准的支持。

4）面对我国的灾害背景和目前建设及管理过程中存在的诸多问题，国家对其安全防灾极其重视，完善其安全防灾标准体系迫在眉睫。

5）目前，我国经济在发展，科学技术在进步，加入 WTO 后对外开放政策逐步深化，建设领域在不断拓展，新技术、新材料、新工艺、新设备在大量涌现，迫切需要工程建设标准不断得到补充和完善。

6）制订城镇安全防灾技术标准体系是我国当前经济、社会发展和构建和谐社会的需要。

实践表明，不建立标准体系，不规划标准的最佳秩序，往往会使标准的制订处于头痛医头、脚痛医脚的盲目状态，以致在标准发展到一定数量后，会发现标准之间存在不协调、不配套、组成不合理，甚至互相矛盾的问题。为彻底改变工程建设标准发展中的问题，继续推动工程建设标准的健康发展，建立科学的工程建设标准体系显得十分重要。

（2）我国安全防灾标准体系现状

目前，我国工程建设标准体系现包括 15 部分，如城乡规划、城镇建设、房屋建设、铁路工程、电力工程、建材工程、石油化工等，涉及不同领域，每个部分体系中又分为综合标准和专业标准两个分体系（图 2-1）。

1）综合标准

每部分体系中的综合标准均是涉及质量、安全、卫生、环保和公众利益等方面的目标要求或为达到这些目标而必需的技术要求及管理要求，一般指全文强制性标准。它对该部分所包含各专业的各层次标准均具有制约和指导作用。

2）专业标准

每部分体系中所含各专业的标准分体系，按各自学科或专业内涵排列，在分体系框图中竖向分为基础标准、通用标准和专用标准三个层次。上层标准的内容包括了其以下各层标准的某个或某些方面的共性技术要求，并指导其下各层标准，共同成为综合标准的技术支撑。

3）基础标准

是指在某一专业范围内作为其他标准的基础并普遍使用，具有广泛指导意义的术语、符号、计量单位、图形、模数、基本分类、基本原则等的标准。

4）通用标准

是指针对某一类标准化对象制订的覆盖面较大的共性标准。它可作为制订专用标准的依据。如通用的安全、卫生与环保要求，通用的质量要求，通用的设计、施工要求与试验方法，以及通用的管理技术等。

5）专用标准

是指针对某一具体标准化对象或作为通用标准的补充、延伸制订的专项标准。它的覆盖面一般不大。

图 2-1 我国工程建设标准体系示意图

如某种工程的勘察、规划、设计、施工、安装及质量验收的要求和方法，某个范围的安全、卫生、环保要求，某项试验方法，某类产品的应用技术以及管理技术等。

"城镇与工程防灾专业标准"是我国现行《工程建设标准体系（城乡规划、城镇建设、房屋建筑部分）》中的17个专业之一。城镇与工程防灾，指在城乡规划、工程勘察、设计、施工及维护的建筑活动过程中采取了防灾设计要求和必要的防灾措施，以保障 在发生火灾、洪灾、地震、暴风雪、雷击灾害及山区发生地质灾害时，能避免或减少建筑工程和市政工程的破坏及生命与财产的损失。本专业标准体系以建筑工程和市政工程抗震为主，并列入耐火、抗洪、抗地质灾害的部分标准。根据国家标准《标准体系表编制的原则和要求》（GB/T 13016—2009）以及《工程建设标准体系（城乡规划、城镇建设、房屋建筑部分）》（2003年版），我国城乡与工程防灾专业的标准体系框架分为4个层，即全文强制性的综合标准、基础标准、通用标准和专用标准（图2-2）。

目前，我国已有防灾方面的标准，主要是工程设计层次的，大多属于专用标准系列，而工程建设防灾标准主要集中在抗震、火灾与爆炸、防洪等三个方面。下面重点介绍我国现有抗震防灾标准体系的基本情况：

我国的抗震设防标准起步于50年代末，1964年提出了建筑物和构筑物抗震设计规范的初稿，1974年发布了第一本建筑物通用的抗震设计规范（试行），1976年唐山地震后进行了修订并发布了建筑物通用的抗震鉴定标准。此后，在国家抗震主管部门的统筹安排和各工业部门抗震管理机构的大力支持下，有关冶金、铁路、公路、水运、水工、天然气、石化、市政、电力设施、核电等行业也相继制订了本行业的抗震设计和抗震鉴定的标准，逐渐形成门类较为齐全的抗震设计和鉴定的标准系列。在世界各国的建筑物抗震设计标准中，我国的抗震规范在设防目标、场地划分、液化判别、抗震概念设计和重视抗震构造措施方面具有先进的水平；在2001版的建筑抗震设计规范中，还纳入了隔震和减震设计和非结构抗震设计的内容，开始向基于性能要求的抗震设计迈出重要的一步。

我国自1974年正式发布《工业与民用建筑抗震设计规范》（TJ 11—74）以来，经过近40年的努力，先后制（修）订了《建筑抗震设计规范》《建筑抗震鉴定标准》等以抗震防灾为主的国家和行业标准20余项，另外尚有《混凝土结构设计规范》《高层建筑混凝土结构技术规程》等数百项专业标准（包括国家、行业和地方标准）涉及具体的抗震设防技术内容。

根据目前工业标准咨询网的检索结果，截至2013年8月，我国现行的以抗震防灾为主的各类建设标准（包含相关图集）共有100项（表2-3），内容涵盖了城乡建筑工程、各行业的工程和设施设备等。

在防火防爆方面则有《建筑设计防火规范》《高层民用建筑设计防火规范》《建筑内部装修设计防火规范》《烟花爆竹工厂设计安全规范》《城市消防站建设标准》《城市消防站设计规范》《广播电视工程建设设计防火标准》《水利水电工程设计防火规范》《火力发电厂与变电所设计防火规范》《石油化工企业设计防火规范》《原油和天然气工程设计防火规范》《油罐区防火堤设计规范》《油气田爆炸危险场所分区》《地下及覆土火药炸药仓库设计安全规范》《爆炸和火灾危险环境电力装置设计规范》《化工企业爆炸和火灾危险环境电力设计规程等。

在防洪标准方面制订有《防洪标准》《城市防洪工程设计规范》《蓄滞洪区建筑工程技术规范》《市政工程质量检验评定标准（城市防洪工程）》等。

（3）城乡安全防灾标准体系建设建议

构建城乡安全防灾标准体系应从我国安全与防

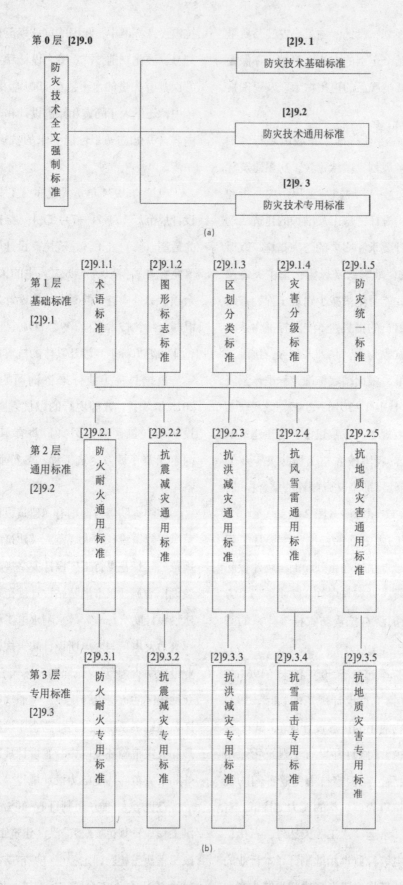

图 2-2　我国现行工程建设标准体系中城乡与工程防灾专业的标准体系框架
(a) 综框图　(b) 分框图

表 2-3 工标网的抗震防灾标准检索结果

序号	标准名称	标准编号
1	多层砖房钢筋混凝土构造柱抗震节点详图	03G363
2	建筑物抗震构造详图（多层和高层钢筋混凝土房屋）	11G329-1
3	建筑物抗震构造详图（多层砌体房屋和底部框架砌体房屋）	11G329-2
4	建筑物抗震构造详图（单层工业厂房）	11G329-3
5	建筑物抗震构造详图（2005 年合订本）	G329-2、7、8
6	建筑物抗震构造详图（2005 年合订本）	G329-3 ～ 6
7	通信设备安装抗震设计图集	YD 5060-2010
8	农村民宅抗震构造详图（2008 年合订本）	SG618-1 ～ 4
9	房屋建筑抗震加固（一）（中小学校舍抗震加固）	09SG619-1
10	房屋建筑抗震加固（二）（医疗建筑抗震加固）	12SG619-2
11	房屋建筑抗震加固（三）（单层工业厂房、烟囱、水塔）	12SG619-3
12	房屋建筑抗震加固（四）（砌体结构住宅抗震加固）	11SG619-4
13	房屋建筑抗震加固（五）（公共建筑抗震加固）	13SG619-5
14	砖墙承重多层房屋抗震构造柱节点详图（适用于抗震设防烈度为 6 度～ 8 度的房屋）	DBJT 10-16-1990
15	建筑抗震设计规范	GB 50011-2010
16	构筑物抗震设计规范	GB 50191-2012
17	镇（乡）村建筑抗震技术规程	JGJ 161-2008
18	农村民居建筑抗震设计施工规程	DBll/T 536-2008
19	建筑抗震设计规程（附条文说明）	DGJ 08-9-2003
20	冶金建筑抗震设计规范	YB 9081-1997
21	石油化工构筑物抗震设计规范	SH/T 3147-2004
22	水工建筑物抗震设计规范	DL 5073-2000
23	水运工程抗震设计规范	JTJ 225-1998
24	铁路工程抗震设计规范	GB 50111-2006
25	城市桥梁抗震设计规范	CJJ 166-2011
26	核电厂抗震设计规范	GB 50267-1997
27	铁路单层砖房抗震设计规范	TB 10040-1993
28	单层工厂厂房抗震设计规程	JBJ 12-1997
29	天窗架承重式锯齿排架结构抗震设计规程	FJJ 115-1992
30	锅炉构架抗震设计标准	JB 5339-1991
31	公路桥梁抗震设计细则	JTG/T B02-01-2008
32	室外给水排水和燃气热力工程抗震设计规范	GB 50032-2003
33	油气输送管道线路工程抗震技术规范	GB 50470-2008
34	工业企业电气设备抗震设计规范	GB 50556-2010
35	石油化工钢制设备抗震设计规范	GB 50761-2012
36	高压开关设备和控制设备的抗震要求	GB/T 13540-2009
37	电信设备安装抗震设计规范	YD 5059-2005

（续）

序号	标准名称	标准编号
38	石油化工电气设备抗震设计规范	SH/T 3131-2002
39	含有有限量放射性物质核设施的抗震设计	HAF J 0002-1991
40	压水堆核电厂阀门第 10 部分：应力分析和抗震分析	NB/T 20010.10-2010
41	预应力混凝土结构抗震设计规程	JGJ 140-2004
42	底部框架 - 抗震墙砌体房屋抗震技术规程	JGJ 248-2012
43	建筑工程抗震性态设计通则（试用）	CECS 160-2004
44	建筑抗震鉴定标准	GB 50023-2009
45	现有建筑抗震鉴定与加固规程	DGJ 08-1981-2000
46	旧危房屋抗震安全性评定标准	DG/TJ 08-2032-2008
47	工业构筑物抗震鉴定标准	GBJ 117-1988
48	石油化工建筑抗震鉴定标准	SH/T 3130-2002
49	建筑抗震加固技术规程	JGJ 116-2009
50	核电厂安全系统电气设备抗震鉴定	GB/T 13625-1992
51	核电厂能动机械设备鉴定第 2 部分：抗震鉴定	NB/T 20036.2-2011
52	核电厂安全级电气设备抗震鉴定试验规则	NB/T 20040-2011
53	石油化工企业电气设备抗震鉴定标准	SH 3071-1995
54	石油化工设备抗震鉴定标准	SH/T 3001-2005
55	钢制常压立式圆筒形储罐抗震鉴定标准	SH/T 3026-2005
56	石油化工精密仪器抗震鉴定标准	SH/T 3044-2004
57	电气设施抗震鉴定技术标准	SY 4063-1993
58	常压立式储罐抗震鉴定技术标准	SY 4064-1993
59	铁路桥梁抗震鉴定与加固技术规范	TB 10116-1999
60	冶金工业设备抗震鉴定标准（附条文说明）	YB/T 9260-1998
61	钢制球型储罐抗震鉴定技术标准	SY 4081-1995
62	建筑抗震加固建设标准	建标 158-2011
63	建筑工程抗震设防分类标准	GB 50223-2008
64	石油化工建（构）筑物抗震设防分类标准	GB 50453-2008
65	广播电影电视建筑抗震设防分类标准	GY 5060-2008
66	化工建、构筑物抗震设防分类标准（附条文说明）	HG/T 20665-1999
67	通信建筑抗震设防分类标准	YD 5054-2010
68	城市抗震防灾规划标准	GB 50413-2007
69	工程抗震术语标准	JGJ/T 97-2011
70	防震减灾术语第 1 部分：基本术语	GB/T 18207.1-2008
71	防震减灾术语第 2 部分：专业术语	GB/T 18207.2-2005
72	钢筋混凝土用热轧带肋抗震钢筋	DB53/T 237-2007
73	抗震结构用型钢	GB/T 28414-2012
74	工业氯化锰	HG/T 3816-2011
75	储罐抗震用金属软管和波纹补偿器选用标准	SY/T 4073-1994

（续）

序号	标准名称	标准编号
76	抗震压力表	JB/T 6804-2006
77	抗震耐磨轴尖合金 3J40	YB/T 5243-1993
78	建筑抗震试验方法规程	JGJ 101-1996
79	水工建筑物抗震试验规程	SL 539-2011
80	建筑幕墙抗震性能振动台试验方法	GB/T 18575-2001
81	电信设备抗地震性能检测规范	YD 5083-2005
82	交换设备抗地震性能检测规范	YD 5084-2005
83	光传输设备抗地震性能检测规范	YD 5091-2005
84	通信用电源设备抗地震性能检测规范	YD 5096-2005
85	移动通信基站设备抗地震性能检测规范	YD 5100-2005
86	移动通信网直放站设备抗地震性能检测规范	YD 5190-2010
87	建筑结构隔震构造详图	03SG610-1
88	叠层橡胶支座隔震技术规程	CECS 126-2001
89	橡胶支座第 1 部分：隔震橡胶支座试验方法	GB/T 20688.1-2007
90	橡胶支座第 2 部分：桥梁隔震橡胶支座	GB 20688.2-2006
91	橡胶支座第 3 部分：建筑隔震橡胶支座	GB 20688.3-2006
92	制冷系统和热泵软管件、隔震管和膨胀接头要求、设计与安装	GB/T 23682-2009
93	建筑隔震橡胶支座	JG 118-2000
94	公路桥梁铅芯隔震橡胶支座	JT/T 822-2011
95	公路桥梁高阻尼隔震橡胶支座	JT/T 842-2012
96	人民防空工程隔震设计规范	RFJ 2-1996
97	石油浮放设备隔震技术标准	SY/T 0318-1998
98	建筑结构消能减震（振）设计	09SG610-2
99	建筑消能阻尼器	JG/T 209-2012
100	建筑消能减震技术规程	JGJ 297-2013

灾体系建设的总体构想出发，对城乡建设的安全防灾工作进行全面系统规划，不仅要针对全国、省级、市、县、村镇等不同级别的安全防灾体系的建立，还应考虑省市间区域综合防御体系和城乡综合防御体系的建立，不仅要针对城乡的各种灾害影响制定综合防灾抗灾标准以及相应的单灾种防灾抗灾标准，还要建立起城乡防灾所需要的防灾要求和技术指标体系，并针对大型基重要公共建筑等特种建筑监理抗灾标准。特别应注意的是，防灾技术指标体系的建立还包括了对有关城乡规划基础、通用和专用标准中的相关条文根据城乡防灾要求进行修订。从这些要求出发，

构建我国城乡安全防灾标准体系见图 2-3 所示。

在构建我国城乡安全防灾标准体系时主要考虑以下原则：

1) 将抗御灾害影响贯穿于城乡规划、建设、管理、防灾救灾、应急、灾后重建等城乡综合防御系统的各个方面，特别应加强城市设计方面的防灾设计研究及相应标准化工作；

2) 体现城乡防灾工作从单灾种向多灾种综合防御的发展要求和特点；

3) 城市、小城镇和村镇是我国现有行政管理体系形成的，但灾害的防御是全方位的、综合的，应体

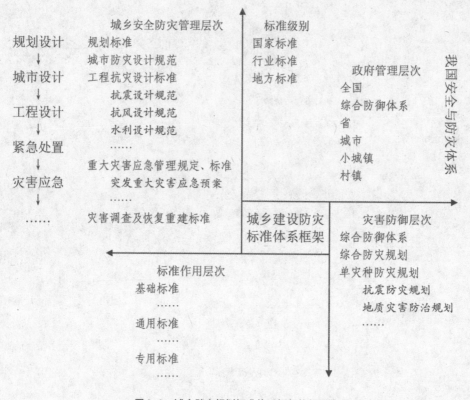

图 2-3　城乡防灾规划标准体系框架构想示意图

现建立区域综合防御和城乡一体综合防御体系、提高区域综合防灾能力的观点。

　　城乡安全防灾标准是为城乡规划和建设服务的，应与城乡现有的工程抗灾设计标准、重大灾害应急管理的规定与标准、灾害调查以及恢复重建的规定标准相协调。从标准作用层次上分为基础标准、通用标准和专用标准；从灾害防御层次上，体现从区域综合防御到城乡综合防灾再到单灾种防灾规划和工程抗灾的多层次灾害防御体系；从政府行政分级上，体现跨省市的综合防御体系到城市、镇、村庄三级相对应行政管理体系。

2.2 城镇安全防灾基本框架体系

　　建立完善的城镇安全防灾体系，是全面提高城镇防灾安全性、解决目前城镇防灾能力脆弱的根本手段。由灾害系统论可以知道，灾害是孕灾环境、致灾因子和承灾体共同作用的结果，因此，通过改善城镇孕灾环境、消除和减少致灾因子或降低其强度、提高承灾体防灾减灾能力等都是减轻城镇灾害的有效途径。同时也需要注意到，有些灾害是可以通过人类干预的方式予以避免的，而有些灾害则是目前人类科学技术手段所不能解决的。譬如，城市火灾、爆炸等危险源可以通过搬迁、改造等人为手段予以消除，技术事故、工程事故等人为灾害也可以通过严密设计和监管予以防范和减轻的。但不同于人为灾害，改善较大规模自然灾害的孕灾环境和致灾因子一般并不容易实现，例如对于大规模的气象灾害、地质灾害、地震灾害等人类迄今还无法控制，工程技术的发展也仍然无法保证建设工程和项目的绝对安全。

　　因此，可以得到以下结论：提高新型城镇安全防灾能力应采用综合减灾途径，在不同阶段采用多途径、多手段相结合的方式应对不同致灾因子对城镇的复合影响。若将城镇安全防灾体系比作一座大厦，要保证大厦安全需要有四个支撑点来支撑，这四个支撑点分别是防灾减灾规划、建设工程灾害防御、灾害监测预警与重大工程设施紧急处置以及灾后应急响应与救灾。该体系需要从灾前、灾时、灾后不同阶段灾害对城镇的影响出发，并贯彻"预防为主、防、抗、避、救相结合的方针"。图2-4给出了城镇安全防灾体系的四个支撑点与灾害时序、减灾手段之间的关系，共同构建了城镇建设防灾减灾体系，四个支撑点的主要作用和内容如下。

2.2.1 防灾减灾规划是根本基础

城镇防灾减灾规划是从源头上解决城镇安全和可持续发展的根本基础，只有制定好科学合理的防灾减灾规划，我们才能把新型城镇防灾减灾工作这一盘棋走好。通过统筹考虑各种灾害与突发事件的影响，从宏观大局角度把握城乡建设防灾减灾工作，是城镇建设防灾减灾体系的第一个支撑点，并为后续三个支撑点的建设奠定基础。

目前，我国的防灾减灾规划从国家宏观层面有国家、地方、行业的防灾减灾规划，如国务院办公厅发布的《国家综合防灾减灾规划》、住建部发布的《城乡建设系统防灾减灾规划》等；从城乡空间层面有区域、省域、城市、镇（乡）村几个层面的防灾规划。如此一来可以形成一个自上而下的防灾减灾规划体系，容易将防灾减灾的方针、政策、任务等逐层分解并得以实施。

对于服务于城镇建设的防灾减灾规划来说，意义主要体现在以下几个方面，一是控制城乡防灾空间结构和用地安全，减少灾害的发生和蔓延；二是根据城镇灾害防御目标总体把握城乡各类承灾体的抗灾设防水平，使城乡承灾体具有抗御预期水平灾害的能力；三是促进城乡各类防灾资源的优化整合，并为城乡应急保障基础设施建设提供支撑平台；四是规划安排灾后应急避难与安置空间，提高灾后民众的避难条件，并为灾后恢复重建提供据点。

2.2.2 建设工程灾害防御是基本保障

历史灾害经验表明，城镇各类承灾体（如建筑、生命线工程）破坏是造成人员伤亡和经济损失的最直

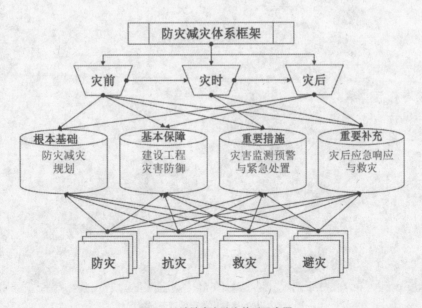

图2-4　城镇安全防灾体系示意图

接原因，提高其抗灾能力是有效减轻灾害损失的重要手段之一。工程抗灾是采用增强单个承灾体抗灾能力的方式，保障其在预定设防标准灾害下的安全达到减灾目的，如地震设防标准用工程在设计使用期内遭受不同规模地震的超越概率来表示，并实现"小震不坏、中震可修、大震不倒"的基本抗震设防目标。然而受限于各国经济水平的影响，一般都是按照一定的灾害风险水准进行城镇防灾建设，城镇灾害防御标准一般会随着经济水平的发展会逐步得到提高。以地震灾害防御为例来说，我国在解放初期由于受到经济、技术等方面的原因，尚无自己的抗震设计规范，国家在 1957 年正式规定：8 度和 8 度以下地区一般民用建筑与构筑物均暂不设防；9 度及 9 度以上地区，则从降低建筑高度、改善建筑平面布置和注意厂址选择来达到减轻地震破坏的目的。因此，在 1976 年 7

月 28 日发生在我国唐山的 7.8 级地震造成了严重的损失，唐山市地震前的基本烈度为 VI 度，所有建筑基本未考虑抗震设防，而地震震中烈度已高达 XI 度，市区大部分位于 X 度以上地区，整个唐山市顷刻间夷为平地（图 2-5）。全市交通、通讯、供水、供电等中断，150 万人的城市死亡人数达 24 万，16.4 万人重伤，36 万人轻伤，其中截瘫患者就有近 4000 人，经济损失超过 100 亿元，这次地震也名列 20 世纪世界地震史死亡人数之首。

因此，全面开展城镇单体工程和基础设施抗灾设防，保障抵御预期标准灾害能力，同时对重点工程如区域防洪工程、机场等关键设施和要害系统提高其设防标准，对一般性城镇建设工程合理确定其设防标准，成为城镇安全防灾体系的第一道防线，也是保证城镇建设安全防灾能力的基本保障。

图 2-5　1976 年唐山地震城市破坏情况

2.2.3 灾害监测预警与重大工程设施紧急处置是减灾重要措施

建设工程灾害防御是针对特定灾害强度下对工程所开展的常态准备工作，由于灾害及人员的动态变化特征，应避免城镇灾害在不知情或准备不足的情况下发生，而及时、准确的灾害预警是实现上述目的之重要措施。

2004 年 12 月 26 日，印度尼西亚苏门答腊岛附近海域发生里氏 9 级地震，从而引发了东南亚的大规模海啸。此次海啸的波及范围达到 6 个时区之广，仅次于 1960 年智利大地震所引起的海啸，海啸中的遇难者总人数超过了 29 万人之多。有关专家认为：因为印度洋很少出现海啸，规模如此巨大的海啸更是极其少有，这让印度洋沿岸国家减低了防范意识，政府也没有给予国民相应的指导，未建立与太平洋沿岸国家（美国、日本）类似的海啸预警机制。如果建立了海啸预警机制，如果能居安思危给人们提供防护教育，这次灾害也许不会夺去这么多人的生命，造成如此大的损失。

日本的海啸警报机制非常发达和成熟。1983 年日本海临近北海道海域发生海啸，地震发生 7 分钟后震中震级被确定，14 分钟后海啸警报发出，那时候，只要拿起电话，电话局首先要你听海啸警报，然后才能拨出电话。电视、广播都中断节目，反复播放警报，得到通知的沿岸人口得以迅速撤离到高地，没有造成人员伤亡。

可以看出，在灾害发生时，及时、准确的灾害预警能有效减少生命和财产损失，也是灾后应急救灾决策的重要依据。目前，灾害监测、分析和预警预报系统已广泛用于水文、气象、海洋、生物、地震及地质灾害等多方面，形成了遍布各地、相互交织的灾害监测、预警网络，极大地减少了灾害造成的影响。

灾害一旦发生后，有效的重大工程紧急处置则是控制直接灾害进一步扩大化的重要手段，如燃气自动切断系统、轨道交通紧急断电处置系统等。日本的新干线，在新泻地震中经受了考验。地震发生时，一共有八组列车正在行驶，其中有三组地震感应器启动，列车断电迅速停驶，避免了人员的伤亡。因此，利用现代信息、网络、3S 等现代化技术建设灾害预警系统和重大工程紧急处置系统，系统收集和分析各类灾害数据，并进行灾害风险快速评估，在灾害时及时提供可靠的灾变信息，为政府决策和民众紧急撤离提供强有力的保障，避免灾害的进一步扩大，是减轻城镇灾害的重要措施。

2.2.4 灾后应急响应与救灾是重要补充

当城镇安全防灾系统某一支撑点缺失、不足或在特大灾害下失效时，需要通过有效的应急响应与救灾进行补救。如前所述，由于灾害是突发的且不确定性非常大的事件，所以目前单体工程抗灾使用的设防标准冒有一定的风险，并不能避免一些极端强度灾害事件发生，也就是说第一道防线存在被击溃的危险性。此时快速有效的应急救灾与恢复重建则显得至关重要，可以挽救人民生命，减轻灾害损失，控制灾害的进一步蔓延（如我们常说的救灾黄金 72 小时）。因此完善灾后应急救灾与恢复重建是减轻城镇灾害的重要补充，是城镇安全防灾体系的第二道防线。

城镇建设防灾减灾体系是从灾前、灾时、灾后各个时序对防灾减灾的需求出发，按照"预防为主，防、抗、避、救"相结合的方针，并坚持灾害防御多道防线的理念发展形成的，通过四个支撑点之间相互关联、相互依托达到全方位保障城镇安全的作用。需要引起注意的是，该体系的建设需要四个支撑点相互支撑、相互补充，从而构成完整的综合防灾减灾体系。同时，对于不同灾种和不同经济社会发展阶段，四个支撑点的具体内容和任务方面会有区别，需要结合经济投入—防灾效益合理确定。

2.3 基于风险管理的城镇安全防灾基思路

由于大规模或不合理的人类社会活动，以及自然界本身运动变化，导致大量灾害和事故的发生。同时灾害中的一系列不确定性问题，包括未来灾害发生的可能性、可能达到的危险程度和危害程度等就自然地摆在了安全防灾界的面前。对于城镇灾害来说，随着城镇规模日益扩大和用地空间的不断拓展，基础设施建设错综复杂，导致新的致灾因素与不可控因素也越来越多。城镇建设在孕灾环境的稳定性、致灾因子的危险性、承灾体的暴露性与易损性几方面都在随着城镇快速发展而发生着变化，致使城镇灾害的几率不断增加。这些环节和变化都充满了未知性、复杂性和不确定性，呈现着强烈的风险特征。同时，灾害作为一种自然现象将长期与城镇发展伴随，而受限于人力、物力、财力的限制，灾害风险不可能完全消除，现代化城镇的灾害风险也必将长期存在。

全面认识和恰当评价自然灾害给人类社会造成的风险，既是安全防灾工作的基础环节，也是人类社会经济可持续发展的迫切需要。只有确切了解不同区域所面临的灾害风险程度，才能有针对性地对防灾资源进行合理的布局和配置，集中力量防备那些风险高的区域。因此，如何科学地分析灾害风险对城镇发展与建设的影响，并以此为基础开展减灾对策研究，成为亟待解决的关键问题之一。

2.3.1 灾害风险的概念

对于风险的概念，不同人有不同的理解，目前并没有一个严格统一的定义。"风险"一词的由来，最为普遍的一种说法是，在远古时期，以打鱼捕捞为生的渔民们，每次出海前都要祈祷，祈求神灵保佑自己能够平安归来，其中主要的祈祷内容就是让神灵保佑自己在出海时能够风平浪静、满载而归；他们在长期的捕捞实践中，深深地体会到"风"给他们带来的无法预测、无法确定的危险，他们认识到，在出海捕捞打鱼的生活中，"风"即意味着"险"，因此有了"风险"一词的由来。也有人认为风险是个外来词，汉语中的风险是由英文"risk"翻译而来，"Risk"源于法文"Risque"，意为在危险悬崖间航行，而法文又引自意大利文"Risicare"和希腊文"Risk"，意思是冒险才有获利机会。

风险（Risk）是一个重要的科学术语，但目前学术界对"风险"一词并没有一个统一严格的定义。在不同的研究领域甚至在不同的语言环境下，风险都表现出不同的意义。在理论上，比较有代表性的观点有三种：第一种观点是把风险视为机会，认为风险越大可能获得的回报就越大，相应可能遭受的损失也越大；第二种观点把风险视为危机，认为风险是消极的事件，可能产生损失，这常常是大多数企业所理解的风险；第三种观点介于两者之间，也更为学术，认为风险是一种不确定性。

如韦伯字典将风险定义为"面临的伤害或损失的可能性（Exposure to the chance of injury or loss）"；在保险业中，定义为"灾害或可能的损失"；C. A. Williamrens 认为"风险是给定情况下和特定时间内，那些可能的结果间的差异"；Blaikie 等提出的风险表达式为"风险＝危险性＋易损性"；蒋维等认为风险是指可使未来的管理遭受损失的不确定因素，风险是指发生不幸事件的概率，风险就是一个事件产生我们所不希望后果的可能性，他们将风险的定义表达式写成：风险（后果／时间）＝频率（事件数／单位时间）× 危害度（后果／每次时间）；联合国救灾组织（UNDRO）定义了自然灾害背景下的风险概念，认为风险是由于某一特定的自然现象、特定风险与风险元素引发的后果所导致的人们生命财产损失和经济活动的期望损失值；2004 年，联合国在其实施的"国际减灾战略"项目中，针对自然灾害，对风险进行的定义是指自然或人为灾害与承灾体的易损性之间相互作用而导致一种有害的结果或预料损失发生的可能性，其数学表达式为"风险＝危险性 × 易损性／防灾减灾能力"。

针对目前国际上较有影响的 18 个灾害风险的定义，黄崇福将其归纳为三类，即可能性和概率类定义、期望损失类定义和概念公式类定义，并就其存在的问题进行了归纳，指出：可能性和概率类定义的核心是用"损失的概率"来定义"风险"，其内涵仅仅是某种概率。由于风险的内涵绝不仅限于概率，"损失的概率"只能作为某些风险的描述工具，所以，"概率"不能定义"风险"。期望损失类定义认为风险是一种对灾害后果（人员伤亡、财产损失等）的"预期"或"期望值"。由于"预期"是个含混模糊的概念，因而此类定义无法表达风险的内涵。概念公式类定义是一个在特定意义下的灾害风险的计算公式，有悖于逻辑学上"定义是一个肯定陈述句"的基本要求，因而不能作为定义使用。结合自然灾害的定义，黄崇福进而提出了以情景为基础的自然灾害风险的定义，即自然灾害风险是由自然事件或力量为主因导致的未来不利事件情景。

通过以上定义可以看出，风险包含了两个因素：致灾因子和脆弱性。风险的大小不仅与致灾因子有关，而且与人类社会的脆弱性密切相关，这种观点已经得到广泛认同。首先，风险与致灾因子密切相关，在其他各种因素相同的条件下，致灾因子的强度、频率越大，则风险越大。其次，脆弱性不同的人群或地区，即使面临完全相同的致灾因子（如同样强度的地震），其期望损失也会不同，即面临不同的风险。虽然各位学者对风险有着不同的见解，但基本思想是一致的，也就是把灾害风险与损失联系在一起。

2.3.2 灾害风险的表征与特征

风险表征就是人们采用什么样的方法和方式表示风险的大小和量值。在灾害社会学研究的早期阶段，人们一开始是用"灾度"这个概念来度量灾害风险的，并提出了一系列表达公式。普林斯认为，灾害的规模与给社会造成的影响成正比，灾害的规模与恢复时间成正比，国外称之为"普林斯假说"。赖特等人建议的灾度是：社会财富和基础设施与灾害损失的比值，公式表达为：灾度＝损失／（受损社区财富＋受损社区基础设施价值）。后来有人又提出了"人员伤亡与受损社区人口"的建议。也有人根据前两个方案的困难，提出了应当以"反应能力"来度量的方法，即：灾度＝（基础设施损失＋人员伤亡）／反应能力。1987 年，贝茨（Frederick L. Bates）提出了以 GDP 来进行度量的方法，即：灾度＝财产损失值／社区 GDP。灾度的困难是由于其在概念上和可操作性方面都存在一定问题，因此没有广泛地为研究人员和政府所采用。

目前最常用的风险表征方法是风险矩阵方法，将事故发生的可能性和相应的后果置于一个矩阵中，该矩阵称为风险矩阵。风险矩阵的横坐标为失效后果，纵坐标为失效可能性，失效可能性和失效后果的不同组合得到不同的风险等级，不同的行业往往会有不同的风险矩阵。在工业行业中，Taylor 等在 1989 年提出了社会风险标准，并在许多国家的工厂应用；英国的 Entec 在其消防救援力量部署研究中，提出了每个风险群每年的社会风险标准。我国目前尚未形成一致的社会风险评价标准，只有建立了社会风险标准，才可以将现实风险与之相比较，确定哪些风险是可以忽略不计的，哪些风险是可以接受且需要根据成本—效益分析能够降低的，哪些又是不计成本必须降低的，从而为防灾减灾管理和决策提供科学合理的依据。

另外，为了直观了解风险的概念，人们往往用多种数学表达式来说明风险与致灾因子和脆弱性这两个因素的关系，常见的表达式有以下两个：

风险（Risk）＝致灾因子（Hazard）× 脆弱性

(Vulnerability)

风险（Risk）＝概率（Probability）×损失（Loss）

其中，第二个式子也有把损失写成结果（Consequence）的，这里的结果与损失具有相同的涵义，即：

风险(Risk)=概率(Probability)×结果(Consequence)

需要说明的是，上式只是一个虚拟的函数，并不是一个真正的数学公式，只是采用数学表达式的形式来说明评估风险的各个组成部分。

从灾害风险的形成及采取减灾措施对风险的影响角度来看，灾害风险是在导致灾情或灾害产生之前，由风险源、风险载体和人类社会的防减灾措施等三方面因素相互作用而产生的、人们不能确切把握且不愿接受的一种不确定性态势。我们可以把灾害风险的基本表达式为：

$$R=\frac{P \cdot S}{C} \qquad (式2\text{-}1)$$

式中：R、P、S 和 C 分别表示灾害风险、灾害危险性（和致灾因子强度、频度有关）、灾害后果（包括承灾体的破坏、经济损失及人员伤亡等）、防灾减灾能力。

一般来说灾害风险具有以下几个方面的特征：

（1）危害性：灾害风险无时无刻不潜伏在我们的生活当中，自然会对社会、经济、个人和生态环境等产生危害性后果。

（2）不确定性：灾害风险的概念包含两层意思，一是灾害发生的概率；二是灾害损失的可能性。这也就说明了灾害风险对于描述灾害事件和产生后果具有不确定性。

（3）复杂性：一般来说，随着致灾因子的强度的增大灾害风险也相应变大，但由于不同的社会系统结构、风险性质和强度可能不同。以地震灾害风险为例来说，一个地区未来地震灾害的风险取决于几个因素，一是该地区的社会人文经济状况，如果该地区位于人烟荒芜的沙漠地带，即使其地震危险性很大，但由于几乎不会有地震损失，因而其地震灾害风险会很低；二是灾害损失随机变化的离散程度，一般离散程度越小，灾害风险度越低，离散程度越大，风险度越高。

（4）可变性：灾害风险不是一成不变的，随着影响灾害事件自然原因的变化或人为作用的影响，也随着社会易损性的变化，灾害风险程度的大小甚至性质都是可以变化的。因此，由于灾害及其影响因素的多变性和社会易损性的可变性，导致自然灾害风险也是动态可变的。

2.3.3 灾害风险管理

（1）灾害风险管理的概念

风险管理问题的提出，最早来自保险行业，后来才逐渐推广到安全管理工作中。早在19世纪50年代初期，欧美一些资本主义国家就先后开展了风险评价和风险管理这一工作。日本引进风险管理已有30多年的历史，开展安全评价的工作也有20年了。风险管理的应用极为广泛，而各个领域的管理目标也不尽相同，所以人们对风险管理的界定，有许多不同的理解。如国际标准化组织把风险管理定义为：指导和控制某一组织与风险相关问题的协调活动。一般认为，风险管理是指个人、家庭、组织或政府对可能遇到的风险进行识别、分析和评估，并在此基础上对风险实施有效的控制和妥善处理风险所致损失的后果。

联合国国际减灾战略（ISDR）的定义，风险管理是指为了减小潜在危害和损失，对不确定性进行系统管理的方法和做法。风险管理包括风险评估和分析，以及实施控制、减轻和转移风险的战略和具体行动。风险管理在企业管理中得到广泛应用，以减少投资决策中的风险。对于企业来说，他们所面对的风险有多重，包括财产损毁、法律责任、员工伤害和财务风险等。而在灾害经济学中，我们关注的是灾害风险及其管理问题。灾害风险管理是"风险管理"

概念的延伸，针对的是与灾害风险相关的问题。灾害风险管理的目的是，通过防灾、减灾和备灾活动和措施，来避免、减轻或者转移致灾因子带来的不利影响。具体来说，灾害风险管理是利用各种手段，实施一定的战略、政策和措施，提高应对能力，减轻致灾因子带来的不利影响和降低致灾可能性的系统过程。灾害风险管理贯穿于整个灾害发生、发展的全过程。

（2）灾害风险可接受水平

灾害风险可接受水平是进行风险管理决策的依据，只有明确了灾害风险可接受水平，才能对风险管理的效果做出客观的评价。所谓可接受风险水平，是指社会公众根据主观愿望对风险水平的接受程度。风险的可接受水平与社会的经济情况、人文背景和文化背景等情况密切相关，世界各国由于自然环境、社会经济水平、科学技术条件及价值取向的差异，个人和社会对风险的接受能力不同，因此各个国家对各类灾害的可接受风险水平的界定也是有所差异的。

关于风险可接受水平的研究，以英国健康与安全委员会（HSE）为代表的一些机构和部门在这方面开展了许多工作，取得了一系列的研究成果，总结了社会风险标准发展的几个里程碑。20世纪60年代末，国外就已经开始了有关可接受风险的研究。1974年，英国在法律中采用了风险决策领域的ALARP（As Low As Reasonably Practicable）准则。1981年，剑桥大学的Fischhoff出版了《可接受风险》（Acceptable Risk）一书，对可接受风险进行了系统的探讨。在此研究中，他们指出风险不是无条件接受的，它仅仅在获得的利益可以补偿所带来的风险时才是可以接受的，或者说，是决策产生可接受的风险，而并非风险本身是可以接受的，并认为可接受风险问题是一个决策问题。当今，可接受风险已经成为一个社会政治事件，它不仅仅包括生命风险、健康风险和环境风险。Thompson强调要考虑到社会背景的多样性来理解风险的可接受性，Douglasand主张不同群体中个人对

风险的认识是基于特殊的文化背景的。目前，英国、澳大利亚、新西兰及加拿大等一些国家制定有风险管理及分析的一般指南。

国内对于可接受风险的研究相对开展的较晚，研究成果相应较少，各个领域在这方面的研究情况也有差异，有的刚刚起步，大部分领域这方面的研究几乎都是空白。香港在这个方面的研究和应用比较领先，香港规划标准与准则中已就潜在危险设施的可接受及不可接受风险订立了标准。我国内陆地区一些学者也做了一些研究，徐祖信和郭子中、杨白银和王锐琛、陈肇和和李其军等在水库泄洪风险分析的研究中，对水库泄洪的目标风险率进行了讨论；姜树海论述了允许风险概念及其作为大坝防洪风险承受标准的阈值范围，并介绍了运用允许风险确定大坝防洪设计标准的方法；岑慧闲等探讨了可接受风险界定的风险论；汪敏和刘东燕对滑坡灾害的可接受风险水平做了初步的研究；梅亚东和谈广鸣对大坝防洪安全评价的风险标准进行了一些探讨；肖义等采用可接受风险作为大坝水文安全风险评估的评判法则和防洪安全标准风险决策的参考和依据。但总的来说，多数研究领域对可接受风险问题的研究和探讨仍然很不够，这在很大程度上妨碍了风险评价及风险管理的更好的发展。尤其是在自然灾害的管理方面，可以适当采用一些在其他安全领域现有的较成熟研究的可接受风险评价方法，将其应用到城市防灾工程领域，丰富风险评价的技术，提高城市风险管理的水平。

以城市地震风险可接受水平来看，刘莉博士给出的城市地震可接受水平包括：地震可接受人员死亡数、地震可接受经济损失率和地震可接受恢复时间，给出的各类可接受灾害风险水平如下表所示（表2-4～表2-6）。

（3）灾害风险管理程序

灾害风险管理的程序是灾害风险的主要内容决定的，一般可以把灾害风险管理流程分为四个步骤：

表 2-4 建议的社会可接受地震人员死亡数

城市地震可接受人员死亡数（中立型风险标准，n=1）				
遭遇烈度	VI度	VII度	VIII度	IX度	X度
可接受死亡人数	10	50	100	150	200
城市地震可接受人员死亡数（厌恶型风险标准，n=2）				
遭遇烈度	VI度	VII度	VIII度	IX度	X度
可接受死亡人数	3	7	10	15	20

表 2-5 建议的社会可接受地震经济损失率

城市地震可接受经济损失率（中立型风险标准，n=1）				
遭遇烈度	VI度	VII度	VIII度	IX度	X度
可接受经济损失率	2%	4%	5%	8%	10%
城市地震可接受经济损失率（厌恶型风险标准，n=2）				
遭遇烈度	VI度	VII度	VIII度	IX度	X度
可接受经济损失率	1%	2%	3%	4%	5%

表 2-6 建议的社会可接受地震震后恢复时间（天）

城市地震可接受震后恢复时间（中立型风险标准，n=1）				
遭遇烈度	VI度	VII度	VIII度	IX度	X度
可接受震后恢复时间	7	14	30	45	60
城市地震可接受震后恢复时间（厌恶型风险标准，n=2）				
遭遇烈度	VI度	VII度	VIII度	IX度	X度
可接受震后恢复时间	7	14	21	30	45

风险识别、风险评估、选择适当的风险管理措施和风险管理措施的实施的过程（图 2-6）。

1）灾害风险识别

灾害风险管理的第一个步骤是风险识别，为风险管理的基础，在灾害风险识别阶段主要目的是对存在灾害风险源、风险事件、风险原因及潜在后果等进行辨识。全面的风险识别是非常重要的，因为如果某一风险没有被识别出来，那么在以后的分析中就不会包含这一风险，也直接导致风险管理时的针对遗漏风险的对策与措施缺失。

2）灾害风险评估

灾害风险评估是指在风险识别的基础上，估算灾害发生概率、损失发生的频率和损失程度等。损失频率（loss frequency）是指在一定时期内损失可能发生的次数；损失程度（loss severity）是指可能出现损失的严重性。一些文献把风险评估分为两个过程：风险估计（Risk estimation）和风险评价（Risk evaluation）。风险估计就是运用概率论与数理统计方法，对风险事故发生的损失频率和损失程度做出估计，以此作为选择风险管理技术的依据；风险评价是风险评估的第二个阶段，是指在风险识别和风险估计的基础上，把损失频率和损失程度以及其他因素综合起来考虑，分析风险的影响，并对风险的状况进行综合评价，如根据风险的严重程度划分风险的等级。

3）选择适当的风险管理措施

风险管理的第三步是选择合适的技术来处理风险。从广义的角度而言，这些技术可以分为风险控制和风险融资两大类。风险控制是指减少偶然损失的频率和程度的技术；风险融资是指能够为风险损失提供资金补偿的技术。风险控制有可以分为风险规避和损

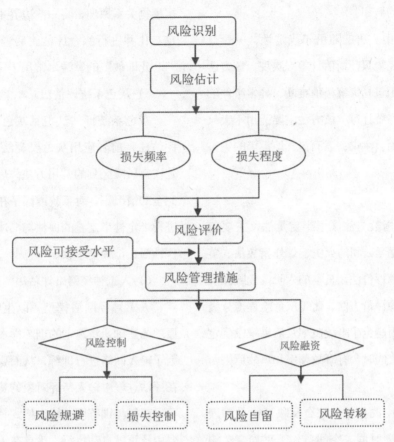

图 2-6　风险管理过程

失控制两种措施；风险融资可以进一步分为风险转移和风险自留两种。当然，在实际工作中可以采用多种技术相结合的方法来处理风险。

4）风险管理措施的实施

风险管理决策付诸实施是风险管理的重要步骤，是风险管理理论与实践相结合的重要步骤。在此阶段需要考虑如何控制风险、如何选择管理技术、风险的成本效益是多少、效果是否为最佳等等。

2.3.4　风险评估方法

（1）风险评估方法述评

风险评价可采用定性、半定量、定量以及这几种分析相结合的方法。常用的定性方法包括检查表法（对照法）、类比法、现场调查法、德尔菲法、头脑风暴法、故障类型与影响分析法、经验分析法等；常用的半定量方法包括风险矩阵法、层次分析法、影像图分析法、事件树、故障树、历史演变法等；定量分析可利用模型模拟、试验研究或历史数据外推等方法。

定性方法含有相当高的主观经验成分，便于操作，评价过程及结果简单，对系统危险性的描述缺乏深度，带有一定的局限性，经常用于风险识别。一般风险评价需要进行半定量或定量模型的构建和运算，进行综合风险指数的测算。一般来说，评估方法的选择因评估目的而异。此外，针对不同评估对象，通常选择多种评估方法实现综合评估；针对同一评估对象，有时也选择多种评估方法共同参与评估过程。常用的定量方法有以下几种：

1）风险概率和统计方法

简单的风险概率评估法主要有事故树分析法和事件树分析法，即用逻辑树表示事件的各种可能原因之间的联系，并使用故障数据对逻辑树进行量化，从而得到事件发生的概率。

考虑风险分析中灾害的随机不确定性，一般通过极大似然估计、经验贝叶斯估计等来实现。该方法在灾害研究中的应用包括灾害极值推断、异常事件的频数分布、等级排序统计等。该方法主要适用于大尺度范围内台风、暴雨、洪灾、泥石流、地震等的灾害风险评估。

2）指数方法

工业安全中的指数方法属于半定量法，主要包括美国道（Dow）化学公司的火灾、爆炸指数法，英国帝国化学公司蒙德评价法，日本的六阶段危险评价法和我国重大危险源评价方法，化工厂危险程度分级方法等。指数的采用避免了事故概率及后果难以确定的困难，评价指数值同时含有事故频率和事故后果两个方面的因素。

自然灾害评估中的指数，综合反映了由多种因素组成的现象在不同时间或空间条件下平均变动的相对数。它主要表现为动态相对数形式，即以基期为100来表示报告期相对于基期的数值。在城市自然经济基础数据完备的情况下易于计算，常用于台风、地震等主要城市自然灾害类型。

3）层次分析法

层次分析法（简称AHP）是一种定量与定性相结合的评估方法，它通过对诸因子的两两比较、判断、赋值，得到一个判断矩阵，从而将人的主观判断用数量形式进行处理和表达，能充分反映人类主观能动性的发挥，因此，层次分析法是自然灾害评估过程中的重要综合评估方法。但是，与模糊数学评估法、加权综合评估法类似，该方法可能由于主观性而导致误差的产生。

4）模糊评估法

模糊评估法的基本出发点是解决评估要素因受各种不确定因素的影响而形成的模糊性。模糊评估法包括模糊综合评估法和模糊聚类法两种，前者主要根据模糊关系原理，将一些边界不清而不易定量的因素定量化并进行综合评估。后者弥补了传统聚类方法"非此即彼"的弊端，常用于灾害风险区划。

5）灰色系统评估法

灰色系统评估法包括灰色关联度法和灰色综合评估法。前者应用灰色聚类法划分灾害风险等级，是灾害风险区划的常用方法。后者是在信息不充分不完全的情况下，对系统或因子在某一时段所处状态，进行半定性半定量的评估与描述的方法。该方法可操作性强，但颇受争议。

6）人工神经网络评估法

人工神经网络模型，以生物体的神经系统工作原理为基础，将选定的训练样本和处理后的风险影响因子输入网络进行训练，从而获得网络权值及阈值；在评估过程中输入待评对象的基础数据，通过仿真后可以获得与训练网络输出格式一致的结果。该方法主要由计算机自动执行，优点在于可操作性强，缺点在于可能忽略计算过程所反映的数据特点。

7）加权综合评估法

加权综合评估法，是根据影响自然灾害风险因子的表现确定各因子权重，形成加权的综合量化指标，进而完成综合评估的方法。评估结果体现了整个评估对象的优劣，因此，这种方法特别适用于风险管理对策的分析和优选，但是需要注意尽量采用能规避过分主观赋权的权重确定方法。

8）基于信息扩散的评估方法

基于信息扩散的评估方法，主要解决知识样本集不足以表现风险评估对象的客观规律这一问题，该方法基于样本信息优化利用，以信息守恒原则为基础，将单个样本信息扩散至整个样本空间。该方法虽然简单易行，但对扩散函数和系数的选择需要根据不同研究领域的特性确定。

9）后果分析方法

后果分析方法，主要是各种事故后果伤害／破坏

表2-5 城市灾害风险分析与评估模型对比

模型	来源	步骤	优点	缺点
UNDRO	联合国救灾组织	识别危险→脆弱性评价→风险评估→风险分级→风险叠加→经济影响	评估方法严谨、精确度高；分析过程全面；专业性强，评估过程吸纳了多方专家意见；强化空间特性，提出了"发生地点判断"优于"发生可能性判断"的观点	对数据要求较高；技术门槛较高；评估过程公众参与度较低
NOAA	美国国家海洋大气局	危险识别→危险区分析→关键设施分析→社会分析→经济分析→环境分析→减灾机会分析→结果总结	考虑对灾害链的分析；建立了风险计算的定量公式	对GIS依赖性比较大；对不同灾害危险区的评价标准不统一
EPC	加拿大	维护危险清单→灾害评价与分级→内部因素风险评价→外部因素风险评价→脆弱性评估→风险叠加与排序	灾种全面，应用门槛低，便于在公众中传播	评估方法过于简单，评估模型稳定性不够；历史数据评方法不全
FEMA	美国联邦应急管理调查署	灾害发生历史→脆弱人群→最大威胁区→可能性分析→风险评分→风险阈值	危险辨识重视公众参与；风险综合评估引入各因素权重	确定危险因素、脆弱性的方法具有模糊性；权重确定、成果分级方法的科学性有待提高
SMUG	澳大利亚灾害协会	严重程度分析→管理能力分析→紧急程度分析→风险概率分析→发生态势预测→综合评分	将"管理能力"纳入衡量风险的重要因素；危险分析中引入"紧急程度"评价	忽略危害后果及脆弱性评价；公众参与度不够，受专家主观影响明显
APELL	联合国环境规划署工业和环境规划中心	确定目标→危险分析→事件类型→危害目标→后果分析与分级→可能性分析→评估总结	方法简便，易于操作；将"预警系统"作为影响风险的重要因素	对脆弱性的认识和评价不够深入；灾种和危险因素涵盖不全且定义模糊

的数学物理模型，包括蒸汽云爆炸（VCE）伤害模型，扩展蒸汽保障（BLEVE）伤害模型，池火灾伤害模型，喷射火伤害模型，毒物伤害模型等伤害破坏模型。

（2）风险评估模型

目前，国内外应用比较广泛的灾害风险分析与评估模型主要有 UNDRO 模型、NOAA 模型、EPC 模型、FEMA 模型、SMUG 模型、APELL 模型等（表2-5）。各模型共有的特点体现在：都适用于多个空间尺度（城市、地区、社区等）；均考虑了多种灾种，且主要反映可能引发重大灾难的危险因素；根据具体情况选择合适的评估方法，且方法反映了灾害事件发生的可能性和后果；风险评估结果对风险管理和减灾计划有重要指导价值。

2.3.5 城镇安全防灾基本思路

城镇灾害风险分析与管理主要是指对城镇中存在的各种风险进行风险识别、风险估计、风险评价，并在此基础上优化组合各种风险管理技术、作出风险决策。根据灾害风险管理的思路，给出了城镇安全防灾建设的一般思路，图2-7给出了基于灾害风险的城镇安全防灾管理的基本思路示意。首先，通过对城镇孕灾环境、致灾因子及承灾体调查基础上，运用风险评估技术得到预估城镇灾害风险场（包括经济损失、人员伤亡等），若此城镇灾害风险场能够被政府和社会接受，则后期的城镇规划建设可根据灾害风险场所对应的规划建设方案进行建设。若该灾害风险场不被政府和社会所接受，则需要通过风险减缓或控制手段，如降低致灾因子、调整规划规模与布局、强化工程防灾建设等手段——即城镇安全防灾体系来干预原有的城乡承灾体，使之改造成有利于防灾的新的承灾体，并重复上述灾害风险评估过程，直到预估的城镇灾害风险场为政府和社会可接受为止。

2.4 编制实施城镇安全防灾规划

为保障城镇化进程中城市的安全与可持续发展，迫切需要科学有效的手段统筹考虑各类灾害的防范，以提高城镇安全防灾能力，而城镇综合防灾规划的编

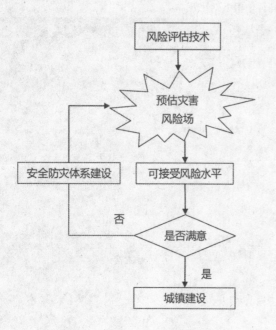

图 2-7 城镇安全防灾管理流程示意图

制与实施则是解决该问题的重要手段之一。只有制定好科学合理的防灾减灾规划,我们才能把新型城镇安全防灾工作这一盘棋走好。

2.4.1 我国综合防灾规划简况

(1) 国家层面的综合防灾规划

为贯彻落实党中央、国务院关于加强防灾减灾工作决策部署,推进综合防灾减灾事业发展,构建综合防灾减灾体系,全面增强综合防灾减灾能力,国务院办公厅相继发布了《国家综合防灾减灾"十一五"规划》和《国家综合防灾减灾"十二五"规划》;同时,住房和城乡建设部也相应地发布了建设系统的《城市建设综合防灾"十一五"规划》和《城乡建设防灾减灾"十二五"规划》。这些规划从宏观战略角度对我国综合防灾工作的目标、今后一段时间内的主要任务以及将开展的重大项目作出了安排。

(2) 城市总体规划时的综合防灾规划

按照《中华人民共和国城乡规划法》的要求,"城市总体规划、镇总体规划的内容应当包括……以及防灾减灾等内容",我国在开展城市总体规划时即考虑

了防灾规划。然而,从我国多数城市总体规划实际编制情况来看,综合防灾内容是城市总体规划的一个短板,其基本的编制模式可归纳为以下三类:第一类基本不考虑综合防灾,或仅原则性的给出一些建议;第二类将消防、人防、抗震、地质灾害等单灾种规划内容简单罗列到一起,只是形式上的综合防灾,缺乏可操作性;第三类在总体规划编制阶段开展了综合防灾专题研究,从总体用地安全评定、防灾设施建设以及城市应急保障系统等多方面进行了研究,为城市总体规划的编制提供防灾减灾方面的支撑与反馈,是一种好的途径。

(3) 专项城市综合防灾规划

总体来看,目前我国城市综合防灾规划编制不多,经济发达的大城市也仅做过单项灾种规划,如城市抗震防灾规划、城市防洪规划、城市人防规划等。国家自然科学基金"八五"项目《城市与工程减灾基础研究》在灾害危险性分析、损伤评估理论、工程结构可靠度、综合防灾对策等方面进行了开创性研究,并选定鞍山、唐山、镇江、汕头和广州为综合减灾试点城市,为城市综合防灾规划的编制提供了理论与实践基础;2003 年作为建设部试点项目开展了厦门市城市建设综合防灾规划,针对地震、台风、边坡与挡土墙灾害进行规划编制。

2.4.2 我国城市综合防灾规划存在问题分析

(1) 防灾法律法规体系与管理体制不健全

为了减轻灾害影响,我国颁布实施了一系列防灾减灾法律法规,防灾减灾立法已开始步入法律轨道,但与国外发达国家相比差距仍较大。我国尚缺少最高层次的国家减灾基本法,在城市灾害层面也缺少城市防灾救灾的相关法律。在灾害管理体制方面,采取的是政府统一领导,上下分级管理,部门分工负责,以地方为主、中央为辅的模式,政府各部门之间缺乏统一协调的平台,从而导致政策不一,步调不齐,

也阻碍了我国城市综合防灾规划的编制进程。

（2）防灾观念落后，重视程度不够

目前我国在实际城市规划工作中，主要是从城市的正常发展出发，确定城市的规模和布局，对城市人口、用地和容积率等实行宏观的控制。许多城市发展盲目追求规模，追求高大建筑，甚至出现城市建设用地与城市防灾用地建设相互矛盾的窘况。城市规划中虽有防灾规划，但多数并没有从战略高度和宏观整体上得到足够的重视，仅把城市综合防灾作为一项配套工程考虑，被动适应城市规划所产生的空间形态，没有充分体现城市防灾对城市发展的限制性条件，这一切都给城市安全埋下了隐患。

（3）编制理论与技术手段方面仍有欠缺

1）技术规范与编制办法缺失

由于城市综合防灾规划在我国尚属一个新概念，目前对其的研究大多集中在灾害的管理体制与立法、战略体系等宏观层面，而对于具体操作层面的编制技术与方法等则研究较少，并未形成统一的编制办法和相关技术规范。《城市规划编制办法》给出的也只是城市防灾工程的一些基本的原则和规定，对综合防灾规划对策与措施指导不足，相关的法律法规对于城市防灾的要求也难以落实。

2）城市防灾与城市规划结合不密切

城市防灾是从灾害本身的特点出发，研究其作用于城市这个承灾体后所产生的各种不利后果。城市规划则是从城市本身出发，研究适宜于城市发展的空间布局以及各类配套设施规划。前者是后者开展工作的科学依据和基础，而后者是前者目标得以实现的重要手段。城市规划时应与城市防灾的研究成果协调，与城市规划中的土地利用规划、空间形态设计、市政基础设施规划、公共管理对策等一起构建成完善的城市发展建设指导体系。

3）灾害风险评估手段运用不足

全面认识和恰当评估各类灾害给人类社会造成

的风险，是防灾减灾工作的基础环节，同时也是制定科学合理的综合防灾规划的前提条件。而目前的综合防灾规划编制普遍未开展灾害风险评估工作，对城市面临的灾害种类、特点以及其对城市的影响范围、程度及可能造成的灾害后果等底数掌握不清，这也必然导致综合防灾规划的编制缺乏科学性和针对性。

4）单灾种的防灾措施需防灾平台协调

我国在单灾种防灾规划已经有了较为成熟的经验，如城市抗震防灾规划、消防规划、防洪规划、人防规划等，但都是停留在单一灾种的分析，其对策也都是围绕着各个灾种分别考虑的。由于不同种类灾害对于防灾的需求不同，单灾种防灾规划之间在资源分配、防灾空间利用、疏散路线选取等方面有着各自的建设要求和标准，这就造成各种防灾规划建设内容之间存在不协调，甚至相互矛盾，在规划安排上则存在重复建设和资源分配冲突情况，需要城市综合防灾规划从顶层进行统筹协调和长远、宏观考虑。

5）防范手段单一，轻视非工程减灾措施

《城市规划编制办法》中明确指出，"城市规划是政府调控城市空间资源、指导城乡发展与建设、维护社会公平、保障公共安全和公众利益的重要公共政策之一。"目前，我国大部分城市总体规划中防灾规划的措施大多为工程性措施，而对防灾管理系统、信息情报系统、物资保障系统、居民教育培训系统等非工程性措施则很少涉及，即使有也非常简单、空泛，缺乏实质性、可操作性的内容，这不符合城市规划转向公共政策的大趋势，导致对技术政策的实施缺乏社会推动力，使得规划和技术措施不能发挥应有的作用。

2.4.3 综合防灾规划与总体规划关系分析与定位

在我国，城市总体规划是引导城市空间发展的战略纲领和法定蓝图，是一定时期内城市发展目标、发展规模、土地利用、空间布局以及各项建设的综合部署和实施措施，综合防灾规划是其中的专项规划。在这方面我国与其他国家做法有些差异，如日本的防灾规划和总体规划是并列关系，在规划编制过程中相互协调，甚至在某些强制性要求方面的防灾规划可以修改总体规划。

城市综合防灾规划与城市总体规划两者之间应该是辩证统一的关系，它们之间相互关联、相互影响和相互制约（图2-8）。首先城市总体规划要从宏观战略高度指导综合防灾规划，是综合防灾规划的依据，其所确定的城市总体目标、性质等对综合防灾规划具有约束性，并对综合防灾规划的原则与方针提出要求。其次，城市综合防灾规划则从防灾限制性要求角度对城市总体规划提出反馈，对城市不适宜用地的发展方向及不利于安全的空间布局提出反馈，并将各种应急保障基础设施（如应急供水、应急供电和避难场所等）作为强制性要求在总体规划中得到统一部署，同步实施。

通过上述关系分析，也就明确了城市综合防灾规划在城市总体规划中的定位，它是城市总体规划的专项规划，要服从于总体规划的安排，但需要从防灾

角度提出限制性条件并进行反馈，为城市总体规划科学系统地配置整体防灾资源提供支撑。

2.4.4　我国城市综合防灾规划体系与编制内容建议

城市综合防灾规划承担的任务是统筹考虑各种灾害与突发事件，通过城市规划设计手段构建城市防灾空间布局，安排防灾设施与应急保障设施来创造安全的城市环境，从而减轻灾害发生时的损失，保障城市可持续发展。在分析国内外综合防灾规划的管理体制与编制内容的基础上，为了理顺城市综合防灾规划编制的过程，保障其系统性，建议了我国城市综合防灾规划体系编制（图2-9）。

将综合防灾规划分为防灾战略研究、总体规划中综合防灾规划、综合防灾专项规划以及单灾种防灾规划四个过程，每个过程中的规划编制组织部门、编制内容与侧重点各有不同，具体说明如下：

（1）综合防灾战略研究

在城市总体规划前应进行前期城市综合防灾战略研究，对可能影响城市发展方向的大规模灾害种类、特点以及对城市造成的灾难可能性行初步评估，

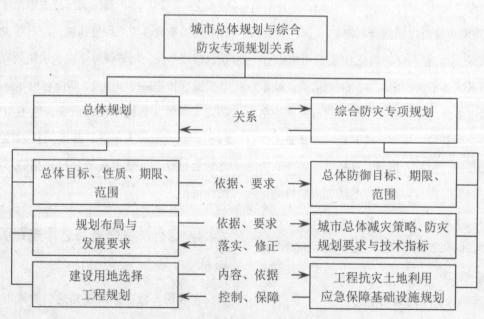

图2-8　城市总体规划与防灾规划关系示意图

包括区域性断裂带的影响，洪水威胁，工程措施难以整治的滑坡、崩塌、泥石流以及大型次生灾害源等的影响，宏观把握城市灾害潜势。在此基础上，结合城市生态影响、交通支撑、现状建设基础和条件等综合确定城市用地的发展方向、城市规模及土地利用增长边界。一般由灾害管理部门及城市规划部门联合组织开展。

（2）总体规划中综合防灾规划

在城市总体规划纲要编制时，应预先开展综合防灾专题研究，全面评估城市对于各类灾害的抵御能力、在城市安全方面的承载能力，确定城市在规模扩大、空间拓展、结构调整方面所面临的城市安全门槛，摸清楚城市在安全方面存在的问题及其对城市发展的影响，以此作为依据提出城市防灾需求与综合防灾规划目标。在此基础上，合理地确定城市的发展规模、速度和结构；明确城市不适宜用地的分布范围与特点，构建满足防灾要求的城市空间布局与形态，决策城市用地功能的发展方向；统筹协调与规划各类防灾救灾基础设施用地；明确重大基础设施的布局与防灾技术指标。一般由城市规划部门组织开展。

（3）城市综合防灾专项规划

在集中统一的专业防灾领导部门尚未成立之前，

为了避免各单灾种防灾规划之间的不协调甚至相互矛盾，需要城市综合防灾专项规划各单灾种防灾规划统筹协调。城市综合防灾专项规划在城市总体规划确定的城市性质、规模以及发展方向前提下，针对城市中的主要灾害类型，提出全方位的系统性对策与措施，注重全局性关键指标参数的设定。城市综合防灾专项规划应细化完善城市综合防灾目标，贯彻"预防为主，防、抗、避、救"相结合的方针，划定城市防灾不适宜建设用地范围，安排城市应急指挥、防灾救灾基础设施、应急避难场所等空间的用地布局，明确其等级规模与建设指标，重视防灾资源的优化配置和应急预案的落实，搭建一个总的编制框架和平台，作为城市总体规划和各单灾种专项规划之间的纽带与桥梁，由城市规划部门组织开展。

（4）单灾种防灾专项规划

各单灾种防灾专项规划在综合防灾专项规划的统筹下进行，相对于城市综合防灾规划更加注重于工程措施。重点解决城市防灾标准，建设用地防灾处理对策，老旧城区及违章建筑的安全处理措施，基础设施防灾建设以及城市防灾避难场所建设等切实可行的防灾措施，并给出具体的实施内容与方案，一般由各职能部门分别组织开展。

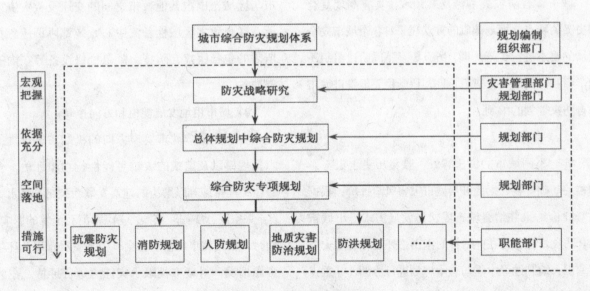

图2-9　城市综合防灾规划体系框图

2.4.5 总规中综合防灾规划的内容与对策

(1) 编制原则

随着我国经济文化水平的大幅提升，民众对城市安全的要求也越来越高。因此，在城市总体规划编制时，应预先或同步开展安全减灾相关专项研究，摸清城市潜在灾害底数，提出有针对性的规划方案与对策。规划编制时，需遵循以下原则：

1) 防灾内容编制前置原则

预先开展综合防灾专题研究，科学、客观地评价城市灾害风险，并全面评估城市对于各类灾害的抵御能力、在城市安全方面的承载能力，确定城市在规模扩大、空间拓展、结构调整方面不得逾越的安全门槛。

2) 确立城市安全常态化建设原则，改变"重救轻防"的观念

城市综合防灾应包括灾害预防、应急和恢复的全过程，规划的重点在于趋利避害，而不只是应急救灾和事后补救。因此，需要保障防灾建设与城市建设同步进行，防止"头痛医头，脚痛医脚"，避免城市建设中出现"防灾欠账"。

3) 协调多学科、多部门的防灾要求，搭建统一平台

城市综合防灾规划涉及多领域，具有高度复合和交叉的特点，规划编制的重点在于对各个城市安全领域的要求进行统筹协调，所以要在不同阶段组织不同学科和部门的专家进行论证，科学稳妥地推进城市综合防灾规划的编制。

(2) 编制流程

针对不同城市的灾害背景，收集历史上灾害影响相关基础资料，据此开展城市灾害风险评价；根据风险评价结果并结合城市现状与发展需求提出城市综合防灾目标，并在此目标的指引下开展综合防灾规划编制；编制过程中需与总体规划进行协调，并重点从城市土地利用方案调整、城市防灾空间布局优化、

应急保障基础设施规划建设技术要求等方面提出反馈意见（图 2-10）。

(3) 纲要阶段编制内容与对策

1) **明确主要灾害源，开展灾害综合风险评估**

充分认识和确切了解城市所面临的灾害综合风险，掌握城市防灾薄弱环节，是制定科学合理的城市综合防灾规划的前提与基础。在城市综合防灾规划编制时，应辨识并明确城市重点防御的主要灾害类型，并根据城市实际情况和灾害特点，运用科学的风险评价技术评估灾害综合风险与损失，给出城市灾害综合风险区划图，为后续规划开展奠定基础。

2) **制定城市综合防灾目标，提出城市综合防灾建设方针**

城市综合防灾目标应以城市抗御灾害和突发事件的能力满足保障公众生命安全的要求为根本前提，结合管理、社会、经济、环境等多方面的要求制定，并与城市的性质、规模、和发展目标相适应。在既定防灾目标的要求下，给出建立综合防灾体系的原则和建设方针。

3) **区域防灾资源协调发展**

汲取近年来特大灾害的经验教训，在规划中需考虑特大灾害后区域城市救灾联动的需求，加强城市与区域范围内其他城市之间的交通及救灾资源协调，联合建立区域性备灾中心，统筹协调应急救灾所需的包括医疗、防疫、紧急抢修设备等在内的物资准备。

4) **城市用地发展规模和方向控制**

对可能影响城市发展方向的极端灾害种类、特点、规模以及造成的灾难可能性行初步评估，合理避让工程措施难以解决的地震发震断裂带、洪水威胁区、采空区、塌陷区、滑坡、崩塌、泥石流等的影响区，同时，根据城市经济、社会、技术发展水平及环境与资源情况，对城市极限承灾能力进行评估。在此基础上，结合城市生态影响、对外交通设施建设趋势、

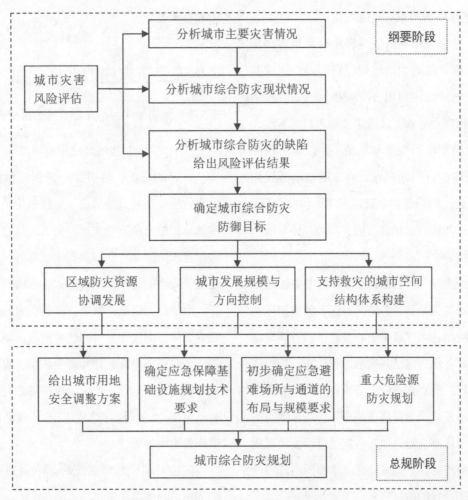

图 2-10　城市综合防灾规划编制技术路线图

城市用地防灾形势等综合确定城市用地的发展方向及土地利用增长边界。

5）支持救灾的城市空间结构体系构建

应考虑超设防水准灾害发生的可能性与应急救灾需求，构建支持救灾的城市空间结构体系。在城市空间结构体系方面，将城市发展轴线和城市防灾轴线加以复合，使其在平时和灾时都能发挥支撑的作用；在城市组团、社区划分中融入防灾理念，按照防止灾害规模化效应的原则，在城市内部形成具有相对独立的配套完善的防灾安全街区；结合城市组团和绿地系统规划，有意识地将大型公园、绿地安排在组团中心，平时是城市组团活动中心，灾时是重要的安置场所和救援物资发放及救援工作开展的主要场所；另外，加强城市出入口建设，在城市各个方向上至少有 2 条

以上的主干道与城市外围高等级公路直接连接，保障灾后城市与外界救援通道的畅通。

（4）总规阶段编制内容与对策

在总体规划编制阶段，应全面落实规划纲要在综合防灾方面所确定的方针和原则，细化、完善各系统的相关对策，重点从以下几方面开展工作：

1）城市用地防灾适宜性评定

在已确定的城市用地范围内，开展城市建设用地防灾安全性评定，重视土地利用规划中的防灾减灾的限制性条件，重点勘察场地本身的防灾不利要素，包括软弱土、液化土、河岸和边坡的边缘等，明确城市不适宜用地的分布范围与特点，对城市用地功能、规模及布局形态提出建议，并为重大工程与基础设施的布局方案限定条件。

2) 应急避难场所与救灾通道规划

规划建设应急避难场所以减轻灾后人员伤亡及提高灾民在应急阶段的生活质量已在国内外达成共识，在总体规划阶段应给出合理安排。规划时，结合城市的住宅及产业分布，以城市规划人口为基数，估算所需应急避难场所规模与数量，并以场所服务半径为约束条件进行空间布点。应急避难场所规划应按照平灾结合、综合避灾、就近避难和环境安全4项原则进行，并与城市绿地、公园、广场、停车场、中小学等有机结合。

救灾通道是城市对内对外应急救灾主要通道，规划时重点解决其与外部、各防灾分区、救灾指挥中心、应急避难场所、医疗救护中心及救援物资调配站等场所的联系，并优先保证其灾后通行能力，给出高标准建设的建议。重点包括三个方面：一是保障通道上的桥梁灾后不发生严重破坏或倒塌，二是保障通道两侧瓦砾堆积不堵塞交通（即对救灾通道两侧建筑物高度限制提出要求），三是保障通道本身的路基路面不发生影响车辆通行的破坏。

3) 应急保障基础设施规划

汶川地震的经验表明，在大规模灾害面前，城市基础设施的防灾与救灾能力没有体现出层次差别，本应承担救灾功能的诸如交通、通讯、医疗等系统也在地震中遭受了大规模的破坏，严重影响了救灾进程与效果。因此，将城市综合防灾和灾后的应急救援需求作为重要影响因素之一，确定城市重大工程、基础设施（如应急供水、供电、交通、消防、医疗、通讯、物资等）的空间布局形态与规模，并从中有选择性地适度安排高标准建设的应急保障基础设施，保障其在灾害发生时仍能继续发挥应急救灾功能。

4) 重大危险源防灾规划

对城市重大危险源进行灾害发生后引发次生灾害的可能性估计，重点对危化品生产与储存企业、大型油库与燃气罐区等给出相应的布局、改造与建设对策和技术要求。

2.5 安全防灾中的经济问题

2.5.1 灾害对经济发展的影响分析

（1）灾害对国民经济系统的影响

灾害的发生，将引发一系列连锁反应，即称为灾害效应：包括直接效应、间接效应、次生效应。直接效应指的是危及受灾对象的人员伤亡、财产损失、房屋建筑的破坏、资源的影响破坏等。间接效应指的是由于灾害的连锁反应，造成生命线设施破坏引起生产、生活能力降低；铁道、公路交通的破坏引起运输能力下降；因灾无家可归、家庭收入减少；工商业停顿、公共服务中断；公共事业恢复、重建费用支出；支付保险赔偿金等。次生效应指的是可能在灾后一段时间出现：如流行病、通货膨胀、心理创伤、存款减少、供应费用增加等。

灾害对国民经济系统的影响主要可归结为直接经济损失和间接经济影响。

1) 灾害直接经济损失

直接经济损失可认为是与灾害同时或紧随其后发生的所有损失。一般包括人员伤亡损失、资本损失、公共设施损失、房屋损失以及商业库存损失、服务中断损失等。灾害对国民经济的直接影响主要表现在以下方面：灾害使生产能力下降，由于对固定资产的破坏以及抗灾救灾时的停工，使全部可使用的劳动力工时和资本投入量减少。灾害引起了产成品和库存品的损失，使一部分生产活动变成无效的劳动，这使生产函数发生了变化。灾害引起了消费品损失，使消费者在购买同样多的消费品时得到的效用下降。

2) 灾害间接经济影响

灾害的发生对经济系统是一个外生的冲击，它破坏了原有的经济均衡状态。在市场机制作用下，经济系统将在新的条件下建立起新的均衡。由于灾害使生产函数、效用函数、劳动力工时总额和资金投入总额均发生了改变，与原有的均衡相比，新均衡决定的产出量、价格、工资和租金水平都会发生变化。这种变化表现在：当灾害引起投入量减少时，产品产量将会下降。劳动力工时投入的减少，使劳动力工资水平相对上升，资本租金相对下降；资本投入的减少，使资本租金上升，劳动力工资水平相对下降。当灾害造成产品损失时，该种产品的产量下降，价格相对上升，同时使互补品的产量上升，并使工资和租金水平发生变化。当灾害引起消费品损失时，使生产者倾向于增加该产品的产量，同时减少另一种产品的产量。一次具体的灾害对经济系统造成的影响是上述影响的综合。当然，政府的作用、资本的形成过程、货币的供求、进出口等对实际经济活动的影响也是十分重要的。

（2）灾害对区域经济系统的影响

1）对区域经济增长的影响

由于区域经济发展的非均衡性和聚集性，使经济布局过于集中，往往分布在某一或几个发展地带上，如果灾害发生在这些地区，造成的损失就会比其他地区大的多，就会使该区域的经济增长受到严重影响，有时甚至会导致经济的倒退。唐山大地震，一夜之间把一个大城镇变成废墟，死亡人数达24.2万人。自然灾害使受灾区域的经济增长受到严重影响。

2）对区域产业结构的影响

区域经济的产业结构需要不断优化，以保证区域经济的可持续发展。发达地区要适应产业结构高级化的要求，及时淘汰夕阳工业，相应发展新型的现代朝阳工业，预防发展危机和保护生态环境。灾害对一些高科技绿色产业的破坏，将对较为合理的产业结构造成很大的冲击，甚至会使产业结构大幅度降级。

3）对区域资源和环境的影响

灾害对区域资源和环境造成破坏。如1997年底的马来西亚森林大火，大片森林被毁，生态环境遭到灾难性破坏，居民生活条件急剧恶化。本世纪最为严重的"厄尔尼诺"现象于1997年3月开始出现，造成受波及的东南亚、南太平洋、中南美及非洲地区的气候反常，干旱和洪涝灾害频繁发生。自然灾害对区域环境和资源的破坏，弱化了区域经济持续发展的能力，将持续影响地区长远发展。

4）对区域经济合作的影响

灾害一方面破坏了区域间交通、通讯等基础设施，使区域间经济联系困难；另一方面破坏了受灾区域的生产、生活设施，限制了工农业生产的部门合理配置和生产力布局，影响对更新资源的开发与增值，使受灾区域的出口减少，进口增加，加剧了区域间经济发展的不均衡性。从长远看，会造成区域间的产业结构趋同，严重损害了经济的规模效益、分工效益和产业结构效益，造成经济效益损失。同时，由于灾害风险的存在，会导致资源的不合理配置，造成过多的人力、物力、财力流向"安全"地区，从而影响后者的经济发展水平。

（3）灾害对经济微观层面的影响

各种灾害事故的具体承受体是作为现实社会细胞的企业、家庭和各种社会公共组织，它们构成了灾害经济学的微观层面，并直接决定和影响着局部领域或个别领域的灾害经济问题，进而决定和影响着灾害经济的整体。

1）灾害与企业经济

企业是现代社会的经济细胞和社会财富的主要创造者，以企业生产为主要基础的社会再生产能否顺利进行，对国民经济的发展有直接的、决定性的影响。而受灾体与致灾体的合二为一，是企业在灾害经济中表现得最为显著的一个特征。

企业是各种灾害事故的具体承受体之一。企业的被损害又往往损害着社会再生产的顺利进行，这就使得企业成为灾害链与经济链相互影响并相互制约的重要传导体。各种灾害事故可能给企业带来的损害，一般包括如下几个方面：

a.物质毁损

各种灾害事故均可能造成企业自有的固定资产、物化流动资产及企业负有安全管理责任的非自有的物质财产的毁损。企业的固定资产包括房屋建筑物、交通运输工具、各种机器设备和其他固定资产；企业的物化流动资产包括原材料、燃料、半成品、成品及各种仓储物资和待售商品等；企业负有安全管理责任的非自有财产物资，包括企业租赁财产、代保管财产、与他人共有但由企业负管理责任的财产等。上述财产均是灾害事故袭击的目标。

b.生产中断

任何灾害事故的发生，均会直接影响企业的正常生产，并导致相应程度、相应范围内的生产中断。如车间因工伤事故而停产，企业因灾害事故损坏了设备而停产，商店因起火或周边发生灾害事故而停止营业，等等。这些现象是灾害事故影响企业生产经营的直接后果，它作为有别于物质毁损的损害方式，客观上带来的是企业生产额或经营额的减少，是重要的经济损失。

c.市场丧失

灾害事故的发生，直接影响着企业生产计划的完成，导致供货合同难以履行，进而迫使客户重新选择合作对象或供货方，影响企业实现扩大市场占有份额的目标，甚至可能使已经占有的一部分市场因灾害事故的发生而丧失。市场丧失对企业的打击比较明显的物质损失或暂时性的生产中断更为严重。

d.人员伤亡

人员伤亡导致的直接性损失是员工伤亡后，企业必须根据有关劳动法规的规定，支付死者家属相应的抚恤费用和丧葬费用，支付伤残者相应的医疗费用和法定治疗或休养期间的工资。人员伤亡导致的间接性损失是员工伤亡后，企业如果想继续维持现有的生产规模，就必须重新雇用新的员工，新员工对工作环境的适应过程、工作效率等一般会受到影响。

此外，灾害事故后的清理费用支出，污染事故产生的法律责任和被罚款，股票价格因灾害事故下跌，新投资计划因灾害事故而化为泡影，等等，均是对企业生产经营发展的客观损害。

上述损害将导致企业经济利益的损失。

2）灾害与家庭经济

家庭或个人是各种灾害事故的具体的、微观的承受体，同时也是诱发乃至酿成有关灾害事故的致害体。由于家庭或个人是社会中的最小单位，从而更多地表现为各种灾害事故的承受体，并且会因为家庭或个人抵御灾害能力的极为有限而更容易受制于灾害事故的袭击。家庭或个人中的灾害经济问题与企业等其他微观层次的组织或单位的灾害经济问题，共同构成了整个社会灾害经济的基础。灾害事故对家庭或个人的损害首先表现为城乡居民家庭自有物质财产或代他人保管的物质财产的直接损毁，是一种有形财产的损毁，它对家庭或个人经济的直接影响是家庭财富的减少和正常的家庭经济计划被打乱，在不同程度上损害着家庭经济的正常发展。灾害使家庭或个人经济收入受到影响，使家庭或个人经济的状态恶化。家庭成员或个人因灾害事故的袭击而受到伤害，是灾害事故给家庭或个人带来的最为直接的损害后果。人员伤亡使其家庭或个人费用支出的增加，家庭或个人经济状况会因该劳动力的丧生而导致收入锐减。作为城乡居民家庭或个人的重大灾变，是对家庭或个人经济收入来源和正常支出计划的严重打击。

总之，灾害对人类社会具有广泛而又深刻的影响。从直接作用看，它造成人员伤亡和财产损失，使生产力遭到严重破坏，从深层次看，灾害破坏经济环境和社会环境，从而影响经济发展和社会发展。所以，研究灾害与社会经济的关系，分析灾害对人类的破坏作用以及人类社会对灾害的适应与反馈机制，对于最大限度地减少灾害损失，制定与实施减灾对策，实现环境——经济协调发展，具有重要意义。

2.5.2 减灾产业化

减灾是一项具有战略意义的社会发展事业，它与经济、社会和环境可持续发展之间有密不可分的关系。中华人民共和国成立以来，尽管各级政府非常重视减灾工作，但灾害的损失仍在以接近甚至超过经济发展的速度急剧增长。因此必须清醒地认识到，在改革不断深入的形势下，为促使社会经济的可持续发展，要把减灾工作放到重要位置，提出适应我国国情的减灾对策，加快实现减灾产业化进程。

减灾产业是指以减轻灾害事故的危害为目的所进行的一系列技术开发、产品生产、商品流通、资源利用、信息服务、工程承包以及医疗卫生活动的总和。它要求综合地运用经济、生态规律和一切有利于社会经济和生态平衡协调发展的现代科学技术，适时地诱导减灾产品和技术的产业化。

减灾作为一种特殊产业，其产业属性是由它的专业性、生产性、资源消耗性和可经营性决定的。减灾产业作为一项具有社会公益性质的产业，它是以减轻灾害事故的危害为目的，以减灾商品和服务为产品，通过市场机制与社会经济部门进行交换，以获取特定价值补偿的产业。减灾是一种有投入、有产出的增值的生产性活动，但是不能简单地将减灾产业等同于物质资料的生产，其产品具有广义使用价值和狭义使用价值。减灾对经济发展有重要贡献，能增加国民收入，它在维护人类既得利益，追求财富损失的减少和推动社会经济的可持续发展方面起到重要作用。

（1）减灾产业化概述

减灾产业化就是围绕减灾活动，以减灾产业的市场化营运为核心，以市场为导向，以科技为依托，以效益为中心，以企业为龙头，把减灾纳入企业化、规范化、科学化和市场化的经营管理轨道，按照市场运行的特点和规律而运作。在具体方式上，要变政府承担减灾为社会共同减灾，变福利性为公益性和盈利性，变单一所有制为多种所有制并存等。救灾产业中要强调现代化组织、现代化企业的运行机制、科学化的管理、按标准化组织生产已完全商品化的产品、市场化的经营意识等等。

凡是能将从事减灾活动的企业组织起来，并将其行为引向市场，形成减灾主导产品或减灾产业区域化布局、专业化生产、企业化管理的发展机制的任何组织形式，都可以称为减灾产业组织。减灾产业化的实施主体是企业。只有救灾企业依据市场，组织生产，增加效益，企业有积极性参与实施救灾产业化过程，才会按经济规律逐步形成产业。而政府起的作用是引导与支持，以提高救灾的产业化进程，促进经济的综合发展。

减灾产业化将经历不同的阶段，应按照减灾产业化在不同阶段的要求，不断地实施创新，灵活地做出选择。我国的减灾产业化还处于低级阶段，这一阶段减灾产业化所要完成的任务主要是实现减灾的商品化和市场化，即如何将企业的生产经营行为引向市场，逐步实现市场化；如何将减灾产品引向市场，在流通中实现价值增值；在市场竞争中，使减灾企业获得平均利润，提高减灾收益。这不仅是我国减灾产业化的重要阶段，也是解决我国减灾现实问题的途径。

（2）减灾产业化基本特征

减灾产业化是以减灾为目标的动态发展过程，是按产业要求进行减灾产业结构调整与重组的过程。减灾产业化的基本特征是减灾产品商品化、服务功能社会化、产品生产规模化、服务手段现代化。

减灾产品不仅包括有形减灾商品，还包括减灾专业部门提供的服务以及保险公司提供的保险形式的金融服务等。减灾产品只有实现商品化，才能真正走向市场，使其价值更充分地体现出来。减灾资源的开发是减灾产品发展的基础，必须加大开发力度，提高减灾资源的开发效率和质量。要使减灾产品商品化，就要将减灾资源开发目标定位于市场，只有得以在市场上流通，并得到社会认可，才能发挥应有的作用。

减灾服务要实现功能化，要打破封闭、单一的公益性的服务模式，面向社会、面向国民经济，实行开放式、多方位的服务与经营。可以成立专业的减灾咨询公司，面向企业和家庭或个人提供专业化的减灾服务，包括灾害的防范、灾害危险性评估、减灾计划的制订、经济安排计划等。保险公司也可专门设立减灾业务，向社会提供多种险种。部分减灾产品能够通过市场为企业或组织带来经济效益，要加快其商品化、社会化进程。不能商品化的减灾产品，可以由政府负责运作，作为社会福利的一部分，由政府税收收入进行支付。

减灾产业要形成规模，必须根据自身的特点，在观念、组织、运作方式上按市场经济的规则组织生产和经营，打破行业部门的界限，通过协同整合，推进减灾产业的规模化。信息化进程为救灾产业化的发展提供了重要的机遇，减灾产业部门要跟上信息改革步伐，用现代信息技术和装备武装研究开发服务等各个环节，用现代信息技术和网络技术武装广大减灾工作者，实现减灾手段现代化，把减灾工作提高到一个新水平。

（3）促进减灾产业化的对策

1）实施观念创新，树立救灾产业化思想

要明确区分减灾产业化和减灾福利化的不同。减灾福利化是一种无偿性的对社会提供公共产品，而减灾产业化是一种考虑投资回报的投资行为，为发展我国的减灾事业，应将两者有机结合起来。要打破减灾产业"国有政办"的陈旧观念，积极鼓励和引导企业和家庭或个人投入减灾，实现减灾投资主体的社会化和多元化。

要明确区分减灾产业化与减灾市场化的不同。减灾产业化主要是经营体制方面，将减灾作为一项产业来发展，改变由政府大包大揽的模式；而减灾市场化主要是指减灾活动完全以市场为导向，以市场来调节供求关系，以追求利润最大化为目的。由于减灾活动所处的市场是一个特殊的市场，不同于其他商品市场。因此，不能简单地将减灾完全市场化，将企业置身于自由放任的市场中。而必须在国家宏观政策的调控下，通过市场机制的作用合理配置减灾资源，国家调控该市场的力度要比其他市场大，保障减灾目标的实现。

2）制定科学合理的减灾产业化发展规划

由于各地经济发展水平、灾害种类、灾情、居民消费、投资环境和减灾意识等的不平衡，制定减灾产业发展规划要因地制宜，科学合理。要针对灾种发展产业，除国家扶持的重点产业外，其他要突出特色，并重点解决相对薄弱的环节，使减灾产业化得以顺利进行。应利用各地现有的优势，适应其特有的环境和条件，解决灾害问题，有机地将减灾与经济发展紧密结合在一起，变害为利，通过各方面的努力使之转化为经济发展动力。

3）正确处理减灾产业发展中的效率与公平

在减灾产业化的过程中必须坚持公益性与盈利性、经济效益和社会效益相统一。确定由国家支持的原则，不应只考虑减灾的成本，而应既考虑减灾效果、企业成本，也要考虑国家财力和居民承受力等多种因素。对一些减灾投入个人收益率较高的行业可以市场化，而对于减灾重点产业及一些盈利率低的行业，部分具有公共产品性质的减灾产品，应采取专门保护的措施，由国家和各级政府部门在税收和资金等方面予以扶持。这有利于调动各利益主体的积极性，做到利益共享，风险共担，促进各环节结成利益共同体，并以法律形式保障各利益主体的权利和义务，促进减灾产业的健康发展。在发展减灾产业时，在充分调动社会各界的积极性的同时，一定要坚持国家行政部门的宏观调控，避免过度商业化给减灾基础科学研究和灾民生活保障带来损害。

4）企业与政府结合，共同发展减灾产业

随着经济体制改革的深入，政府职能的转换以及企业作为市场主体地位的逐步确立，政府与企业应在减灾市场中担任不同的职能，共同为我国减灾产业的发展发挥作用。

政府是减灾产品市场宏观调控措施的制定者。从灾害法律、法规的制定，救灾抢险的组织、协调，直至灾后重建的规划指导，均需依靠国家和各级地方政府来完成。政府应协调有关部门，给予产业化以技术、金融、政策、法律支持，充分利用合同契约约束规范各主体的经济行为，要依靠完善的法律和竞争制度，建立合理的利益分配机制，为从事减灾事业的企业创造良好的竞争环境。在强调减灾产业的特殊性，尊重减灾产业自身发展的规律同时，当发现市场机制配置减灾资源，偏离社会最优化目标时，政府应发挥其应有的作用。

企业作为政府宏观调控措施落实的具体参与者，在减灾的不同阶段，分别担负着不同的职能，包括防灾物资的生产与储备、政府援助的各项公共设施的承建等。在这些不同阶段，企业间都应展开公平有序的竞争，使资源得到更有效的配置。要鼓励减灾企业规模化经营。规模化经营是减灾产业发展到一定阶段的客观要求，是提高减灾水平、实现减灾产业化的关键。要重点建设一批实力雄厚的大中型企业，利用其人员素质高、技术手段先进的优势，为救灾提供优质服务。减灾企业之间应逐步形成一个纵向系列化的和横向多角化的体系，以增强集团的内聚力和稳定性。以集团优势占领市场，最大限度地满足社会需求，并以集团力量为后盾，不断开拓减灾市场新领域，推动减灾产业的发展。

5）产、学、研结合，努力降低减灾企业应急生产成本

减灾物资产品生产和需求的具有显著时效性和功能性，极大地影响和制约着对此类物资及其生产能力的有效储备，因此，一旦发生灾害，出现紧急需求之时，就会因事先准备不足，导致供不应求乃至短缺，

由于产品供应不足，无法满足救灾需要。采取突击生产、紧急进口等临时措施，不仅加大了国家的经济负担，而且也增加了企业的应急生产成本，并为灾后的重建增加了难度。因此，加强企业与科研机构间的有效协作，及时了解各种灾害的预测、预报信息，据此适时安排相关产品的生产，保持企业对于防灾救灾物资市场的灵活反应能力，既可赢得更多的市场份额，又能够节省企业的应急生产开支，也有利于减轻国家防灾救灾的经济负担。要积极开展减灾产业化理论研究，发展减灾软科学，同时促进科技减灾，推进高科技减灾成果的产业化，大力发展以高新技术为特征的减灾企业，以其优质产品提高减灾水平。积极支持科技部门和联合体搞好生产基地建设，参与减灾产品的加工销售和减灾服务工作，在减灾产业化建设进程中，争取发展为减灾龙头企业。

6）加强企业间的联合，降低减灾物资市场风险

减灾物资市场的高风险性，在一定程度上影响着企业的进入。为了降低风险，获取尽可能高的市场回报率，应在提高企业自身的经营管理素质的同时，通过相关行业或相关企业间的联合，发挥各自的特长，共同开发高技术产品及其市场，共同分担减灾产品市场的风险。减灾企业要开展同行业企业间的联合。企业间的联合，有利于技术、信息、资金、物资等资源的合理配置，有利于发挥规模经济的作用，使生产更具有效率，使产品更具竞争力，从而推动减灾产业的良性发展。

总之，减灾产业化，既是一种结果也是一种过程，它是减灾与经济发展之间内在关系的辩证统一。减灾产业化的发展，必须以社会的客观发展为根据，它是一个渐进的过程，依赖于整个社会的生产力发展水平。

2.5.3 灾害损失评估

（1）灾害损失评估界定

灾害损失评估，就是指在掌握丰富的历史与现

实灾害数据资料基础上，运用统计计量分析方法对灾害（包括单灾害事故或并发、联发的多种灾害事故）可能造成的、正在造成的或已经造成的人员伤害与财产或利益损失进行定量的评价与估算，以准确把握灾害损失现象的基本特征的一种灾害统计分析、评价方法。灾害损失评估，主要由灾害损失预评估、灾害损失跟踪评估、灾害损失实评估三种构成。

1) 灾害损失预评估

灾害损失预评估，是指在灾害事故发生前对其可能造成的损失进行预测性评估，包括灾害事故可能造成的损害或损失大小、数量多寡及损害程度等，目的是在灾害事故发生前尽量采用最经济、最有效的方法消除或减少灾害所带来的损失后果。

2) 灾害损失跟踪评估

灾害损失跟踪评估，是指在灾害事故发生时对其所造成的损失进行快速评估，目的是为抗灾抢险与救灾决策以及尽可能地采取缩小损失程度的应急措施提供依据。跟踪评估的另一价值是为灾后的实评估奠定必要的基础。

3) 灾害损失实评估

灾害损失实评估，是指灾害事故发生后，对其造成的实际损害后果进行计量，目的是客观、真实地反映本次（或本期）灾害损失的规模和程度，为进一步组织灾后救援工作与恢复重建工作并确定未来的减灾对策提供依据。

就灾害损失评估而言，跟踪评估是基础，实评估是主体，预评估则是发挥灾害统计多功能服务的表现，三者紧密结合，构成了灾害事故损失评估系统。

应当指出的是，灾害损失评估是一项系统工程，其涉及面广、内容也很复杂，理论上尚在探索之中。因此，实践中还必须根据具体情况进行具体的分析评估，并努力推动灾害损失评估理论与方法走向科学化、规范化。

（2）灾害损失评估模型

由于灾害损失评估可以分为直接损失与间接损失评估两大类，而直接损失与间接损失还可以进一步分别划分为经济损失与非经济损失。因此，灾害损失的评估实际上由直接经济损失、直接非经济损失、间接经济损失与间接非经济损失四部分组成。将上述各项用表式来表示，即有公式：

灾害损失 = 灾害直接损失 + 灾害间接损失 = 灾害直接经济损失 + 灾害直接非经济损失 + 灾害间接经济损失 + 灾害间接非经济损失　（式 2-2）

建立灾害损失评估模型，实际上就是建立式 2-2 的以货币为计量单位的关系函数表达式，也即：

$M = f(Q, N) = (q_1, q_2, n_1, n_2)$　（式 2-3）

式中：M 表示折算成货币损失的数量；

Q 表示直接损失因子；

N 表示间接损失因于；

q_1，q_2 分别表示直接经济损失与直接非经济损失；

n_1，n_2 分别表示间接经济损失与间接非经济损失。

应当指出的是，由于灾害造成的损失往往不是某一项损失，而是多项损失，因此，直接损失与间接损失两类，各自又可以分为若干分项。如某地某次发生地震灾害的直接损失就可以分为死亡人口数、伤残人数、房屋建筑物损毁间数、设备损失、设施损失等许多项；其间接损失则有人员伤亡后所支付的间接费用、企业停产损失、时间损失、精神损失、社会环境损失等多项。这样，每一分项均可以建立它们的损失估计函数，然后利用各自损失估计函数计算出分项损失的货币数量，最后再将分项损失的货币数量进行加总求和，即可得到某次灾害事故的总损失费用。总损失费用表达公式为：

$$M = \sum_{i=1}^{n} A_i + \sum_{j=1}^{m} B_j \quad （式 2-4）$$

式中：M 为总货币损失；

A_i 为第 I 项直接损失；

B_j 为第 J 项间接损失；

n，m 分别为直接损失与间接损失的项数。

（3）灾害损失评估方法

灾害损失评估方法，实质上就是如何确定模型参数。换言之，就是计算出灾害事故造成的每一项直接损失与每一项间接损失。根据国内外的理论与实践，较为通用的灾害损失评估方法主要有以下几种：

1）德尔斐法

德尔斐法是最常用的专家调查法之一。所谓专家调查法，就是指当形成灾害损失的因素复杂，很难在短期内收集到相关的灾害损失资料，而无法用统计定量方法评估 M 时，通过向专家调查的方式来获得对灾害损失的估计的一种方法。德尔斐法是最常用的专家调查法之一。它是通过函询方式，把事先设计好的调查表邮寄给对某地区、某时期、某灾种比较熟悉的专家们，由专家对该灾害事故可能造成的损失进行评价，然后收集各专家的评价意见，并对各专家的评价意见进行综合、归纳和整理后，再反馈给各专家，如此收回、反馈数次后，最后得出较为一致性的灾损评估值意见。该方法的最大特点，就是采用概率统计的方法，对意见进行定量处理，使分散的意见逐步收敛、集中，从专家们随机意见中找出集中趋势，获得较为可靠的估计结果。德尔斐法一般用于灾害损失发生前的预评估。

2）专家评分评价法

专家评分评价法，是根据专家经验与个人判断，把定性转为定量的一种评价方法。即先根据评价对象的具体要求选定若干评价指标，再根据评价指标订出评价标准，各有关专家以此为标准分别给予一定的分数值（5分制或100分制）并汇总，最后以各个方案得分多少为序评价损失的大小。专家评分评价法亦主要适用于对灾害事故损失的预评估。专家评分评价法在实践中有多种，最常用的灾害损失专家评分评价法是加权评分法，它是根据评价指标的重要程度分别给予权数，以突出评价重点，然后观察加权平均后的分值，并根据每一分值代表多少损失来求得总损失的一种评估方法。加权评分评价法的分值计算公式为：

$$D = \sum_{i=1}^{n} D_i W_i \tag{式2-5}$$

式中：D 代表评价指标的总分；

D_i 代表第 I 个评价指标所得的分数；

I 代表评价指标个数，i=1，2…n。

W_i 代表第 i 个评价指标的权数，$0<W_i<1$，则损失估计值可以表示为：

$$M = DK \tag{式2-6}$$

式中：K 代表每一分值的货币损失量。需要指出的是，应用加权评分法的难点主要是 K 值不易确定，它还有待于在实践中作进一步的探索。

3）影子价值法

影子价值法又称恢复费用法。也就是当财产物资因灾受损后，重新创造这些财产物资而花费的费用就是灾害损失的价值量。例如，某城镇发生地震而变成一片废墟，在不考虑人员伤亡的情况下，按原样恢复该城，则恢复重建的费用就是这次地震造成的经济损失。影子价值法一般用于灾后财产物资损失的实值评估。

4）海因里希法

海因里希法是美国学者海因里希（Heinrihc）于1926 年提出来并适用于企业估算灾害事故损失的方法。它是一种通过灾害的直接经济损失来估算灾害的间接经济损失及总损失数额的理论方法，其基本内容是把一起事故造成的损失划分为两类：即把由生产公司申请、保险公司支付的损失金额划为"直接损失"，把除此以外的财产损失和因停工等使公司受到的损失部分作为"间接损失"，并对一些事故的损失情况进行了调查研究，得出直接损失与间接损失的比例为1:4，由此揭示灾害事故中间接损失较直接损失要大得多的基本规律。可见，海因里希法是先计算出灾害事故的直接损失，再按1:4的规律，以4倍的直接损失数量作为灾害的间接经济损失的估计值。当然，海因里希法主要是针对工业事故而言的，且由于灾害事故的种类不同、各受灾体的具体情况不同，各种灾害事故造成的间接损失亦并非都一定是直接损失的4倍，国内外的实践经验表明，灾害事故的间接经济损失一般是直接损失的2~5倍，但海因里希提供的方法仍然不失为一种十分简便的估算灾害事故间接经济损失的方法。

5）西蒙兹法

西蒙兹法，是美国学者西蒙兹在对海因里希法进行重新评断后提出的一种损失评估方法，是从企业经济角度出发的观点来对灾害事故损失进行判断。这种方法是把"由保险公司支付的损失金额"定为直接损失，把"不由保险公司补偿的损失金额"定为间接损失，在此，非保险费用虽然与海因里希法的间接费用是出于同样的观点，但其构成要素却发生了变化。西蒙兹还否定了海因里希的直接损失与间接损失之间的比例为1:4的结论，并代之以平均值法来计算灾害事故的总损失。即提出了如下计算公式：

事故总损失 M = 由保险公司补偿的灾害损失金额 + 不由保险公司补偿的灾害损失金额 = 保险损失 $+AX$ 停工伤害次数 $+BX$ 住院伤害次数 $+CX$ 急救医疗伤害次数 $+DX$ 无伤害事故次数 …… （式2-7）

在式2-7中，A、B、C、D 表示各种不同损害程度的非保险费用平均金额，它一般可根据过去损失资料计算，或经小规模试验研究求得。

值得指出的是，西蒙兹公式没有包括因灾死亡人数和不能恢复全部劳动能力的伤残人数，当发生此类损害时，应分别进行计算。

2.5.4 减灾决策策略与手段

（1）宏观决策与微观决策

1）宏观决策

我国宏观减灾决策的主要内容应包括以下几个方面：

a. 相应的减灾法律、法规制度。它由国家立法或地方立法机关完成，是对减灾活动的最高层次上的规范。如中国已经颁布的《中华人民共和国防震减灾法》《中华人民共和国环境保护法》《中华人民共和国水法》《中华人民共和国水污染防治法》等法律均可以视为减灾法律，在《中华人民共和国民用航空法》等法律中亦有相应减灾的规定。此外，还有一批由国家职能部门制定并颁布的法规。

b. 重点减灾领域。在区域层级上，国家一级的重点减灾领域应当是大江大河大湖流域的减灾行动和涉及到跨越省界的减灾行动，地方各级政府的减灾重点领域可依此类推；在减灾对象上，应当根据本国或本地区的灾害组合规律，抓住主要灾种，如中国的灾害种类繁多，但主要灾种却是水灾、干旱、台风、地震等自然灾害和火灾、道路交通事故、采矿事故等人为事故，这些灾害事故无疑应当成为中国的重点减灾领域，但各地区因灾害组合存在着区域差异性而需要据实确定本地的重点减灾对象。对重点领域加大减灾投入的力度与强度，并求得重要的减灾成果。

c. 重大减灾工程。由于某些重大减灾工程不仅需要投入巨额资金，而且会产生广泛的社会经济影响，从而特别需要慎重决策。例如，中国的三峡工程，引起影响重大，在经过长期的、反复的论证后才拿出工程方案，交由全国人民代表大会表决通过后，才开工上马的。

d. 筹资政策。减灾投入是所有减灾活动的基础，而确定合理的减灾资金筹集政策又是减灾投入的基础。在这方面，一是要确定减灾投入与社会经济发展之间的合理关系和合适比例；二是需要采取多元筹资的政策，如政府财政拨款、企业投资、个人出资以及其他筹资方式等，都应当成为规范化的减灾资金筹集渠道，当然，政府拨款与企业投资应当成为主要渠道；三是采取多维混合筹资模式，明确以货币投入为主，同时辅之以相应的物力、人力、技术等投入；四是确立强制筹资与自愿或自发筹资相结合的政策，明确规范强制筹资，鼓励自愿或自发筹资。

e. 宏观产业政策。即用国家的宏观产业政策及相应的经济投入去引导整个社会的减灾行动。如加大高新技术产业、环保产业、绿色产业、水利产业等的发展力度，逐步淘汰污染严重的工业，支持"三废"利用等。将减灾与国家产业发展政策有机地结合起来，并利用产业发展政策来推进减灾活动，应当成为宏观减灾决策中的重要内容。

f. 地区协调。确定不同地区间的协调行动并加以管理监督，以及尽力平衡各地区或行业减灾行动应当成为宏观减灾决策中的重要内容。一方面，灾害问题的全面化与深刻化，需要在地区间采取协调的行动，包括省际间、地区间等在内均需要有协调的减灾行动；另一方面，由于某些灾害的致因是人为因素，在宏观上考虑致灾地区对受灾地区的经济补偿具有必要性，如蓄洪区、泄洪区的损失就不能只是由蓄洪区、泄洪区自己来承担。它需要由受益地区乃至全国来分担。因此，宏观决策不仅包括减灾法规政策的制定与重大减灾工程的实施，还应当包括地区间的减灾行动协调与减灾利益调整问题。

上述内容，都属于宏观减灾决策的内容，均需要由政府出面主持并负责实施。

2）微观决策

微观的减灾决策，主要是指企业、社会公共组织和居民家庭或个人对自己减灾行为的决策，这种决策的主要特色是，从减灾主体自身面临的灾害问题出发，并根据自己的财力状况和相关的政策规范进行决策。

微观减灾决策的指导思想是，通过减灾活动来减轻自身的灾害事故损失和增进自身的经济效益。

微观减灾决策的方针是，积极防范、安全管理和依靠科技减灾。

微观减灾决策的影响因素，主要包括，相关法制的规范程度（如污染防治、环境保护、劳动保护、安全管理规定等），受灾体面临的灾情状况（包括灾害种类、性质、损失情况等），自身财力状况（可供投入的财力及其可能带来的经济影响），减灾效果（可能带来的直接或间接效益）等。

微观减灾决策的程序是，灾害问题存在—减灾调查与估计—初步方案设计—比较优选方案。

微观减灾决策的方法是，利益—成本分析决策方法。也就是根据减灾投入的利益大小作为方案优选依据的方法。在这种方法下，先计算自身在不开展减灾活动条件下的灾害事故发生率和损失状况，再计算各种减灾方案实施后的灾害事故发生概率，然后计算采取减灾行动所需要的投资，最后从投资的多寡与效果的大小比较中选择最优减灾方案。

在此，可借鉴安全经济学中的安全经济投资决策方法。那么，微观决策，就有如下的步骤：

第一，计算减灾方案的效果，公式为：

$$R=U\times P \qquad (式2-8)$$

式中：R 表示减灾方案的效果；

U 表示灾害事故的损失期望；

P 表示灾害事故概率。

第二，计算减灾方案的利益，公式为：

$$B=R_0-R_1 \qquad (式2-9)$$

第三，计算减灾的效益，公式为：

$$减灾效益 E=B/C \qquad (式2-10)$$

式中：C 表示减灾方案的投资。

这样，减灾方案的优选决策步骤为：

a. 用相关危险分析技术，计算原始状态下的灾害事故发生概率 P_0；

b. 用有关危险分析技术，分别计算出各种减灾措施方案实施后的事故发生概率 $P_1(i)$；

c. 在灾害事故损失期望 u 已知（可通过调查统计、分析获得）的情况下，计算减灾措施前的事故后果，公式为：

$$R_0=U\times P_0 \qquad\qquad (式 2-11)$$

e. 计算各种减灾措施实施后的灾害事故效果，公式为：

$$R_1(i)=U\times P_1(i) \qquad\qquad (式 2-12)$$

f. 计算各种减灾方案实施后的减灾利益，公式为：

$$B(i)=R_0-R_1(i) \qquad\qquad (式 2-13)$$

g. 计算各种减灾方案实施后的减灾效益，公式为：

$$E(i)=B(i)/C(i) \qquad\qquad (式 2-14)$$

h. 根据 $E(i)$ 值进行减灾方案的优选，计算最优减灾方案 $\max(E_i)$。

在现实经济活动中，相当多的企业等微观组织并未对减灾问题引起重视，一些并不需要多大投入的减灾活动亦未开展，其后果便往往是灾害事故损失的扩大，并最终造成微观组织的重大损害后果。

（2）减灾工程手段与非工程手段

所谓减灾，就是指人类社会通过采取各种相应的行动或措施，来达到减轻灾害事故的危害的活动。减灾有广义与狭义之分。广义的减灾，包括一切可以减轻或控制灾害事故的危害的活动，以及通过及时的灾后补偿使受灾体尽快恢复正常生产、生活秩序的活动。如灾害发生机理研究，减灾方法研究，灾害监测、预报、预警，灾害控制、防灾，抗灾，救灾，灾后安置、恢复与重建，灾害评估与预评估，对灾害事故中各种损余物资的及时处理，减灾规划与设计，防灾保险，减灾宣传教育，救灾指挥预备，减灾管理，减灾立法，减灾经济措施，城镇综合减灾体系，与灾情、减灾有关的信息数据库，减灾决策指挥系统等，都可以纳入到减灾的范畴。狭义的减灾，则主要是指灾害事故发生前的防灾活动与灾害事故发生时的抗灾活动，侧重点在于减少灾害事故的发生次数和减轻灾害事故的危害后果，而不包括对灾害损失的补偿。

工程减灾，是指人类社会通过投入相应的财力、物力、人力兴建各种工程项目以达到防范、控制灾害事故发生、发展的减灾方式。工程减灾的特点，主要包括以特定地域为实施空间，以建设时间为实施周期，以固定物体（工程项目）为减灾载体，以专门灾种为减灾对象，以直接而具体的减灾效果为实施目标。水利工程、防震工程、防风固沙工程、治理水土流失、治理土地盐碱化、人工降雨、消防工程等，都是工程减灾方式的重要表现形式。以中国的工程减灾为例，从古代兴建的都江堰到三峡工程，从上世纪70年代开始建造的"三北"防护林到现阶段的淮河治污工程，从城镇防震工程、消防工程的建设到山西昔阳县大寨村对七沟八梁的治理，以及沿海、沿江地区兴修的防洪堤、防潮堤等，无一不是人类社会工程减灾方式中的成功典范。

非工程减灾，则是指人类社会通过投入相应的财力、物力、人力，利用传媒宣传减灾常识、组织减灾演习、提供减灾技术与信息服务等各种非工程的形式以达到减轻灾害事故的危害的减灾方式。非工程减灾的特点，主要包括以大众为服务对象，以各种传媒为传导机制，以专业人士为实施主体，以经常性活动为主要工作方式，以技术、信息服务和制度建设为主要内容。减灾宣传、减灾技能训练、安全管理、灾害监测、灾情预报、灾害法制建设等，就是非工程减灾方式的表现形式。如消防知识宣传、防震演习、气象预报、国家对有关灾害问题（如环境污染等问题）的立法和安全管理制度，以及企业安全管理规章制度等，都是现代社会必不可少的减灾方式。

工程减灾与非工程减灾作为人类社会减灾实践的一体两面，是既有共性又有差异的减灾方式。它们的目的都是人类为了减少灾害事故的发生和减轻灾害事故的损失。在人类减灾实践中，工程减灾与非工程减灾都属于缺一不可的减灾方式，并需要走有机结合、合理推进的道路。

3 气象灾害与安全防灾

3.1 洪水灾害与安全防灾

近年来，随着城镇化进程的加快、人口增加和经济发展、人类活动进一步加剧，致使全球性气候变暖，防洪问题也日益突出，造成新时期的防洪形式更加严峻，防洪任务也更加繁重。为了有效地抗御洪水，使洪灾损失减小到最低程度，就必须清楚地了解洪水、认识洪水，并且掌握防洪的基本知识。

"洪"，指江、河、湖、海所含的水量因大雨、暴雨引起水道急流、山洪暴发、河水泛滥、淹没农田、毁坏环境与各种设施等现象。洪水灾害是当今世界范围内发生最频繁和最具毁灭性的自然灾害之一，一般是指由降雨、融雪、堤坝溃决等原因引起江、河、湖、水库及沿海水量增加、水位上涨而泛滥及山洪暴发等所造成的灾害。

需要指出的是，洪涝灾害具有双重性，既有自然属性，又有社会属性。它的形成必须具备两方面条件：第一，自然条件。洪水是形成洪涝灾害的直接原因。只有当洪水自然变异强度达到一定标准，才可能出现灾害；第二，社会经济条件。只有当洪水发生在有人类活动的地方才能成灾。受洪水威胁最大的地区往往是中下游地区，而中下游地区因其水资源丰富，土地平坦又常常是经济发达地区，洪水造成的危害和损失更大。产生洪水的自然因素是形成洪水灾害的主要根源，但洪水灾害不断加重却是社会经济发展的结果。

3.1.1 我国的洪水灾害

我国是一个多洪水的国家，洪灾发生频繁，影响范围广，造成损失大。历史上有关水灾的文字可以追溯到 4000 年以前，我国在古代就有"大禹治水"等防治洪水的佳话。周以后文字记录增多，关于洪水灾害的记录也频繁出现，其中，周朝的大洪水就有 16 次。1848 ~ 1850 年，江淮流域的八个省区连续三年大水灾，1848 年黄河、长江都发生大水，加上沿海地区台风暴潮的影响，长江中下游的湘、鄂、苏、浙等地形成大范围水灾。

1998 年包括长江、嫩江、松花江等发生特大洪水灾害（图 3-1），其中，长江洪水是继 1931 年和 1954 年两次洪水后，20 世纪发生的又一次全流域型的特大洪水之一；嫩江、松花江洪水同样是 150 年来最严重的全流域特大洪水。这场洪水影响范围广、持续时间长、洪涝灾害特别严重。在党和政府的领导下，广大军民奋勇抗洪，新中国成立以来建设的水利工程发挥了巨大作用，大大减少了灾害造成的损失。全国共有 29 个省（自治区、直辖市）遭受了不同程度的洪涝灾害。据各省统计，农田受灾面积 2229 万 hm^2，成灾面积 1378 万 hm^2，死亡 4150 人，倒塌房

图 3-1 1998 年特大洪水武汉灾情

屋 685 万间，直接经济损失 2551 亿元。江西、湖南、湖北、黑龙江、内蒙古、吉林等省（区）受灾最重。

长江流域在我国历史上一直是洪水灾害多发区域，长江流域洪水灾害的重灾区有洞庭湖区、鄱阳湖区、荆江、汉江中下游和皖北沿江一带。据史料记载，唐代至清代的 1300 年间，长江流域共发生洪涝灾害 223 次。其中，唐代发生水灾 16 次，平均每 18 年发生一次；宋、元代 79 次，平均每 5.2 年一次，明清 128 次，平均 4.2 年发生一次。至近代洪水灾害依然频繁，20 世纪发生了多次洪水灾害，并造成严重损失见表 3-1 所示。

同样，黄河历史上也发生了多次洪水灾害，更是一条极难治理的江河。黄河哺育了中华民族，但又善淤、善决、善徙，历史上有"三年两决口、百年一改道"的说法，形象地说明了黄河是一条既可以兴利又可以为害的河流。1958 年 7 月中旬，黄河三门峡至花园口干、支流区间，发生了一场自 1919 年黄河有实测水文资料以来，最大的一场洪水。此次洪峰流量达 22300m³/s，横贯黄河的京广铁路桥因受到洪水威胁而中断交通 14 天。仅山东、河南两省的黄河滩区和东平湖湖区，淹没村庄 1708 个，灾民 74.08 万人，淹没耕地 20 多万 hm²，房屋倒塌 30 万间。

表 3-1 20 世纪长江洪灾情况

年份	长江洪灾
1931 年	受灾面积达 13 万 km²，淹没农田约 340 万 hm²，被淹房屋 180 万间，受灾民众 2855 万人，被淹死亡者达 14.5 万人，估计损失银元 13.45 亿元
1935 年	长江中下游洪水灾水 8.9 万 km²，湖北、湖南、江西、安徽、江苏、浙江六省份均受灾，淹没农田 2263 万亩，受灾人口 1000 万人，淹死 14.2 万人，估计损失 3.55 亿银元
1949 年	长江中下游地区受灾农田约 180 万 hm²，受灾人口 810 万人，淹死 5699 人
1954 年	长江中下游共淹农田约 320 万 hm²，受灾人口 1888.4 万人，被淹房屋 427.66 万间，淹死 33169 人，受灾县市 123 个，京广铁路不能通车达 100 天
1998 年	1998 年汛期长江流域发生了次于 1954 年的又一次全流域性的大洪水，其洪水量大、洪水位高、高水位历时长、洪水的遭遇较恶劣，同时遭受溃坝、山洪、泥石流、山体滑坡的范围广。国家动员大量人力、物力进行了近 3 个月的抗洪抢险，全国各地调用 130 多亿元的抢险物资，高峰期有 670 万群众和数十万军队参加抗洪抢险，但仍有重大的损失。湘鄂赣皖四省共溃决 1975 座，淹没耕地 23.9 万 hm²，倒塌房屋 212 余万间，受灾人口 231.6 万人，死亡人口 1526 人

同时，由于黄土高原水土流失严重，黄河携带大量的泥沙，通过流水作用，搬运、堆积，致使黄河中下游河床抬高，有些地区形成地上"悬河"，被称作下游人民头上的"悬剑"。如河南开封、山东滨州的地上悬河，河底标高高出两岸几米到十几米，防治工作困难，一旦遇到暴雨或气候异常，引起的洪水灾害的可能性和造成的损失将会更大（图3-2）。

随着社会经济的发展和城镇化建设，洪水灾害的范围和造成的损失也越来越大，对人民生命财产、国民经济建设构成严重威胁，影响社会、经济的稳定和可持续发展。因此，江河防洪古往今来都是关系人民安危和国家兴衰的大事。从某种意义上讲，我国的历史也是一部人民与洪水抗争的历史。人们在这漫漫历史长河中，积累了丰富的抗洪经验，特别是建国后，我国积极进行江河治理和防洪建设，取得了巨大的成就。

3.1.2 洪水灾害类型与成因

洪水灾害的形成受自然因素和人类活动因素的影响，其中自然因素包括自然地理环境、天气气候、水系特征、地形地势等，人类活动则包括乱砍滥伐、河湖围垦等。洪水按照其出现地区和成因有不同的分类。

（1）按照洪水成因和出现地区分类

大体上可分为河流洪水、湖泊洪水和海岸洪水等。

1）河流洪水

河流洪水是我国最常见的类型，根据形成的直接成因，又可分为暴雨洪水、融雪洪水、冰凌洪水、冰川洪水、溃坝洪水与土体坍滑洪水等。其特点主要表现在具有明显的洪水产流与汇流过程、洪水传播、洪水调蓄与洪水遭遇的问题、洪水挟带泥沙以及洪水周期性与随机性等问题。

图3-2 悬河对下游人民造成威胁

a. 暴雨洪水

暴雨洪水简称雨洪，其主要成因是大强度、长时间的集中降雨，是和天气形势与气候变化密切相关的，且有明显的季节性。世界上大多数河流属于雨洪河流。影响雨洪特性的主要因素是：暴雨范围、强度、历时、分布和暴雨中心位置，流域形状、土壤、地形地貌和植被，以及人类活动的影响等。雨洪季节也与气候、地理位置有关，如中国河流雨洪大多在4～10月，基本是由南向北发展，汛期南方一般为5～8月份，东部地区的北方一般为6～9月份。

b. 融雪洪水

融雪洪水简称雪洪，主要发生在高纬度地区和高山地区。影响雪洪过程的主要因素是：融雪率（一定场地单位时间融雪产水量），以及积雪面积、雪深、雪密度、持水能力和雪面冻深、融雪热量（其中大部为辐射热），积雪场地的地形地貌、方位、气候和土地使用情况。融雪率在一般情况下，小于暴雨产水强度，而融雪历时又往往长于暴雨历时，同时雪盖对融雪水有滞留作用。因此与洪水总量相同的雨洪相比，融雪产生的洪峰相对低平，历时则相对较长。在我国，融雪洪水一般出现在东北部分地区。

c. 冰凌洪水

冰凌洪水在中高纬度地区有冰凌活动的河流，在气温开始上升期间或封冻初期发生。一般是由于冰凌对水流阻塞及冰凌瓦解河槽水集中下泄而引起水位显著上涨进而引发洪水。我国西部和华北、东北地区的中小河流，冬季枯水流量一般都很小，或被上游水库拦蓄，河道断流因而不会产生冰凌洪水。少数河流虽在下游积冰，但冻解缓慢，上游来水小，也不致形成有害的冰凌洪水。只有黄河干流和松花江的冰凌洪水危害较大。黄河的冰凌洪水集中在上游宁蒙河段和下游的山东河段，松花江冰凌洪水集中在哈尔滨以下河段。

2）海岸洪水

海岸洪水是沿海岸水面产生大范围增水和强浪的现象，它威胁着海滨一定范围内人民生命财产安全，是造成沿海地区常见的一种洪水灾害。其主要成因是由大气扰动、天文潮、海底地震、海底火山爆发等因素形成的暴潮所造成，大致可分为天文潮、风暴潮、台风（飓风）、海啸等。

海岸洪水具有增水幅度大、破坏性强及突发性等特点。当遇特大风暴潮时，常出现大幅度破纪录的水位值，又常伴随暴雨和强浪。中国沿海地区有较长的潮灾历史记载，华东、华南沿海诸省平均十年有一次较大的潮害。中国近年较大的风暴潮为1980年7号台风引起，海南岛的南渡江增水5.94m，冲毁海堤，淹没农田约5万hm^2，建筑物受到严重破坏，损失巨大。

3）湖泊洪水

在中国通江的大型湖泊，长江的洞庭湖、鄱阳湖等兼有河流与海岸洪水的一部分特性。由于河湖水量交换或湖面气象因素作用或两者同时作用，可发生湖泊洪水。中国大型湖泊多与河流通连，湖面气象因素的影响也明显，湖泊洪水比较强烈。

（2）按照洪水形成机理和环境分类

主要有溃决型洪灾、漫溢型洪灾、内涝型洪灾、行蓄洪型洪灾、山洪型洪灾、风暴潮型洪灾、海啸型洪灾等。

1）溃决型洪灾

防洪堤坝本身和基础隐患是造成汛期高水位时堤坝产生渗漏、管涌、沉陷、滑坡等险情的主要原因，如果抢险不及时或抢护方法不当，便会发生猝不及防的堤坝塌陷而形成决口，从而引发洪灾。

2）漫溢型洪灾

当堤坝防洪标准过低、或遇到超标准的特大洪水时，因河水猛涨，堤坝加高培厚不及，洪水漫越堤坝顶部，形成洪灾。

3）山洪型洪灾

山洪是指山区溪沟中发生的暴涨洪水。山洪具有突发性，水量集中流速大、冲刷破坏力强，水流中挟带泥沙甚至石块等，常造成局部性洪灾。1956年8月，中国山西省平顺县东当村遭遇山洪，村内43户92人和109间房屋全遭毁灭。

（3）社会因素和人类活动的影响

除上述洪水的自然因素外，洪水灾害还与社会因素和人类活动有密切关系。

1）社会因素

社会因素主要包括堤坝的建设与管理，防洪工程等，法律法规的颁布与实施。上世纪80年代以来，洪涝灾害对我国绝大部分地区危害加重，其主要原因之一就是我国现有的防洪工程大都兴建于50、60年代，不少工程年久失修，带病运行和超期服役，防洪能力降低。水利基础薄弱，更新改造任务繁重，对于彻底防洪还需要大量修建水利工程。水文信息等基础工作薄弱，对于事关全局的重大研究不够，防洪标准有待于进一步提高。

2）人类活动的影响

时至今日，人类活动对洪水灾害的影响越来越大，虽然影响我国洪水是各种因素综合的结果，但人类对此有不可推卸的责任。

a. 人类进入工业革命时代以来，对自然的作用和影响越来越大。人类大面积的毁林开荒，自然生态环境也越来越脆弱。同时，由于人类不合理的活动和开发建设，使水土流失加剧，江河湖库淤积严重，河底河床抬高，调蓄洪峰能力衰弱，增加了洪水的危害可能性（图3-3）。

b. 20世纪80年代以来，我国人口持续快速增长，经济发展迅速，但防洪建设落后于人口增长，一部分人为了眼前利益，不顾长远发展，盲目开发，侵占河滩地，湿地大面积缩减，湖泊面积锐减，调蓄能力大幅下降（图3-4）。

c. 河道是宣泄洪水的空间，河道内是不允许有阻碍行洪障碍物存在的。随着沿河城市、集镇、工矿企业不断增加和扩大，滥占行洪滩地，在行洪河道中修建码头、桥梁等各种阻水建（构）筑物现象时常发生，一些工矿企业任意在河道内排灰排渣，河道变窄，严重阻碍河道正常排洪能力（图3-5）。

（4）我国洪水灾害的特征

由于我国特殊的地理位置、地形地势及季风气候等原因，我国洪水灾害类型多样，总体来看我国洪水灾害主要有以下几个主要特征：

1）破坏性

从古至今，洪水对我国社会和经济的发展都有着重大的影响，大江大河的特大洪水灾害，甚至带来全国范围的严重后果。以1954年长江大水为例，长江中下游湖南、湖北、江西、安徽、江苏五省，有123个县市受灾，淹没耕地约320万hm^2，受灾人口1888万人，死亡3.3万人，京广铁路不能正常通车达100天，直接经济损失100亿元。

2）季节性

我国地处欧亚大陆的东南部，东临太平洋，西部深入亚洲内陆，地势西高东低，呈三级阶梯状。南北则跨热带、亚热带和温带三个气候带。最基本、最突出的气候特征是大陆性季风气候，因此，降雨量有明显的季节性变化。这就基本决定了我国洪水发生的季节规律。我国大部分地区降水集中在夏季数月中，绝大部分地区50%以上集中在5～9月，并多以暴雨形式出现。其中淮河以北和西北大部分地区，西南、

图3-3 水土流失加剧

图3-4 湖泊天然蓄洪作用衰减

图3-5 人为设障阻碍河道行洪

华南南部，台湾大部分地区有70%～90%，淮河到华南北部的大部分地区有50%～70%集中在5～9月。

3）周期性

从暴雨洪水发生的历史规律来看，造成严重洪

水灾害的历史特大洪水存在着周期性的变化。根据全国6000多个河段历史资料分析，近代主要江河发生过的大洪水，历史上几乎都可以找到与其成因和分布极为相似的特大洪水。例如1963年8月海河南系大洪水与1668年同一地区发生的特大洪水十分相似，都造成了流域性的特大洪水灾害；1931年和1954年长江中下游与淮河流域的特大洪水，其气象成因和暴雨洪水的时空分布基本相同。一般认为，暴雨洪水有重复发生的规律，大洪水也存在着相对集中的时期。

4) 区域性

我国地域辽阔，自然环境差异很大，具有产生多种类型洪水和严重洪水灾害的自然条件和社会经济条件。除沙漠、极端干旱区和高寒区外，我国其余大约2/3的国土面积都存在不同程度和不同类型的洪水灾害，有80%以上的耕地受到洪水的威胁。但是，由于我国的气候特征及地理特征差异显著，导致我国降水分布极不均衡，而我国洪水灾害以暴雨成因为主，暴雨的形成又和地区关系密切。因此，我国洪水灾害空间分布上具有区域性，7大江河（长江、黄河、淮河、海河、珠江、辽河、松花江）和滨海河流地区是我国洪水灾害最严重的地区。

5) 次生灾害重

洪水灾害经常会在山区引起山体滑坡、泥石流等次生灾害，进一步加剧人们的灾难。如2007年8月陕西省安康市水灾，岚皋县和汉滨区32个乡镇遭受特大暴雨袭击，导致山洪暴发及多处滑坡和泥石流灾害。

6) 可防御性

虽然我们不可能彻底根治洪水灾害，但通过多种努力，可缩小洪水灾害的影响程度和空间范围，减少洪灾损失，达到预防目的。同时，通过一些组织措施，可把小范围的灾害损失分散到更大区域，减轻受灾区的经济负担；通过社会保险和救济增强区域抗灾

能力。新中国成立以来，我国兴建了大量堤防工程，显著提高了防御洪水灾害的能力。

3.1.3 我国城镇防洪存在的问题

城镇"傍水而建、随水而兴"，既享水之利，又受水之害。城镇是我国社会经济建设的精华，也是防洪减灾的重点和难点。随着我国城镇化的进程，城镇防洪仍存在以下问题：

（1）城镇防洪能力低

由于我国洪水灾害的严峻性，党和政府历来重视城镇防洪工作与防洪基础设施建设，为保障城市安全发挥了积极作用。但目前来看发展并不平衡，不少城镇的防洪能力没有达到国家防洪标准。国外城镇防洪标准较高，如美国采用100～500年一遇，日本采用100～200年一遇，英国伦敦采用1000年一遇。我国有防洪任务的城镇中，只有非常个别的城镇达到100年一遇，大部分城镇采用10～50年的防洪标准，城镇防洪标准降低，影响了城镇的防洪能力。

（2）城镇防洪工程不配套

随着社会的发展，城镇数量和规模急剧扩大。城镇化趋势使得同样暴雨而发生洪水的可能性和洪灾损失都大幅度提高，洪水威胁更加严重。许多城镇在发展过程中没有按照客观规律考虑城镇防洪问题，破坏防洪工程设施，造成防洪标准降低。有的城镇在发展新城区时，盲目向低洼地区发展，侵占河道，堵塞出口，没有加强堤防建设，人为地增加了洪水危害。因此，目前在城镇发展过程中，城镇防洪工程的规划建设不容忽视。

（3）城镇防洪技术水平和管理落后

洪水灾害的防治除了依靠防洪工程建设外，还需要先进的技术手段和管理手段。洪水预报、预警系统、3S技术（遥感、卫星定位、地理信息系统）对于及时了解洪水水情和灾情，指挥抗洪抢险，避免城

镇洪涝灾害等方面都具有非常重要的意义。我国在城镇防洪新技术应用中还处于起步阶段，同时我国在防洪管理方而仍缺乏有效的管理措施。

（4）城镇防洪规划滞后

城镇防洪规划是城镇防洪工程建设的依据，由于历史原因，我国城镇防洪规划进度严重滞后。据有关数据统计，至 2014 年全国有 54 座城市尚未编制防洪规划，有 290 座城市尚未实施规划，对于指导和规范城市开发和防洪建设不利，一些新建城区缺乏防洪设施，而面临洪水威胁。

（5）防洪应急预案不够健全

目前绝大部分城市都编制了防洪应急预案，但基本是针对防御流域性洪水或者外江洪水的总体应急方案，对各部门职责分工做了界定，预案体系的完备性、预案的针对性和可操作性都亟待提高。

（6）城镇洪水灾害损失增加

随着城镇的兴起和发展，城镇数量不断增加，城镇规模不断扩大，人口、财富不断向城镇聚集，城镇聚集性使同样的洪水造成的损失增加。随着城镇的发展，改变了原有的水文环境，加重了城镇洪涝灾害，许多城镇由于地下水的过量开采，形成严重的地面沉降，一些城镇因为对水土流失问题重视不够，造成山体滑坡、泥石流以及河道堵塞，使洪水灾害风险变得越来越严重。

3.1.4 城镇防洪减灾规划

我国有 1/10 的国土，40% 的人口，70% 的工农业总产值，100 多座大中城镇，受到洪水威胁。随着我国城镇化进程的加快，经济社会的不断发展，城镇的地位和作用越来越重要，防洪安全问题也越来越突出。为了加强城镇防洪建设的科学性、合理性和可持续性，在制定城镇发展规划时，必须同时制定城镇的防洪减灾规划。

《中华人民共和国防洪法》第九条指出，防洪规划是指为防治某一流域、河段或者区域的洪涝灾害而制定的总体部署，包括国家确定的重要江河、湖泊的流域防洪规划，其他江河、河段、湖泊的防洪规划以及区域防洪规划。防洪规划是江河、湖泊治理和防洪工程设施建设的基本依据。

建设部 1995 年 6 月 8 日开始实施的城镇规划编制办法实施细则规定：城市总体规划中的专业规划应包括防洪规划。

（1）城镇防洪规划的任务

根据城镇社会经济发展状况，结合城市总体规划及城市河道水系的流域总体规划、城市河道的治理开发现状，分析、计算城市所在水系的现有防洪能力，调查研究历史洪水灾害及成因，按照统筹兼顾、全面规划、综合利用水资源和保证城市安全的原则，根据防护对象的重要性，结合实际条件，将洪水对城市的危害程度降到防洪标准范围以内。

（2）城镇防洪规划编制依据

防洪规划需要依据国家层面的相关法律和规定，如《中华人民共和国水法》《中华人民共和国防洪法》《中华人民共和国城乡规划法》《防洪标准》《城市防法规划规范》《城市防洪工程设计规范》等。另外，城镇防洪规划还需要依据地方具体的法规和规定，如流域综合防洪规划、区域防洪规划和城市经济发展总体规划等。

（3）城镇防洪规划原则

不同地区和城镇的具体情况不同，洪水类型和特性不同，防洪标准、防洪工程布局及措施也各不相同。但城镇防洪规划都以保障城镇防洪安全为首要目标，一般都共同遵循一些基本原则，主要体现为：城镇防洪规划必须与流域防洪规划、城镇总体规划相协调；城镇防洪工程要与城镇其他基础设施紧密结合，防洪建筑要与城镇建筑、城镇景观相协调；城镇防洪要与城镇排水相互配合，防洪标准要与排水标准相协调，综合考虑从总体上减少水灾损失。

1）要坚持以人为本

全面提高城镇防洪能力，确保城镇居民生命财产安全。

2）要坚持统筹兼顾

统筹考虑城镇水资源利用、水环境整治、水生态保护、水文化建设，兼顾流域与区域、新区与老城区防洪要求，外洪与内涝治理相结合，市政建设与防洪建设相结合，促进城镇发展与防洪相协调。

3）要坚持工程与非工程措施并举

既注重制定治本之策，着力构筑防洪工程体系，又着力加强防洪管理。

4）要坚持远近衔接

根据城镇发展需求，立足当前，着眼长远，协调衔接好城市防洪工程近期与远期建设任务。

5）城镇防洪要以流域防洪规划为基础

城镇防洪规划应在流域防洪规划指导下进行，主要设防河道流域范围内城镇的防洪工程是流域防洪工程的一部分，应与流域防洪规划相统一。单个城镇的洪水防治，只有通过对整个流域的洪水统一调度，才能确保城镇的安全。例如，北京是中国的首都，属于海河流域，主要设防对象为永定河。根据北京城镇的重要性，海河流域规划确定永定河左岸高程须高于右岸，在发生洪水时确保左岸北京市区安全。同时在河道右岸修建小清河行滞洪区，以降低洪峰流量。减小洪水对河道左岸市区的威胁。在海河流域规划中，同时还要求，北京市区河道控制下泄流量，以减小下游天津市及河北地区的防洪压力。

相对于流域防洪规划，城镇防洪规划又有一定的独立性。作为流域防洪中的一个重点，城镇防洪规划也是对流域防洪规划的深化与具体落实。例如，北京市昌平区约91.5%的面积属于温榆河流域范围，该地区的防洪规划遵从于温榆河流域规划。同时在温榆河流域规划中确定的方案、工程措施，则需要在昌平区防洪规划中进行深化研究、具体落实。

6）城镇防洪规划应以城镇总体规划为依据

城镇防洪规划是城市总体规划的一部分，城镇防洪工程是城镇建设的基础设施，必须满足城镇总体规划要求。城镇防洪标准、布局以及措施，需根据城镇总体规划确定的城镇发展规模、城镇格局及城镇在区域中的重要性进行综合确定。防洪标准要与城镇规模相协调、防洪布局要与城镇格局相协调、防洪工程要与城镇景观相协调、防洪工程的实施时序要与城镇的发展相协调。

同时，城镇防洪规划也对城镇总体规划产生影响。在城镇总体规划中，须明确城镇防洪工程用地以及相关维护管理设施用地，须根据城镇防洪布局，规划安排城镇建设用地。控制建设地面标高，对于标准洪水位以下的建筑工程，需提出防护措施。

7）城镇防洪应与城镇排水相协调

一般城镇的防洪、排水任务均由流经城镇的河道承担，河道的治理首先要满足城镇的防洪安全。同时还应考虑河道设防不能阻断城镇排水通道，河道洪水位尽可能不影响城镇雨水自流排除。

（4）城镇防洪规划的内容

1）划定城镇防洪保护范围和洪水风险管理范围

根据城镇经济社会发展总体规划和与相邻河流水系的关系，考虑城市近期、远期发展目标，科学划定城镇防洪保护范围，既包括现有城区，又要为城镇发展预留空间。全面评价城镇防洪能力，调查分析城镇防洪存在问题，合理划定城镇洪水风险管理区，制定洪水风险图，确定风险等级，明确防洪管理范围。

2）确定城镇防洪标准

城镇防洪标准是指采取一定的防洪工程措施和非工程措施后所具有的防御洪（潮）水的能力，通常以频率法计算的某一重现期的设计洪水位防洪标准，或以某一实际洪水（或将其适当放大）作为防洪标准。防洪标准的高低，与防洪保护对象的重要性、洪水灾害的严重性及其影响直接有关，并与国民经济的发展水平相联系。城镇防洪标准的确定要符合流域或区域防洪规划要求，区域防洪规划应服从所在流域防洪规划。城市防护区应根据政治、经济地位的重要性、常住人口或当量经济规模指标分为四个防护等级，其防护等级和防洪标准应按照表 3-2 确定。

3）论证城镇防洪总体布局

城镇防洪总体布局应与流域、区域防洪总体布局相协调，依据流域或区域防洪规划，统筹考虑城市总体规划、上游水库、城市堤防、河道整治、附近蓄滞洪区、分洪河道等，制定防洪体系布局、主要防洪工程设施，计算其工程量、投资、效益、影响等，通过技术和经济分析及多方论证，科学确定城市防御外洪的防洪工程体系。

4）城镇防洪主要措施

提出城镇防洪工程措施、防洪预警系统规划建议，规划防洪组织机构、抢险队伍、物资准备、通讯保障等，建立应急抢险工作机制，加强防洪应急工程建设。

5）提出城镇防洪管理措施

制订防汛预案，对突发性、超标准洪水发生时应做的工作事先做好部署，建立防汛指挥决策系统。根据城镇不同区域防洪风险程度，制定相应的防洪社会管理措施，提出防洪规划实施方案，根据当地经济情况和工程重要程度，提出城镇防洪规划分步实施意见。

（5）规划审批

《中华人民共和国防洪法》规定城市防洪规划，由城市人民政府组织水行政主管部门、建设行政主管部门和其他有关部门依据流域防洪规划、上一级人民政府区域防洪规划编制，按照国务院规定的审批程序批准后纳入城市总体规划。

（6）城镇防洪规划需重视的问题

城镇是江河流域中的一个点，范围小，但涉及的问题很多，和其他防护区相比较，城镇防洪有其自身的特殊性，规划中常要涉及的有以下几点。

1）因所在具体位置不同，每一城镇面临的防洪问题都各不相同。这种情况如：沿河面地势较高的城镇，主要受河流洪水威胁；濒临河、湖且地势低平的城镇，靠圈堤防护，除受河、湖洪水威胁外，常兼受涝灾影响；位居海滨或江河河口的城镇，除经常要遭受上游影响以外，还要同时考虑风暴潮和地震海啸等引起的增水问题；山丘区依山傍水的城镇，除受河流洪水威胁外，还要考虑山洪、山体滑坡或泥石流等灾害。因此，对具体问题要具体分析，因地制宜采取有效防护措施。

2）常采用较高的城镇防洪标准。城镇的防洪标准，特别是重要城镇的防洪标准往往较邻近其他防护对象的标准高。采取的措施，有的可以与流域或区域的防洪总体安排相结合；有的则要单独采取一些措施。要根据各个城镇的特点具体研究，但都应纳入江河流域总体防洪规划部署。

表 3-2 城市防护区的防护等级和防洪标准

防护等级	重要性	常住人口（万人）	当量经济规模（万人）	防洪标准（重现期：年）
I	特别重要	≥ 150	≥ 300	≥ 200
II	重要	< 150，≥ 50	< 300，≥ 100	200～100
III	比较重要	< 50，≥ 20	< 100，≥ 40	100～50
IV	一般	< 20	< 40	50～20

注：当量经济规模为城市防护区人均 GDP 指数与人口的乘积，人均 GDP 指数为城市防护区人均 GDP 与同期全国人均 GDP 的比值。

3）要把城镇防洪纳入城镇发展的总体规划和建设中。防洪建设要与城镇其他基础设施结合考虑。在安排洪水出路，确定防洪水位时要统一考虑城镇市区内部排涝和排污问题。某些工程措施如城镇防洪堤（墙）等可结合城镇发展，既满足防洪需要，又能成为城镇的道路、公园、停车场等公用设施，充分发挥工程的综合作用。在工程实施安排中，既要经济实用，也要结合城镇景观的美化。

4）城镇防洪也要十分重视防洪非工程措施的作用。特别是位于山区的一些中小城镇，受条件限制，往往难于采取工程措施提高防洪标准，更要依靠采取一些防洪非工程措施。如规定城镇附近河道的管理范围和利用行洪河滩的限制，规定可能淹没区房屋建筑的特殊要求，建立完整的预报警报系统等，以力求减少洪灾损失。

3.1.5 城镇防洪工程措施

工程措施是国内外防洪的主要措施之一，一般从蓄洪和排洪避洪两方而着手。主要有：堤防土程；整治河道和护岸；建防洪闸；分（蓄）洪区和水库；生物工程措施；山洪和泥石流的拦蓄、排导工程以及排涝工程。

（1）防洪堤墙

当城镇位置较低或地处平原地区时，为了抵御历时较长、洪水较大的河流洪水，修建防洪堤是一种常用而有效的方法。修筑堤防是流域性洪水严重的平原地区最重要的防洪措施之一，可以扩大洪水河床、加大泄洪能力，保护两岸免受洪灾。我国政府十分重视大江大河的治理，现已建立了大量的堤防工程，包括黄河大堤、汉江大堤、洪泽湖大堤等全国著名的堤防工程（表3-3）。这些堤防是我国重要地带防洪安全的屏障，是全国防洪的重点工程。利用堤防约束河水泛滥是防洪的基本手段之一，是一项现实的、长期的防洪措施。

堤防工程的级别和防洪标准应根据保护对象的重要程度和失事后遭受洪灾损失的影响程度，可适当降低或提高堤防工程的防洪标准，当采用低于或高于规定的防洪标准时，应进行论证并报水行政主管部门批准。堤防工程的级别应根据确定的保护对象的防洪标准，按照表3-4的规定确定。

表3-3　我国的主要堤防工程列举

堤防名称	所在位置	所属流域	长度/km	保护范围	保护农田/万亩
永定河大堤	北京石景山至天津武清县	黄河	170	北京市	
黄河大堤	黄河下游	黄河	1583.2	河南省、山东省	
淮北大堤	淮河中游正阳关以下干流河道北侧	淮河	238.4	淮北大平原	1000
洪泽湖大堤	淮河洪泽湖水库	淮河	67.25	江苏省淮安市	
荆江大堤	湖北枝城至湖南城陵矶长江中游段	长江	182.35	湖北省江汉平原	800
汉江大堤	湖北长江中下游左岸	长江	175.5	安徽省、湖北省	282
无为大堤	安徽长东中下游左岸	长江	124	安徽省	427.3
北江大堤	广东北江中下游左岸	珠江	60	广东省	100

表3-4　堤防工程的级别

防洪标准 [重现期（年）]	≥ 100	< 100且 ≥ 50	< 50且 ≥ 30	< 30且 ≥ 20	< 20且 ≥ 10
堤防工程的级别	1	2	3	4	5

一般情况下，根据抵御洪水的类型分为河堤、湖堤、海堤、围堤和水库堤防等五种；根据建筑材料类型来分为土堤、土石堤、石堤、（钢筋）混凝土防洪墙、浆砌石防洪墙等；根据堤身断面形式来分为斜坡式、直墙式以及复合式。在此主要介绍根据有无防渗体以及防渗体的位置的三种土堤。

1）心墙土堤

它的特点是，在土堤纵向的中心部位，用不透水的粘土做堤心，这种堤型施工比较麻烦、干扰较大。典型的心墙土堤设施方案见图 3-6 所示（图中 a、b 为两种形式的土堤）。

2）斜墙土堤

它的特点是，在土堤靠近堤外侧的一边采用土质为不透水或渗透性较弱的土料筑堤。这种堤型主要是在当地粘土质和壤土质土料较少、无法满足筑堤需求时采用，图 3-7 所示为斜墙土堤。

3）均质土堤

它的特点是，整段土堤均采用同一种土质的土料筑堤，由于均质土堤施工不受干扰，修筑方便，因此在有足够数量的粘性土或壤土的情况下，应优先考

虑均质土堤。各种土质的均质土堤见图 3-8 所示（a、b、c 为三种形式的土堤）。

根据城镇的具体情况，可以在河道一侧或两侧修建防洪堤。例如：防护堤（图 3-9）可以有效地保护江河两岸的土地；当不适合修建堤防，可加筑防护墙（图 3-10）。防洪墙可采用钢筋混凝土结构，高度不大时也可采用混凝土或浆砌石防洪墙。

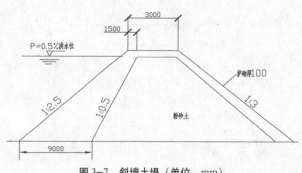

图 3-7　斜墙土堤（单位：mm）

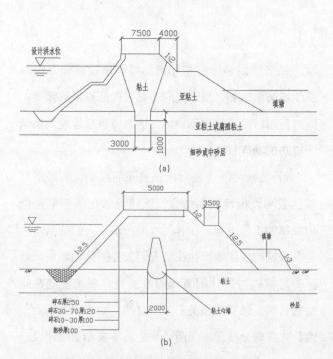

图 3-6　两种形式的心墙土堤（单位：mm）

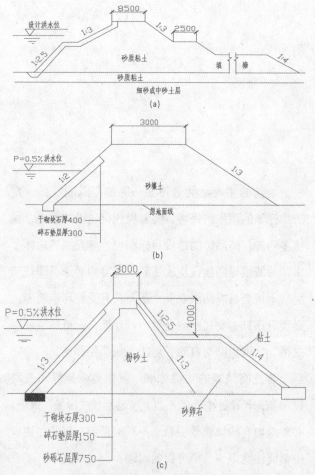

图 3-8　三种形式的均质土堤（单位：mm）

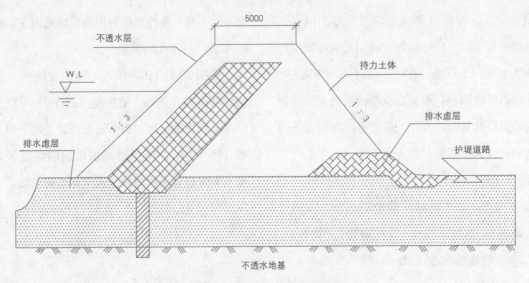

图 3-9 防护堤（三重堤举例）

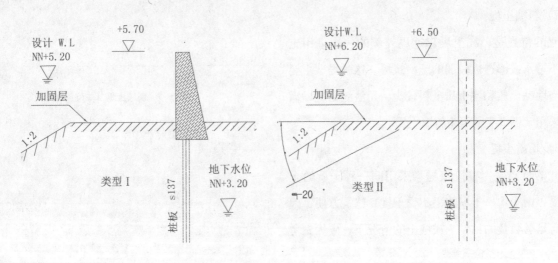

图 3-10 防护墙的地基（举例）

堤防的主要功能是使某一保护范围能抵御一定防洪标准的洪水的侵害。随着现代化建设的推进，城镇多功能、高品位的建设目标和可持续发展的总体要求，对城镇堤防建设提出了新的更高的要求，即城镇堤防不但要具有防洪功能，还要具有景观环境功能，必要时还具有交通、商业等多种功能，走可持续发展之路，实现堤防与自然、堤防与城镇相和谐。

要提高城镇的防洪标准，就需要修建堤防或堤岸加高。若设计中处理不当，极易形成"围城"效应，必然给原有的城镇景观带来不利的影响。因此，建设中需要注意以下几个方面的问题：

1）堤防工程建设必须和城镇自然条件、社会环境、经济发展等因素相和谐。堤防建设首先必须服从流域防洪规划，堤岸线的布置应保证排洪的需要；同时应与城镇总体规划协调，达到城镇总体规划所赋予堤防的功能任务。

2）重视堤防工程对城镇景观的影响，可考虑与城镇景观设施建设相结合。城镇堤防在洪涝期是保护城镇的工程设施，在非洪水期应该是人们的亲水平台，城镇的滨江地带往往是人们重要的休闲娱乐风景区，是城镇居民休闲游玩的好去处，观光者能在此接触自然、感受城镇美景，与自然、城镇和谐相处。因此，应充分注意河流两岸的生态环境和景观建设，遵循人与自然和谐相处、保持自然、回归自然的原则，使城镇堤防工程成为城镇一道亮丽的风景线。

3）合理的堤线布置。堤线选择就是确定堤防的修筑位置，与河道的情况有关。防洪堤堤线布置直接关系到整个工程的合理性和建成后所发挥的功用，尤其对工程投资大小影响重大。堤线布置应根据防洪规划，地形、地势、地貌和地质条件，结合现有及拟建建筑物的位置、型式、施工条件和河流的历史演变，充分估计下伏层地质状况，经过技术和经济比评后综合分析确定。应注意以下几点：

a. 堤轴线应与洪水主流向大致平行，并与中水位的水边线保持一定距离，这样可避免洪水对堤防的冲击和在平时使堤防不浸入水中。

b. 堤的起点应设在水流较平顺的地段，以避免产生严重的冲刷，堤端嵌入河岸 3 ~ 5m。

c. 为将水引入河道而设于河滩的防洪堤，其堤防首段可布置成"八"字形，这样还可避免水流从堤外漫流和发生淘涮。

d. 堤的转弯半径应尽可能大一些，力求避免急弯和折弯，一般为设计水面宽的 5 ~ 8 倍。

e. 堤线宜选择在较高的地带上，不仅基础坚实、增强堤身的稳定，也可节省土方、减少工程量。

4）合理选用堤防结构型式。由于堤防占地拆迁费用很大，牵扯多，处理复杂，往往会导致工程开工困难和工期拖延，故堤型的选择极为重要，需作多方案比较。按照因地制宜、就地取材原则，结合地形、地势和地质状况，选择合适的堤型，如斜坡式堤、直挡墙式堤或直斜复合式堤等，同时考虑采用加筋土、挡墙式、沉箱式等工程技术措施使得堤型可行。基础处理根据工程地质条件和堤防工程特点，尽可能地节省工程投资，在城镇沿江这类余地不大的范围内

建设堤防，要注重城镇景观和节省土地等要求。在有条件的地方可考虑堤防与城镇交通道路结合建设，并与城区交通道路相连接，发挥防洪抢险道路在非汛期的作用。

5）合理确定堤顶高程。近年来，国家相关部门制定和颁布了各项规程规范，对堤防的工程等别、堤顶超高、安全加高等有关技术参数作了规定，主要的规程规范有：《防洪标准》和《堤防工程设计规范》。城镇防洪堤工程的规划设计建议按这两个规范的规定执行。堤顶和防洪墙顶标高一般为设计洪（潮）水位加上超高。

堤防工程的安全加高值应按照表 3-5 的规定确定。1 级堤防工程重要堤段的安全加高值，经过论证可适当加大，但不得大于 1.5m。山区河流洪水历时较短，可适当降低安全加高值。

6）堤防基础处理。研究软黏土、湿陷性黄土、易液化土、膨胀土、泥炭土和分散性黏土等软弱堤基的物力力学特性和渗透性，并应分析其对工程可能产生的影响。对软土淤泥、杂填土基础的工程措施主要目的是解决承载力不够的问题，而对砂性土基础的工程措施主要目的是解决基础防渗问题。

7）与城镇基础设施规划相结合。以往在进行城镇规划中，城建部门负责市区的排水、道路规划，水利部门负责河道防洪规划，人为地将城镇排水、道路规划与城镇防洪规划截然分开。在排涝计算方法上两个部门存在很大差异，致使城镇排水与城镇河道洪水计算不能顺利的衔接。城镇防洪规划与城镇基础设施规划二者需全面考虑，统筹安排。堤防建设中应结合考虑城镇排水工程、污水处理工程、道路与城镇防洪工程。

表 3-5 堤防工程的安全加高值

堤防工程的级别		1	2	3	4	5
安全加高值 /m	不允许越浪的堤防	1.0	0.8	0.7	0.6	0.5
	允许越浪的堤防	0.5	0.4	0.4	0.3	0.3

（2）排洪沟

排洪沟是为了使山洪能顺利排入较大河流或河沟而设置的防洪设施，主要对原有冲沟进行整治，加大其排水断面，理顺沟道线形，使山洪排泄顺畅。其布置原则为：

1）应充分考虑周围的地形、地貌及地质情况。为减少工程量，可尽量利用天然沟道，但应避免穿越城区，保证周围建筑群的安全。

2）排洪沟的进出口宜设在地形、地质及水文条件良好的地段。出口处可设置渐变段，以便于与下游沟道平顺衔接，并应采取适当的加固措施。排洪沟出口与河道的交角宜大于90°，沟底标高应在河道正常水位以上。

3）排洪沟的纵坡应根据天然沟道的纵坡、地形条件、冲淤情况及护砌类型等因素确定，当地面坡度很大时，应设置跌水或陡坡，以调整纵坡。

4）排洪沟的宽度改变时应设渐变段，平面上尽量减少弯道，使水流通畅。弯道半径根据计算确定，一般不得小于设计水面宽度的5～10倍。

5）在一般情况下，排洪沟应做成明沟。如需作成暗沟时，其纵坡可适当加大，防止淤积，且断面不宜太小，以便抢修。

6）排洪沟的安全超高宜在0.5m左右，弯道凹岸还需考虑水流离心力作用所产生的超高。

7）在排洪沟内不得设置影响水流的障碍物，当排洪沟需要穿越道路时，宜采用桥涵。桥涵的过水断面不应小于排洪沟的过水断面，且高度与宽度也应适宜，以免发生壅水现象。

（3）截洪沟

截洪沟是排洪沟的一种特殊形式。位居山麓或土塬坡底的城镇、厂矿区，可在山坡上选择地形平缓、地质条件较好的地带，也可在坡脚下修建截洪沟，拦截地面水，在沟内积蓄或送入附近排洪沟中，以免危及城镇安全。其布置原则为：

1）应结合地形及城镇排水沟、道路边沟等统筹设置。

2）为了多拦截一些地面水，截洪沟应均匀布设，沟的间距不宜过大，沟底应保持一定坡度，使水流畅通，避免发生淤积。

3）在山地城镇，因建筑用地需要改缓坡为陡坡（切坡）的地段，为防止陡坡崩塌或滑坡，在用地的坡顶应修截洪沟。坡顶与截洪沟必须保持一定距离，水平净距不小于3～5m。当山坡质地良好或沟内有铺砌时，距离可小些，但不宜小于2m。湿陷性黄土区，沟边至坡顶的距离应不小于10m。

4）有些城镇的用地坡度比较大，一遇暴雨很快形成漫流，此时在建筑外围应修截洪沟，使雨水迅速排走。

5）比较长的截洪沟因各段水量不同，其断面大小应能满足排洪量的要求，不得溢流出槽。

6）截洪沟的主要沟段及坡度较陡的沟段不宜采用土明沟，应以块石、混凝土铺砌或采用其他加固措施。

7）选线时要尽量与原有沟埂结合，一般应沿等高线开挖。

（4）防洪闸

防洪闸指防洪工程中的挡洪闸、分洪闸、泄洪闸和挡潮闸等。闸址选择应根据其功能和使用要求，综合考虑地形、地质、水流、泥沙、潮汐、航运、交通、施工和管理等因素，应选在水流流态平顺，河床、岸坡稳定的河段。其中，泄洪闸宜选在顺直河段或截弯取直的地点。分洪闸应选在被保护城镇上游，河岸基本稳定的弯道凹岸顶点稍偏下游处或直段。挡潮闸宜选在海岸稳定地区，以接近海口为宜，并应减少强风强潮影响，上游宜有冲淤水源。水流流态复杂的大型防洪闸闸址选择，应有水工模型试验验证。

（5）排涝设施

当城镇或工矿区地势较低，在汛期排水发生困难以致引起涝灾时，可修建排水泵站排水，或者将低洼地填高，使水能自由流出。修建排水泵站排水主要有以下几种情况：

1）在城镇周围干流和支流两侧均筑有堤防，支流的水可以顺利排入河道，而堤内地面水在出现洪峰时排泄不畅，可设置排水泵站排水。

2）干流筑有堤防，支流上游修有水库，并可根据干流水位的高低控制水库的蓄泄洪量时，城镇临近干流地段的地面积水可设排水泵站排水。

3）干流筑有堤防，支流的洪水由截洪沟排入下游，其余地区的地面水可设排水泵站排水。

4）干流筑有堤防，支流的水在汛期由于受倒灌影响难以排入干流，同时支流流量很小，堤内有适当的蓄水坑或洼地时，可以在其附近设排水泵站排水。

在城镇用地中，可能存在一些局部低洼地区。这些地区面积不大，不便修建堤防，可将低洼地区填土，以提高地面高程。填高地面应与城镇建设相配合，有计划地将某些高地进行修正，其开挖的土石方则为填平低洼地的土源。根据建设用地需要，可分期填土，也可以一次完成，填土的高度应高于设计洪水位。

3.1.6 堤防除险加固与改、扩建

（1）堤防除险加固

1）堤防渗透破坏的除险加固

堤防发生渗透破坏是非常普遍的。1998 年洪水期间堤防险情大多数是由于渗透破坏造成的。渗透破坏按照土力学分类有：管涌、流土、接触冲刷、接触流土。管涌是指在渗流的作用下，土体中细小的土粒在粗颗粒形成的孔隙中移动并被带出的现象，它通常发生在砂砾石地基当中。流土一般指在向上的渗流作用下局部土体表面隆起，或土颗粒同时启动而流失的现象，在黏土和无黏性土中均可发生。当渗流沿着两种不同介质的接触面流动时带走细颗粒的现象称为接触冲刷，它一般发生在穿堤建筑物和堤身接触面

上。当渗流垂直于两种不同介质的接触面运动并把一种颗粒带到另一层土层当中的现象，称为接触流土，例如在堤身与反滤层之间。

渗水可以引起防洪堤背水面发生脱坡，漏洞、渗水和坑陷等险情。因此，必须对有隐患的堤段进行加固，其方法主要是在防洪堤堤身的临水面或中间设置防渗体（如防渗斜墙和防渗心墙），它一般由黏土、水泥土、钢筋混凝土组成。黏土防渗体最为常见，防渗斜墙或防渗心墙必须和地基的防渗体连成一体，如图 3-11 （a）、(b)、(c) 所示。地基防渗措施通常有水平铺盖、垂直灌浆帷幕等。当地基中存在较大的承压含水层时，可采用减压排水井与地基防渗体结合使用的方式来加固除险。

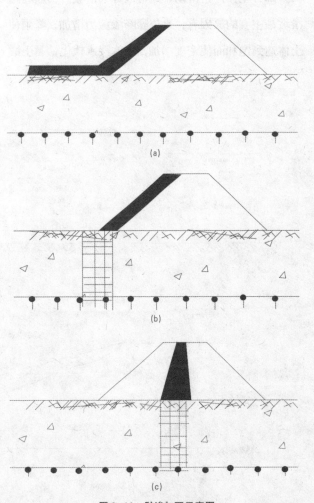

图 3-11 防渗加固示意图

(a) 黏土斜坡加水平铺盖 (b) 黏土斜墙加垂直灌浆帷幕 (c) 黏土心墙加地基垂直防渗

在堤身背水面设置排水，根据排水形式的不同，又分贴坡排水和水平排水，见图3-12。为防止细的土颗粒流失引起接触流土同时堵塞排水通道，堤身与排水体之间也必须设置反滤层。另外，为防止黏土防渗体发生裂缝或其他破坏，应设置保护层，在防渗体的背水面应设置反滤层。

为防止堤防渗透破坏，加强堤身的稳定性，还可以采用背水后戗，即透水压浸平台的加固方式，见图3-13所示。

如果由于冲刷而引起了堤身缺陷，则可采用灌浆、回填等办法进行处理。

2）堤防边坡失稳加固

土坡丧失其原有的稳定性，一部分土体相对于另一部分土体产生滑动，通常被称为滑坡。引起堤防滑坡最主要的原因有：水位骤降渗流力增加，降雨使土体达到饱和而使密度增加，土体浸水软化，黏土蠕变而引起抗剪强度降低，凹岸水流冲刷使岸脚坡度变陡，堤防地基强度不足，堤身填筑质量没有达到设计要求等。滑坡按形式不同，可分为浅层滑动和深层滑动两种。按照滑坡发生位置的不同，又可分为临水面滑坡，背水面滑坡和崩岸。临水面滑坡多发生在洪水退水期，背水面滑坡多发生在汛期高水位时期，崩岸主要发生在滩地坡度较陡的堤段。

根据滑坡险情，采用适当的方法进行加固除险。若由于渗流问题所引起的滑坡隐患，可以采用上面渗透破坏除险加固的方法来消除。若滑坡已经发生，则要看滑坡破坏的程度。若仅仅是浅层滑坡，地基土体基本保持原样，可以将滑坡体挖除后，重新按照堤防填筑标准回填即可，见图3-14所示。

若滑坡为深层滑动，由于滑动面一部分深入地基，此时挖除全部滑坡会产生比较大的危险。因此，可以考虑挖除部分堤身滑坡体，根据滑坡后重新设计

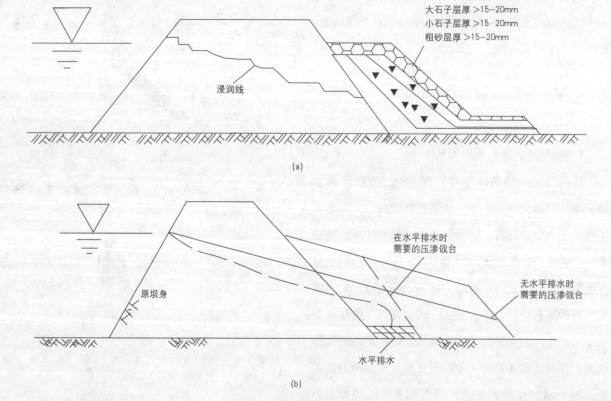

图3-12 排水加固示意图
(a) 贴破排水 (b) 水平排水

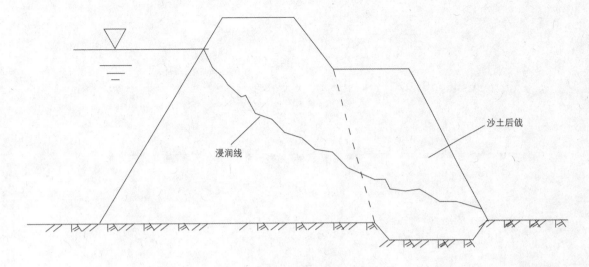

图 3-13　透水后戗示意图

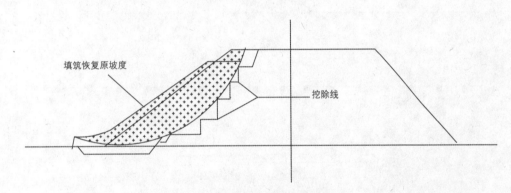

图 3-14　重新填筑的堤防断面示意图

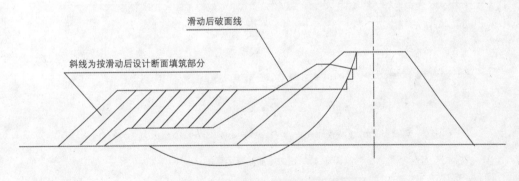

图 3-15　按滑坡后设计的稳定断面重新填筑示意图

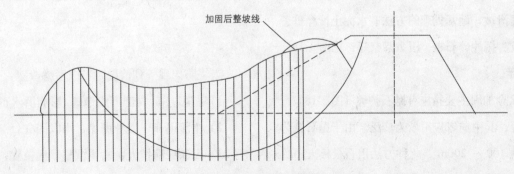

图 3-16　水泥土搅拌桩处理滑坡示意图

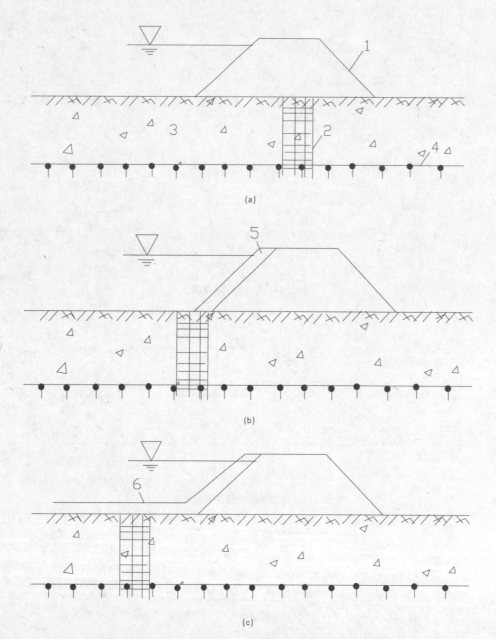

1— 堤防；2— 灌浆帷幕；3— 地基透水层；4— 地基不透水层；5— 堤防防渗体；6— 防渗铺盖

图 3-17　压力灌浆帷幕示意图

的稳定断面填筑见图 3-15 所示；也可以考虑采用地基加固处理滑坡，地基处理的方法有水泥土搅拌桩、高压旋喷桩、振冲碎石桩、压力灌浆等，见图 3-16、图 3-17 所示。

　　崩岸除险加固主要措施有抛石护坡（图 3-18）、丁坝导流等，其中前者应用最为广泛。由于抛石量为每延米岸线 100 ~ 200m³，此种方法用石量极大。目前人们研制了四面六边体透水框架护岸技术，防护效果明显，造价低廉。软体排护岸技术可在必要时作为参考。

　　（2）堤防改建

当堤防出现下列情况时可以考虑改建：

1）堤距过窄，局部形成卡口，影响洪水正常宣泄；

2）主流逼岸，堤身坍塌，难以固守；

3）海涂淤涨扩大，需要调整堤线位置；

4）原堤线走向不合理；

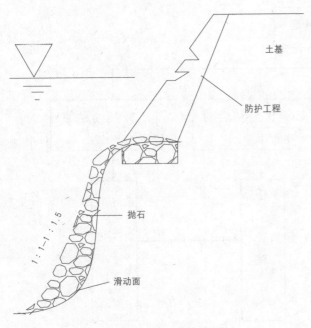

图 3-18 抛石护坡示意图

5）原堤身存在严重问题难以加固。

改建堤段应与原有堤段平顺连接。当改建堤段与原堤段不相同时，两者的结合部位应设置渐变段。

（3）堤防扩建

当现有的堤防高度不能满足防洪要求时，应进行扩建。土堤扩建宜采用临水侧帮宽加高。当临水侧滩地狭窄或有防护工程时，可采用背水侧帮宽加高。靠近城市、工矿企业等地，土地占用受到限制时，宜采取在堤顶加修防浪墙或在堤脚加挡土墙的方式加高。对浆砌石和混凝土防洪墙加高应符合下列要求：

1）对墙的整体稳定性、渗透稳定性以及断面强度有较大富裕者，可在原墙身顶部直接加高；

2）墙的整体稳定性和渗透稳定性不足而墙身断面强度有较大富裕者，应加固地基、接高墙身；

3）墙的稳定性和断面强度均不足者，应结合加高全面进行加固，可拆除原墙建新墙。

对新老堤防的结合部位及穿堤建筑物与堤身的连接部位应进行专门设计。土堤扩建使用的土料应与原土料特性相近，若土料特性相差较大，则应设置过渡层。扩建所用的土料标准不应低于原堤身的填筑标准。堤岸防护工程加高应核算其整体稳定性和断面强度，不满足要求时，应结合加高进行加固。

3.1.7 城镇防洪非工程措施

城镇防洪工程措施是通过控制洪水本身，将洪峰流量、洪水位等洪水特征降低到安全线以下，以避免或减轻城镇水灾害损失。而城镇非工程防洪措施是改变保护区和保护对象本身的特征，减少城镇洪水灾害的破坏程度，或改变和调整灾害的影响方式或范围，将不利影响降低到最低限度。

非工程防洪措施包括基于洪水物理属性的非工程措施、基于洪水风险的非工程措施、基于管理科学的非工程措施以及基于政策与法规的非工程措施（图3-19）。按其自身的特征及结合城镇的特点，把城镇防洪非工程措施主要分为以下几类。

（1）洪泛区土地管理

城镇洪水灾害损失的增加趋势与洪泛区土地的开发利用有着密切的关系。在洪泛区土地开发利用之前，无所谓城镇洪水灾害造成的损失。随着洪泛区土地开始有人居住，城镇化进程的加快，洪泛区土地价值越来越高，人口和财富越来越聚集，土地越来越紧张，甚至侵占河道，占用行洪通道，致使形成洪水灾害的机率和损失程度大大增加。因此，要加强洪泛区土地管理。

洪泛区土地管理就是通过颁布一些法令条例，规范人们在洪泛区的开发行为，协调人与洪水的关系，实现洪泛区自然属性和社会属性的和谐统一，达到减轻城镇洪涝灾害的目的。

（2）城镇洪水风险管理

由于洪水的发生是随机的，城镇的开发必然具有风险性，为在城镇土地利用中获取最大的利益而冒最小的洪水风险，加强城镇洪水风险管理的研究就显得十分重要。其最主要的实现手段是推行城镇洪水保险制度和编制城镇洪水风险图。

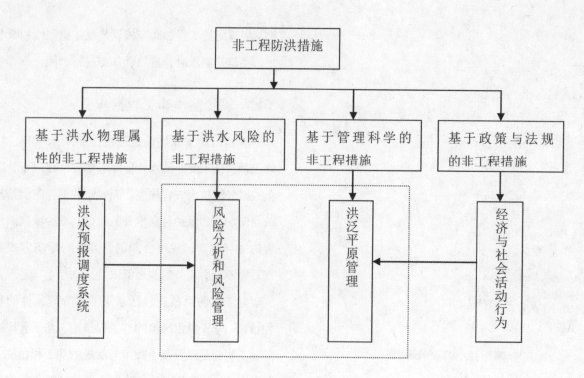

图 3-19　非工程防洪措施分类体系图

城镇洪水保险。城镇洪水保险作为一种社会保险，与其他自然灾害保险一样，具有社会互助救济性质。城镇财产所有者以每年交付一定保险费形式，对其财产投保，遇洪水受灾后，可得到损失财产的补偿费。城镇洪水保险本身并不能减少城镇洪水灾害损失，而是以投保人普遍的相对均匀的支出来补偿少数受灾人的集中损失。

城镇洪水风险图。城镇洪灾损失不仅与城镇淹没范围有关，而且与洪水演进路线、到达时间、淹没水深及流速大小等有关。城镇洪水风险图就是对可能发生的超标准洪水的上述过程特征进行预测，标示城镇内各处受洪水灾害的危险程度，它是城镇洪水保险的依据。因此，我国应尽快制定相关的规划，对全国不同等级的城镇分阶段有步骤地编制不同标准的城镇洪水风险图，使之规范化。

（3）城镇洪水预报预警系统

城镇洪水预报警报系统是一种重要的非工程防洪措施，在防汛工作中具有十分重要的地位，准确的水文预报和快速的信息传递，对抗洪减灾有着举足轻重的作用。进入 21 世纪以后，新技术在河流和雨量观测网得到了广泛利用，如美国区域洪泛区管理，就取得了日新月异的成就，数以千计的地方洪水预警系统得到了推广。此后，包括垦务局、美国陆军工程兵团、国家海洋和大气管理局及联邦应急管理局在内的联邦政府积极参与了检测和预警系统的安装与维护。随着电脑以及互联网的普及，提供廉价的实时气象资料成为可能。为了进行暴洪预测，可以事先设置实时河流和雨量测站网，而且很多机构和用户发现这些数据还可以用于其他目的。例如，喜欢在河流上进行消遣娱乐的人就可以利用美国地质局的河流监测站资料，这一趋势有助于推广和普及实时数据。

我国城镇作为流域防洪重点，可以此为鉴，建立独立的洪水预报预警系统，根据上游流域雨情和水情预报城镇河流洪水特征，通过预报作出决策，当发生超防洪标准洪水时，发布洪水警报，对于城镇抗洪抢险具有重要意义。

洪水监测方面，一般应设有多处水情站，向各级防汛部门提供信息。水情站是指实时提供河流、湖泊、水库或其他水体信息的站点，它包括雨量站、水文站、气象站等，信息包括雨量、水位、流量、泥沙等。其特点是在规定时间内按一定标准向有关部门提供实时水情信息，由一条河流或一个行政区内的所有水情站组成的站网称为水情网站。

洪水预报方面，它是根据洪水形成和运动的规律，利用过去和实时水文气象资料，对未来一定时间段内洪水情况进行预测。洪水预报包括河道洪水预报、流域洪水预报、水库洪水预报等，主要预报项目有最高洪峰水位（或流量）、洪峰出现时间、洪峰涨落过程、洪水总量等。

（4）城镇防洪减灾政策与法规

防洪减灾政策与法规作为国家政策的体现，是国家为防洪减灾目的而制定的具有强制性的行为规范，其目的就是约束和制裁不利于防洪减灾的经济社会活动，以实现防洪减灾的目标。我国已制定了《中华人民共和国水法》《中华人民共和国防洪法》等法律，以及《中华人民共和国河道管理条例》《水利产业政策》《蓄滞洪区运用补偿暂行办法》等配套法规，在以往的城镇防洪减灾中起到了积极的约束和保障作用。

但由于目前已有的水法规水政策原则性规定多、可操作性差，实际水行政执法过程中存在工作阻力大、落实难的现实。因此，需要进一步完善相关法律法规，同时加大水法规水政策的宣传力度，尽快提高水行政执法队伍的素质和公民的水法律意识。

（5）增加防洪规划资金支持

在城市防洪规划工作开展的过程中，由于其工作的复杂性、难以操作性等特点，使其需要大量的资金支持，以确保规划工作的顺利开展。因此，政府相关部门应当增强防洪规划的资金支持，以此来实现城市防洪工作的顺利开展，避免城市洪灾对人们所带来的巨大伤害。

一方面，国家应当完善当前的相关管理部门，采取积极的措施来实现对城市洪灾的资金投入，建立专门的城市洪灾资金管理系统，通过对各个地区之间的城市防洪规划开展资金支持，以此来确保城市防洪规划工作的顺利开展。或通过对民间企业以及金融机构的响应，使其大力支持城市防洪规划工作的开展，并提供资金支持。

另一方面，国家应当确保对城市管理部门的合理化监督，确保防洪规划资金可以顺利地应用到工程当中，同时也要对防洪设施的建设进行有效管理和监督，使城市防洪规划资金的利用率达到最大化。除此之外，对于城市防洪设施建设中的受益者，向相关河道的收益单位收取一定的维护管理费用，以此来缓解国家财务部门的资金压力，同时也将为城市防洪规划工作的开展提供更加稳定的资金支持。

（6）建立防洪管理体系

防洪工作的开展，具有长期性、复杂性等特点，其要求我国城市管理部门必须通过对城市洪灾的长期性规划以及监测，才能实现对其的合理防范，避免为城市带来更大的损失。因此，城市管理部门应当建立科学化的防洪管理体系，并通过对其不断地丰富和完善，使其可以逐渐形成对城市的有效防护，减小城市灾害发生时所带来的损失。一方面，城市管理部门可以根据当前城市内部的综合特点，建立适合城市使用的防洪管理系统，包括常规和非常规的防洪工程建设，比如我国的堤坝、水库等，来实现对城市洪灾的有效防范。同时也应当建立相应的防洪设施，使防洪管理系统更加完善，足以应对城市洪灾风险。另一方面，城市管理部门可以根据对全国范围内的城市洪灾特点进行调查和分析，并利用现代化的科学技术手段，应用到城市防洪的预防以及管理当中，不仅可以防患于未然，同时也将确保城市的健康发展，进一步促进我国经济发展目标的快速实现。

（7）城镇防洪预案与抗洪抢险

城镇防洪预案与抗洪抢险是为了确保城镇河道

行洪安全，防止城镇防洪工程遭到洪水破坏、防止洪水泛滥成灾，在洪水到来时采取的应急措施，是在现有工程设施条件下，针对可能发生的各类洪水灾害而预先制订的防御方案、对策和措施。制订防洪预案及抗洪抢险，要坚持"以防为主，防重于抢"的方针，要及时发现、准确判断和果断处理险情，采取正确的抢险措施，对症下药，这样才能收到预期的效果。在科学利用好已有的抢险方法的同时，应加快研究和应用高新技术进行城镇抗洪抢险。

《中华人民共和国防洪法》第四十条规定：有防汛抗洪任务的县级以上地方人民政府根据流域综合规划、防洪工程实际状况和国家规定的防洪标准，制定防御洪水方案（包括对特大洪水的处置措施）。长江、黄河、淮河、海河的防御洪水方案，由国家防汛指挥机构制定，报国务院批准；跨省、自治区、直辖市的其他江河的防御洪水方案，由有关流域管理机构会同有关省、自治区、直辖市人民政府制定，报国务院或者国务院授权的有关部门批准。防御洪水方案经批准后，有关地方人民政府必须执行。各级防汛指挥机构和承担防汛抗洪任务的部门和单位，必须根据防御洪水方案做好防汛抗洪准备工作。

（8）城镇水文研究

随着城镇发展，市区水文下垫面条件随之改变，导致产生城镇化水文效应，即减少了蒸散发量和截留量；增加河流沉积量；减少下渗和降低地下水位；减小径流汇流时间，从而增大洪峰流量和缩短径流的时间分布；径流总量和洪灾威胁大大增加了。因此，应尽快对城镇化引起的城镇设计暴雨、城镇降雨损失、城镇雨洪计算方法及模型、城镇径流过程、城镇径流水质、城镇水文站网规划建设及资料收集和整编等课题进行深入研究，为城镇防洪提供理论依据，为城镇防洪规划、城镇防洪预案的制订及抗洪抢险提供必需的资料支持。

（9）防洪救灾

为了帮助人们在洪水到来之前提前做好准备，在洪水发生时能够幸免于难以及洪灾之后重建家园，通常要采取以下措施，救灾、防汛抢险和洪水保险。

1）救灾。洪水造成灾害损失后，各级政府机构和自愿者组成的团体应当马上对损失进行评估，并给予及时的援助。而实际上，往往需要对一个地区的损失进行了详细的评估之后，才能实施救援措施。

2）防汛抢险。从控制洪水的角度考虑，防汛抢险主要包括：运用现有工程，整修、加固和加高已有工程；修建临时工程。这些措施都需要提前做好准备。

当发生洪水时，供水系统、污水处理等工程会遭到破坏，影响居民健康。谷物因受淹而变质，农作物遭受破坏，牲畜也会受到影响，这些都有可能导致饥荒，或者至少造成人们营养不良。实施大众保健措施就是要提供必要的器材和食物，协调救灾机构的关系，并动员全社会行动起来，消除对大众的健康威胁。

3）洪水保险。作为一种改变损失分担形式的洪水保险措施，洪水保险有很多优点。虽然洪水保险并不能直接降低洪灾造成的损失，但保险机制却可以把损失分散，由大批的人来承担。这对公众和政府来说，都有好处。

3.2 台风灾害与安全防灾

3.2.1 台风灾害概述

台风是一种发生频率高、影响范围广、破坏性强的猛烈风暴，也是我国沿海城镇主要的自然灾害。近年来，随着全球生态环境的破坏、地球气候变暖等一系列环境问题，使全球陆地和水体的温度进一步升高，而海水温度的升高造成上升气流增强，给热带、亚热带等地区气旋带来充沛的温湿条件，导致台风的形成。台风登陆时，时常伴随强风、暴雨和风暴潮强烈的天气变化，由于这些天气现象具有突发性和破坏性的特点，对人们造成的生命财产损失也是巨大的，全球每年因台风造成的经济损失从数十亿到上百万亿美元。因此台风被称为世界上最严重的灾害系统之一。

台风强风之所以具有巨大的破坏力是因为风压很强，台风具有极低的中心气压和极大的气压梯度，会在底层中心附近产生风速极高的大风，而且风向是旋转风向，物体受到摇晃作用的力更易折损、倒塌，在海上能够产生风速 ≥ 50m/s，16级以上的狂风，由此引起的巨浪高达十几米能够轻易地将船只掀翻。在陆上也会产生12级以上的大风，能够摧毁建筑物、树木、农作物，造成严重的人员伤亡和经济财产损失。

强风、暴雨和风暴潮称为台风灾害系统的致灾因子，致灾因子的强度、影响范围和产生频率是台风成灾的先决条件和原动力。

（1）强风

台风是一个巨大的能量库，中心附近的最大风力在12级或12级以上。2006年超强台风"桑美"登陆浙江时风速达到了60m/s（17级），一路拔树倒屋，摧毁渔船，浙江苍南和福建福鼎等地区遭受重大损失，部分地区遭受毁灭性破坏。

（2）暴雨

台风是非常强的降雨系统。一次台风登陆，降雨中心一天之中可降下 100～300mm 的大暴雨，甚至可达 500～800mm。1996年 Herb 台风登陆我国台湾北部时，阿里山地区24小时降雨量达到了1748.5mm。

（3）风暴潮

风暴潮是当台风移向陆地时，由于台风的强风和低气压的作用，使海水向海岸方向强力堆积，潮位猛涨，水浪排山倒海般向海岸压去，其特点是：来势猛、速度快、强度大、破坏力强。台风越强，气压越低，风速越大，风暴潮高度也越大。海水深度越浅，风暴潮的危害也越重。

表3-6列出了20世纪以来部分重大台风灾害的情况。

我国位于太平洋西岸，海岸线绵延18000多km，是世界上受台风、风暴潮灾害最严重、最频繁的区域之一。台风登陆，造成降雨，可部分解决沿海干旱缺水问题，但是更多时候，其带来的高潮、巨浪、狂风、暴雨、洪水造成了巨大的经济损失和人员伤亡。

3.2.2 风灾的危害

大风是台风灾害引起城市建设工程破坏的主要因素，台风附近最大风速可达12级。台风所带来的强风具有极大的破坏力，是造成城镇破坏的直接因素，其造成的危害如下：

1）强风有可能吹倒建筑物、高空设施，易造成人员伤亡。如：各类危旧住房、厂房、工棚、临时建筑（如围墙等）、在建工程、市政公用设施（如路灯等）、游乐设施，各类吊机、施工电梯、脚手架、电线杆、树木、广告牌、铁塔等倒塌，造成压死压伤。

2）强风会吹落高空物品，易造成砸伤砸死人事故。如：阳台、屋顶上的花盆、空调室外机、雨篷、太阳能热水器、屋顶杂物、建筑工地上的零星物品、工具、建筑材料等容易被风吹落造成伤亡。

3）强风容易造成人员伤亡的其他情况。如：门窗玻璃、幕墙玻璃等被强风吹乱碎，玻璃飞溅打死打伤人员；行人在路上、桥上、水边被吹倒或吹落水中，被摔死摔伤或溺水；电线被风吹断，使行人触电伤亡；船只被风浪掀翻沉没；公路上行驶的车辆被吹翻等造成伤亡。

4）大风袭来可能会损坏城市市政设施、通信设施和交通设施，造成停电、断水及交通中断等情况。2007年在福建省泉州市惠安县崇武镇登陆的台风"圣帕"给福建、浙江等地造成了很大损失。

5）大风还引发风暴增水，可能对城市沿海地区和沿海大堤造成了巨大危害，沿海沿江潮水位抬高，

表 3-6　20 世纪以来部分重大台风灾害情况

年份	地点	风类型	受灾情况
1900	美国加尔维斯顿岛	飓风	6000 多人遇难
1906	中国香港	台风	1 万多人丧生，被毁房屋和船只价值 2000 万美元
1918	日本东京	强烈台风	死亡 13.9 万人，20 万间房屋倒塌
1935	美国佛罗里达	飓风	279 人死亡
1937	中国香港	台风	死亡 1.1 万人，数十万人受伤
1957	美国得克萨斯	飓风	数座城镇被毁，数千人死亡
1959	日本名古屋	超级台风	2000 多人失踪，直接经济损失达 20 亿美元
1963	加勒比海	飓风	5000 多人死亡，10 万人无家可归
1970	孟加拉国	风暴潮	30 万人死亡，100 万人无家可归
1974	美国 12 大州	龙卷风	315 人丧生，财产损失超过 5 亿美元
1975	中国	台风、暴雨	7503 号台风登陆，死亡人数据不同资料从 26000 人到 24 万人不等
1985	加拿大、美国	龙卷风	死亡 200 余人，直接经济损失 3 亿美元
1988	美国大陆加勒比	飓风	32 万公顷农田被毁，数百人死亡
1989	中国海南	台风	105 人死亡，40 多万间房屋倒塌，直接经济损失 27.48 亿元
1991	孟加拉湾	风暴潮	13 万余人丧生，数百万人无家可归
1991	中国海南	台风	受灾人口达 50 多万，32 人死亡，直接经济损失 6.3 亿多元
1992	美国佛罗里达	飓风	经济损失 300 多亿美元
1994	中国浙江	台风	40 多个县受灾，受灾人口 1392.9 万，直接经济损失 177 亿元
1998	印度内陆地区	热带风暴	死亡 1000 多人，直接经济损失 4 亿美元
2005	美国新奥尔良	飓风	死亡 1833 人，造成经济损失 1000 多亿美元
2006	中国浙江、福建	超强台风	483 人死亡
2008	缅甸	风暴灾害	造成 10 多万人死亡

出现大波大浪，导致海水江水倒灌，危及大堤和堤内人员设施的安全。强大的风暴潮可以冲毁海堤、房屋和其他建筑设施，海水入侵城市，淹没田舍。如果出现天文大潮、台风、暴雨三碰头，则破坏性更大。风大潮高波浪汹涌，极易引起船只相互碰撞受损，甚至沉没，严重时风浪可能掀断缆绳，致使船只随波逐流，极易撞毁桥梁、码头、海堤、江堤，造成恶性事故。

6) 台风带来的暴雨给山体边坡和高挡墙带来高发危险性，极易造成山洪暴发、滑坡、泥石流等次生灾害。

以下列举一些台风灾害实例：

1956 年 8 月 2 日，12 号超强台风在浙江象山登陆，登陆时最大风力 55m/s。这次台风在浙江省四明山区、龙门山区和天目山区形成 3 个暴雨中心，其中，天目山的市岭站最大一天雨量达 563.9mm，24h

雨量达 682.1mm，突破浙江省历史实测最高值。浙江全省 200mm 降雨量的区域达 10000km²。超强台风在杭州湾引发特大风暴潮，乍浦站测得最大增水值达 4.57m，创全球风暴潮的最大增水值记录，象山港大嵩江站头站出现历史实测最高潮位 6.57m。整个浙江沿海有 400 多条海塘被毁。

1975 年 8 月 4 日，7503 号台风妮娜穿越台湾岛后在福建晋江登陆，路经江西和湖南，在常德附近突然转向，北渡长江直入中原腹地。8 月 5 日，"妮娜"北上途中在河南境内停滞少动，造成历史罕见的特大暴雨。4～8 日超过 400mm 的降雨面积达 19000km²，大于 1000mm 的降水区在京广铁路以西薄山水库西北至板桥水库、石漫潭水库到方城一带。这次台风暴雨的降水强度极强，1h 和 6h 降雨强度分别为 189.5mm 和 830.1mm，均为我国历史上最高纪录。暴雨造成 2 座大型水库、2 座中型水库和 58 座小型水库溃坝失事，至 8 月 8 日凌晨，冲毁涵洞 416 座，河堤决口 2180 处，漫决总长 810km，淹没面积 12000km²。据不完全统计，灾民 1000 多万人，倒塌房屋 560 万间，人员死亡 2.6 万人，冲毁京广铁路 102km，中断行车 18d，直接经济损失超过 100 亿元。这是新中国成立以来最大的台风灾害，无论是垮坝水库的数目，还是死亡人数，都远远超过了全球的同类事件。

2000 年 10 月 9 日，9914 号台风正面袭击我国厦门，成为厦门 40 年来遭遇的最强的一个台风（图 3-20）。9914 号台风给厦门造成直接经济损失约 19.38 亿元，其中农业生产直接经济损失约 11.69 亿元。全市受灾人口 76.25 万人，死亡 13 人，失踪 3 人，受伤 727 人，被困 8764 人，紧急转移安置 2.45 万人。房屋倒塌 0.46 万间，损坏 1.14 万间。全市树木折倒 7 万多株，盆花毁坏 3 万多盆，户外广告牌大部分掉落，部分电杆倒覆，公交候车廊损坏 32 座，市容市貌受到严重破坏。全市停电、停水、停止供气，部分

图 3-20 9914 号台风吹毁厦门公交站候车亭

区域通讯中断；市内许多道路无法通行，学校停课，公交车停开，厦鼓轮渡停航，列车停驶，机场、厦门大桥关闭；绝大多数企业停产数天。大片农田被淹，耕地毁坏 0.18 万 hm²，农作物受灾 2.45 万 hm²、绝收 0.53 万 hm²，果树被毁 62.3 万棵。渔船毁坏 2166 只，避风坞毁坏 13.5 万 m²，海堤滑坡 2.2 万 m²，虾池受淹 0.18 万 hm²，数万平方米的海上养殖场全部被毁绝收。

2005 年 8 月，飓风卡特里娜在巴哈马群岛附近生成，在 8 月 24 日增强为飓风后，丁佛罗里达州以小型飓风强度登陆。随后数小时，该风暴进入了墨西哥湾，在 8 月 28 日横过该区套流时迅速增强为 5 级飓风。卡特里娜于 8 月 29 日在密西西比河口登陆时为极大的 3 级飓风。风暴潮为路易斯安那州、密西西比州及阿拉巴马州造成灾难性的破坏。用来分隔庞恰特雷恩湖（Lake Pontchartrain）和路易斯安那州新奥尔良市的防洪堤因风暴潮而决堤，该市八成地方遭洪水淹没。强风吹及内陆地区，阻碍了救援工作。估计卡特里娜造成最少 750 亿美元的经济损失，成为美国史上破坏最大的飓风。这也是自 1928 年奥奇丘比（Okeechobee）飓风以来，死亡人数最多的美国飓风，至少有 1836 人丧生。

2009 年 8 月 8 日，台风"莫拉克"横扫台湾中南部，带来了特大的水灾，最大阵风达 14 级，灾情的严重

图 3-21 莫拉克台风后的灾害场景

性为台湾 50 年来所罕见。其中以高雄县甲仙乡的小林村受创最重，村子半座山崩塌，泥流淹没全村，数百人下落不明，数千人无家可归。统计到 25 日下午 6 时为止，莫拉克台风造成全台共 461 人死亡、192 人失踪、46 人受伤（图 3-21）。

2016 年厦门台风，第 14 号台风"莫兰蒂"是 2016 年前三季度登陆我国大陆最强的台风，登陆时中心附近最大风力达强台风级（15 级，48m/s）。据统计，此次台风灾害造成全国 1086.4 万人次受灾，196 人因灾死亡和失踪，189 万人次紧急转移安置；3.1 万间房屋倒塌，14.8 万间不同程度损坏；农作物受灾面积 119 万 hm²，其中绝收 11.5 万 hm²；直接经济损失 567.2 亿元。

3.2.3 台风分类与特点

台风主要形成在北半球广阔的热带洋面上，由于大气受热不均加上科氏力的作用，遇到初始扰动后气流产生转向运动，开始形成热带低气压区域，低气压继续加强最终趋于闭合式旋转形成了热带气旋。随后不断有暖湿的空气大量的涌入中心，中心区的空气被迫抬升，抬升过程中释放出的凝结潜热加热中心区的空气使中心区的气压越来越低，进而使更多的暖湿空气涌入中心，使中心低压强度的增强，发展成为台风。

过去我国习惯称形成于 26℃ 以上热带洋面上的热带气旋为台风，按照其强度，分为六个等级：热带低压、热带风暴、强热带风暴、台风、强台风和超强台风。自 1989 年起，我国采用国际热带气旋名称和等级划分标准。

国际惯例依据其中心附近最大风力分为：

1）热带低压（Tropical Depression），风力 6 ~ 7 级（最大平均风速 10.8 ~ 17.1m/s）。热带低压（热带低气压的简称）是热带气旋的一种，属于热带气旋强度最弱的级别，热带低压是台风形成最重要的起源也是到最后消失的结尾。

2）热带风暴（Tropical Storm），风力 8 ~ 9 级，（最大平均风速 17.2 ~ 24.4m/s）：热带风暴是热带气旋的一种。是指中心附近最大风力达 8 ~ 9 级（17.2 ~ 24.4m/s）的热带气旋，热带风暴的产生预先要有一个弱的热带涡旋存在（热带低压），但热带风暴却为人们带来了丰沛的淡水，热带风暴给中国沿海、日本海沿岸、印度、东南亚和美国东南部带来大量的雨水，约占这些地区总降水量的 1/4 以上，对改善这些地区的淡水供应和生态环境都有十分重要的意义。

3）强热带风暴（Severe Tropical Storm），风力 10 ~ 11 级（最大平均风速 24.5 ~ 32.6m/s）。强热带风暴是热带气旋的一种。强热带风暴的底层中心附近最大风力为 10 ~ 11 级，热带气旋近中心最大风力为 10 ~ 11 级（24.5 ~ 32.6m/s）时，就称为强热带风暴。热带风暴加强时，就形成强热带风暴；强热带风暴继续加强，就会形成台风。

4）台风（Typhoon），风力 12 ~ 13 级（最大平均风速 32.7 ~ 41.4m/s）：台风是热带气旋的一个类别。在气象学上，按世界气象组织定义：热带气旋中心持续风速在 12 ~ 13 级时，称为台风（Typhoon）或飓风（Hurricane），飓风的名称使用在北大西洋及东太平洋；而北太平洋西部（赤道以北，国际日期线以西，东经 100° 以东）使用的是台风，当台风继续加强上去时就称为强台风。

5）强台风（Severe Typhoon），风力 14 ~ 15级（最大平均风速 41.5 ~ 50.9m/s）：强台风是指中心附近最大风力 14 ~ 15 级的热带气旋。当强台风继续加强，会成为超强台风。如果强台风的强度减弱，会成为台风。强台风发生常伴有大暴雨、大海潮、大海啸，发生时，人力不可抗拒，易造成人员伤亡，强台风给广大的地区带来了充足的雨水，成为与人类生活和生产关系密切的降雨系统，但是，强台风也总是带来各种破坏，也是世界上严重的自然灾害。

6）超强台风（Super Typhoon），风力 ≥ 16 级（最大平均风速 ≥ 51.0m/s）：超强台风是热带气旋中最强级别。当风速大于 51.0m/s 时就称为超强台风、风最高时速可达 300km 以上，所到之处，摧枯拉朽，这巨大的能量可以直接给人类造成灾难，这种风力，陆地少见，极具破坏力。在海上，海浪为逾 14m 或以上的极巨浪，漫天白沫，能见度极低的情况。故超强台风的风力明显更甚，其具有严重灾害性的破坏，是世界上最严重的自然灾害之一。

台风灾害对于城镇的影响包括狂风引发的风灾、暴雨造成的洪涝、城镇内涝等雨灾以及滑坡、泥石流、风暴潮等次生灾害，台风灾害影响程度取决于台风本身的风雨强度以及受影响区域的地质地理环境。我国台风灾害主要呈现以下几个特点：

（1）数量较多

1949 年以来，西北太平洋（含南海）上平均每年生成约 27 个台风，平均每年有约 7 个台风登陆我国（图 3-22），其中 1967 年生成台风最多，共生成了 40 个台风（当年登陆我国 11 个），1971 年登陆我国台风最多，有 12 个台风登陆我国。远高于濒临太平洋登陆日本，也高于菲律宾、印度尼西亚、马来西亚、越南、美国和澳大利亚等太平洋地区国家。

（2）季节性强

我国 1 ~ 12 月均有台风生成，其中 8 月、9 月生成台风最多；4 ~ 12 月均有台风登陆，其中 7 ~ 9月登陆台风最多（图 3-23），影响最为严重，是我国台风灾害多发、重发期，也是防汛防台风减灾工作的关键期。

（3）影响范围广、破坏力强

我国地处亚洲大陆东南部、太平洋西岸。历史上台风暴潮不仅给沿海地区造成严重灾害，而且常常深入内陆造成大江大河的流域性大洪水和山洪、地质灾害。台风影响范围广，台风的水平尺度从几百千米至数千千米，垂直尺度可从地面直达大气平

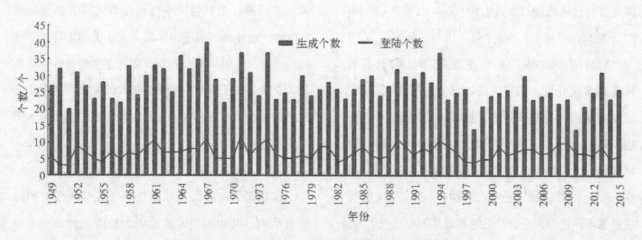

图 3-22　1949 年以来西太生成及登陆我国台风数量逐年统计

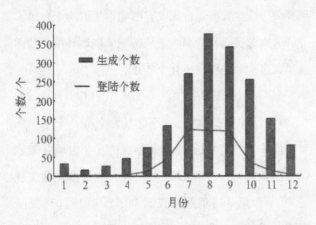

图 3-23　1949 年以来西太平洋生成及登陆我国台风数量逐月统计

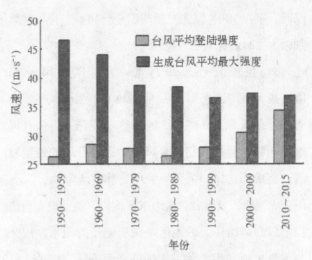

图 3-24　1949 年以来我国台风登陆平均强度和西太平洋
生成台风平均最大风速逐年代统计

流层底部（高度约 10km）。热带气旋对我国的直接影响范围北起辽宁，南至两广和海南的广大沿海地区，深入内陆后影响范围更大，可涉及华南、华中、华北、东北的广大地区。台风主要登陆点在广东、海南、台湾和福建等靠近东海和南海的地区，其中广东最多。

我国台风登陆最频繁的地区在东南沿海一带，绝大多数台风登陆后逐渐消亡或返回海域，少部分会深入内地，甚至影响到云南、陕西、吉林和黑龙江等省市。经过省份最多的一个台风是 1984 年 8 月 7 日在台湾登陆的 Freda，此次台风经福建省进入内地，途经江西省、湖北省、河南省、山东省、天津市、辽宁省、内蒙古自治区、吉林省，最后消失在黑龙江省，共跨越 11 个省级行政区。据国家防办统计资料，我国直接受台风威胁的面积达 50.6 万 km²，涉及 13 个省，82 个地级以上城市，443 个县，人口 2.66 亿。

同时，台风破坏力强，往往造成狂风、暴雨、巨浪、风暴潮多灾并发。其巨大的破坏力主要体现在以下三个方面：一是狂风巨浪，台风中心附近的风速可达 100m/s 以上，狂风可摧毁大片房屋和设施；二是风暴潮，由于其中心气压很低及强风可使沿岸海水暴涨，形成台风风暴潮，致使海浪冲破海堤，海水倒灌；三是暴雨，迄今为止，最强的暴雨是由台风产生的，暴雨可引起洪水泛滥和堤坝溃决等。每年 7～9 月都

有强强风登陆我国大陆沿海省市，造成的财产损失达数十亿元，伤亡数百人。

（4）近年来超强台风发生频率有增加趋势

近年来随着全球气候变暖，西太平洋生成台风的平均最大强度呈下降趋势，但是我国台风平均登陆强度有逐渐增大的趋势（图 3-24）。1949 年以来，登陆我国的达到美国五级飓风标准的超强台风（即中心附近最大风力大于 70 m/s）有 41 个，比美国同时期的 26 个还多 15 个，说明我国遭受超强台风影响的频次远远高于美国。如 2010 年的台风鲇鱼达到美国五级飓风标准，但在影响我国的超强台风中仅排第 27 位，而 20 世纪 50 年代和 60 年代是我国超强台风高发时期，个别台风中心附近最大风力甚至接近100m/s。近年来，虽然尚未发生高于美国卡特里娜飓风的强台风，但 2000～2009 年间发生超强台风的次数为 9 次，高于 1990～1999 年间的 8 次，说明未来发生超强台风的概率在增大，因此需要对超强台风予以高度重视。

（5）台风暴雨天数多、降雨量大

在我国华南沿海登陆的热带气旋绝大多数都能带来暴雨，其中，70% 能造成大暴雨，大暴雨中，30% 为特大暴雨。7～9 月份为台风暴雨盛行期，大

约近 80% 的台风暴雨集中在这个时期。其中，广东省 7 ~ 9 月份降水主要是由台风带来的，在南部山区占全年降水量的 40% ~ 50%，北部山区占 30%。

（6）台风常常引起风暴潮三碰头的不利组合

风暴潮灾害是伴随台风而产生的。当台风靠近海岸，风切应力促使海水向岸边堆积，形成风暴潮。风暴潮大小主要决定于台风强度即台风中心附近最大风速和中心气压，台风中心附近风速越大，中心气压越低，则风暴潮就越大，灾害也就越严重。如风暴潮适遇天文大潮，则风暴潮位就更高，风暴潮灾害更严重。农历初一至初三，或十五至十八这几天天文大潮期间，如遇上风暴潮袭击，风暴潮位比通常更高，并可能突破当地实测历时最高潮位。另外，当洪水在河口河道传播时，如遇河口风暴潮波上溯，由于洪水被顶托而不能畅泄大海，大量洪水滞留河口，使原来已被抬高的潮位继续升高。因此，当风暴潮适遇洪水时，其风暴潮位定会大大增加。这样就会发生风暴潮三碰头的不利组合，给人类的生产和生命造成很大的威胁。我国狂风、暴雨和高潮三碰头比较严重的有 1956 年 12 号台风、1990 年 15 号台风、1994 年 17 号台风、1997 年 11 号台风、2004 年 14 号台风、2005 年 9 号台风和 15 号台风以及 2007 年的 16 号台风。

（7）防范困难，救援难度大。

台风常常给我国人口最密集、经济最发达的沿海地区造成严重损毁，防范困难。由于强台风影响范围较大，造成灾情复杂、建筑垮塌多、人员伤亡重、交通和通信中断等，给灾后社会力量协同救援增大了难度。

3.2.4 台风灾害监测、预报与预警

（1）台风监测

台风监测是指利用各种探测手段对台风的过程、现象和各种要素进行观测、探测，并系统记录下来。

台风监测数据是进行台风预测预警、科学研究及防灾减灾的基础。

台风的探测和定位在上世纪五、六十年代靠专用飞机和军舰，雷达、卫星技术上世纪 70 年代开始应用于气象。随着气象现代化建设的快速发展，特别是多普勒天气雷达建成投入业务运行后，我国对台风的监测和预报能力明显提高。

台风定位目前主要靠卫星和雷达。一般来说在远海，以卫星定位为主；当台风靠近沿海不足 300 公里时，因台风主要受陆地影响，台风眼不清晰，主要靠气象雷达，近年来我国建成的多普勒天气雷达在台风监测定位中发挥了极其重要的作用；台风登陆后则主要靠雷达结合各地气象台（站）加密观测的气象数据定位。最近十多年来，气象部门预报台风的主要手段是：应用高速计算机根据大气运动的微分方程来计算求解，即所谓的数值预报；经验统计预报，这是根据天气学原理和预报员的经验，采用统计方法，寻找台风移动的相关因子；预报员经验综合判断，预报员分析、参考各种预报结果，根据经验做出最后的预报结论，但目前最终的预报结论还都是由有经验的预报员综合分析做出的。台风影响时的最大风力和雨量预报是技术难度非常大的工作。一般来说，风、雨强度决定于台风路径，台风强度变化、台风范围、台风移动速度，还有台风周围的大气环流场，像水汽供应条件，是否有冷空气配合，以及能量维持条件等。

（2）台风预报

由于台风的生成机理非常复杂，目前认识还非常有限，因此目前针对台风的防灾减灾关键是预测台风的路径。通过准确预报未来台风的路径，特别是登陆台风的路径，进而及时准确地撤离人员和保护财产，可以最大限度地减轻台风造成的人员伤亡和经济损失。例如，1991 年孟加拉遭受飓风袭击引发风暴潮，因救灾措施不利，导致 13.9 万人死亡。而 2007 年，孟加拉再次遭受飓风袭击，其风力不亚于 1991 年，

由于准确预报风暴路径，及时采取了疏散措施，死亡人数降低到 3000 余人。

台风预测既受到整个大气气流的影响，也受到台风内部结构甚至台风经过区域地形地貌的影响，因此台风预测非常复杂。目前国内外研究者提出了多种台风预报方法，主要包括数值预报和客观预报两类。数值预报依据大规模气象学数值计算预测台风的运动趋势和活动特性，客观预报则以历史台风数据为基础，应用概率、相似、回归分析和气候学持续性预报等方法进行台风预测。

如我国的台风路径实时发布系统，是由中央气象台权威发布台风信息系统，系统可及时准确地提供最新最全的台风实时信息、预报路径，同时整合卫星云图、气象雷达、降雨等内容。

（3）台风预警

在台风来临之前，向人们发布台风警报，让人们提高警惕，早点采取措施是减少群众生命财产损失的有效方法之一。

中国气象局 2004 年 8 月 16 日发布了《突发气象灾害预警信号发布试行办法》，预警信号总体上分为四级（Ⅳ，Ⅲ，Ⅱ，Ⅰ级），按照灾害的严重性和紧急程度，颜色依次为蓝色、黄色、橙色和红色，同时以中英文标识，分别代表一般、较重、严重和特别严重。根据不同的灾种特征、预警能力等，确定不同灾种的预警分级及标准。

1）蓝色预警信号标准

24 小时内可能或者已经受热带气旋影响，沿海或者陆地平均风力达 6 级以上，或者阵风 8 级以上并可能持续增强。

防御指南：

a. 政府及相关部门按照职责做好防台风准备工作；

b. 停止露天集体活动和高空等户外危险作业；

c. 相关水域水上作业和过往船舶采取积极的应

对措施，如回港避风或者绕道航行等；

d. 加固门窗、围板、棚架、广告牌等易被风吹动的搭建物，切断危险的室外电源。

2）黄色预警信号标准

24 小时内可能或者已经受热带气旋影响，沿海或者陆地平均风力达 8 级以上，或者阵风 10 级以上并可能持续增强。

防御指南：

a. 政府及相关部门按照职责做好防台风应急准备工作；

b. 停止室内外大型集会和高空等户外危险作业，中小学生及幼儿园托儿所停课；

c. 相关水域水上作业和过往船舶采取积极的应对措施，加固港口设施，防止船舶走锚、搁浅和碰撞；

d. 加固或者拆除易被风吹动的搭建物，人员切勿随意外出，确保老人小孩留在家中最安全的地方，危房人员及时转移。

3）橙色预警信号标准

12 小时内可能或者已经受热带气旋影响，沿海或者陆地平均风力达 10 级以上，或者阵风 12 级以上并可能持续增强。

防御指南：

a. 政府及相关部门按照职责做好防台风抢险应急工作；

b. 停止室内外大型集会、停课、停业（除特殊行业外）；

c. 相关水域水上作业和过往船舶应当回港避风，加固港口设施，防止船舶走锚、搁浅和碰撞；

d. 加固或者拆除易被风吹动的搭建物，人员应当尽可能待在防风安全的地方；

e. 相关地区应当注意防范强降水可能引发的山洪、地质灾害。

4）红色预警信号标准

6 小时内可能或者已经受热带气旋影响，沿海或者陆地平均风力达 12 级以上，或者阵风 14 级以上并可能持续增强。

防御指南：

a. 政府及相关部门按照职责做好防台风应急和抢险工作；

b. 停止集会、停课、停业（除特殊行业外）；

c. 回港避风的船舶要视情况采取积极措施，妥善安排人员留守或者转移到安全地带；

d. 加固或者拆除易被风吹动的搭建物，人员应当待在防风安全的地方，当台风中心经过时风力会减小或者静止一段时间，切记强风将会突然吹袭，应当继续留在安全处避风，危房人员及时转移；

e. 相关地区应当注意防范强降水可能引发的山洪、地质灾害。

3.2.5 工程结构抗风设计

对于工程结构，风灾主要引起结构的开裂、损坏和倒塌，特别是高、细、长的柔性结构。因此，工程结构的抗风设计是关系到工程安全的重要因素，是近年来学术界和工程界进行研究的重要课题。鉴于风灾的严重后果，国际上对风工程的研究十分重视，开展了大量的研究，取得了很多成果，并制定了有关风荷载的规范。我国对抗风减灾也给以高度重视，在工程结构的相关设计规范中等都对风荷载做了专门的条文规定。

国内外统计资料表明，在所有自然灾害中，风致结构灾害造成的损失为各类灾害之首。工程结构在大风作用下，可能发生以下几种破坏情况：由于变形过大，引起外墙与隔墙等开裂，甚至主体结构遭到损坏；由于长期反复风振，导致结构因材料疲劳、失稳而破坏；装饰物和玻璃幕墙因较大的局部风压面破坏；高楼不停地大幅度摆动，使居住者感到不适和不安；局部强风作用引起门窗、女儿墙等围护结构破坏。

风是地球表面的空气运动，由于在地球表面不同地区的大气层所吸收的太阳能量不同，造成了同一海拔高度处大气压的不同，空气从气压大的地方向气压小的地方流动，就形成了风。风是表示空气水平运动的物理量，包括风向、风速，是个二维矢量。风的大小用风力等级来描述，见表 3-7。

（1）不同类型的风的特性

1）近地风特性

不同的场地地貌对风速的影响是不同的，由于地表摩擦的结果，使接近地表的风速随着离地高度的减小而降低。只有离地 200 ~ 500m 以上的地方，风才不受地表的影响，达到所谓的梯度速度，这种速度的高度叫做梯度风高度。梯度风高度以上，地貌已不受地貌影响，各处风速均为梯度风速。梯度风高度以下的近地层面为摩擦层，其间风速受到地理位置、地形条件、地面粗糙度、高度、温度变化等因素的影响。抗风设计中应考虑风的特性主要有风速随高度的变化规律，风速的水平攻角，脉动风速的强度周期成分空间相关性等。

2）平均风特性

平均风（也称稳定风），主要受风的长周期成分影响，周期一般在 10 分钟以上，其特性包括平均风速、平均风向、风速廓线和风频曲线。由于平均风的长周期远大于一般结构的自振周期，因此这部分风对结构的动力影响很小，可以忽略，将其等效为静力作用。

3）脉动风特性

脉动风（也称阵风脉动），是短周期成分，周期一般只有几秒钟左右，其特性包括脉动风速、脉动系数、风向变化、湍流强度、湍流积分尺度、脉动风功率谱和空间相关系数等。脉动风的强度随时间而变化，由于其周期较短，与一些工程结构的自振周期较接近，将使结构产生动力响应，对工程结构的风荷载和风响应有重要的影响，是引起结构顺风向振动的主要原因，也是风特性研究的重点。

表3-7 风力等级表

风级和符号	名称	风速/(m/s)	陆地物象	水面物象	浪高/m
0	无风	0.0 ~ 0.2	烟直上，感觉没风	平静	0.0
1	软风	0.3 ~ 1.5	烟示风向，风向标不转动	微波峰无飞沫	0.1
2	轻风	1.6 ~ 3.3	感觉有风，树叶有一点响声	小波峰未破碎	0.2
3	微风	3.4 ~ 5.4	树叶树枝摇摆，旌旗展开	小波峰顶破裂	0.6
4	和风	5.5 ~ 7.9	吹起尘土、纸张、灰尘、沙粒	小浪白沫波峰	1.0
5	轻劲风	8.0 ~ 10.7	小树摇摆，湖面泛小波，阻力极大	中浪拆沫峰群	2.0
6	强风	10.8 ~ 13.8	树枝摇动，电线有声，举伞困难	大浪到个飞沫	3.0
7	疾风	13.9 ~ 17.1	步行困难，大树摇动，气球吹起或破裂	破峰白沫成条	4.0
8	大风	17.2 ~ 20.7	折毁树枝，前行感觉阻力很大，可能伞飞走	浪长高有浪花	5.5
9	烈风	20.8 ~ 24.4	屋顶受损，瓦片吹飞，树枝折断	浪峰倒卷	7.0
10	狂风	24.5 ~ 28.4	拔起树木，摧毁房屋	海浪翻滚咆哮	9.0
11	暴风	28.5 ~ 32.6	损毁普遍，房屋吹走，有可能出现"沙尘暴"	波峰全呈飞沫	11.5
12	台风或飓风	32.7 ~ 36.9	陆上极少，造成巨大灾害，房屋吹走	海浪滔天	14.0

注：本表所列风速是指平地上离地10米处的风速值。

（2）风对工程结构的影响

当风以一定速度运动遇到阻塞时，将对阻塞物产生压力，即风压。将阻塞物上的风压沿表面积分，就可得到风作用力，称为风荷载。风荷载有三个分力成分：顺向风力、横向风力和扭力矩。这三个分量中，顺向风力是最主要的一种，工程均应考虑；横向风力对于细长结构，尤其是圆截面结构影响较大，对于柔性细长或不对称结构则应计算风扭力矩。由风荷载引起的结构内力、位移、速度和加速度的响应，称为风效应，其受到风的自然特性、结构的动力特性以及风和结构的相互作用的影响。

1）结构上的静力风荷载

a. 风速与风压的关系

根据伯努利方程，可以导出风速与风压关系式为：

$$w = \frac{1}{2}\rho v^2 = \frac{1}{2}\frac{\gamma}{g}v^2 \qquad \text{（式3-1）}$$

式中：γ 为空气单位体积的重力，其与当地的气压、气温和湿度有关。例如在一个标准大气压，常温15℃和干燥情况下，$\gamma = 0.012018\text{kN/m}^3$。

g 为重力加速度，其与当地的纬度和高度有关。例如在纬度45℃处，海平面上的 $g = 9.8\text{m/s}^2$。

v 为风速。

将以上两个标值代入（3-1）中，得到风压公式。

$$w = \frac{\gamma}{2g}v^2 = \frac{0.012018}{2 \times 9.8}v^2\text{kN/m}^2 = \frac{v^2}{1630}\text{kN/m}^2 \qquad \text{（式3-2）}$$

各地的 $\frac{\gamma}{2g}$ 值不同，为了方便计算，我国有关规范建议，一般情况可取 1/1600。

b. 基本风压的确定

基本风压是根据规定的高度、地貌、时距样本时间所确定的最大风速的概率分布，按规定的重现期确定的基本风速，然后依据风速与风压关系所定义的。

我国《建筑结构荷载规范》规定：基本风压一般按当地空旷平坦地面上10m高度处10min平均的

风速观测数据，经概率统计得出 50 年一遇最大值确定的风速，再考虑相应的空气密度来综合确定。

c. 风载标准值

我国《建筑结构荷载规范》规定作用在结构表面的风荷载为：

$$w_k=\beta_z\mu_s\mu_z\omega_o \qquad (式3-3)$$

式中：w_k 为风荷载标准值（kN/m²）；ω_o 为基本风压（kN/m²）；μ_s 为风荷载体型系数；μ_z 为风压高度变化系数；β_z 为 Z 高度处风振系数。$\beta_z=1+\zeta v\varphi_z/\mu_z$，$\zeta$ 为脉动增大系数、v 为脉动影响系数、φ_z 为振型系数。

规范对于一些常见的高层和高耸结构的风振系数和体型系数做了规定。但是，对于一些新型结构形式（例如膜结构、悬索结构和整体张拉结构）的风荷载取值没做规定。

2) 顺风向风振效应

对于基本自振周期大于 0.25s 的工程结构，以及高度超过 30m 且高宽比大于 1.5 的高柔结构，由于风荷载引起的结构振动比较明显，而且随结构自振周期的增长，风振也随之增强，均应考虑风压脉动对结构发生顺风向风振的影响，原则上应考虑多个振型的影响，对此类结构应按结构的随机振动理论进行计算。顺风向风振效应是结构风工程中必须考虑的效应，一般情况下起主要作用。

3) 横风向效应及共振效应

横向风力对多数工程结构的效应比顺向风力小得多，常可以忽略。但是，对于一些细长的柔性结构，例如高耸塔架、烟囱、缆索等，横向风力会产生很大的动力效应，即风振。横风向风振是由于不稳定的空气动力形成，其性质远比顺风向风力复杂，其中包括漩涡脱落、驰振、颤振、抖振等空气动力现象。其中，驰振与颤振属于自激型发散振动，具有对工程结构造成毁灭性破坏的特点，主要出现在长跨柔性桥梁上；抖振是桥梁结构在风湍流的作用下产生的一种强迫振动，虽然抖振是一种限幅振动，但由于发生抖振的风速低，频度大，会导致结构局部疲劳；细长建筑物受到横向风的振动，主要是漩涡脱落引起的涡激共振。

（3）工程结构抗风设计的研究方法

随着经济和社会的发展，人们需要建造越来越多的超高层建筑、高耸塔桅结构、大跨空间结构、大跨度桥梁等各式各样体型的工程结构。这些结构位于大气边界层中，对风敏感程度越来越强，风与结构间的相互作用十分复杂，风荷载势必成为结构抗风设计、防灾减灾分析的控制荷载之一。

风工程和工程结构抗风设计研究方法有风洞试验、工程数值仿真模拟和现场测试三种，它们互相补充，互相促进，其中风洞试验是一种主要的研究方法。

1) 风洞试验

风洞是指在一个管道内，用动力设备驱动一股速度可控的气流，用以对模型进行空气动力实验的一种设备。风洞种类较多，按流速划分，有高速风洞（风速在 100m/s 以上）和低速风洞（风速在 100m/s 以下）两大类。作为人工环境工程综合测试实验装置的室内环境风洞，风速一般在 50m/s 以内，属于低速风洞，低速风洞按照气流的流动方向又可以分为吹出式风洞和吸入式风洞。

风洞试验是开展风振研究与抗风设计的重要基础。通过风洞试验，可以确定作用在工程结构上的风荷载与体型系数，从而提出简便合理、安全可靠的结构设计方案。

a. 风洞试验的理论基础

风洞试验的理论基础是相似准则。要使风洞模拟的大气边界层流动与实际大气中的流动情况完全相似，则必须满足几何相似、运动相似、动力相似、热力相似以及边界条件相似等。在常规实验条件下，风洞中还不能完全复现真实条件下气流的运动状况。因此，根据不同的实验目的，对上述参数近似、取舍，做到部分地或近似地模拟大气边界层。

b. 风洞组成装置

风洞试验中的组成装置主要有：操纵控制系统、支撑系统、量测系统和数据采集系统等。

操纵控制系统通过操纵控制台使用风洞控制系统软件对模拟试验进行手动或自动控制。目前的风洞已经可以实现高度的自动化操作，提高了试验数据的精度和试验效率。支撑系统包括给定模型的攻角的机构、给定模型风向角的机构和支撑模型或仪器的支架等。

测量系统包括试验风速的测量装置（热线、超声风速仪）、模型表面压力的测量系统(电子扫描阀)、模型各项分力和力矩的测量天平系统（应变天平）、模型位移响应的测量位移系统（激光位移计）及模型加速度响应的加速度测量系统（加速度传感器）等。测量系统的精度对试验结果有很大影响，配备技术先进的测系统是保证风洞下作能力的重要保障。

c. 风洞试验模型

风洞试验模型有气动弹性模型或刚性模型，前者直接测量动态风荷载和结构响应，后者借助高频动态人平测量风荷载，再根据结构固有特性，计算结构动态响应。当测定结构物壁面的风速与风压分布时，一般采用刚性模型。

风洞试验有显著的优点：试验条件、试验过程可以人为地控制、改变和重复、测试方便且数据精确。其缺点：风洞造价昂贵、动力消耗巨大，从模型制作到试验完成的周期较长，试验都是针对特定的工程结构进行，结构模型利用率低等。

2）工程数值仿真模拟

随着现代计算机技术的发展和计算流体力学、计算结构力学等学科的深入研究，很多学者都致力于工程数值仿真（计算机风洞仿真）研究。国外的一些研究机构已经开发了专门的软件对结构进行风场分析，进而为工程结构的抗风设计提供依据。例如，

丹麦的 DVMFL0W 软件，成功应用于桥梁风振分析；还有英国的 CFX 软件、美国的 FLUENT 软件及能考虑风和结构的相互藕合作用的 ANSYS 软件等；在国内，同济大学等科研院所在这个方面也做了不少工作。数值风洞模型是一种基于虚拟现实技术，集流体动力学计算、可视化及二维交互功能为一体的研究方法。国内外关于数值风洞技术的研究刚刚起步，但越来越多的学者已经认识到该项研究的理论意义和实用价值。

3）现场测试

现场实测是一种直接的研究方法。其优点：一是可以直接观测实际工程结构表面的风压分布，测量各个部分的变形、位移等；二是可获得详细全面、可信度较高的数据资料，加深对结构抗风性能的认识，优化设计阶段所采用的试验模型或计算模型，为抗风设计提供依据；三是通过现场实测能够及时发现问题，以便采取相应的处理措施。但是，现场实测也受到一些条件的限制：一是气象条件和地形条件难以控制和改变，工作环境的不确定因素多；二是现场测试组织和安排比较复杂，耗时耗资大，实验成本高；三是现场实测一般在工程建成并投入使用后才能开展，只能为今后同种类型的工程结构设计提供参考，因此通常只对重大科研项目开展现场测试。

另外，风灾事故调查也是了解风荷载对结构作用特性的方法。

（4）工程结构的风致振动控制

工程结构振动控制可分为：主动控制、被动控制、半主动控制和混合控制。

1）主动控制技术

主动控制是有外加能源的控制，其控制力是控制装置按最优控制规律，由外加能源主动施加的。主动控制装置通常由传感器、计算机、驱动设备三部分组成。现应用于工程结构中的主动控制系统有：主动

调谐质量阻尼器、主动拉索控制装置和主动挡风板。

2）被动控制技术

被动控制无需外部能源的加入，其控制力是控制装置随结构一起运动而被动产生的。被动控制装置主要有耗能器、被动拉索、被动调谐质量阻尼器、调频液体阻尼器等。理论研究和实践经验已经证实：对于不同的结构，如果能选择适当的被动控制装置及其相应的参数取值，常可以使其控制效果与主动控制效果相当。目前，其在抗风减灾工程实践的应用已经成熟，被广泛应用。

3）混合控制技术

混合控制就是主动控制和被动控制的结合。由于具备多种控制装置参与作用，混合控制能摆脱一些对主动控制和被动控制的限制，从而更好地实现控制效果。尽管它相对于完全主动结构更复杂，但是其效果比一个完全主动控制结构更可靠一些。现在，有越来越多的高层建筑和高耸结构采用混合控制来抑制动力反应。

4）半主动控制技术

半主动控制系统结合了主动控制系统与被动控制系统的优点，既具有被动控制的可靠性又具有主动控制系统的强适应性，通过一定的控制规律可以达到主动控制的效果，而且构造简单，所需能量小，不会使结构系统发生不稳定，是一种极有发展前景的控制方法，也是目前国际控制领域研究的重点。该系统概括起来分为3类：主动变刚度控制系统，主动变阻尼控制系统和主动变刚度阻尼控制系统。

3.2.6 园林树木防风对策

（1）台风造成树木损毁原因

台风对树木造成破坏的原因已经有了一些分析研究，毫无疑问树木风害的本质在于力的失衡。从简化力学模型看，可视树木为单悬臂梁（板），根部为支座（主枝与主干关系亦可同视），当风力（风压）

即横向倾覆力大于树木抗倾覆力时，树木折断或倒伏（拔起）。实际情况当然更复杂，因风力瞬时值和风向多处于改变中，作用于树木的不仅有弯、剪、拉力还有扭力，但风力、风向恒值时，受损与否主要力学因素在于树木风阻（主要是树冠）、树木枝干刚柔度与根部支承力（根系与土壤的结合、固着力）。究其原因，既有客观上的，也有技术上或主观上的原因。

以厦门9914号台风为例分析造成园林树木毁坏的原因。9914号台风灾后，厦门市绿化工程处重点对市绿化工程处管辖的湖滨南路等59条主次干道的25种行道树的风损情况进行了详尽的调查（见表3-8）。

从表3-8中可以看出：风倒率最大的是桃花心木和海南蒲桃。大王椰子、皇后葵风倒率2.53%和5.45%，海枣、蒲葵无倒伏，抗风性盆架子、高山榕、大叶榕也表现出色，尤其是高山榕风倒率仅为3.60%。红花洋紫荆、菩提风倒率分别为76.26%、79.90%；主要树种之一的芒果树因各种原因在中心区风倒亦相当严重，但在中心区外一些路段仍表明具有较强抗风性。9914号台风对厦门市行道树的损坏尤为严重，城区近3万株行道树中受损2.3万株，占75.00%，其中倒伏1.3万株，占45.00%，折枝1万株，占30.00%。在厦门市中行道树的主要树种洋紫荆、芒果的抗风能力很差，是整体抗风能力差的主要原因。

厦门城区及近郊登记在册的古树名木有21种30科553株，其中榕树449株，占81.19%，9914号台风中城区登记在册的受损古树名木有35株，其中榕树31株。从损坏程度看，连根倒及严重倾斜的有26株，拦腰折断的1株，折枝的有8株。公园、植物园、居住区绿地及风景林地的树木同样受损严重。市区的中山公园近40%的乔灌木严重受损，其中134株大树被连根拔起或倒伏，原本郁郁葱葱的园林景观变得满目疮痍。植物园不仅倒树严重，"花容"失色，许

表 3-8　主要道路行道树倒率

序号	行道树种类	原数量	倒伏数量	风倒率	抗风能力
1	桃花心木	950	819	86.21%	很差
2	海南蒲桃	396	333	84.09%	很差
3	菩提	602	481	79.90%	很差
4	洋紫荆	3580	2730	76.26%	很差
5	人面子	102	80	78.43%	很差
6	芒果	3892	2394	61.51%	较差
7	石栗	569	264	46.40%	较差
8	银桦	277	128	46.21%	较差
9	木本象牙红	354	163	46.05%	较差
10	木麻黄	458	178	38.86%	一般
11	麻楝	498	78	15.66%	一般
12	大叶榕	1401	436	31.12%	一般
13	大叶紫薇	735	210	28.57%	一般
14	凤凰木	2349	392	16.69%	一般
15	天竺桂	1098	172	15.66%	一般
16	皇后葵	440	24	5.45%	好
17	盆架子	618	43	6.96%	好
18	高山榕	1443	52	3.60%	好
19	大王椰子	2013	51	2.53%	好
	合计	21775	9028	41.46%	较差

多名贵的植物种类如蜡木、澳洲坚果、雪松、吐鲁香等也因此而丧失，"植物园将因此而倒退 10～20 年"；居住区绿地和单位附属绿地受损的主要是成年大树，湖滨镇、振兴新村等较为突出，其中振兴新村倒伏大树 178 株，受损率近 55%；风景林地也是重灾区，尤其是万石山一带，以台湾相思、马尾松、木麻黄等为优势种组成的人工次生林，在台风中有不少被连根拔起。台风过后，万石山临海一面，远远望去，几成荒山秃岭，仿佛回到植树造林前的 20 世纪 50～60 年代，令人痛心不已；同是"鼓浪屿—万石山"国家级风景名胜区组成部分的环岛路一带，在景观建设时，过分地强调临海见海，原有以木麻黄为主的防风林带被改为大面积草地，海岸线失去有效屏障，加剧

了被冲蚀的后果。9914 号台风登陆时，风浪夹着泥沙，环岛路临海 200m 范围内，被覆盖上厚厚的一层沙土。

树木受台风损害的原因千差万别，有的是树种本身抗风力不够，有的是因为地处风口，有的是因为生长不良，有的是因为病虫害，有些是新种植或移植的树木。究其原因，既有客观上的，也有技术上或主观上的原因。综合台风所造成的破坏分析所造成损害的原因主要有以下几个方面：

1）台风威力巨大是最直接也是最主要原因

9914 号台风中心风力达 13 级，最大风速达 46m/s，风压超过 200kg/m²。巨大正面风压及因城市环境下的某些风穴、风道而加大的风压值，已超过了

绝大部分植物所能承受的阈值。并且，在台风登陆前已降雨 10 多个小时，使得树木根部土壤软化、根系固着力降低，加上强风持续数小时之久，土壤不断软化、松动，加剧了倒伏。

2）树种选择方面

不同树种本身抗风性的差异，除了生长速度、树木枝干刚柔度、抗病虫害性能等，树冠与根系形态是抗风性的决定因子之一。市区常见树种中红花洋紫荆因其属浅根性树种，而抗风性相对较差，其余树种大多具有较强的抗风性，这一点在树种规划与种植设计时就已有充分考虑，在历年台风和热带风暴影响时亦已得到证明。但由于此次风力巨大，也暴露了一些新矛盾和深层次问题，如树木树冠结构，体量过大与根系的矛盾；正常情况下抗风性能差异与实际风倒率反差问题等。

风景林地次生林的树种选择问题上，针对林地的具体生境，现有种类的抗风性也是无可挑剔的。从厦门市的山地基本由花岗岩母质发育而成的酸性砂质壤土的土壤条件而言，选择的马尾松、台湾相思和木麻黄，还有近几年荒山绿化选用的湿地松等，作为先锋树种是合适的，其所以受损严重，主要原因是土壤的疮薄导致根系发育受阻，固着力不足以抵抗强台风。

3）苗木来源方面

一是过多地使用扦插和高压苗，这类苗木即使其他方面具有优势，但因其主根不明显或不发达，根的总体固着力相对较小，在强风中容易倒伏。市区行道树中，洋荆紫和菩提几乎全部采用高压或扦插苗，其风倒率之高与采用无性繁殖苗密切相关。二是苗木的苗期管理问题，普遍存在苗期整形较差，如桃花心木由于定干太迟而过高，风压明显集中于顶端，定植后在一定时期内根系发育有限，造成"头重脚轻"，在这次台风中几乎全部倒伏（风倒率最高，为 86.21%）。三是有时过分地强调大苗种植，但相

应保证措施不力，主侧根损伤大，难以恢复，加上树穴及土壤原因，即使深根性树种，也不能在短期内发育成强壮的根系因而降低了本应有的根部固着力。

4）管理方面

一是病虫害防治方面，厦门高温高湿，极适合白蚁生长，有 9 株古树名木是因被蚁蛀而折倒，如编号为 SOO11 的龙眼树有 180 年历史，因树干被蛀空、腐烂，主干刚度大大降低而折倒，已是回天乏力，只好锯掉。不少红花洋紫荆也是被蛀严重随强风而倒。另一个是修剪问题。长期以来，往往不加区别地认为，树越大越高越好，其生态效益和环境效益越高，加上多年来不曾有强台风正面登陆，一定程度上忽视了抗风倒的必要管理，导致对内侧枝的修剪"透空"不够，树冠过于浓密，透风率低，风阻大，致使"树大招风"，如深根性、抗风较好的芒果和海南蒲桃，在一些地段受损严重，除了其他原因，树冠紧密、透风率低是重要原因之一，而另一些路段凤凰木因其自然整枝好（包括历次台风外围影响造成的断枝，树冠有所调整），在大强度台风中，小侧枝较脆，迅速折断而保住多数主枝主干，加上多数生长条件较差，使得树冠进一步稀疏，透风率大，台风中倒伏率反而低。另外只修剪下枝，而没有或很少对树冠进行回缩修剪，结果是增强了树木的顶端优势，使树木的高度、冠幅与其根系分布不相适应，造成头重脚轻之势，这是"木秀于林，风必摧之"。湖滨东路的菩提平均高有 20 多米，台风中就出现了大量倒伏的现象，大叶榕也有类似的情况。

5）环境因素

种植地的土壤环境严酷使植物根系无从伸展。首先，城市道路绿地土壤总体较差，同一道路不同地段土壤也往往不同，多有建筑垃圾混入，且分车带在道路施工时随同道路基础普遍碾压，密实度大，不少还铺设有垫层，绿化时未有效清除；其次是市政道路在规划设计时预留人行道的树穴太小，种植带太窄，

最小树穴仅有 0.8m 见方,大部分也只有 1m,几条主干道如厦禾路、湖滨北路、湖滨东路的种植带仅有 1.2m 宽,使得植物根系只能在一个极为有限的地下空间生长;第三,绿化施工时,特别是绿化工程质量监督站成立之前,由于质检措施没跟上,偷工减料现象时有发生,苗木土球及树穴大小达不到设计要求,例如:莲前路的芒果倒伏后挖开树穴土壤检查,可明显看到种植时挖的树穴大多数不到 0.6 ~ 0.7m,而设计上的树穴是 1.2m×1m,莲前路芒果有 96% 倒伏,这是一个重要的原因;典型的例子还有厦门会堂绿地的土壤,草坪下面不少地方 7 ~ 8cm 以下就是建筑废土。在严酷的土壤条件下,即使深根性树种,因树穴不够大,根系营养空间的土壤过差而根深不足,甚至无法生根。表层土壤空间范围也小,特别是人行道部分根系发育四方受阻,加上人工水肥补充范围有限,根系生长的艰难程度可想而知,不少树木倒伏后可以明显看到窝根现象,就是例证。

6)城市建设和管理过程中的破坏

首先,多次、多量的地下管线的建设伤害了植物的根系。原有种植的土壤环境就差,加上后期经常开挖,更是雪上加霜。湖滨南路分车带的芒果树种植已有数年,植株粗壮,高径比(树高与胸径)、冠径比(树冠与胸径)合理,本来抗风能力应该很强,但总体建设考虑不周,在绿化成形后,先是在靠快车道一侧搞夜景工程,在绿地内开挖埋设电缆伤及部分根系,继而更严重的是,占用了 0.8m 的绿化带搞公交专用线建设,一侧的侧根被全部切断,使根部固着力大为降低,造成了本可避免的损失。其次是树穴被硬化,如文屏路寺庙内树龄 230 年的榕树、胡里山炮台树龄 160 年的榕树以及老市区很多的银桦、木麻黄等,其主干四周全被水泥或其他硬铺装覆盖,根部无法正常呼吸,生长发育不良。树高、冠大而根浅,强风一到连根拔起。第三,违章搭盖既破坏了植物的枝干也破坏了植物的根部,这主要也发生在老市区一些树木及部分古树名木身上。此外,台风的方向及局部的小环境如道路走向、宽度,两侧建筑构成等,对树木风损也有不同程度的影响。

(2)园林树木防风对策

防护林,是林种分类中的一个主要林种,是为了保持水土、防风固沙、涵养水源、调节气候、减少污染所经营的天然林和人工林。根据其防护目的和效能,防护林可分为水源涵养林、水土保持林、防风固沙林、农田牧场防护林、护路林、护岸林、海防林、环境保护林等。防台风防护林是防风林的一种,以抵御台风破坏为建设目标,而城市防台风防护林则以城区绿地森林群落为对象,构建一种既具有景观功能、又具有防台风功能的以乔木树种为主、乔灌草相结合的复合型绿地生态系统。

1)国内外研究现状

国外对防台风防护林的研究开展得较早,并且在防护林的营造技术、防风效益和生态环境效益等方面取得了重要成果。国外如苏联、美国、丹麦等大规模营造的防护林及其系统的研究,均取得了大量成果。日本由于本身是岛国的关系,其海岸防护林的防风沙、防潮雾、防盐分、防侵蚀及景观生态功能等研究,均比较深入和全面。英国的海防林主要的建设目标主要是防止农业生态系统遭受风暴袭击,同时提出了林带——片林相结合的防护林设计体系。全世界森林覆盖率 29%,芬兰、日本、瑞典等林业先进国家都在 30% 以上。法国通过营造西海岸防护林,使得少林的西海岸地区的森林覆盖率达到 63%,印度营建海浪防护林的主要是希望减缓由来自印度洋的风暴引起的海浪破坏和海岸沙丘经常性流动,从而达到保护农业生态系统的目标。在对防台风防护林的研究中,对防护林所带来的生态水文、效应、降温、增湿、提供生物多样性、土壤改良,绿化和美化,吸尘抗污、降噪等方面地开展了大量的专项研究。

我国自上世纪五、六十年代开始营造以防风固沙、护岸保土等为主要目标的沿海防护林，围绕防护林的建设也开展了一系列的研究，并且取得了显著的成绩。此时的研究方向主要是对于防护林的营造和树种的选择及培育，如通过对福建东山县海岸风口沙地营建的木麻黄基干林带，进行带状采伐更新和套种更新试验，表明厚荚相思在海岸前沿为优良的更替树种；在沿海泥滩的红树林生态系统中，营造海桑、无瓣海桑、红海榄、海莲等等红树林树种，其无瓣海桑的种内和种间竞争关系较强但由于其生长迅速，能很快覆盖裸裸，为其他红树植物的定居提供了森林环境；台湾防护林建设中的一些主要树种可用于福建的沿海防护林营建较好的植物材料；通过对海南三亚市其附近的乡土植物群落树种和表现优良的外引树种基础上，遴选出了适合热带滨海城市防台风防护林的主要植物，为构建热带多树种、多层次和多效能的近自然城市森林群落作参考。为减少台风灾害的影响，我国已兴起了建设防台风防护林的热潮，但很多地方的防台风防护林的建设和研究在处于初级阶段，部分地区由于缺乏规划设计，造林技术不科学，树种选择不当，结构搭配不合理造成的实际问题越来越突出，引起了国家对于防台风防护林的建设的重视。为了提高防护林的多目标性综合功能，提供防护林的生产力水平，达到持续稳定生态经济效益，在建设防台风防护林时应特别注重森林群落的水平、垂直等接口结构设计，配置适宜的树种组成结构模式，建设林带、林网、片林三者相结合的防护林体系，对上海人民塘水杉防台风防护林的防风效应研究结果表明，台风经过林带时，林带内及林带后 65m 范围内的风速较林带前均有不同程度的下降，以林带后 25m 处的风速最低，防台风防护林的防风效益的高低，与防护林的结构和林分质量有很大的关系。如对低效木麻黄防护林进行分析，得出低效林是自然和社会因素共同作用下形成的，自然因素主要是立地条件较差、林木自然衰老及灾害和病虫对木麻黄林的破坏；社会因素主要有

造林树种的立地选择不当、造林材料的遗传性不高、苗木质量低下、林分密度和土壤管理不善以及人为干扰对林分的破坏等，使得海防林的质量差，因而其防护效果也差，针对这种情况，提出了木麻黄低效林的形成特点、原因和更新改造配套技术。厚荚相思、马占相思等是较好的改造树种，改造后能使基干林带防护效益得到快速恢复。在江苏北部的刺槐、水杉、柳杉和杨树等4种防护林，在不同模式其林分生物量、生长量、土壤理化性质等植被与防护林林的疏透度关系很大，其研究结果对建设高效优质的沿海防护林具有重要参考价值。

如何高效发挥防护林的各种效益和生产潜力，将滨海城市的防台风防护林与城市绿地系统相结合，充分发挥森林的防护效益、生态效益和社会效益，构建滨海城市防台风防护林体系是一个亟待解决的问题。一些沿海省市的城市已经开始了对这方面的研究，例如海口市曾对沿海的防台风防护林进行景观规划，在进行现状调查的基础上，对原有的防台风、防土壤侵蚀等功能的防护林，向景观型防护林进行改造，对长势较好的防台风防护林从景观性等方面通过加入适量的景观树种进行重新配置改造，对无林地、生长差的林地重新规划，形成新的具有观赏性的城市防台风防护林。同样，山东省也对省内的防台风防护林提出了八大重点建设内容、五种体系建设模式，并勾绘出未来城市防护林体系建设的蓝图，加强切实可行的实施措施，在基干林带中构建多树种、多层次、复合功能的防护林体系，其他的沿海城市如浙江省、福建市等省市也对城市的防护林体系的形成进行了研究。湛江市在防护林体系的建设中提出，以改造现有防护林为基础，以适地适树为原则，以增加树种数量和提高生物多样性、综合生态功能为目标，构建结构稳定的防护林体系，充分理解可持续发展理论的内涵，并正确地运用于沿海防护林建设工作中。因此，将滨海城市防台风防护林与城市绿地系统规划相结

合，按照城市绿地系统生态规划的原则，对位于城市建成区内的绿地，从规划的层面上，对城市生态环境保护与改善、土地利用等多角度，探讨其规划定位、规划理念、规划范围、规划内容等基本问题，特别是对位于旅游区域或者具有观赏性质的防护林，景观型植物的配置非常重要；位于其他的区域的防护林带应尽量采用近自然的植物配置，增加防护林的层次，使滨海城市的防台风防护林系统既具有城市绿地应有的特性，同时也具有对抗台风等自然灾害的防护功能。因此，城市防护林建设是协调城市区域范围内人类生存、生产和环境关系的重大系统工程，它不是一条绿化带、一条防护林带，而是以防护效益为主、结合景观效益，且以防护益为主要目的功能、多益的有机整体。

2）树种选择原则

选择恰当的树种作为沿海城市防台风防护林建设的主要植物材料，主要是依据城市及其附件区域中的乡土树种耐受能力而定，同时应当兼顾引进时间长、已适应当地自然条件并且生长表现良好的外来树种。树种选择的原则主要有以下几点：

a. 适地适树原则

在深刻认识树种生物学、生态学和景观特性及立地条件的基础之上，以原产地树种为主，外来树种为辅。原产地的植物种类，最能适应当地的土壤的气候条件，具有高度的稳定性和适应性，较强的抗逆性，容易形成稳定的植物群落，获得最佳的生态效益。适当的使用外来树种，特别是经多年驯化的树种，已适应当地的气候条件，生长良好，可以增加植物种类，丰富城市森林景观。适地适树原则是造林成功的首要前提，是树种选择的主要原则。

b. 生物多样性原则

在城市防台风防护林树种选择中主要针对的是物种层面的多样性。因为群落或生物圈的结构与功能主要取决于生物多样性的状态，是生态系统稳定的基本条件之一，因此，防台风防护林树种的选择要充分考虑物种多样性这个基本原则。

c. 速生树种与长寿树种兼顾原则

由于海洋性灾害比较严重，沿海城市防台风防护林的建设要求尽快建成景观斑块镶嵌、群落结构良好的城市森林体系，因此在树种选择上就需要有一定的速生性。但是，由于速生树种的木材材性差，易脆裂，并且有寿命短的缺陷，会使林带的防护期短，防护功能不稳定。为了延长防护时间，避免多个树种同时间衰老，这就要求在树种选择上做到速生树种与慢生树种、长寿树种与短寿树种合理搭配，充分考虑各个树种的生长特性、防护能力和成熟年龄的相互补充。同时这里所指的防护能力，不单只是指其防风能力，还应包括吸附酸沉降物、耐大气污染等方面的防护性能。

d. 防护性能与景观要求相结合的原则

城市防台风防护林，主要是建设在城市绿化中的街道绿化、小区绿地、公园绿地等绿地类型中，因此，虑所选树种的景观特性是必需的，这也是美化城市的基本要求。

3）园林树木抗台风具体规划

a. 确立生态园林思想

生态园林从客观上打破园林绿化的狭隘的小圈子、小范围的概念，打破孤立的抓城市小环境绿化的概念，在范围上远远超过公园、行道树、社会单位绿化、风景名胜区等的传统观念，还涉及郊区森林、农田、防护林网等能起到调节城市生态环境的一切绿色植物群落。在考虑城市园林绿地的抗风性能时，必须从生态园林思想出发，整体地、系统地加以考虑。因为系统的功能大于个体功能之和，应充分发挥植物群落的整体抗风性能。所以，应以更加长远和可持续发展的观点，在城市总体规划中留足绿地。

其次，在具体设计道路绿化时，尽可能采用多行行道树模式，在绿地不够时建议采用不对称面布置，即集中一侧设置道路绿地。也可与临街（路）庭院绿化结合，整体考虑，形成多行效果，增强群体抗风力。

第三，恢复建设沿海防护林带（网），作为绿地系统抗风的第一道屏障。绿地改造和建设时，既要考虑到景观及休闲的功能，更要以风害为最大限制因子考虑其防风固沙固土的功能，不宜再简单以"临海见海"为指导思想。设防护林带应保证足够宽度，建议路内外总宽度不应低于300m。临海一侧可选用木麻黄、黄槿、草海桐与苦槛蓝、马鞍藤等抗风、耐盐、耐干旱、固土固沙能力强的种类。

b. 树种选择

进一步做好行道树的筛选工作，树种选择恰当与否关系到绿化效益能否充分发挥乃至绿化成败，由于行道树作用独特和换栽、补种的困难，其选择应充分考虑到树种的生物学和生态学特性。在满足景观要求的同时，更应考虑到能在有限的土地面积上争取尽量大的环境和生态效益。从抗风角度来看，以下树种的选择可供参考。

行道树：榄仁木、砂椤木、椰子树、木麻黄、假槟榔、棕榈、菩提树、白蜡树、五角枫、麻栎、香樟、银杏、乌桕、圆柏、榆、槐树、垂柳、核桃；

其他树：柠檬桉、圆柏、柽柳、侧柏、木槿、女贞、朴、榉、合欢、杨梅、竹类、枇杷、鹅掌楸、梧桐、龙柏、黑松、槠、青冈栎、月桂。

c. 增设护树架

护树架是用来对树木起支撑固定作用的护树设施，主要用于园林绿地中对新移植树木或苗木的支撑保护。移植树木的根系在起苗过程中遭到破坏，重新种植后恢复较慢，土壤对根系的固着力较小，不足以在大风或一般性人为损坏中保持树木的稳固使根系与土壤的良好接触；护树架对苗木的支撑能降低树干受台风作用的实际应力，减少树木风折或倒伏情况的发生。

结合城市园林应用的实际情况，护树架设计制造必须具备以下要求：

第一，结构稳固。护树架的最主要的作用是对树木支撑加固作用，如果自身不稳固，则不仅起不到应有功能，还会加重树木受害；

第二，外型美观。今天的城市园林建设已经不仅是追求净化、绿化方面，更是在美化、香化方面成为城市名片为城市增添不少色彩。护树设施确没有一起发展，外型依旧显得陈旧和呆板。城市的垃圾桶都经过精心设计，在经济蓬勃发展中保持着青春，护树设施作为"护树使者"也应该跟上时代的节奏。

第三，较长的使用寿命。使用寿命的长短主要与护树架的结构设计和制造材料有关，使用寿命的增加直接降低了使用成本。结构不合理，在风害中极易损害；制造材料如果不合理，增加自然和人为损坏频率。比如全金属的护树架极易丢失。

第四，造价成本低，安装维护简单。护树架的使用是广泛的和大量的，这决定了自身制造成不能太高，否则总体工程造价较高，限制其使用和推广。同时，其量的巨大也决定了在安装维护方面都要简单，否则直接增加了管养成本，也不利于使用推广。

第五，占用空间小。护树架对空间的占用之间缩小了人行道的使用空间和行道树所在的绿地空间。这在寸土寸金的城市是对土地资源的大量消耗，给行人带来极大的不便。

3.3 城镇内涝与安全防灾

3.3.1 城镇内涝灾害概述

"涝"，指水过多或过于集中或返浆水过多造成的积水成灾。城镇内涝是指由于强降水或连续性降水超过城镇排水能力致使城镇内产生积水灾害的现象。近年来，城镇内涝灾害频发，相对集中在城镇特别是大中城镇，严重影响到城镇的正常运行，居民的生活和生产，不仅造成了巨大的经济损失乃至人员伤亡，还严重威胁城镇安全，社会影响十分恶劣。

根据住房和城乡建设部 2010 年对全国 351 个设市城镇的内涝情况调研的结果，2008～2010 年的 3 年间，有 213 个城镇发生过不同程度的积水内涝，占调查城镇的 62%；内涝灾害一年内超过 3 次以上的城镇就有 137 个，甚至扩大到干旱少雨的西安、沈阳等西部和北部城市；内涝灾害最大积水深度超过 50cm 的城镇占 74.6%，积水深度超过 15cm 的多达 90%；积水时间超过半小时的城镇占 78.9%，其中有 57 个城镇的最大积水时间超过 12 小时。

2007 年 7 月 18 日山东济南遭受特大暴雨袭击（图 3-25）。这次降水过程历时时间短、雨量大，降水从

图 3-25　泉城广场内涝情况

18 日下午 5 时开始到晚 8 时 30 分前后减弱，市区 1 小时最大降水量达 151mm，2 小时最大降水量达 167.5mm，3 小时最大降水量达 180mm，均是有气象记录以来历史最大值；小清河流量是 1987 年"8·26"的一倍以上。突如其来的暴雨造成济南市低洼地区积水，部分地区受灾，导致城市交通中断，通讯、电力等公共设施损毁。据初步统计，26 名市民不幸遇难，6 人失踪，142 人受伤，经济损失近亿元。

2011 年 6 月 23 日下午，北京遭受强降雨侵袭导致全城瘫痪。此次降雨为北京十年以来最大的一次降雨，部分地区降水量甚至达到百年一遇的标准。由于北京多数地区的城市排水系统按照 1 至 3 年一遇的标准设计，部分地区甚至低于 1 年一遇，此次降雨造成了严重的城市内涝，环路上积水十分严重，甚至能"看到海"。此次降雨对城市交通系统也造成了十分不利的影响。积水造成 22 处道路中断，76 条地面公交线路受到影响；3 条地铁部分区段停运；北京首都国际机场也出现航班延误或取消的情况。

2012 年 7 月 21 日至 22 日 8 时左右，北京及其周边地区遭遇 61 年来最强暴雨及洪涝灾害（图 3-26）。截至 8 月 6 日，北京已有 79 人因此次暴雨死亡。根据北京市政府举行的灾情通报会的数据显示，此次暴

图 3-26　立交桥下内涝情况

图 3-27 城市道路积水分布图

雨造成房屋倒塌 10660 间，160.2 万人受灾，经济损失 116.4 亿元。此次暴雨对基础设施造成重大影响，全市主要积水道路 63 处（图 3-27），积水 30 厘米以上路段 30 处；路面塌方 31 处；3 处在建地铁基坑进水；轨道 7 号线明挖基坑雨水流入；5 条运行地铁线路的 12 个站口因漏雨或进水临时封闭，机场线东直门至 T3 航站楼段停运；1 条 110 千伏站水淹停运，25 条 10 千伏架空线路发生永久性故障；降雨造成京原等铁路线路临时停运 8 条。

3.3.2 城镇内涝灾害特征

（1）城镇内涝发生时空的规律性

城镇内涝发生的时间具有很强的时节性。我国大多数城镇受到季风气候影响出现雨热同期的现象，强降雨时节大都集中在 5 月至 9 月份之间，重特大暴雨之后或者历经持续长降雨以后，城镇内涝灾害也随之出现。

城镇内涝发生的地点具有特殊的选择性。一般来看，城镇的某些特定地点发生内涝的可能性较高，比如城镇地势低洼的立交桥、地下车库等。同时，随着全国各地城镇扩张和新城建设的推进，许多城镇的公共设施面临着排水不畅、内涝严重的许多新问题。例如很多城镇过街的地下通道、铁路桥、公路桥降雨后往往会积水很深，甚至持续较长时间。

（2）城镇内涝引发后果的连锁性

由于城镇各类功能设施网的整体性强，城镇各系统间彼此依赖的程度很高，往往某一城镇灾害影响了其中某一环节，其他的许多城镇系统也会出现连锁反应，形成"多米诺骨牌"效应。例如 2011 年 6 月 17 日，湖北省武汉市由于出现内涝灾害，导致全市有 88 处城镇道路被淹没，11 条公交线路停摆。其中，武昌区徐东路、江汉区新华下路铁路立交涵洞、江岸区竹叶山铁路立交涵洞渍水严重，一度导致交通中断。

（3）城镇内涝损失重

城镇一般是一个地区的经济文化中心，人口密度高、建设强度大、经济较为发达，一旦遭受内涝灾害，造成巨大经济损失和人员伤亡。近些年来，我国多个城镇遭受内涝灾害，并造成了严重的经济损失和较大的人员伤亡。

如 2007 年 7 月 18 日济南特大暴雨致 26 人死亡，使济南的中心城区几成泽国，市中心最繁华的银座地下超市，在半小时内变成了水箱。2010 年 5 月 7 日广州洪涝死亡 6 人，中心城区 118 处地段出现内涝水浸，其中 44 处水浸情况较为严重。造成局部交通堵塞，部分临时商铺受淹。全市经济损失约 5.438 亿元。2012 年 7 月 21 日北京暴雨造成 79 人死亡，造成房屋倒塌 10660 间，160.2 万人受灾，经济损失 116.4 亿元。可以看出，这些城市的严重内涝，均造成巨大的经济损失，严重威胁城市安全运行。

3.3.3 城镇内涝灾害原因

（1）暴雨频发

气候变化使得人类面临全球变暖、极端天气增多等方面挑战，从而影响城市降雨与排水过程，导致城市内涝风险增大。观测事实表明，近 50 年来，全国最大 1d、3d 雨量增减不明显，但短历时暴雨强度增加、极端降水日数也在增加。这是城市洪涝频发的气象原因。

（2）城镇排水大系统缺乏

西方发达国家排水系统有两套，第一套叫小排水系统（Minor system），这个相当于我们常说的管道排水系统，一般应对城镇常见的暴雨；另外它有一个大排水系统（Major system），主要是为了应对超过城镇管网设计重现期的暴雨，也就是解决我们通常所说的城镇内涝问题。

大排水系统对我们可能稍微陌生一些，它主要包括一些开敞的干沟、经过规划预留出的一些道路、路边的绿地、草沟，一些人工规划的蓄水池、滞水池等，还有一些地表排水不太现实的地方所做的大型排水隧道。比较典型的工程有伦敦泰晤士河排水隧道、芝加哥的深隧排水系统和日本江户川隧道工程等。

中国排水系统一直沿用苏联模式，城镇排水系统主要是以地下管渠为主，城镇排水系统缺乏内涝防治体系，没有对超过管道重现期的雨水的通道和储存问题进行系统考虑。

（3）排水标准低

由于历史等原因，中国排水系统一直沿用苏联的模式。中国大部分地区属于季风性气候，降雨量时间分布非常不均，如北京 7、8 月份的多年平均降雨占全年多年平均降雨量的 57%，这与莫斯科这种高寒少雨而且降雨相对比较均衡的降雨特征相差甚大。

我国城镇在仅有小排水系统的情况下，城镇排水管道的设计标准还不高。1975 年我国的排水标准规定为 0.33 ～ 2 年一遇；1987 年改为 0.5 ～ 3 年一遇；1997 年修订时首次将城镇排水分为一般地区和重要地区，标准为一般地区 0.5 ～ 3 年，重要地区 2 ～ 5 年；2006 年被修订为一般地区 0.5 ～ 3 年，重要地区 3 ～ 5 年；2011 年最新版《室外排水系统设计规范》中要求，一般地区排水重现期为 1 ～ 3 年，重要地区 3 ～ 5 年。

在实际工程建设过程中，大部分城镇为了节约资金，普遍采取标准规范的下限、甚至低于最低设计标准。根据住房和城乡建设部的调查，老城区一般地区，排水重现期需要 1 ～ 3 年的地区，80% 左右都取 1 年一遇的标准；老城区重要地区，排水重现期需要取 3 ～ 5 年的，90% 左右的城镇都是按照 3 年一遇的重现期执行。目前，70% 以上的城镇排水系统建设的重现期标准小于 1 年，近 90% 老城区的重点区域甚至低于规范规定的下限。

相比之下，欧洲、美国、加拿大和澳大利亚等地通过双排水系统，可以较好地解决城镇排水与内涝问题，他们解决常见降雨的城镇小排水系统（管道排水系统）的设计标准一般为 2 ～ 10 年一遇，以

5年最为常见。以解决内涝为目标的大排水系统设计标准一般为50～100年一遇，其中以100年最为常见。

在管道排水标准本来就不高，很多城镇都达不到这个标准，达到的也大多是执行标准下限，而且又缺乏大排水系统的前提下，我们的城镇在大暴雨面前就显得非常脆弱。国外的城镇能够有效应对100年一遇的降雨，而我们的很多城镇遭遇3年一遇的暴雨都可能造成城镇瘫痪，甚至造成重大经济损失。

（4）河湖水系等受纳水体减少

过去10年，我国城镇建设规模速度很快，城镇建设导致很多河湖水系被填埋，削弱了城镇对雨水的调节和接纳能力。有些地方为了城镇美观，短视地把城镇明河改为暗沟，也明显降低了城镇雨水的通行能力。

如北京市在1965～1985年间，将前三门，西、东和北护城河首段共18.8km，改为暗沟，大大降低了对大重现期暴雨的雨洪的通行能力。莲花池原来蓄水量28万m^3，1970年修铁路将湖西南角填埋，之后陆续填，现在已无蓄滞水功能。玉渊潭至1765年成为北京受纳西郊水的大水库，"文革"前库容160万m^3，现在库容已经不足60万m^3。北京市的海淀区以前有很多湿地和稻田，对降雨径流能够起到很好的缓冲和蓄滞作用。现在随着城镇规模的扩大，这些湿地和稻田被占，直接加大了城镇洪涝灾害的风险。

城镇水系大量被侵占的另一个例子是湖北省武汉市。武汉市上世纪50年代城区湖泊127个，目前仅存38个，上世纪80年代湖泊874km^2，现状645km^2。根据卫星遥感影响解译数据，由于围湖造田和围湖建设，武汉市2010年水域面积比1991年减少约39%。

再如江西赣州修建于宋朝的福寿沟，在修建以后一直对城镇排水起到了重要作用。在中国许多城镇频遭内涝灾害的时候，作为人们心目中理想的排水系统，也是映射和讥讽当前不重视城镇排水工作的重要

抓手和载体的福寿沟，受到了万众的瞩目，享受到了明星一般的待遇。实际上，在历史上福寿沟也是一直和连着它的众多水塘一起发挥作用的。近些年，随着城镇建设的加快和对用地需求的加大，福寿沟周边的很多水塘被填，使得雨水调蓄功能大大降低，原来能够有效应对罕见暴雨的福寿沟近些年已经显得捉襟见肘，不得不靠加设泵站，使用强排的办法来缓解排水系统明星的福寿沟的压力。

北京市二环边上的护城河被改为暗河，降低了雨洪通行能力，即便是这样，二环内依然是北京市排水条件最好的地区。其主要原因是二环内有足够的受纳水体和调蓄水面。北海、中南海等一大批人工开挖的湖泊，不仅是雨水的受纳水体，更是雨洪调节的良好载体。而人工开挖的护城河也是北京市二环内重要的排水通道。近些年，北京市的城镇规划快速扩张，从三环修到六环，城镇规模增加了很多，但是既没有新开挖排水通道，也没有修建具有蓄水调节功能的较大的湖泊，近些年新建地区的排水条件明显变差。

还有一些地方因为多年降雨量偏少，就放松了防洪的警惕性，将一些设施建在行洪通道上。尤其是为了造景的需要，将一些河道通过梯级橡胶坝等工程措施人为扩大水面，而雨洪来临时来不及调度，河道水位较高，也导致了一些地方城镇排水难度加大。有些河道为了景观需求，竟然不让附近雨水排入。这种优先考虑河道景观美学功能而忽视河道的首要功能应是排水行洪的做法，也在一定程度上加大了部分地区的城镇洪涝风险。

（5）城镇化的影响

城镇化对城镇内涝的影响主要体现在以下几个方面：

1）城镇化对降水量的影响。城镇化对降水量的影响表现在降水量有增大的趋势，原因是城镇热岛效应、城镇阻碍效应及城镇大量的凝结核被排放到空气中，促进降雨形成。

2）城镇化对产流量的影响。其影响表现在城镇地面硬化，使下垫面的不透水面积大量增加，从而导致地表的下渗能力大幅度降低，地下水位下降，地表径流量大幅度增加。

3）城镇化对汇流量的影响。城镇化一方面导致地表下渗能力降低，从而影响产流，另一方面使地表坡度增大、糙率减小，使地表汇流时间缩短，从而影响汇流。

4）城市建设用地紧张，同时在规划和建设过程中未与城市降水产流机制较好结合等原因，下凹式立交桥、涵洞、地下轨道、地下商场、地下车库等大量地下和下凹式建筑是最大隐患，成为城市内涝高发区域。

（6）城市内排与外排的不衔接

城市外部排水河道泄水能力有限也是导致城市内涝的重要原因。例如北京 7.21 暴雨，丰益桥的桥下积水用水泵抽取后，排向两百多米外的丰草河，但丰草河尚未达到应对 20 年一遇洪水标准的要求，河水暴涨导致顶托出现倒灌，加剧了立交桥下的积水。

（7）城市洪涝应对管理的不完善

城市防洪规划的制定涉及水利、道路、工业民用建筑、河道、绿化等多个部门，导致部门之间衔接困难；进行城市内涝防治决策上缺乏前瞻性，应急预案不完善，预警体系不健全。同时，还存在管道淤塞加剧，人为堰堵排口，清通维护不及时等诸多问题。

3.3.4 城镇内涝防治对策

防治城市内涝一般从硬性措施和弹性措施两方面入手（图 3-28）。硬性措施主要是指与城市物质空间规划相关的对策，而弹性措施则是指从城市社会空间角度出发提出的对策。从城市物质空间层面分析，可以采取划定城市开发边界、建设海绵城市、实施内涝空间治理路径等措施，有针对性的提高城市物质空间品质，从根源上缓解城市内涝。另外从城市社会空间层面分析，需要完善公众参与机制、建立内涝信息化平台、实施制度保障，以此提高公众对内涝的认知，加强公众对内涝信息的掌握，提升公众内涝应急处理的能力。具体来说可以包含以下几个方面：

（1）做好排水规划

做好排水规划是城市洪涝防治的关键环节。现状排水缺乏系统规划，更多地侧重于管道、泵站等排

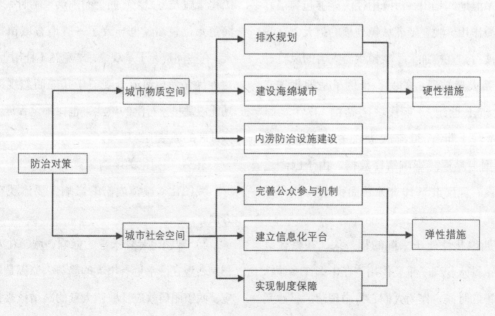

图 3-28　内涝防治对策示意图

水设施的布置和规模测算，对大小排水系统的衔接、管道和河道的衔接考虑不足，对城市用地布局、竖向设计和道路竖向设计对雨水综合利用和排放的考虑不足。城镇内涝防治是系统工程，需要在总体规划阶段合理确定排水系统的布局，多专业协调联动，使规划能够顺应自然水体，适应自然蓄水和排水条件。

（2）合理确定暴雨重现期，提高水资源综合利用水平

雨水排水管道流量参数与负担的雨水汇水面积不相称，雨水排水管道流量参数偏低，排水管道接纳范围小；设计参数提高，会使工程造价提高许多。有专业工作者做出统计，若重现期从 1 年增加到 3 年，投资增加 33%，若增加到 5 年，投资增加 50%。因此在选择这些计算参数时，既要考虑省资源、省能源、经济合理的原则，在确保城镇防洪安全的前提下，同时考虑雨水作为水资源综合利用的问题。如利用城镇的低洼地，公园绿地等，建设一定数量的雨水调节池，既能高效经济的提高雨水排水系统的除涝能力，消减雨水的峰值，也能很好地解决城镇化洪峰水量问题。平时蓄水池内的雨水，可用于绿化、道路喷洒、补给景观用水等，在一定程度上增加投资效益的最大化，弥补了初期投资费用，长期的经济效益和社会效益是显而易见的。

（3）采用有较强渗透能力的地面铺装材料，加大绿化面积

随着城镇建设快速的发展，不透水地面的比例急剧增加，使得径流系数增大，径流汇水速度加快，径流洪峰量增加，加大了城镇雨水管道的负荷。城镇雨水管道的特点是流域面积小，地面铺装复杂。建议在城镇道路的铺设中尽量的多采用有较强渗透能力的地面铺装材料；另一方面加大绿化面积，便于雨水就地入渗。这样既补充了地下水，又通过土壤的净化能力改善城镇环境，解决了城镇排水困难，降低暴雨期内的防洪压力，它的经济与环境效益也是不容忽视的。

（4）要有预见性与前瞻性，城乡统筹考虑

小城镇作为城镇与乡村的纽带，在经济和社会发展的进程中具有举足轻重的作用，不能因为它现在小而忽视或降低了雨水排水系统的规划及设计标准，今天的小城镇随着城镇化进程的加快，在若干年后会变成一座大城镇的卫星城，在做城镇总体雨水排水规划时，要有预见性与前瞻性，尽可能地纳入城镇统一规划考虑，以符合城镇远景发展的要求。

城镇雨水排水管网肩负着城镇防汛排水、雨水收集的重任，必须加快各城镇的雨水排水规划，明确排水标准和排水方式，树立统一规划，分期实施的理念；还要做好雨水排水和外围除涝紧密结合，防止外围的雨洪水袭击城镇市区，许多城镇在这方面也经受住了极端暴雨天气的考验，但一些城镇也有其惨痛的经验教训。这就需要进一步加强城镇外围防洪排涝设施的建设，使防洪排涝的标准和雨水排水标准相匹配，以确保排水安全。

（5）加强维护管理，加快雨污分流设施改造

旧城内涝产生的原因比较复杂，许多老城镇由于雨水管网运行已久，往往由于管径小、水量不足、坡度较小、水中杂质过多或工程施工质量等原因，而发生沉淀和淤积，影响了输水能力；对这类雨水排水管网定期的清淤与更换已损管道，维护管理十分重要。加强管理，对于建成的雨水排水管网的成效至关重要，如果一个排水系统已进行了雨污分流，而管理措施跟不上，也就失去了它的意义。比如有的城镇发现沿街乱接和私接出水管或将生活污水管就近接入雨水管，就会造成花大量资金建成的雨、污水分流系统失去作用，污水由雨水管直接排入水体，造成江河的污染。因此城镇的排水管网能否发挥应有的环境效益、社会效益、经济效益，必须采取强有力的措施，加强对排水管网的管理。

对旧城镇的雨污合流管道，要加快雨污分流的改造，进行彻底的雨污分流，在现有排水分流的基础

上，用现代化科学手段，根据实际地形、地貌按自然规律的流向，重新进行合理配置，从源头上做好雨污分流，以适应社会发展和符合城镇环保要求。

应对极端暴雨天气的频发，选择合理雨水排放标准，确保城镇安全，减少雨灾损失，是现阶段城镇建设一项复杂而艰巨的工程；通过对雨水排水设计理念、规划标准、施工与管理原因分析，提出应对措施与建议。城镇雨水排水系统建设也要与"时"俱进，改造创新，才能适应极端气候变化。

（6）建设海绵城市

改变传统"快排式"模式，遵循"渗、滞、蓄、净、用、排"的方针，把雨水的渗透、滞留、集蓄、净化、循环使用和排水密切结合，统筹考虑内涝防治、径流污染控制、雨水资源化利用和水生态修复等多个目标，让城市就像一块海绵，能把雨水留住，把初期雨水径流的污染削减掉。

例如通过园林景观设计，对所有新建或可改造的绿化进行改造，实现旱可高效节水式渗灌，涝可快速排和渗排，可有效储、拦和收集对应面积的雨水。

（7）建立先进的雨涝预警系统

加强城市水文、气象站网建设，改善监测手段，加大监测密度，增加雨量遥测站点，提高城市暴雨预测精度，延长暴雨预见期。

加强城市防汛工作的信息化建设，实现对城市低洼地区、立交桥、泵站出水口、主要道路及道桥和排洪河道水位变化情况的数字化管理和实时监控，并配置必要的移动视频监测车，为城市防洪排涝工作提供及时、准确、全面的信息。

（8）加强城市洪涝风险管理

澳洲、日本、欧盟、美国等国家和地区均有雨水影响评价和雨洪风险评估制度，都有洪涝灾害分布图，以表达排水系统遭遇不同暴雨频率下内涝发生的可能性、淹没时间、淹没范围以及淹没深度，识别城市开发建设给城市雨水排放带来的影响，并在此基础

上进行洪涝灾害区划，进行规划和用地管理工作。

加强暴雨内涝的应急管理及城市防洪涉水管理，提高全社会防灾减灾意识与能力，并建立雨水影响评价与内涝风险评价制度，提升城市洪涝灾害的风险管理能力。

（9）编制并定期演练城市内涝应急预案

建立合理的应急体制、快速的反应机制和完备的救助体系，以应对城市内涝灾害的威胁。其中，编制城市内涝灾害应急预案是城市应急管理工作的重要方面。应急预案的制定既要考虑到当地的自然条件，还要考虑到城市的经济社会发展状况。应急预案编制后还要定期进行演练，演练的范围要覆盖整个城区尤其是内涝灾害多发区。演练的对象不但要有应急管理专业部门的参与，社会组织和公众也要广泛参与其中。

（10）建立和完善城市内涝灾害保险制度

城市内涝灾害保险是防涝减灾风险管理的重要手段。不仅能够减轻政府救灾负担，而且是较为理想的政策性措施。应该以多种政策形式鼓励更多的城市企业、居民、社会组织参与到城市内涝保险当中，对参加保险的对象除去必要的灾时补助外，还能够获取遇有保险而受益的部分，从而减少政府的财政压力，使保险机构承担相应的风险责任。

3.3.5 海绵城市建设

海绵城市，从海绵的水分特性上，可以简单地理解为：城市可以像海绵一样，让雨水在城市的利用与迁移过程中，更加的"便利"。更进一步的理解，可以认为，在降雨的过程中，雨水可以通过吸收、调蓄、下渗及处理净化等方式积累起来，等待需要时再将存蓄的水"释放"出来，用以灌溉、冲洗路面、补充景观水体和地下水等；从海绵的力学特性上，可以认为，城市能够像海绵一样压缩、回弹和恢复，能够很好地应对自然灾害、环境变化，从而最大限度的

防洪减灾。城市的"海绵体"不仅包括小区建筑物的屋顶、植草沟、园林绿化、透水铺装等相配套的设施，同时也包含了城市的各种水系，如江、河、人工景观湖等。

我国《海绵城市建设指南》中对海绵城市的概念进行明确定义：指城市能够像海绵一样，在适应环境变化和应对自然灾害等方面具有良好的"弹性"，下雨时吸水、蓄水、渗水、净水，需要时将蓄存的水"释放"并加以利用。

传统的城市，未考虑雨水的可持续开发与利用，重点强调了"排"的概念。传统城市只是利用雨水口、雨水管道和管渠、雨水泵站等设施对雨水进行收集和快速排出。随着城市化的不断发展，不透水路面的增多，盲目地开发使得雨水无法及时的下渗和利用，造成了城市内涝和径流污染的频繁发生。海绵城市，可以有效地解决城市内涝问题，对于维持开发前后的水文特征，保持生态平衡，促进人与自然和谐发展也具有重要的意义。表 3-9 比较了传统城市与海绵城市的特点。

表 3-9　传统城市与海绵城市的比较

传统城市	海绵城市
改造大自然	顺应大自然
重点为土地的利用	强调人与自然的和谐
碳超标排放	低碳减排
原有生态被改变	原有生态的保持
粗放式发展	低影响开发
雾霾加重	减轻雾霾
地表径流增大	地表径流不变

（1）国外海绵城市的发展进程

雨水产生的洪涝灾害和径流污染等造成的经济损失、环境污染和人员伤害是十分巨大的。20 世纪60 年代以来，很多发达国家越来越重视城市雨洪的控制，并进行了大量的科学研究。同时出台了一系列可行的政策，更为有效地将雨水收集、利用起来，重视人与自然的和谐相处。美国环保局（Environment Protection Agency）于 20 世纪 70 年代提出了 BMP（最佳管理模式）的概念，并对其进行了多方面的完善。重点利用雨水，解决水质与水量的问题，强调生态平衡及社会的和谐发展。

目前，BMP 措施已经在德国、南非、新西兰等国家和地区广泛的应用，并产生了不错的效果。基于 BMP 措施，美国的暴雨研究专家又着手进行了景观控制的微观探讨，提出了低影响开发（Low Impact Development, LID）的观点。同时，澳大利亚的水敏感性城市设计（Water Sensitive Urban Development, WSUD）、日本的管理政策、英国的可持续排水系统（Sustainable Urban Drainage Systems, SUDS）等在本国及其他发达国家的雨洪控制管理、水资源利用与保护方面也起到了不错的效果。海绵城市的成功范例层出不穷，例如：美国波特兰的绿色街道、日本东京新宿区的雨洪调蓄设施、德国的波茨坦广场雨水收集和英国的世纪穹顶等。

1）美国的最佳管理模式（Best Management Practices, BMP）

1972 年，BMP 被用于美国非点源污染的控制，第一次进入了人们的视线。20 世纪 80 年代，为促进 BMP 管理模式更有利的实施，美国又制定了相应的法律、法规。20 世纪 90 年代，BMP 模式被进一步的完善，并全面应用到美国社会。

随着城市的发展，人口的急剧增加，可用地面积的逐渐减少，目前美国已经开发了新一代的 BMP 模式，重点强调绿色生态技术与非工程管理方法的结合。绿色生态技术包括雨水湿地、生物滞留设施、雨水塘、修建沉淀池等。非工程方法包括清扫路面和城市环境管理等。BMP 强调采取一个或多个措施，来解决该地区的生态、水质和水量等问题，同时它通过一系列标准的制定来保护受纳水体、实现地下水的回灌。BMP 以控制雨水洪峰流量与洪涝灾害为目标，重点去除悬浮物、沉淀物等污染物并集中关注小降雨事件。美国国家环境保护局制定了大量的措施和相应的法规来促进 BMP 的应用与实施，以物理、化学及生物的标准来保证 BMP 措施的实施效果。许多州也提出了适合自己 BMP 指南，如费城要求设计重现期至少为 1 年；纽约州制定了与雨水相关的管理手册，提供了相关技术标准与实例；首都华盛顿要求尽最大的可能性利用 BMP 技术，实现洪涝与洪峰控制。

2）低影响开发（Low Impact Development, LID）

20 世纪 90 年代，美国乔治圣马里兰州王子郡的雨洪管理专家们首次提出了 LID 理念。随后，LID 理念由之前的小规模措施发展成为更为全面的综合性措施，并逐渐被美国的各大州所利用。如今，LID 理念已被日本、瑞典、新西兰、加拿大等多个发达国家所接受和应用。

LID 强调了利用小型（2hm^2 或更小）、本土化、低成本的雨水控制措施并且结合城市景观功能，来模拟自然水文循环，减少径流污染。同时，LID 注重公民的积极参与，将原有的排水方式进行改进，涵养水源。采用绿色屋顶、植草沟、雨水塘、雨水湿地、透水铺装等，可以节省投资、减小径流污染，具有很高的经济效益和环境效益。LID 技术在处理场地径流的过程中，需结合多种控制技术，包括渗透、过滤、径流输送技术，径流调储、保护性技术及低影响景观等六种措施。

3）可持续排水系统（Sustainable Urban Drainage Systems, SUDS）

20 世纪 70 年代，英国针对当时排水体制造成的洪涝灾害及径流污染问题，首次提出了 SUDS 的理念。SUDS 强调了人与自然的可持续发展，在综合设计中重点将水量、水质及景观娱乐紧密结合在一起，使得整个地域的水文系统得到优化。SUDS 与传统的城市排水方式不同，采取过滤式沉淀池、渗透铺装等措施削减洪峰流量，提高径流水质。它既可以应用在城市老区的优化改造中，也可以应用在新建城区的雨水利用项目中，使更多的雨水下渗，补充地下水源。同时，与绿色景观的结合，也为野生动物提供了良好的栖息地。SUDS 与 LID、BMP 相似，均遵从预防控制、源头控制、场地控制及区域控制。首先，在住宅小区、社区等源头处，采用绿色屋顶、透水铺装等方法对径流和污染进行控制；其次，在整个链带上，利用渗水坑、调蓄池、雨水塘等对径流进行削减、滞留及收集控制；最终，将雨水利用或排入雨水管道。目前，西欧多个国家，均开发出适合本国国情的 SUDS 可持续发展战略，并广泛应用在城市施工、设计及运行的各个方面。

4）水敏感性城市设计（Water Sensitive Urban Development, WSUD）

水敏感性城市设计 WSUD 起源于澳大利亚，目的为保护澳大利亚的城市水生态系统及供水安全，是其对传统开发方式的改进。WSUD 致力于保护自然环境，确保地表、地下水的水质安全，减少污水的排放，以提高居民的生活质量。WSUD 利用可持续发展的先进理念，克服了城市开发对水文循环及生态系统的负面影响，对城市进行了科学的规划及设计。与其他的管理体系不同，WSUD 系统不仅仅指对雨水的管理，而是将雨水、饮用水、污水管理等水文循环结合在一起，作为一个整体进行综合管理。整个循环间相互影响、相互协调，渗透到城市开发的各个环节中。其中，雨水管理是其中必不可少的一个环节，是城市水循环的关键。澳大利亚通过大量的法律法规来确保 WSUD 系统的实施和运行，取得了瞩目的效果。

5）低影响城市设计和开发（Low Impact Urban Design and Development, LIUDD）

LIUDD 是 LID 及 WSUD 综合发展而形成的新的理念。它不仅强调了城市的合理开发利用，

表 3-10 德国、美国、日本的城市雨洪管理体系对比

国家	提出时间	法律、政策及机构	管理目标	实施措施及成效
美国	1972 年	《联邦水污染控制法》《水质法案》《清洁水法》绿色建筑认证 LEED 总税收、发放补贴、发行义务债券和投资分担、贷款对建筑按照不透水区域面积征收雨水排放费用	对新开发区和改建区提出了较高的要求，即改建或新建开发区的雨水下泄量不得超过开发前的水平，并且滞洪设施的最低容量均能控制 5 年一遇的暴雨径流，即为强制执行"就地滞洪蓄水"	2007 年，美国环境保护署对低影响开发项目进行了"初步效益—费用"评估。结果显示，相比传统雨洪管理技术，低影响开发技术节约了 15% ~ 80% 的成本。据保守估计，美国 10 年内低影响开发的市场达 3800 亿美元，美国加州富雷斯诺市的"Leaky Areas"地下水回灌系统，其在 1971 年至 1980 年的 10 年间，回灌总量为 1.338×108m³，回灌量占该市年用水量的 1/5
德国	20 世纪90 年代	《联邦水法》《联邦水法》补充条款地区法规征收雨水排放费用	强调"排水量零增长"，对新建或者改建开发区，要求开发后的降雨径流必须经过处理达标后才允许排放	康斯伯格社区（150hm²）开发前雨水流失量 14mm/a，开发后雨水流失量为 19mm/a，两者非常接近，远低于普通居民区的流失量 165mm/a；又如，仅 20 世纪 90 年代，德国投入使用的小型分散型雨水收集利用装置就超过了 10 万座，雨水集蓄使用量大于 60 万 m³
日本	1980 年	日本建设省通过推广"雨水贮留渗透计划"1988 年成立了民间组织"日本雨水贮留渗透技术协会"；1992 年颁布的"第二代城市下水总体规划"；对雨水管理项目补助费用可达到总投资	正式将透水地面、渗塘及雨水渗沟作为城市总体规划的组成部分，要求雨水就地下渗设施在新建和改建的大型公共建筑群区必须设计	日本建设省经过有关部门对渗透池、渗透侧沟、透水性铺盖、调节池等雨水花园渗透设施长达 5 年的观测和调查，东京附近 20 个平均降雨量在 69.3mm 的地区，其径流流出率由 51.8% 降低到 5.4%，平均流出量由原来的 37.59mm 降低到 5.48mm

同时也适用于城市周边及农村的规划、设计开发。LIUDD 对于水质、水量、生物多样性及土地利用等进行了综合考虑，减少了环境污染，促进良好的循环。

近 20 年来，英、美、澳、德、日等国家针对城市化过程中所产生的内涝频发、径流污染加剧、水资源流失、水生态环境恶化等突出问题，分别形成了效仿自然排水方式的城市雨洪可持续发展的管理体系，相应的措施和技术也得到了长足发展和实践应用。例如，英国建立了"可持续城市排水系统"（SUDS），以通过科学途径管理降雨径流，实现良性的城市水循环。澳大利亚则以城市水循环为核心，建立了"水敏感性城市设计"（WSUD）体系。同时，新西兰也在 LID 和 WSUD 的理念背景下，整合、发展、建立了"低影响城市设计与开发"（LIUDD）体系。此外，德国、美国、日本等国家对雨水管控方法的探索更早，法律法规相对完善，实践效果显著，见表 3-10。

（2）我国海绵城市的发展进程

2002 年，我国发布了《健康住宅建设设计要点》。《要点》强调，在建筑小区的雨水收集和利用的过程中，应结合当地自然地理情况，因地制宜。透水铺装应该应用在道路的次干道或人行道上，以达到削减洪峰流量，渗透雨水，保持水土的作用。

2005 年，中国建筑设计研究院开始对住宅小区的雨水利用进行了多方面的研究。2006 年 6 月，我国颁布了《绿色建筑评价标准》，标准对卫生洁具的用水量、冲厕、浇洒道路的水量水质等均作了明确的要求。同时，标准对于节能环保，注重资源的可持续利用方面作出了规定，为海绵城市理念的提出做了铺垫。2007 年 4 月，建设部发布了《建筑与小区雨水利用工程技术规范》，它是我国第一部关于建筑小区雨水收集利用的设计规范。规范重点对雨水的水量、水质，雨水系统的选型、收集利用方式及土壤入渗等各个方面进行了规定，提出了初步的解决办法，为从事给排水相关专业的设计人员提供了新的思路。

十八大报告中，强调将生态文明列入首位，与政治、经济、文化及社会建设共同作用，促进国家的发展。习总书记在 2013 年中央城镇化工作会议中，也明确指出，太多的水泥地占用了可以保持水土的林地、草地、池塘及湖泊，破坏了正常的水文循环，

致使暴雨来袭时，雨水只能从管道排出，无法收集利用、补充地下水。若想解决城市缺水问题，顺应水文循环的自然规律，一种重要的方式就是将雨水"留"下来。充分利用大自然的力量，建设能够自然存蓄、净化的"海绵城市"。

2013年，国务院发布通知，要求在2014年底，制定详尽的城市排水防涝的设计规划，将治理城市内涝列入政绩考核，争取用10年的时间形成完善的雨水排涝体系。2014年5月，中国气象局和住房城乡建设部共同发布了《城市暴雨强度公式编制和设计暴雨雨型确定技术导则》，指导各地建立雨水监测站点，收集并分析雨水的暴雨强度数据；协助当地气象部门确定降雨的时空分布特征，分析其降雨类型并研制、开发相应的暴雨强度公式推求的软件；确保雨水监测站点的周边环境不受干扰，以提供准确的实时数据。

2014年10月，住房城乡建设部编制了《海绵城市建设技术指南——低影响开发雨水系统构建（试行）》，重点介绍了海绵城市的可行性实施方案，从规划、设计、工程建设及维护管理等方面针对建筑与小区、城市道路、城市绿地与广场、城市水系等多方面给出了指导，为相关人员提供了新的视角，对指导新建、改扩建工程的设计、施工及维护运行具有重要的意义。自此，全国各地纷纷响应，北京、上海、宁波等地已进行试点。同时，陕西西咸新区的沣西新城作为首个试点地区，对于引领西部地区水资源的利用，促进水环境状况的改善具有重大意义。2014年12月，水利部、住建部等部委提出了建设海绵城市试点城市的通知。2015年1月，开展了海绵城市试点的申报工作。

（3）海绵城市建设途径

海绵城市建设强调综合目标的实现，注重通过机制建设、规划统领、设计落实、建设运行管理等全过程、多专业协调与管控，利用城市绿地、水系等自然空间，优先通过绿色雨水基础设施，并结合灰色雨水基础设施，统筹应用"滞、蓄、渗、净、用、排"等手段，实现多重径流雨水控制目标，恢复城市良性水文循环。

《海绵城市建设指南》给出了海绵城市的建设途径主要有以下几方面：

1）对城市原有生态系统的保护

最大限度地保护原有的河流、湖泊、湿地、坑塘、沟渠等水生态敏感区，留有足够涵养水源、应对较大强度降雨的林地、草地、湖泊、湿地，维持城市开发前的自然水文特征，这是海绵城市建设的基本要求。

2）生态恢复和修复

对传统粗放式城市建设模式下，已经受到破坏的水体和其他自然环境，运用生态的手段进行恢复和修复，并维持一定比例的生态空间。

3）低影响开发

按照对城市生态环境影响最低的开发建设理念，合理控制开发强度，在城市中保留足够的生态用地，控制城市不透水面积比例，最大限度地减少对城市原有水生态环境的破坏，同时，根据需求适当开挖河湖沟渠、增加水域面积，促进雨水的积存、渗透和净化。

（4）海绵城市设施构成

海绵城市利用低影响开发雨水系统，使得场地开发前后的水文特性保持不变，达到有效削减雨水径流流量、暴雨洪峰流量，减少雨水径流污染的目的。低影响开发雨水系统的种类有很多，以下重点介绍几种低影响开发设施：

1）绿色屋顶

绿色屋顶，也叫种植屋面、屋顶绿化等。它是指在不同类型的建筑物、立交桥、构筑物等的屋面、天台或者露台上种植花草树木，保护生态，营造绿色空间的屋顶（图3-29、图3-30）。绿色屋顶的应用起源于20世纪60年代的美国，随后发展至全世界的

图 3-29 北京政协大楼绿色屋顶

图 3-30 华盛顿互惠银行绿色屋顶

多个国家和地区。国外的绿色屋顶,如芝加哥市政大楼绿色屋顶、纽约长岛的绿色屋顶、德国柏林波茨坦广场、拉比茨屋顶花园、意大利橡树塔屋顶花园等。目前,国内的绿色屋顶技术也逐渐在多个城市兴起并应用,如北京、上海、武汉等。北京的长城饭店是北京市第一座绿色屋顶的建筑;上海的青浦区的某办公楼的绿色屋顶也格外引人注目;西安市的创业研发园二层的绿色屋顶,也逐渐被人们所接受。

绿色屋顶由建筑屋顶的结构层、防水层、保护层、排水层、隔离滤水垫层、蓄水层和种植基质、植被层组成。

a. 根阻层

根阻层位于屋面结构层的上部,通常位于混凝土屋面或沥青屋面之上。植物的根系随着逐步的生长,向土壤深处汲取水分、养料等,若无根阻层的保护,植物的根系容易穿透防水层,对屋顶结构造成破坏。因此,根阻层是建设绿色屋顶的基础。若屋顶发生渗漏,则结构层上的所有层均需清除,逐一排查,直到找到渗漏点。根阻层通常有两种:物理层和化学根阻层。物理层主要为橡胶、PE 低密度聚乙烯或 HDPE 高密度聚乙烯组成;化学层主要为铜等毒素来抑制水的渗透。

b. 排水层

排水层的作用,可以防止植物根系淹水,同时迅速排出多余的水分,可与雨水排水管道相结合,将收集到的瞬时雨水排出,减轻其他层的压力。绿色屋顶类型的选择、气候条件和屋顶材料等是决定排水层类型的关键因素,建议选用轻而薄材料。通常,排水层的做法较为简单,主要由排水管、排水板、鹅卵石或天然砾石和膨胀页岩等铺设。

c. 隔离滤水垫层

隔离滤水垫层的目的是防止绿色屋顶土壤中的中、小型颗粒随着雨水流走,同时防止雨水排水管道堵塞。过滤层通常较轻,故材质可选取聚酯纤维无纺布,采用土工布进行铺设。

d. 蓄水层

蓄水层,可以控制雨水的径流总量,蓄存适量雨水,维持屋顶植被的生长。由于屋顶结构荷载的限制,蓄水层的厚度与土壤的饱和度、种植植被的类型和屋顶材质等相关联。蓄水层安装在过滤层上部,主要由聚合纤维或矿棉组成。这种组成成分是蓄水层最大的特点。蓄水层的厚度可根据屋面荷载的不同来确定,以适应不同的屋面类型。

e. 种植基质层

基质层主要为植被供应营养物质、水分等,提供屋顶植物生活所必须的条件。同时,基质层应当具有一定的渗透性和空间稳定性,使得雨水可以及时的排出,避免水淹,也为植被的生长提供比较有利的空间。基质层对屋面的影响最为突出,故需考虑定期的维护或更换屋面植被。种植基层通常选取浮石、炉渣、膨胀页岩等密度小、耐冲刷、孔隙度较高的天然或人工石材，通过与土壤有机的混合，来达到土质的优化。基质层的厚度由屋面结构的类型而选取，通常，简单屋顶的植被厚度可选取 2.5cm，复式屋顶厚度可选取 20 ～ 120cm。

f. 植被层

植被层是屋面的一个标志，决定着屋面的美观及实用性。通常，要选取抗风能力较强、抗寒抗旱能力强，无需过多修剪的植物。

2）透水铺装

透水铺装是指将孔隙率较高、透水性较好的材料应用于道路路面。它可以使雨水进入透水铺装的内部，贮存适量的雨水或随内部的排水管道排出，减少洪峰流量，削减径流系数（图 3-31）。透水铺装可以有效地削减径流流量，使雨水迅速的入渗，减少洪涝灾害的风险；使得水资源得到有效的补充，利于生态环境的保护；透水铺装可以使路面无积水或有少量积水，从而增强道路的安全性能，保证了行人和驾驶人员的生命安全；透水铺装的较大孔隙不仅可以吸收噪音，还可以缓解温室效应，使得路面温度得到有效的降低，延长道路的寿命。

1940 年，英国的空军首次采用了透水铺装，来迅速排除飞机跑道上的雨水。1995 年，英国的 Coventry 大学的教授设计出了评估用的透水铺装的径流模型，并提出了透水铺装应用的优缺点。德国政府在 2010 年，要求其国内道路的 90% 设计成透水性道路，以减小径流量，并提出了相关的法律法规。美国的透水铺装始于 1970 年。起初在佛罗里达应用于道路停车场等承受荷载较小的地方，随后美国进行了更深一步的研究与应用。日本东京对于透水铺装也十分重视，在东京的广场、停车场、公园等地，随处可见透水铺装的应用。

我国的透水铺装起步较晚，仍处于初级阶段。随着人们环保意识的提高，透水铺装逐渐进入了国人的视线。北京的皇家园林在道路及广场上，使用了透水铺装，同时，政府鼓励在广场、公园、停车场和人行道等地采用该技术。天津的海河整治工程、上海的世博会都采用了透水铺装技术。杭州市、三亚市的多个小区，也开始采用了透水铺装，并取得了较好的效果。

透水铺装一般由土基、垫层、基层、过滤层、面层等组成。

a. 土基

作为整个透水铺装结构的最底层，土基对透水性的好坏及整个结构都具有重要的影响。下雨后，雨水会透过面层至土基部分，在土基处长期滞留，其在水和路面荷载的作用下，容易失去稳定性和结构的整体强度。因此，土基受水和荷载的影响很大，应根据土壤的类型、渗透特性及施工工艺等多方面因素进行铺装。

b. 垫层

垫层是位于基层和土基中间的结构层。它的主要作用是防止雨水等渗透入基层，减少对土基结构的破坏。垫层的材料通常选取粗砂、中砂或具有小粒径的碎石等。有时，垫层也可以采用透水土工布来代替。

c. 基层

基层是透水铺装最重要的环节，是贮存雨水的关键部分。基层作为汇集雨水或短时贮存，必须具有

图 3-31 透水铺装的应用

较大的孔隙率，因此细骨料的用量较少。对于车行道、停车场等需要承受车辆荷载的地段，基层还有一个重要的作用，即承受上部面层传递的荷载。因此，设计时，应注意基层的承载力。

d. 过滤层

在基层的顶面上部需要设置过滤层（或称找平层）。过滤层主要起到两个作用，一是可以使基层上部平整，使得面层的结构承受荷载均匀，二是可以过滤到面层的较大颗粒物及污染物质，防止基层孔隙被堵塞，影响雨水的下渗。

e. 面层

透水铺装的面层是与雨水、大气等直接接触的结构层，并直接承受道路荷载。面层必须具有坚实和平整的特点，同时要具有一定的透水特性。这就需要面层既要选取厚度合适，具有一定强度的材料，又要注重材料的孔隙率等，从而保证面层达到较好的施工要求。

透水铺装的面层须具备使降落的雨水及时下渗的特点，并且具有承载车辆和人行的能力。因此，面层的选材过程中应结合透水铺装的适用条件、当地的气候特点、所处环境等多个条件选择。当面层选用透水沥青、混凝土时，通常采取粒径较小的开级配碎石。

3）植草沟

植草沟又称为植被浅沟，是一种种植有植被的具有景观欣赏性的地表沟渠，它可以通过重力流收集、转输和排放雨水。植被浅沟既是一种径流传导的设施，也可以与低影响开发的其他设施一起，输送径流雨水并且收集、净化雨水。植草沟可以有效地滞留雨水，促进土壤的渗透。同时，它还可以减缓雨水的流速，保持水土，削减径流量。植草沟对于污染物的去除和迁移也起到了较好的作用（图3-32）。

植草沟技术起始于20世纪80年代，主要用于削减、防止污染物对水体造成的污染，目前在许多发达国家被广泛地应用。德国汉诺威生态雨洪管理

图3-32 植草沟实景

系统、美国的波特兰街道是较为典型的植草沟实例。目前，国内的应用较为缺乏，武汉市的江夏五里界伊托邦大道是应用植草沟技术的成功范例，值得借鉴。植草沟虽然具有较大的前景，但仍然存在着区域易受场地限制等的制约，需要定期的管理与维护。不当的设计，甚至会造成水土流失等现象，引起不必要的损失。

根据构造的不同，共分为干式植草沟、湿式植草沟和转输型植草沟三种。

a. 转输型植草沟

是最简单的一种植草沟，它是开阔的、耐冲刷的浅植物型沟渠。转输型植草沟将集水区的径流雨水进行疏导并进行预处理，是一种成本低、维护简单的收集雨水的方式。由于它不用考虑植物水淹的问题，被广泛应用于高速公路周边。

b. 湿式植草沟

与转输型植草沟类似，但其增加了堰板等，水力停留时间有所提高，故该类型植草沟可以长时间的保持湿润或水淹状态。湿式植草沟可用于高速公路排水系统或小型的停车场等地。但由于其长期保持湿润或水淹，容易滋生蚊蝇，产生卫生隐患，故湿式植草沟不适用于居住小区或人员聚集的场所。

c. 干式植草沟

沟底采用了透水性较好的土壤过滤层，同时在沟渠底部铺设了雨水转输的管道，大大提高了雨水的渗透、传输、滞留和净化能力，减小了水淹对植被的损害，提高了雨水的利用效果。干式植草沟比较适用于建筑小区，一方面对雨水的收集起到了很好的作用，另一方面对于美化小区，保持植草沟的干燥做出了巨大贡献。

4）雨水花园

雨水花园通常建设在地势低洼的地区，由种植的植物来实现初期雨水的净化、滞留和消纳，是低影响开发技术的一项重要措施（图3-33）。雨水花园具有造价低、管理维护方便，易于与当地的景观所融合等特点。它被欧、美等多个国家广泛应用在居住小区、商业区等不同的地区。

德国是雨水收集技术较为发达的国家之一，代表地区是汉诺威康斯伯格地区。该地区为1.5万户居民提供了6000套用房，鼓励居民建设雨水收集的设施。在雨水收集的末端，采用了不同形式的雨水花园。不仅增添了美感，也对减少噪声污染、空气污染等环境污染做出了巨大的贡献。美国的雨水花园始于20世纪90年代的乔治王子郡。该地区与开发商配合，鼓励当地居民建设雨水花园。目前，乔治王子郡几乎每家每户都建设了雨水花园，不仅节约了造价，也对

减少径流污染等起到了明显的效果。乔治王子郡的成功也被美国的其他州所效仿，如俄勒冈州的波特兰市等。我国的雨水花园技术应用较晚。2008年，北京的奥林匹克公园是雨水花园利用的典型，公园对雨水的收集与回用起到了明显的作用。上海的辰山公园，也是成功的典例之一。

雨水花园主要由蓄水层、覆盖层、种植土层、人工填料层和砾石层等五部分组成。

a. 蓄水层

使沉淀物在该层沉淀，同时雨水径流在此层短暂积聚，有利于雨水的下渗。沉淀物上的部分金属离子及有机物也可以被有效去除。蓄水层的深度通常为10～25cm。

b. 覆盖层

通常由树叶和树皮等进行覆盖，最大深度可为5～8cm。覆盖层是雨水花园的重要组成部分，不仅可以使植物根系保持湿润，还可以提高渗透性能，防止水土流失。同时，为微生物的生长提供了良好的环境，利于有机物的降解。

c. 种植层

为植物生存提供了水分和营养物质。雨水通过下渗、植物吸收和微生物降解等，有效的去除了污染物。雨水花园的土壤可选用砂子成分配比为60%～85%的砂质土，有机物含量约为5%～10%，粘土含量不要超过5%。种植植物的类型决定了种植土层的厚度，最小厚度为12cm。

d. 人工填料层

通常选取渗透性较强的人工或天然材料，其厚度应取决于当地的降雨特性、规划的建设面积等来确定。人工填料可选择砂质土壤或炉渣、砾石等。

e. 砾石层

收集下渗后的雨水径流，厚度一般为20～30cm。砾石层底部可设置排水穿孔管，使雨水及时排出。

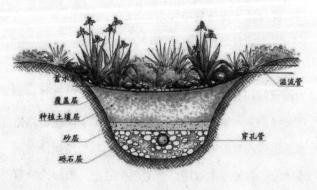

图3-33 雨水花园示意图

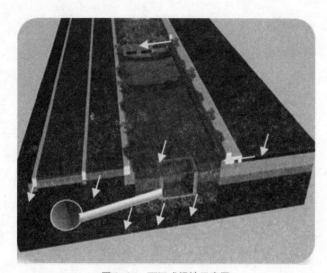

图 3-34 下沉式绿地示意图

5）下沉式绿地

下沉式绿地有广义和狭义之分，广义的下沉式绿地除包括了狭义之外，还包括渗透塘、雨水湿地、生物滞留设施等；狭义的下沉式绿地，又叫下凹式绿地，低势绿地，指高程低于周围的路面或铺砌硬化地面约 20cm 内的绿地（图 3-34）。下沉式绿地具有以下功能：

a. 减少洪涝灾害

下沉式绿地可以在降雨时，让雨水较大程度的入渗至绿地中，滞留大量的雨水，避免了传统方式中雨水管渠的阻塞、下水缓慢等问题。下沉式绿地的雨水下渗，增加了地下水资源和土壤中的水资源，避免了绿地的频繁浇灌，减少了绿地的浇灌量。从源头上实现"节能减排"的任务。

b. 控制面源污染

雨水中携带了较多的有机污染物和无机物等，随着雨水径流进入下沉式绿地。下沉式绿地可有效的阻断面源污染，使污染物得到削减。通过土壤的渗透、植物的吸收、微生物的作用等一系列的物理—化学—生物的反应，污染物质得到了有效的处理，同时产生腐殖质等，为绿色植被提供良好的营养物质。下沉式绿地减少了有机污染物对人类的危害，并且对

于周围空气的净化、噪声的吸附起到了显著的效果。绿叶、根茎等的蒸腾作用对于减少城市的温室效应，降低夏季的城市温度也有着不可小觑的作用。

c. 提高生活质量

下沉式绿地的建设，减少了雨水检查井的修砌，避免了雨水井盖的偷盗事件，确保了行人的安全，防止伤人事故。同时，灰色设施的减少，绿色设计的增多，为人们提供了良好的生态环境，也为昆虫、鸟类提供了栖息地，给人们带来了美的享受。

我国最早开始应用下沉式绿地设施的地点为北京。最有特点的便是北京的奥林匹克公园，每年入渗收集的雨水可达 32 万 m^3，效果可见一斑。北京市的双紫园小区，共建设下凹式绿地约 5700m^2，可利用的年雨水量达 5000m^3，具有显著的经济效益和环境效益。同时，北京市加大了各大公园的建设，对公园的绿地进行改造。

（5）政策法规保障

尽管《海绵城市建设指南》发布引起广泛影响，对推动海绵城市建设将起到重要作用，但其不具有强制效力，进一步强化落实和深化推进工作，除需要其他相关的雨水规范标准支持外，还需要政策和法规等强制性手段支持。

在这方面，国外许多法律规章可为我国提供借鉴。如1987年，美国修订了《联邦清洁水法案》（Federal Clean Water Act），将雨水径流污染的控制要求纳入国家污染排放许可制度（NPDES）。新西兰在国家层面的《自然资源管理法》（Resource Management Act），大区政府的政策与规划，地方政府制定的地区规划中都有对雨水径流控制严格的强制性要求。

事实上，我国径流污染占城市水系污染总量比例已经非常高，随着污水处理率和达标率的不断提高，城市径流污染控制将成为城市水污染治理的一大瓶颈。近期新编的《城镇内涝防治技术规范》《城

市雨水调蓄工程技术规范》，以及修编的《城市排水工程规划规范》《绿色建筑评价标准》等，已在一定程度上纳入了海绵城市相关目标指标要求，但是如何系统整合和协调各个规范标准，使它能更加清晰、全面、实用，仍需要进行不断研究和完善。

4 地震灾害与安全防灾

4.1 地震灾害概述

地震是地球上的一种自然现象，全世界每年发生地震约 500 万次。地震灾害是对人类生存安全危害最大的自然灾害之一，可谓"群灾之首"，造成的损失也是"众灾之最"。一次大地震可以在很短的时间内导致非常大的破坏，给人们的生命财产造成巨大损失。它可以使一座繁荣、美丽的城市在数十秒钟内变成一片废墟，交通、供电、供水、通信等生命线中断，并可能引发滑坡、崩塌、火灾、水灾、海啸、瘟疫等次生灾害，从而形成更为严重的灾难。因此，如何防止或减轻地震灾害所可能造成的损失，是历史赋予我们的责任。

4.1.1 严重的城市地震灾害

城市是一个以人为主体，以空间和环境利用为基础，以聚集经济效益为特点，以人类、社会进步为目的的一个集约人口、集约经济、集约科学文化的空间地域。现代化的城市，看起来钢筋水泥、铜墙铁壁，实际上，城市抵御地震的能力非常脆弱。尤其是震源在城市近处或直接在城市下部地壳内的大地震即所谓直下型地震，破坏性最大，会造成灾难性后果。历史震害经验表明：城市地区地震灾害远比其他地区的地震灾害严重，具有人口伤亡多、经济损失大、

对环境破坏严重、往往伴有次生灾害发生等特点。

从以下一些国内外的历史地震灾害案例也可以看出地震灾害的严重性。

（1）1923 年日本关东大地震

1923 年 9 月 1 日，里氏 7.9 级地震袭击日本关东地区，受灾城市包括东京、神奈川、千叶、静冈和山梨等地，东京和横滨市震灾最为严重。地震造成人员死亡 99331 人，下落不明 43476 人，受伤 103733 人，200 多万人无家可归，经济损失达 300 亿美元。此次地震中，由于地震发生时正值午饭时间，且东京房屋很多采用木结构建造，导致各地多出房屋起火。同时，由于房屋之间间距小，火势迅速蔓延，东京市 2/3 的房屋被烧毁。值得一提的是，地震后有 4 万人到一个被服厂避难，由于煤气管道震损造成可燃气体聚积，当发生火灾时绝大部分人无处可逃，造成 3.8 万人被烧死的惨剧。图 4-1 所示为地震后东京地区的惨状。

（2）1995 年日本阪神地震

1995 年 1 月 17 日，日本发生了 6.9 级阪神地震，震中位于神户市西南 23km 的淡路岛，震源深度为 10～20km。此次地震中房屋倒塌和严重破坏的有 25 万栋以上，6000 多栋房屋被震后火灾烧毁（图 4-2）。由于神户市人口密集，地震又发生在清晨，人们正在熟睡，因此造成大量人员伤亡，6000 余人死亡，4 万余人受伤，30 万余人无家可归，是 20 世纪关东大

图4-1 地震后的东京一片废墟

图4-2 地震过后燃起大火的神户市区

图4-3 被地震破坏的阪神高速公路

地震后日本伤亡人数最多的地震。在经济损失方面，由于神户地区经济发达，地震造成高达1000亿美元的经济损失。地震同样重创了神户市的供水、供电、供气、通信、交通等生命线工程（图4-3）。

（3）1906年美国旧金山大地震

地震发生于1906年4月18日清晨5点12分左右，里氏震级为7.8级，震中位于接近旧金山的圣安地列斯断层上。自奥勒冈州到加州洛杉矶，甚至是位于内陆的内华达州都能感受到地震的威力。

和这场大地震以及随后的余震相比，随之而来的火灾造成的财产损失甚至更大，城内发生了多处火灾，对旧金山造成了严重的破坏（图4-4）。地震造成死亡人数在3000人以上，40万人口中，约有22.5至30万人无家可归，其中约有一半的难民离开湾区到奥克兰。这次地震可以说是美国历史上主要城市所遭受最严重的自然灾害之一。

（4）1950年察隅地震

1950年8月15日22时09分在我国西藏与印度阿萨姆接壤的察隅县、墨脱县交汇处发生了8.6级地震。震中烈度达12度，其中察隅县城、墨脱县城的烈度分别为11度和10度。极震区内房屋全部倒平（图4-5），山川移易，地形改变，多处山峰崩塌堵塞雅鲁藏布江，山体滑坡将5处村落推入江中。在这次地震后余震频繁，持续时间达一年之久，震级超过4.7级的余震有80多次，最高的达到6.3级。地震造成

图 4-4 旧金山地震后引发火灾

图 4-5 察隅地震遗址

西藏地区倒塌房屋 9000 多柱（藏式室内宽度标准）、3300 多人死亡。

（5）1966 年邢台地震

1966 年 3 月 8 日 5 时 29 分 14 秒，我国河北省邢台专区隆尧县（北纬 37 度 21 分，东经 114 度 55 分）发生震级为 6.8 级的大地震，震中烈度 9 度强；1966 年 3 月 22 日 16 时 19 分 46 秒，河北省邢台专区宁晋县（北纬 37 度 32 分，东经 115 度 03 分）发生震级为 7.2 级的大地震，震中烈度 10 度。这是新中国成立后发生在人口稠密地区、造成大量人员伤亡和严重破坏的第一次大地震，两次地震共造成 8064 人死亡，38000 余人受伤，经济损失 10 亿元。邢台地震破坏范围很大，邢台、石家庄、衡水、邯郸、保定和沧州 6 个地区的 80 个县市、1639 个乡镇、17633 个村庄遭到不同程度的破坏，受灾面积达 2.3 万 km²。震后次生火灾连续发生，烧毁防震棚 470 座，烧伤 74 人。地震袭击了 110 多个工厂和矿山、52 个县市邮局，破坏了京广和石太等 5 条铁路沿线的桥墩和路堑 16 处，震毁和损坏公路桥梁 77 座，地方铁路桥 2 座（图 4-6）。毁坏农业生产用桥梁 22 座共 540m。邢台地震发生后，党中央、国务院极为关切，即令当地驻军赶赴灾区进行抢救。派出慰问团，几度到灾区慰问，组织抗震救灾，重建家园。周恩来总理三次亲临地震现场视察（图 4-7），并指示由中国科学院负责，立

图 4-6 宁晋后辛立庄桥震塌

图 4-7 周恩来总理在现场指挥救灾

即组织邢台震区综合性地震考察队。

（6）1970 年通海地震

1970 年 1 月 5 日凌晨，云南省通海县发生了 7.7 级强烈地震，震源深度 10km，震中烈度为 10 度。主震后发生 5 级至 5.9 级余震 12 次，引起严重滑坡、山崩等破坏，受灾面积 4500 多 km²，造成 15621 人死亡，32400 多人伤亡，338456 间房屋倒塌，经济损

失达 27 亿元之巨额,是新中国成立以来死亡人数万人以上的三次大地震之一,仅次于"唐山地震"和"汶川地震"。通海地震震害照片见图 4-8 所示。

(7) 1975 年海城地震

1975 年 2 月 4 日,辽宁海城、营口县一带发生 7.3 级地震,震原深度约 16km,震中区烈度 9 度强。这次地震发生在人口稠密、工业发达的地区,是该区有史以来最大的地震,极震区面积为 760km²。

由于我国地震部门对这次地震做出预报,当地政府及时采取了有力的防震措施,使地震灾害大大减轻,除房屋建筑和其他工程结构遭受到不同程度的破坏和损失外(图 4-9、图 4-10),地震时大多数人都撤离了房屋,人员伤亡极大地减少。

但此次地震仍造成了死亡 1328 人、受伤近 20000 人、城镇房屋倒塌及破坏约 500 万 m²、农村房屋毁坏 1740 万 m²、公共设施损坏 165 万 m²,

图 4-8 通海地震震害照片

图 4-9 海城县招待所震坏

城乡交通、水利设施破坏 2937 个,经济损失达 8.1 亿元。

(8) 1976 年唐山地震

1976 年 7 月 28 日,我国的唐山市遭到突如其来的 7.8 级大地震,顷刻间整座城市化为一片废墟(图 4-11),150 万人的城市死亡人数达 24 万,轻重伤人数达 43 万,经济损失超过 100 亿元。此次地震宏观震中位于唐山市路南区,震源深度为 16km,震中烈度高达 11 度,11 度区长轴长 10.5km,宽 3.5～5.5km,面积为 4.7km²;10 度区长轴长 35km,最宽处达 15km,面积约为 370km²;9 度区长轴长 78km,短轴长 42km,面积约为 1800km²;8 度区长轴长 120km,短轴长 84km,面积约为 7270km²;7 度区长轴长 240km,短轴长 150km,面积约为 33300km²;6 度区大致以承德、怀柔、房山、肃宁、沧州一线为界;破坏范围超过 30000km²;波及辽、晋、豫、鲁等 14 个省、直辖市、自治区。震区及其周围地区,出现大量的裂缝带、喷水冒沙、井喷、重力崩塌、滚石、边坡崩塌、地滑、地基沉陷、岩溶洞陷落以及采空区坍塌等。水库受损 245 座,桥梁受损 1034 座,供水管网、供电线路、通信线路等全部瘫痪(图 4-12、图 4-13)。党中央和国务院迅速建立抗震救灾指挥部,以解放军为主体开展紧急救灾。解放军各部队出动近 15 万人。唐山机场一天起降飞机达 390 架次。京津唐电网 3000 多人组成电力抢修队。全国 13 个省、

图 4-10 盘锦大桥塌落

图 4-11　唐山市路南区（11 度区）地震前后对比，震后成为一片废墟

图 4-12　铁轨变形、列车脱轨

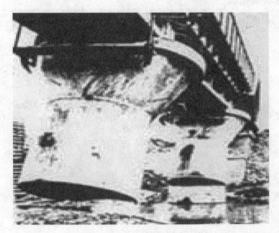

图 4-13　陡河铁路桥折断

图 4-14　震倒的乡税务所

图 4-15　地震后的北川县城

市、自治区和解放军、铁路系统的 2 万多名医务人员，组成近 300 个医疗队、防疫队。空运重伤员到外省市治疗，共动用飞机 474 架次，直升机 90 架次；共开出 159 个卫生专列。

（9）1988 年澜沧－耿马地震

1988 年 11 月 6 日 21 时 03 分和 21 时 15 分，云南省澜沧县和耿马县与沧源县交界处分别发生 7.6 级和 7.2 级地震，震源深度分别为 13km 和 8km，震中烈度 9 度（图 4-14）。澜沧、耿马和沧源三县的十几个乡镇受灾最重。死亡 748 人，重伤 3759 人，轻伤 3992 人。毁坏房屋 41.2 万间，破坏 70.4 万间，损坏 74.3 万间。直接经济损失近 30 亿元。

（10）2008 年汶川地震

北京时间 2008 年 5 月 12 日 14 时 28 分，在四川汶川县（北纬 31.0°，东经 103.4°）发生 8.0 级特大地震，造成了严重的破坏（图 4-15、图 4-16）。此次地震震源深度仅为 10km，属于内陆浅源地震，

图 4-16　映秀镇震后全貌

震中烈度高达 11 度，造成长达 300 多 km 的地表破裂。这次地震是新中国成立以来破坏性最强、波及范围最广、救灾难度最大的一次地震，共造成四川、甘肃、陕西、重庆等 10 省（市）的 400 多个县（市、区）不同程度受灾。地震造成 69227 人遇难，374643 人受伤，17923 人失踪。

进入 21 世纪以来，全球范围内地震频发，以 7 级以上地震为例来说，发生了 2005 年苏门答腊 8.7 级地震、2006 年印尼 7.7 级地震和秘鲁 8.0 级地震、2008 年中国汶川 8.0 级地震、2009 年印尼 7.9 级地震、2010 年海地 7.3 级地震、智利 8.8 级地震和我国玉树 7.1 级地震、2011 年日本 9.0 级地震等，这些地震给灾区人民的生命财产造成了巨大的损失，同时也给灾区人民的心理留下了严重的创伤，见表 4-1 所示。

表 4-1 地震灾害的震害情况

震例	灾情基本情况描述
2008-05-12 中国汶川 8.0 级地震	发震时间：2008 年 5 月 12 日 14 时 28 分 地震震级：8.0 级 地震损失：69227 人死亡，17923 人失踪，经济损失约 8451 亿元人民币；破坏面积合计 440442km²，波及川、甘、陕、渝等 16 省（直辖市、自治区）、417 个县（市、区）、4 624 个乡镇，其中川陕甘三省震情最为严重 震前设防：抗震设防烈度为 7 度 影响烈度：震中烈度 11 度；映秀 11 度区：长轴约 66km，短轴约 20 km；北川 11 度区：长轴约 82km，短轴约 15km，面积约 2419km²；10 度区：长轴约 224km，短轴约 28km，面积约 3144km²；9 度区：长轴约 318km，短轴约 45km，面积约为 7738km²；8 度区王：长轴约 413km，短轴约 115km，面积约 27786km²；7 度区：长轴约 566km，短轴约 267km，面积约 84449km²；6 度区：长轴约 936km，短轴约 596km，面积约 314906km² 次生灾害：此次地震触发了 1 万多处崩塌、滑坡、泥石流、堰塞湖等地质灾害
2010-01-13 海地太子港 7.3 级地震	发震时间：2010 年 1 月 13 日 5 时 53 分 地震震级：7.3 级地震 地震损失：222650 人死亡（相当于其总人口的 2%），310 930 人受伤，403176 栋建筑物遭到破坏，经济损失达 78 亿美元 影响烈度：震中烈度为 10 度，长 105km，宽 15km，面积约 1575km²；9 度区长 125km，宽 35km，面积约 4375km²；8 度区长 160km，宽 65km，面积约 10400km²；8 度以下区域影响范围更大
2010-02-27 智利康塞普西翁 8.8 级地震	发震时间：2010 年 2 月 27 日 14 点 34 分 地震震级：主震 8.8 级，最高余震 6.9 级 地震损失：造成 497 人死亡，150 万所住宅受损，损失达 300 亿美元；波及 Constitucion、Tome、Parral 等多个城市，还波及包括澳大利亚、秘鲁、阿根廷等多个国家；引发的海啸波及一些环太平洋岛国 影响烈度：陆地上地震烈度 8 度，地震影响场长轴分布方向与灾区海岸线方向平行，长约 500km，宽约 110km，面积超过 5 万 km²
2010-04-14 中国玉树 7.1 级地震	震时间：2010 年 4 月 14 日 7 时 49 分 地震震级：7.1 级地震 地震损失：2698 人遇难，270 人失踪，246842 人受灾，房屋倒塌 21.05 万间，经济损失 610 多亿元 影响烈度：震中烈度 8 度，长约 70km，宽约 20km 震前设防：7 度
2011-2-22 新西兰基督城 6.3 级地震	发震时间：2011 年 2 月 22 日中午 12 时 51 分 地震震级：6.3 级强烈地震，震源深度仅有 5 公里。发生多次余震，最大余震 5.7 级 地震损失：182 人遇难当地 80% 的地区停电；多处建筑物严重受损、倒塌；路面多处震裂、扭曲，有轨电车轨道变形
2011-03-11 日本东海岸 9.0 级地震	发震时间：2011 年 3 月 11 日 14 时 46 分 地震震级：9.0 级地震 地震损失：造成 15843 人死亡，3469 人失踪，经济损失达 16 兆 9 千亿日元（内阁府） 次生灾害：引发海啸，造成福岛核电站爆炸，发生核泄漏事故，对周边地区的环境造成影响 影响烈度：由中国地震信息网发布的烈度估算图：岩手县大部分地区为 11 度烈度，宫城县、富岛县、岩手县等县的许多地区烈度达到 10 度；9 度区覆盖日本沿海绝大部分地区
2013-04-20 中国四川雅安芦山 7.0 级地震	发震时间：北京时间 4 月 20 日 8 时 02 分 地震震级：里氏 7.0 级地震 地震损失：196 人死亡，失踪 21 人，11470 人受伤。震中芦山县龙门乡 99% 以上房屋垮塌，卫生院、住院部都停止工作，停水停电。根据四川省民政厅网站，截至 4 月 21 日 18 时统计，地震已造成房屋倒塌 1.7 万余户、5.6 万余间，严重损房 4.5 万余户、14.7 万余间，一般损房 15 万余户、71.8 万余间，芦山县和宝兴县倒损房屋 25 万余间。地震造成多处崩塌、滑坡灾害，导致灾区通道破坏，救援工作困难。重灾区房屋破坏严重，几乎全部毁坏 影响烈度：震中烈度为 9 度，震源深度为 13km，震后发生上千次余震 震前设防：7 度
2014-2-12 新疆和田地区于田 7.3 级地震	发震时间：2014 年 2 月 12 日 17 时 19 分 地震震级：7.3 级 地震损失：67 间房屋垮塌，1017 户墙体开裂，倒塌牲畜棚圈 3517 座，185 头只大小牲畜死亡，另有 6 座桥涵受损，部分路段受损 影响烈度：震中烈度为 7 度，长轴为 252km，宽为 140km，面积 23210km²；6 度区，长 508km，宽 330km，面积 105100km² 震前设防：6 度

4.1.2 地震灾害的特征

从多次地震灾害事件可以看出，地震灾害具有以下几个突出特征：

（1）突发性

地震是瞬时发生的自然灾害，具有很强的突发性。地震灾害来临之前有时没有明显的预兆，以至人们来不及逃避，从而造成大规模的灾难。一次地震持续的时间也往往只有十几秒、几十秒，但在这短暂的时间内就会造成大量建筑物倒塌、桥梁断裂、道路破坏、地下管线破裂、山体崩塌等等，同时也造成大量的人员伤亡和经济损失。

（2）不确定性

历史震害事实表明，地震的发生具有较大的不确定性。目前，我们还无法准确地预测地震在什么地方发生、什么时间发生，其活动规模和破坏损失多大，致使地震实际发生的强度与我们既定的抗震设防情况存在显著的差异。例如我国 1966 年河北邢台 7.2 级地震，震中烈度为 10 度；1975 年辽宁海城 7.3 级

地震，震中烈度为 9 度；1976 年的唐山 7.8 级地震，震中烈度达 11 度；2008 年汶川 8.0 级地震，震中烈度为 11 度，均超过了当时当地的设防烈度，这也导致我们的抗震防灾工作达不到预期效果。表 4-2 所示为 2008 年汶川地震时区域范围内各城市设防烈度和实际烈度的基本情况。

（3）区域性特征

地震以地震波的形式传到地面以后形成地震灾害影响场，往往会殃及多个行政区域，影响范围达数千、数万平方公里，远超单个城镇的面积。地震可造成大面积受灾，如 1976 年唐山地震导致天津、北京地区也遭受严重破坏，2008 年汶川地震，波及范围甚广，共造成四川、甘肃、陕西、重庆等 10 省（市）的 400 多个县（市、区）不同程度受灾。

（4）连锁性

地震灾害是以灾害链的形式在时间和空间尺度上被层层放大。地震不仅产生严重的直接灾害，而且不可避免地要产生次生灾害，如火灾、水灾、海啸、山体滑坡、泥石流、毒气泄漏、传染病、放射性污染等，

表 4-2 四川省部分地震灾区实际烈度和原设防烈度对比表

编号	市、县	原设防烈度	现设防烈度	原设计地震动分组	现设计地震动分组	实际烈度
1	汶川县	7 度（0.10g）	8 度（0.20g）	第一组	第一组	9 度
2	北川县	7 度（0.10g）	8 度（0.20g）	第一组	第二组	11 度
3	青川县	7 度（0.10g）	7 度（0.15g）	第三组	第二组	9 度
4	平武县	7 度（0.15g）	8 度（0.20g）	第二组	第二组	8 度
5	都江堰市	7 度（0.10g）	8 度（0.20g）	第一组	第二组	8 度
6	彭州市	7 度（0.10g）	7 度（0.15g）	第二组	第二组	8 度
7	什邡市	7 度（0.10g）	7 度（0.15g）	第二组	第二组	7～8 度
8	绵竹市	7 度（0.10g）	7 度（0.15g）	第二组	第二组	8～9 度
9	安县	7 度（0.10g）	7 度（0.15g）	第一组	第二组	10 度
10	江油市	7 度（0.10g）	7 度（0.15g）	第二组	第二组	8 度
11	成都市	7 度（0.10g）	7 度（0.10g）	第一组	第三组	7 度
12	德阳市	6 度	7 度（0.10g）	第一组	第二组	7 度
13	绵阳市	6 度	7 度（0.10g）	第二组	第二组	7 度

次生灾害进一步扩大了地震灾害破坏的区域性特征，而且有的次生灾害的严重程度大大超过直接灾害造成的损害。例如1556年1月23日陕西华县8级地震，直接死于地震的有10万多人，而震后死于瘟疫和饥荒的高达70多万人；1995年阪神地震引发大规模火灾，由于火灾造成的人员伤亡甚至高于建筑物直接破坏造成的人员伤亡（图4-17）；2008年汶川地震由于灾区山地特点，造成大量山体滑坡等地质灾害，也是造成人员大量伤亡的重要原因；2011年日本3.11地震引发了海啸和核电站爆炸等次生灾害（图4-18），极大地加重的地震灾害的损失，其灾害链见图4-19所示。

（5）救灾难度大

严重破坏性地震发生后，以极震区为中心的广大区域，一切经济活动中断，社会功能部分或全部损失，甚至导致灾区基本丧失自救和自我恢复能力，社会生活一时陷入瘫痪状态，抢险救灾工作主要依靠外部救援，需要国家乃至国际社会紧急援助。特别是对于山地城市，由于山地城市工程建设依自然山体而建，震后极易遭受次生地质灾害影响，基础设施尤其是交通设施的压力很大，在遭受大规模灾害时，山地城市极易形成孤岛。例如汶川地震和芦山地震，震中区多处形成孤岛，增加了救灾难度。汶川地震中，虹口乡是都江堰市的重灾区之一。地

震发生后，虹口乡遭受严重的破坏，虹口乡与外界联系的唯一通道虹口旅游公路—久红村至虹口段无法通行，使虹口乡成为一座"孤岛"（图4-20）。

（6）社会影响严重

强烈地震发生后，不但人员伤亡惨重，经济损失巨大，严重影响人们的正常生活和经济活动，而且对人们的心灵也造成巨大创伤，这种创伤不是短时间能愈合的。人们世代劳动积累的财富毁于一旦，恢复生产、重建家园需要几代人的努力，甚至需要全国和国际社会的支援。所以，一个大地震造成的影响远比其他灾害大得多。

4.1.3 我国的地震活动和地震灾害

（1）我国的地震带分布

我国是一个多地震国家，地处全球最活跃的两大地震带——环太平洋地震带和欧亚地震带之间（图4-21），受太平洋板块、印度板块和菲律宾海板块的挤压，地震断裂带十分发育，地震区或地震带面积占国土面积的60%，是世界上地震活动最强烈、震灾最严重的国家之一。

地震带主要分布在东南—台湾和福建沿海一带，华北—太行山沿线和京津唐渤地区，西南—青藏高原、云南和四川西部，西北—新疆和陕甘宁部分地区。具体说，我国的地震活动主要分布在五个地区的23

图4-17 阪神地震引发次生火灾

图4-18 日本3.11地震引发海啸

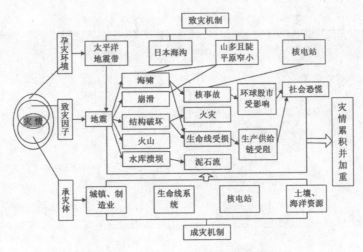

图 4-19 日本 3.11 地震灾害链示意图

条地震带上，这五个地区是：①台湾省及其附近海域；②西南地区，主要是西藏、四川西部和云南中西部；③西北地区，主要在甘肃河西走廊、青海、宁夏、天山南北麓；④华北地区，主要在太行山两侧、汾渭河谷、阴山—燕山一带、山东中部和渤海湾；⑤东南沿海的广东、福建等地。

（2）我国的地震活动及特点

20 世纪我国大陆经历了 5 个地震活跃期，其中唐山大地震就发生在第四活跃期，第五活跃期从 1988 年开始持续至今。表 4-3 可以看出，我国目前还处于第 5 地震活跃期的末端，仍具有发生大震的可能性。

我国地震灾害总体呈现下列几个特点：

一是地震频度高，平均每年发生 5 级以上地震 20 次、6 级以上 4 次、7 级以上 0.6 次，我国占全球陆地面积的 7%，20 世纪全球 35% 的 7 级以上大陆地震发生在我国。

二是地震强度大，20 世纪全球发生的 8.5 级以上特大地震共 3 次，我国就有 2 次，即 1920 年宁夏海原 8.6 级和 1950 年西藏察隅 8.6 级地震。二十世纪以来，根据地震仪器记录资料统计，我国已发生 6 级以上强震 700 多次，其中 7.0 ~ 7.9 的近 100 次，8 级或 8 级以上的 11 次（表 4-4）。

图 4-20 都江堰市虹口乡道路交通图

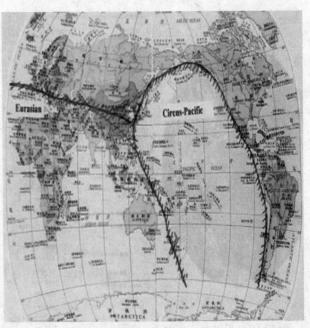

图 4-21 世界两大地震带

表4-3　20世纪中国大陆5次地震活跃期统计表

项目次数	起止年份	7级以上地震	死亡人数/万人	备注
第一次	1895～1906	10次	—	资料不全
第二次	1920～1934	12次	25～30	
第三次	1946～1955	14次	1～2	主要在青藏地区活动
第四次	1966～1976	14次	21	
第五次	1988～	—		活跃期持续到21世纪初

表4-4　20世纪以来的我国11次8级以上强震统计表

序号	发震时间	地震名称	震级/M
1	1902.08.22	新疆阿图什	8.3
2	1906.12.23	新疆马纳斯	8.0
3	1920.06.05	台湾花莲东南海中	8.0
4	1920.12.16	宁夏海原	8.5
5	1927.05.23	甘肃古浪	8.0
6	1931.08.11	新疆富蕴	8.0
7	1950.08.15	西藏察隅、墨脱间	8.5
8	1951.11.18	西藏当雄西北	8.0
9	1972.01.25	台湾新港东海中	8.0
10	2001.11.14	青新交界	8.2
11	2008.5.12	汶川地震	8.0

三是分布广，从历史上的地震情况来看，全国除个别省份外，绝大部分地区都发生过较强烈的破坏性地震，并且有不少地区的现代地震活动还相当严重。20世纪我国共发生6级以上地震近800次，遍布除贵州、浙江两省和香港特别行政区以外所有的省、自治区、直辖市。

四是震源浅，我国除东北、台湾和西藏一带有少数中源、深源地震以外，绝大多数地震的震源深度在40km以内，特别是我国大陆东部地区，震源深度一般在10～20km。

五是灾害重，新中国成立以来发生的邢台地震、唐山地震、汶川地震、玉树地震及鲁甸地震等等多次地震都造成了严重的人员伤亡和经济损失。

（3）我国的地震灾害情况

我国是世界上地震灾害最为严重的国家之一，历史地震给我国造成了大量的人员伤亡和严重的经济损失。历史上死亡人数在20万人以上的地震，全球共有8次，而我国就占了3次。据统计，20世纪全球地震死亡人数约120万人，我国占59万，接近全球地震死亡人数的一半。表4-5所示列出了1949年中华人民共和国成立以来部分 7 级以上强震的灾害统计情况。

　　综上所述，由于我国所处的特殊地理环境和地质构造，使得地震情况比较复杂，具有发生强烈地震灾害的客观背景，许多城市都位于地震高烈度设防地区，面临着严重的地震灾害威胁，所以我国抗震防灾形势非常严峻。

4.1.4 地震对城镇发展造成的影响

　　美国著名地震学家詹姆斯·M·格雷说："杀死人的不是地震，而是建筑物"，城市地震灾害的严重性，不是由于震级大致相同的地震发生在城市附近要比发生在远离城市的地区所释放的能量多，其原因在

于城市本身抗御地震的能力。

　　地震对城镇发展的影响是非常广泛的，长远的。一般来说，地震造成的主要灾害后果主要包括两个方面的内容：一是对人的伤害；二是对人和生存环境的破坏。其中生存环境主要指自然环境和社会环境。

　　（1）地震对人的伤害

　　地震对人的伤害包括两个方面：人员伤亡，心理、精神创伤。

　　地震对人类造成伤害最大的就是人员伤亡，而城镇人口高度集中，一旦发生城镇直下型地震伤亡将是惨重的。1976 年唐山地震造成 24.2 万人死亡，70 多万人受伤，其中 19 万人重伤。1970 年秘鲁地震 7.7 万人死亡，5 万人受伤，80 万人无家可归。2004 年

表 4-5　1949 年以来我国的 7 级以上强震灾害统计

序号	地震	时间	震级 M	震中烈度	受灾面积 /km²	死亡人数	伤残人数	倒塌房屋 / 间
1	康定	1955.4.14	7.5	9	5000	84	224	636
2	乌恰	1955.4.15	7.0	9	16000	18	—	200
3	邢台	1966.3.22	7.2	10	23000	8064	8613	1191643
4	渤海	1969.7.18	7.4	—	—	9	300	15290
5	通海	1970.1.5	7.7	10	1777	15621	26783	338456
6	炉霍	1973.2.6	7.9	10	6000	2199	2743	47100
7	永善	1974.5.11	7.1	9	2300	1641	1600	66000
8	海城	1975.2.4	7.3	9	920	1328	4292	1113515
9	龙陵	1976.5.29	7.6	—	—	73	279	48700
10	唐山	1976.7.28	7.8	11	32000	242769	164851	3219186
11	松潘	1976.8.16	7.2	8	5000	38	34	5000
12	乌恰	1985.8.23	7.4	8	526	70	200	30000
13	耿马	1988.11.6	7.2, 7.6	9	91732	748	7751	2242800
14	丽江	1996.2.3	7.0	9	10900	311	3706	480000
15	集集	1999.9.21	7.3	7	—	2321	8000	40845
16	汶川	2008.5.12	8.0	11	130000	87150	374643	5461900
17	玉树	2010.4.14	7.1	9	35862	2968	12000	—
18	雅安	2013.4.20	7.0	9	18682	217	11826	—

12月26日发生的印尼地震引发海啸造成近22万人死亡。

地震对人伤害的另一方面是心理、精神创伤。地震时人们最大的心理特征是惊恐反应。地震的突然降临顷刻间，一切不幸几乎同时发生。目睹如此惨痛的情景，人们原有的平静心理被打破，在生理本能需要的驱使下，必然会产生高度惊恐与焦虑不安的心理状态，并表现出意识模糊、思维混乱、行为失态等种种异常心理特征。国内外震后心理调查结果表明，震时的强烈恐怖感和精神危机是震后人们共同的心理现象。城镇地震时造成大量人员伤亡的事实，是震时人们心理行为倾向的客观心理背景。

另外，研究表明，灾害对人的心理产生很大的变动。这些包括，心理生理的反映，如疲劳、肠胃的不适；感知上的反映，如紊乱、注意力下降；情感上的反映，如忧虑、沮丧、悲痛；行为上的反映，如睡眠和食欲的改变等。大多数时候这种观察到的反映是轻微的、暂时的，是正常人对这种不正常情况的正常反应。但也有一些长期的心理影响，如对灾害风险认识上的改变等等。

（2）地震对城镇社会环境的影响

地震对人类生存的社会环境的破坏包括两个方面：社会组织的破坏和社会功能的破坏。社会由各类组织构成，组织由成员（领导者和普通成员）、传递和沟通信息的渠道与方法、必要的物质条件构成。地震会使组织成员伤亡，会造成信息沟通渠道的阻隔，也会摧毁组织的物质条件。1976年唐山地震，曾广泛地造成社会组织的破坏。全市各级党政干部有5193人死亡，同时邮电、道路的严重破坏，使各组织内部通讯、联络系统损坏，组织内外联络中断。各类社会组织的物质设备，如房屋建筑、生产设备和工作手段等被震毁，使组织功能活动失去物质方面条件。

社会功能的破坏主要指地震造成人的伤亡，破坏社会的各项制度，中断社会文化的正常传播，损伤乃至摧毁社会组织。因此必然要损伤或破坏社会的功能。

地震对社会环境破坏的影响还可以表现为对社会生产系统的破坏。由于地震对生产力的破坏必然导致生产关系的破坏，破坏社会有机体的循环系统，影响交换、分配和消费各环节，进而影响生产。还可造成诸如经济失调、金融危机、社会秩序混乱、政府倒台等综合效应。例如，经济系统受损，主要表现为由于地震破坏造成工商企业停产、农业减产、交通运输受阻或中断，致使其他地区有关工矿企业因原材料供应不足或中断而停工停产及产品积压造成的经济损失，以及受害区外工矿企业为解决原材料不足和产品外运采用其他途径绕道运输所增加的费用等造成的"地域性波及损失"。受灾区与影响区工商企业的恢复期间减少的净产值和多增加的年运行费用，以及恢复期间用于救灾与恢复生产的各种费用支出等"时间后效性波及损失"。

城镇组织众多，功能复杂，地震对城镇组织和功能的破坏，对国民经济建设、社会进步有极其重要影响。因此地震对社会组织和社会功能的破坏是衡量城镇震灾的重要因素。

（3）地震对城镇自然生态的破坏

大地震后，植被遭到大范围的破坏，因而也影响到整个城镇生态环境的改变。由于地震发生后常有地裂、喷沙、冒水等现象，还有地气逸出，它们能直接或间接改变土壤结构和化学成分，从而影响植物的生长发育，使城镇绿地遭到破坏。而且，地震对植物的破坏也会影响到某些动物的生存和繁殖。

一些震级较大的地震对环境造成的直接影响除地表破坏（地裂、喷砂等）、山体滑坡等还会造成大气污染，甚至气候改变等等。另外，地震的发生可以改变地下水中化学元素的分布状况，破坏该地区人们长期适应的元素供应情况，因此对人的健康会产生一定的影响。对于一些近代大地震，据地震学家研究测定，地震有引起地下水和土壤中放射性元素增加的现象，如氡气和铀，这对人体是有害的。

2008 年我国汶川地震对地表造成了巨大的破坏，引发崩塌、滑坡、泥石流、堰塞湖等次生地质灾害，对陆地与河流生态系统造成严重破坏，加剧了区域生态问题，同时也对区域生态安全构成巨大威胁。

（4）地震造成的城市经济损失

目前世界各国抗震规范的都是保障生命安全为主，然而近十几年来大震震害却显示，按现行抗震规范设计和建造的建筑物，在地震中没有倒塌、保障了生命安全，但是其破坏却造成了严重的直接和间接的经济损失，甚至影响到了社会的发展，而且这种破坏和损失往往超出了设计者、建造者和业主原先的估计。例如 1989 年美国加州地震，震级 M7.1 级，其能量释放仅为 1906 年旧金山地震（8.3 级）的 1/63，伤亡人数 3000（其中死亡 65 人），然而造成的直接经济损失（建筑物破坏重建）80 亿美元，间接经济损失超过 150 亿美元；1994 年 1 月 17 日 Northridge 地震，震级仅为 6.7 级，死亡 57 人，而由于建筑物损坏造成 1.5 万人无家可归，经济损失达 170 亿美元，这是一个震级不大，伤亡人数不多，但经济损失却非常大的地震；1995 年日本阪神地震，震级 7.2 级，直接经济损失高达 1000 亿美元，死亡 5438 人，震后的重建工作花费了两年多时间，耗资近 1000 亿美元；1999 年 9 月 21 日台湾集体地震，震级 7.3 级，电力系统的破坏，直接导致众多的电脑芯片生产厂家停产，间接经济损失极其惨重。

随着经济和现代化城市的发展，城市人口密度加大，城市设施复杂，地震造成的损失和影响会越来越大，从而也使人们逐渐认识再单纯强调结构在地震下不严重破坏和不倒塌，不是一种完善的抗震思想，在抗震设计理念、适应社会需求等方面都存在一定的问题。实际上，社会和公众对结构抗震性能存在多种

层次的需求，因此，如何改进现行的抗震设计理念，进一步完善相应的抗震防灾技术标准体系，使建筑、工程以及各种设施设备在未来地震中的抗震性能达到人们预期的目标，在保障生命安全的前提下，进一步减少经济损失，满足不同层次的性能需求是地震工程学界在 21 世纪面临的重要课题。

4.2 地震的基本概念

4.2.1 地震的概念与类型

地震，俗称地动，是一种自然现象。因地下某处岩层突然破裂，或因局部岩层坍塌、火山喷发等引起的震动以波的形式传到地表引起地面的颠簸和摇动，这种地面运动称为地震。地震的发生是地球本身在不断变化的表现，是震源所在处的物质发生形体改变和位置移动的结果，同大海会有波涛汹涌，天空会有风云变幻一样，是一种自然现象，完全可以认识的。

关于地震成因的研究已有几百年的历史，早期的地震成因倾向于断层破裂，后期的观点则侧重于板块运动。这两种观点并不矛盾，前者是从局部机制来论述地震的成因，后者是从宏观背景来论述地震的成因。地震按其成因主要分为构造地震、火山地震、陷落地震和诱发地震四种类型。

（1）构造地震

构造地震是指在构造运动作用下，当地应力达到并超过岩层的强度极限时，岩层就会突然产生变形，乃至破裂，将能量一下子释放出来，就引起大地震动，这类地震被称为构造地震，占地震总数 90% 以上。关于构造地震的成因研究已有近百年的历史，早起较侧重于断层学说，近期较公认的是板块构造学说。地球表层由厚度达 80～100 多米的岩石层板块组成，板块之间的运动和作用，使原始地层产生变形、断裂，以致错动，形成断层。由于板块之间的运动变化和相

互作用，造成能量的积累和地壳变形，当变形超过了地壳薄弱部位的承受力时，就会发生破裂或错位，地震就发生了。

（2）火山地震

火山地震是指在火山爆发后，由于大量岩浆损失，地下压力减少或地下深处岩浆来不及补充，出现空洞，引起上覆岩层的断裂或塌陷而产生地震。例如1914年日本樱岛火山喷发，产生的地震相当于6.7级。火山地震的影响范围较小，不会造成大范围的破坏和人畜伤亡。这类地震主要分布于日本、印度尼西亚、南美等太平洋沿岸国家，在我国很少见。这类地震数量不多，只占地震总数量7%左右。

（3）陷落地震

陷落地震是由于地下溶洞或矿山采空区的陷落引起的局部地震。陷落地震都是重力作用的结果，规模小，次数更少，只占地震总数的3%左右。在国外曾经发现过矿山塌陷地震震级最大可达5级，在我国已经发生过近4级的矿山塌落地震，如1972年在山西大同煤矿发生的采空区大面积顶板塌落，引发了3.4级地震。

（4）人工地震

人工地震和诱发地震是由于人工爆破，矿山开采，军事施工及地下核试验等引起的地震。由于人类的生产活动触发某些断层活动，引起的地震称诱发地震，主要有水库地震，深井抽水和注水诱发地震，核试验引发地震，采矿活动、灌溉等也能诱发地震。我国广东新丰江水库自1959年10月建成蓄水以来，截止到1987年，已记录到337次地震，其中1962年发生了6.1级地震，使混凝土大坝产生82m长的裂缝。

4.2.2 地震常用术语

（1）地震震级

地震震级是表征地震大小或强弱的指标，是地震释放能量多少的尺度，它是地震的基本参数之一。

其数值是根据地震仪记录的地震波图来确定的。震级一般有三种定义：一是里氏震级或地方震级 M_L；二是面波震级 M_S；三是体波震级 M_B。目前，国际上比较通用的是里氏震级，其定义为1935年美国地震学家里克特（C. F. Richter）给出的，其计算公式为：

$$M_L = \lg A(\triangle) - \lg A_0(\triangle) \qquad （式4-1）$$

式中：A 是待定震级的地震记录的最大振幅；

A_0 是标准地震在同一震中距上的最大振幅；

$-\lg A_0(\triangle)$ 是震中距的函数，亦即零级地震在不同震中距的振幅对数值，称为起算函数，或标定函数。对不同的测定区域可列出随震中距变化的 $-\lg A_0(\triangle)$ 数值表。

里克特规定用标准地震仪（伍德—安德森扭摆式地震仪，放大倍数为2800倍），在震中距△为100km处，记录最大振幅的地动位移 A_0 为 10^{-3}mm（1μm）时相应的震级为零。

实际上，距震中100km处不一定设有地震仪，而且观测点的地震仪也不一定是上述标准地震仪。因此，对于采用非标准地震仪且震中距不等于100km所确定的震级，必须进行适当的修正和换算，才能得到所需要的震级。

震级直接与震源所释放的能量的大小有关，可以用下述关系式表达：

$$\lg E = 11.8 + 1.5M \qquad （式4-2）$$

式中：M—震级；

E—地震能量（J）。

一个一级地震所释放的能量约为 2×10^6J，震级每增加一级，地震波的振幅增加10倍，能量增大30倍左右。一个6级地震所释放的能量相当于爆炸一颗2万吨级的原子弹。一般来说，小于2级的地震人们感觉不到，只有仪器才能记录下来，称为微震；2～4级的地震，人们可以感觉到了，称为有感地震；5级以上的地震就会引起不同程度的破坏，统称为破坏性地震，其中7级以上的地震称为强烈地震或大地震，大于8级的地震称为特大地震。由于地壳岩层的强度和破裂规模都是有限的，而震级定义也是根据某一频率内的能量，这一能量不一定会随断层长度的增加而一直增加，因此地震的震级也是有限的。目前世界上记录到的最大地震震级为9.5级，这一地震为1960年5月22日发生的智利大地震。

（2）地震烈度

地震烈度是指某一地区的地面和各类建筑物遭受到一次地震影响的强弱程度，烈度是一次地震中一定区域内地震强烈程度和地震破坏作用的总评价。地震烈度与震级大小、震中距离、震源深度和地质条件等因素有关。对于同一次地震来说，表示地震大小的震级只有一个，但它对不同地点的影响是不一样的。一般来说，随距离震中的远近不同，烈度就有差异，距震中越远，地震影响越小，烈度就越低；反之，距震中越近，烈度就越高。

震中点的烈度称为震中烈度，对于浅源地震，震级M与震中烈度I大致成对应关系，如经验公式4-3和表4-6所列。

$$M = 0.58 I + 1.5 \qquad （式4-3）$$

为评定地震烈度，需要建立一个标准，这个标准就称为地震烈度表。它是以描述震害宏观现象为主的，即根据建筑物的损坏程度、地貌变化特征、地震时人的感觉、加剧动作反应等方面对地震烈度进行区分。由于对烈度影响轻重的分段不同，以及在宏观现象和定量指标确定方面有差异，加上各国建筑情况及地表条件的不同，各国所指定的烈度表也就不同。现在，除了日本采用从0度到7度分成8等的烈度表，少数国家（如欧洲一些国家）用10度划分的地震烈度表外，绝大多数国家包括我国都采用分成12度的地震烈度表。

我国先后于1957年、1980年、1999年和2008年颁布了《中国地震烈度表》，现行的《中国地震烈度表》（GB/T 17742－2008）于2008年11月颁布实施。该表把地震烈度分为12个等级，从1度到12度依次反映地面震动及其破坏从弱到强的程度，其具体内容见表4-7所列。

（3）其他常用术语

地震的常用术语可见图4-22说明。

震源：产生地震的源，指地球内部介质突然发生破裂引起振动的地方。它是有一定大小的区域，又称震源区或震源体。

震源深度：震源到地面的垂直距离称为震源深度。

震中：震源在地面上的投影。

宏观震中：地震时，人们感觉最强烈、地面破坏最严重的地区称为宏观震中。

极震区：一次地震破坏或影响最重的区域。

震中距：地面上任何一点到震中的直线距离称为震中距。

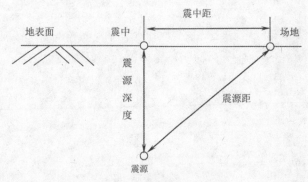

图4-22 常用地震术语示意图

表4-6 烈度与震级的大致关系

震级（M）	2	3	4	5	6	7	8	8以上
震中烈度（I）	1～2	3	4～5	6～7	7～8	9～10	11	12

表 4-7　中国地震烈度表

烈度	人的感觉	房屋震害			其他震害现象	水平向地震动参数	
		类型	震害程度	平均震害指数		峰值加速度 /（m/s²）	峰值速度 /（m/s）
I	无感	-	-	-	-	-	-
II	室内个别静止中人有感觉	-	-	-	-	-	-
III	室内少数静止中人有感觉	-	门、窗轻微作响	-	悬挂物微动	-	-
IV	室内多数人、室外少数人有感觉，少数人门中惊醒	-	门、窗作响	-	悬挂物明显摆动，器皿作响	-	-
V	室内绝大多数、室外多数人有感觉，多数人梦中惊醒	-	门窗、屋顶、屋架颤动作响，灰土掉落，个别房屋墙体抹灰出现细微裂缝，个别屋顶烟囱掉落	-	悬挂物大幅度晃动，不稳定器物摇动或翻到	0.31 (0.22～0.44)	0.03 (0.02～0.04)
VI	多数人站立不稳，少数人惊逃户外	A	少数中等破坏，多数轻微破坏和／或基本完好	0.00～0.11	家具和物品移动；河岸和松软土出现裂缝，饱和砂层出现喷砂冒水；个别独立砖烟囱轻度裂缝	0.63 (0.45～0.89)	0.06 (0.05～0.09)
		B	个别中等破坏，少数轻微破坏，多数基本完好				
		C	个别轻微破坏，大多数基本完好	0.00～0.08			
VII	大多数人惊逃户外，骑自行车的人有感觉，行驶中的汽车驾乘人员有感觉	A	少数毁坏和／或严重破坏，多数中等和／或轻微破坏	0.09～0.31	物体从架子上掉落；河岸出现塌方，饱和砂层常见喷水冒砂，松软土地上地裂缝较多；大多数独立砖烟囱中等破坏	1.25 (0.90～1.77)	0.13 (0.10～0.18)
		B	少数毁坏，多数严重和／或中等破坏				
		C	个别毁坏，少数严重破坏，多数中等和／或轻微破坏	0.07～0.22			
VIII	多数人摇晃颠簸，行走困难	A	少数毁坏，多数严重和／或中等破坏	0.29～0.51	干硬土上出现裂缝，饱和砂层绝大多数喷砂冒水；大多数独立砖烟囱严重破坏	2.50 (1.78～3.53)	0.25 (0.19～0.35)
		B	个别毁坏，少数严重破坏，多数中等和／或轻微破坏				
		C	少数严重和／或中等破坏，多数轻微破坏	0.20～0.40			
IX	行动的人摔倒	A	多数严重破坏或／和毁坏	0.49～0.71	干硬土上多处出现裂缝，可见基岩裂缝、错动，滑坡、塌方常见；独立砖烟囱多数倒塌	5.00 (3.54～7.07)	0.50 (0.36～0.71)
		B	少数毁坏，多数严重和／或中等破坏				
		C	少数毁坏和／或严重破坏，多数中等和／或轻微破坏	0.38～0.60			
X	骑自行车的人会摔倒，处不稳状态的人会摔离原地，有抛起感	A	绝大多数毁坏	0.69～0.91	山崩和地震断裂出现；基岩上拱桥破坏；大多数独立砖烟囱从根部破坏或倒毁	10.00 (7.08～14.14)	1.00 (0.72～1.41)
		B	大多数毁坏				
		C	多数毁坏和／或严重破坏	0.58～0.80			
XI	-	A	绝大多数毁坏	0.89～1.00	地震断裂延续很大，大量山崩滑坡		
		B		0.78～1.00			
		C					
XII	-	A	-	1.00	地面剧烈变化，山河改观	-	-
		B					
		C					

注：①表中的数量词："个别"为10%以下；"少数"为10%～45%；"多数"为40%～70%；"大多数"为60%～90%；"绝大多数"为80%以上。

②表中用于评定烈度的房屋类型包括三类：A类为木构架和土、石、砖墙建造的旧式房屋；B类为未经抗震设防的单层或多层砖砌体房屋；C类为按照Ⅶ度抗震设防的单层或多层砖砌体房屋。

③表中的震害指数是从各类房屋的震害调查和统计中得到的，反映破坏程度的数字指标，0表示无震害，1表示倒平。

根据震源深度（以 d 表示），构造地震可以分为浅源地震（d < 60km）、中源地震（d = 60 ~ 300km）和深源地震（d > 300km）。浅源地震距地面近，在震中区附近造成的危害最大，但相对而言，所波及的范围较小。深源地震波及范围较大，但由于地震释放的能量在长距离传播中大部分被耗散掉，所以对地面上建筑物的破坏程度相对较轻。世界上绝大部分地震是浅源地震，震源深度集中在 5 ~ 20km 左右，一年中全世界所有地震释放能量的约 85% 来自浅源地震。

4.2.3 地震序列

大地震前后在震源附近会有一系列小地震发生，这一系列地震的发震机制具有共同的发震构造，把这些地震按发震时间排列起来，称为地震序列。地震序列中最强的一次地震称为主震，主震前的地震称为前震，主震后的地震称为余震。根据地震序列的特点，可以把一次地震序列分为以下种类：

（1）主震型地震

是指主震震级突出又有很多余震的地震序列，是一种最常见的地震序列类型，主震释放出的能量占全系列总能量的绝大部分。又分为"主震—余震型"和"前震—主震—余震型"两类，有的主震前有明显的前震活动，地震活动区较集中。中国海城、通海、汶川等地震均属此类型。

（2）双震型地震

一个地震活动序列中，90% 以上的能量主要由发生时间接近、地点接近、大小接近的两次地震释放。发生在我国的邢台地震属于双震型地震，于 1966 年 3 月 8 日和 22 日先后发生了 6.8 和 7.2 级两次地震。

（3）震群型地震

地震序列的主要能量是通过多次震级相近的地震释放出来，没有突出的主震。特点是地震频度高，能量的释放有明显的起伏，衰减速度慢，活动持续时间长。1960 年智利地震属于震群型地震，一个月的时间内在南北 1400km 的沿海狭长地带，连续发生了数百次地震，其中超过 8 级的 3 次，超过 7 级的 10 次。

（4）孤立型地震

是指前震、余震都很稀少且与主震震级相差非常大的地震序列，整个序列的地震能量基本上通过主震一次释放出来。1976 年内蒙古的和林格尔地震属于孤立型地震。

判断地震序列，对于预报地震趋势尤其是判断震后趋势和防震减灾有着十分重要的意义。有些结构发生累计损伤破坏，此时需要考虑地震序列问题。如果地震属于主振型序列，主震后不会再发生比主震更大的地震，此时应把注意力放在监视其他较大的余震活动上；如果地震属于震群型地震，应该把注意力和工作放在与破坏性地震震级相近的下一次大地震上。

4.2.4 地震动及其特征

地震动是地震波传播到地表引起的地面运动，这种地震地面运动用地面质点的加速度、速度或位移时程表示。地震动可以分解为六个震动分量：两个水平分量、一个竖向分量和三个转动分量。对工程结构造成破坏的主要是水平地震动，它使结构产生水平位移和倾覆，也会使不对称结构产生扭转。目前建筑结构的抗震设计和计算主要考虑水平地震，长悬臂和大跨结构抗震设计时，还需考虑竖向地震作用。

地震动有很强随机性，同一次地震在不同地点记录到的地震动会不同，同一地点在不同地震中记录到的地震动也会不同。一般认为，地震动的特性可以用三个基本要素描述：强度（幅值）、频谱和持续时间（持时）。

（1）地震动强度

地震动的强度一般用地震动加速度时程、速度时程、位移时程三者之一的最大值或某种意义的有效值表示。目前，研究者已提出十几种地震动强度的定义。加速度最大值是最早被用作表示地震动强度的指标，由于它与震害关系密切，这一指标被普遍接受与应用，我国抗震设计规范就采用加速度最大值作为地震动强度指标。地震动速度与地震动能量输入有关，在日本采用速度最大值作为地震动强度指标。

（2）地震动的频谱

地震动频谱特性是指地震动对具有不同自振周期的结构反应特性的影响，凡是表示一次地震动中振幅与频率关系的曲线，统称为频谱。在地震工程中通常用傅立叶谱、反应谱和功率谱表示。其中，反应谱在结构抗震计算中被广泛采用。当地震动的主要振动周期与结构基本周期接近时，会导致共振从而加大结构的地震反应，造成结构的破坏。

1950 年左右人们认识到地震动频谱的重要性，并将其反应到结构的抗震设计中去。不同性质的土体对地震波的各种频率成分的放大和过滤效果不同，地震波在传播过程中，振幅逐渐衰减，高频成分衰减较快，而低频成分传播得更远。因此，在震中附近或在岩石等坚硬土中，地震动中短周期成分丰富，低层建筑等刚性结构破坏严重。在距震中很远的地方，或当冲击土层厚、土层又较软时，地震动中长周期成分为主，此时高层建筑等柔性结构破坏严重。

（3）地震动的持时

1971 年美国圣费尔南多地震的震害使人们认识到"持时"的重要性，地震动持时对结构的破坏有较大影响。当地震动幅值相同时，振动持时越长，结构物的破坏越重，反之，结构物的破坏则轻。一般地震动持时的表示方法有以下几种：一是以地震动的绝对幅值定义持时，取加速度记录图上绝对幅值首次和最后一次达到或超过给定值（如 0.05g）之间所经历的时间；二是以地震动的相对幅值定义持时，取地震动参数在首次和最后一次达到或超过峰

值的给定比值（如 1/3、1/5）之间经历的时间。三是以地震动的总能量定义持时，取地震能量从达到总能量的 5% 开始至达到总能量的 95% 为止所经历的时间。

4.2.5 减轻地震灾害的基本对策

地震对我国危害如此之大，其原因主要是由于我国地震区面积广、震源浅、强度大、地震设防烈度不能完全准确确定、城市集中、建设工程的抗震能力低、民众防灾意识不强等诸多因素综合造成的。

为了防御和减轻地震灾害，保护人民生命和财产安全，促进经济社会的可持续发展，我国制定了《中华人民共和国防震减灾法》。该法由第八届全国人民代表大会常务委员会第二十九次会议于 1997 年 12 月 29 日通过，自 1998 年 3 月 1 日起施行。2008 年 12 月 27 日，《中华人民共和国防震减灾法》由中华人民共和国第十一届全国人民代表大会常务委员会第六次会议修订通过，自 2009 年 5 月 1 日起施行。这部法律对防震减灾规划、地震监测预报、地震灾害预防、地震应急救援以及地震灾后过渡性安置和恢复重建等各个方面做出了详细的规定，并明确提出我国防震减灾工作实行预防为主、防御与救助相结合的方针。

"预防为主"的思想是 1966 年河北邢台地震后首先由周恩来总理倡导的。根据周总理当时的多次讲话和指示中所强调的基本要点，1972 年正式归纳成"以预防为主，专群结合，土洋结合，大打人民战争"的地震工作方针。1975 年辽宁海城地震后又作了一些修改，强调要"依靠广大群众做好预测预防工作"。实践证明，"以预防为主"的防震减灾思想是正确的，一直指引着我国地震工作健康地发展。

1976 年发生的唐山大地震的教训表明，要减少一次大地震的发生所造成的巨大人员伤亡和经济损失，必须坚持预防为主的指导思想，认真做好震前的

防御工作。但是地震的发生和造成的损失并不可能完全避免，所以在做好震前防御工作的同时，还必须有效地实施灾后救助，这种救助可以帮助减少人员伤亡和经济损失，又可以使灾后的人民生活可以尽快得到恢复。因此，进入20世纪90年代，防震减灾工作方针调整为"实行预防为主，防御与救助相结合"。

目前，减轻地震灾害的对策从宏观上可分为工程性措施和非工程性措施（图4-23），二者相辅相成，缺一不可。工程性防御措施主要是通过加强各类工程的抗震能力来减少地震所造成的各类工程破坏，以及由此产生的经济财产损失和人员伤亡；非工程性防御措施是通过增强全社会的防震减灾意识、提高公众在地震灾害中自救、互救能力，以减轻地震灾害，包括建立健全减灾工作体系，开展防震减灾宣传、教育、培训、演习、科研以及推进地震灾害保险，救灾资金和物资储备等工作。

（1）工程性措施

工程性措施主要包括地震预测预报、地震转移分散及工程抗震设防与设计三个方面。

地震预测预报主要是根据地震地质、地震活动性、地震前兆异常以及环境因素等多种情况，通过多

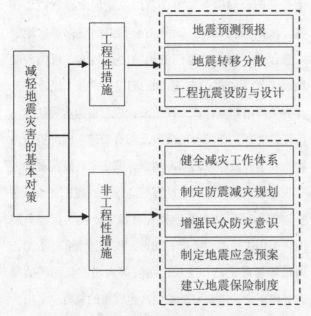

图4-23 减轻地震灾害的基本对策示意图

种科学手段进行预测研究，对可能造成灾害的破坏性地震的发生时间、地点、强度的分析、预测和发布。在地震预报方面，我们虽然对地震孕育发生的原理、规律已经有了一定认识，但距准确预报地震仍有很大差距，目前地震预报的水平仅是"偶有成功，错漏甚多"。多年来，我国在地震预报方面取得了一定的成绩，如1975年辽宁海城地震就是我国地震短临预报成功的范例，但目前来看，临震预报仍是公认的世界级难题。

地震转移、分散是把可能在人口密集的大城市发生的大地震，通过能量转移，诱发至荒无人烟的山区或远离大陆的深海，或通过能量释放把一次破坏性的大地震化为无数次非破坏性的小震。这种方法目前只是探索，尚未有应用，以目前的科技水平尚不能制止和控制地震的发生，即使成功，其实用价值也不大。例如一个7级地震，需要36000多个不致造成破坏的4级地震才能释放其能量，其经济投入不可想象。

鉴于地震预报和地震转移、分散均不能很好地减轻地震灾害，因此工程抗震成为目前国内外最有效的、最根本的措施。

根据对国内外城镇建设的发展经验和研究进展，通过编制和实施抗震防灾规划，实现防灾资源的合理优化配置，是提高城镇的系统防灾能力和应急救灾能力的重要途径。通过城市抗震防灾规划，可以综合协调抗震设防目标，指导城市合理空间布局、采取有效分割防护措施、确定应急保障基础设施和重点防御布局及抗震措施、合理确定避难场所等应急救灾设施、统筹安排新建工程设防和抗震加固工作等，是减轻地震灾害的"纲"。

制定合理的城市抗震防灾规划是防御和减轻城市地震灾害的龙头，为城市整体抗震防灾要求提出规划建议。在编制城市建设规划时，首先要对城市的地震地质背景（如地震活动性、活动性断层等）进行调查，对地震危险性进行分析、分区，把对各类建

筑物、生命线工程进行震害预测的结果作为城市规划建设的重要依据，中心城区要避开地震危险地段，活动性断层两侧不能规划重要建筑物。其次要按人口密度、经济发展分布状况、市区建筑构造，有步骤有重点地进行改造和建设。市区的公园、绿地、道路、大型堤防的建设要形成"路、水、绿的防灾网络"，确保在灾害发生时的紧急交通运输路线。最后区域内要建设一定数量能抗火灾的不燃化或难燃化建筑物，以满足震时避震疏散、抢险救灾等需要。

工程抗震设防是通过提高单体工程的抗震能力减轻地震灾害的有效措施，是"目"。工程抗震在抗震减灾中显示了极其重要的作用，防止建筑物在地震中倒塌破坏，成为城市抗震减灾的首要目标。

宏观震害表明，地震造成伤亡和经济损失的主要原因是房屋建筑的倒塌和工程设施、设备的破坏。据统计，世界上多次伤亡损失巨大的地震，其中95%以上的人员伤亡是由于抗震能力弱的建筑物倒塌造成的。从20世纪初期，人类在建造房屋的时候就开始采取了抗震措施，并且取得了一定的成效。从历史震害经验看，一个没有经过抗震设防的城市一旦遭受地震灾害后其遭受的后果是触目惊心的，然而经过抗震设防的房屋在遭受地震灾害后却表现出了较好的抗震性能。如1976年唐山地震，震中区成了一片废墟，但是按8度设防的唐山面粉厂和按7度设防的唐山新华旅馆及外贸局办公楼都经受了地震的考验，仍然立而未倒；再如2008年汶川地震中，虽然灾区实际烈度超过设防烈度，在废墟中仍有大量建筑物屹立不倒；又如1995年日本阪神7.2级地震，凡是满足抗震设防要求并按新的抗震规范进行设计的房屋和设施，大多数都经受住了考验，按新规范设计的高速公路、桥梁和地下设施等，也大多数完好或仅有轻微破坏。无数次地震灾害告诉我们，凡是重视抗震设防的城市，而且达到抗震设防要求的建筑，在大地震中可以不受破坏或轻微破坏。因此，要有效减轻地震灾害，

可行的方法是提高城镇综合抗震防灾能力，实施"以预防为主"的抗震防灾工作方针，即通过工程和技术措施，保证地震时建筑物和工程设施不遭受破坏，以达到从根本上减轻和避免地震灾害的目的。

（2）非工程性措施

非工程性防御措施主要是指各级人民政府以及有关社会组织采取的工程性防御措施之外的依法减灾活动，包括建立健全减灾工作体系，制定防震减灾规划，制定地震应急预案，开展防震减灾宣传、教育、培训、演习、科研以及推进地震灾害保险，救灾资金和物资储备等工作。《中华人民共和国防震减灾法》对非工程性防御措施也做了相关规定。

《防震减灾法》第12条规定，国务院地震工作主管部门会同国务院有关部门组织编制国家防震减灾规划，报国务院批准后组织实施。县级以上地方人民政府负责管理地震工作的部门或者机构会同同级有关部门，根据上一级防震减灾规划和本行政区域的实际情况，组织编制本行政区域的防震减灾规划，报本级人民政府批准后组织实施，并报上一级人民政府负责管理地震工作的部门或者机构备案。

《防震减灾法》第46条规定，国务院地震工作主管部门会同国务院有关部门制定国家地震应急预案，报国务院批准。国务院有关部门根据国家地震应急预案，制定本部门的地震应急预案，报国务院地震工作主管部门备案。县级以上地方人民政府及其有关部门和乡、镇人民政府，应当根据有关法律、法规、规章、上级人民政府及其有关部门的地震应急预案和本行政区域的实际情况，制定本行政区域的地震应急预案和本部门的地震应急预案。省、自治区、直辖市和较大的市的地震应急预案，应当报国务院地震工作主管部门备案。交通、铁路、水利、电力、通信等基础设施和学校、医院等人员密集场所的经营管理单位，以及可能发生次生灾害的核电、矿山、危险物品等生产经营单位，应当制定地震应急预案，

并报所在地的县级人民政府负责管理地震工作的部门或者机构备案。

《防震减灾法》第 7 条规定，各级人民政府应当组织开展防震减灾知识的宣传教育，增强公民的防震减灾意识，提高全社会的防震减灾能力。

《防震减灾法》第 11 条规定，国家鼓励、支持防震减灾的科学技术研究，逐步提高防震减灾科学技术研究经费投入，推广先进的科学研究成果，加强国际合作与交流，提高防震减灾工作水平。

4.3 地震预报和预警

4.3.1 地震预报

地震预报是对未来破坏性地震发生的时间、地点和震级及地震影响的预测，是根据地震地质、地震活动性、地震前兆异常和环境因素等多种手段的研究与前兆信息监测所进行的现代减灾科学。按可能发生地震的时间，地震预报分为四类：

（1）长期预报：预报几年内至数十年强震形势的粗略估计。

（2）中期预报：预报几个月至几年内将发生的地震。

（3）短期预报：预报几天至几个月内将发生的地震。

（4）临震预报：预报几天内将要发生的地震。

长期预报为地震和抗震工程服务，中期、短期和临震预报为地震应急准备服务。正确的地震预报可大大减少人员伤亡和经济损失。

20 世纪 60 年代，一系列强烈地震袭击了智利、美国、日本、中国等国家，因此日本、美国、中国等国家相继开展了有计划的地震预报研究。我国的大规模地震预报研究是从 1966 年邢台地震开始的，在周恩来总理的关怀下，来自当时的中国科学院、地质部、石油部、国家测绘总局、国家海洋局等部门的大批科技人员投入到探索地震预报的科学研究中来，形成了一支包括地球物理学、地质学、地区化学、大地测量等多学科的地震科学研究队伍。邢台地震后的十年是我国地震活跃期，随着强烈地震的广泛活动，我国的地震预报也迅速发展。在各地震区建立了地震观测台网和地震前兆观测网，积累了大量观测资料，进行了地震前兆和地震预报方法的系统研究，形成了长期、中期、短期和临震的阶段性渐进式地震预报科学思想和工作程序。特别是在 1975 年海城地震时，成功进行了短临预报。这次 7.3 级的地震发生在工业集中、人口稠密的辽东半岛中南部，由于大多数房屋均未抗震设防，房屋建筑大量倒塌，实际烈度达 7 度以上范围内的人口有 834.8 万人，但由于成功的短临预报并主动采取了一系列应急防震措施，大大减少了人员伤亡，仅 1328 人死亡，远低于邢台地震和唐山地震的伤亡率。80 年代后期以来，又进一步开展了地震预报应用方法的研究，其中包括各学科地震预报判据、指标、方法及预报地震的程序指南，还开展了大陆地震孕育和地震前兆机理的研究。

地震预测预报主要有两个途径，一个是对地震孕育过程和地震机制的研究，另一个是对各种地震监测和地震前兆的规律性研究。由于地震孕育是一个长期过程，地震监测指标具有早期异常变化速率小、形态稳定，而临震几天至几十天，则出现变化速率大、形态复杂的突然性异常。我国的地震长期预报是依据历史地震统计，对地质构造活动和地壳变形的观测分析，以及对近代地震活动图像的分析所作的预报。中期预报是根据地震活动图像、地壳介质的物理性质、地壳形变、地下水动态、水化学成分、地电阻率、地球磁场、重力场及地壳应力应变等多方面的监测研究，依据多种趋势性异常所作预报。短期预报是根据趋势异常加速或转折性变化和短期异常的出现所作的预报。临震预报则是根据异常变化性快速变化所作的预报。

由于地震的异常复杂性，地震预报还是一个世界上尚未解决的科学难题。目前地震预报水平仅是"偶有成功，错漏甚多"，离地震预报的最终目标尚有非常遥远的距离，还需要地震科学研究者长期的探索和研究。

在我国，国家对地震预报意见实行统一发布制度。全国范围内的地震长期和中期预报意见，由国务院发布。省、自治区、直辖市行政区域内的地震预报意见，由省、自治区、直辖市人民政府按照国务院规定的程序发布。

4.3.2 地震预警

建立地震的早期警报系统，也是减轻地震灾害的工程措施之一。一般来说，地震预警是指地震发生时，离震中最近的地震台对已经发生的地震进行震级和破坏强度的初步检测，抢在地震波传播到设防地区前，通过数据中心传递到可能受影响的地区，让这些地区的重要设施及人群密集区能够提前几秒或十几秒采取应急措施，以减小当地的损失。在地震预警发布时，地震早已由震源处开始，震中处的地震往往也

已经发生，因此，地震预警并不是人们通常所认为的地震"预报"，当然也不是"预测"。

地震早期警报系统在减灾中发挥作用的成功例子是1995年墨西哥城地震预警。加勒比海Cocos板块边界曾发生多次7级以上的大地震，1985年9月19日，在该边界上又发生了一次8.1级地震，这次地震造成1万人死亡。为此，从1989年开始历时2年时间在该地区建立了世界上第一套地震的早期警报系统，一旦地震发生，设在断层附近的地震台马上接收到地震信号，该台站立即将发生地震的警报用无线电自动向全国广播。1995年9月14日，一次7.3级地震在Cocos断层上发生了，当人们从广播中听到地震的警报后，墨西哥城的人72秒钟后才感到地面的震动，为人们进行防震避难提供了宝贵的时间。

地震预警利用电波速度远大于地震波速度的原理（图4-24），电波的速度为30万km/s，地震波的传播速度是一般为每秒几千米，纵波的速度一般为6～8km/s，破坏力大的横波的速度更慢，一般为3～4km/s。因此，如果能够利用实时监测台网获取的地震信息，以及对地震可能的破坏范围和程度的

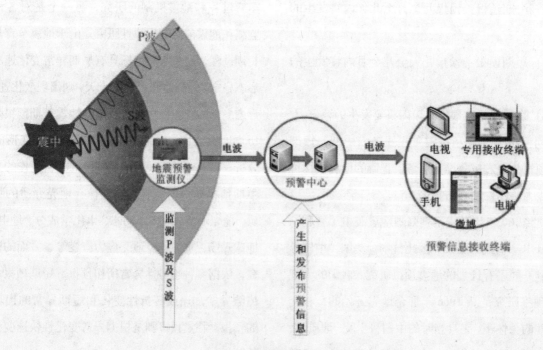

图4-24 地震预警原理示意图

快速评估结果，就有可能利用破坏性地震波到达之前的短暂时间发出预警。研究表明，地震波到达之前 10s 预警时，伤亡人数可减少至 20%，重伤可减少至 10%。

1868 年，美国的 Cooper 最先提出建立地震早期预警系统的构想。他设想在当时地震活动强烈、距离旧金山约 100km 的 Hollister 地区布设地震探测装置，当地震发生后会生成一个电磁信号，以此信号便可在地震波到达之前敲响旧金山市政大楼上的大钟，发出地震警报。1972 年，日本的 Hakuno 博士等再次提出了与 Cooper 基本相同的想法。1985 年，Heaton 为美国南加州提出了电脑现代化后的地震警报系统，同时 Bakun 等利用现代设备曾建立一个针对 1989 年 Loma Prieta 地震余震的临时早期预警系统。20 世纪 90 年代后，随着计算机技术、数字通信技术和数字化强震观测技术日趋成熟，许多地震灾害多发国家纷纷开始建立地震预警系统。现在，地震预警系统不仅在一般性的防震减灾领域有应用，而且在一些重大工程如水坝、核电站等也都有部署，这些系统的具体构建和特征各有不同。

（1）日本地震早期预警系统

日本气象厅（JMA）构建的地震早期预警系统（Earthquake Early Warning，EEW）于 2007 年 10 月上线，并推广到日本全境。EEW 的预警主要归功于日本境内密集分布的地震测站（大约每 20km 1 座），以及计算机能够迅速计算出地震发生地点与震波传播方向的能力。当地震发生后，邻近震源的地震测站会根据所收到的 P 波信号，首先判断地震强度。一旦地震震级在 4 级以上（根据日本气象厅地震震度分级），相当于麦加利地震烈度（Mercalli Intensityscale）的 6～7 级时，EEW 便会发出预警。若是后续其他测站的计算结果异于最初的估计，达到水平方向误差 0.2 度，垂直方向误差 20km，地震震级比原先估计的大 0.5 级或小 1 级时，EEW 会更新先前所发出的预警。甚至有可能当第一个测站收到震波信号，让 EEW 发出了预警，但后续其他测站却没有收到震波信号（表示数据可能有误），此时 EEW 也会取消预警。

（2）日本的高速铁路地震预警系统

目前最新型、最先进的铁路地震预警系统为日本的紧急地震检测与预警系统（Urgent Earthquake Detection and Alarm System，UrEDAS），这是一个利用地震 P 波和 S 波信息快速估计地震参数并结合已有震害统计结果有针对性地发布地震预警信号的智能系统，该系统的最大特点是单个台站用 P 波初动就能确定震源参数。考虑到多台站系统的复杂性和网络系统的脆弱性，UrEDAS 采用单台信号报警，实时监测单个观测点处的地面运动。UrEDAS 在检测到地震 P 波后的 3s 内估算出震中方位、震级、震中距、震源深度等地震参数，并发出第一次警报，在 S 波到达后计算出更精确的地震参数，再发出第二次警报。由中心台接受各台发布的警报并进行综合处理，在第一个台检测到 P 波后 2min 内自动发出警报。

日本的全国性地震预警系统于 2004 年试运行。当年 10 月，日本新潟发生 7 级地震，地震预警系统既有效运行。地震发生时，一共有八组列车正在行驶，其中有三组地震感应器启动，列车断电迅速停驶，避免了人员的伤亡。这套系统已于 2007 年 10 月正式运行，成为世界上第一个投入运行的覆盖全国范围的地震预警系统（EEW System）。该系统由约 800 个 NIED 布设的 Hi-net 强震动台和 200 个 JMA 强震动台站组成，台站平均间隔 25km。该系统可以在震源区域台站观测地震后 2.5s 内初步确定震源的位置和地震大小，识别范围包括 3 级以上的陆地地震和 4 级以上的海洋地震。2011 年日本东北大地震时，远在 400km 以外的东京地区在强烈地震波到达之前 3min，很多公众通过电视、广播、手机、计算机等收到了地震预报。

（3）我国地震预警情况与发展

我国是全球地震灾害最严重的国家，在当今地震灾害随经济发展呈加速增长的趋势下，我国更将面临严峻的地震灾害和十分紧迫而艰巨的防震减灾形势。地震预测预警是减轻地震灾害的重要途径，但其又是科学上没有解决的国际性难题。因此，提高地震灾害预测预警的科学技术水平既是强烈的社会需求，又是巨大的科学探索。

我国1990年代以来，在地震预警技术方面也开展了相关的研究和实验工作。"九五"期间，我国在地震观测基础建设的新技术应用方面也取得了新的重要进展。建立了国家数字地震台网。同时，又实施了中国地壳运动观测网络的大型科学工程，建立了GPS观测网络。此外，通过"九五"期间大力加强卫星遥感技术在地震监测中的应用研究，在华北、西北、西南等地建立了卫星遥感观测站，接收卫星图像数据，开展相应区域的热异常监视。进入"十五"期间，包括中国数字地震台网、数字地震前兆台网、数字强震台网在内的大型工程项目中国数字地震网络工程逐步建成。

我国在2008年汶川地震后也开展了地震预警系统的研发，并在2万余km²的汶川余震区域布设了地震预警系统。目前已建成固定测震台站937个，流动台1000多个，实现了中国三级以上地震的准实时监测。建立地震前兆观测固定台点1300个，各类前兆流动观测网4000余测点。初步建成国家和省级地震预测预报分析会商平台，建成由700个信息节点构成的高速地震数据信息网。

需要指出的是，地震预警系统是一项复杂的综合系统，需要高密度强震观测台网和网络通信作为基本支撑，预警信息的形成需要既快又准，预警信息发布需要由配套的法律法规。地震预警需要深入研究，特别是在地震监测技术、地震基本参数实时动态测定技术、预警目标区地震动强度快速预测技术、预警信息发布技术和预警系统的建立及应用等。

4.4 城市抗震防灾规划

4.4.1 编制城市抗震防灾规划的重要意义

总结20多年城市抗震防灾工作的实践，编制和实施城市抗震防灾规划的必要性主要表现在以下4个方面：

（1）抗震防灾规划的编制和实施是减轻地震灾害的重要措施之一

我国是世界上地震多发的国家之一，地震的强度大、频率高、面积广、损失重。按照最新地震动参数区划图，我国所有国土面积均为抗震设防区。地震造成的损失其原因很多，除地震自身有强大的破坏力外，其主要原因是：城市抗震防灾能力差，许多老旧房屋、工程设施、设备由于历史原因未进行抗震设防或抗震设防能力不足。我国74年才颁布了第一本《抗震设计规范（新建）》，77年颁布了《抗震鉴定和加固标准（原有建筑）》，84年之后陆续颁布了《城市抗震防灾规划暂行规定》等5个有关编制和《审批城市抗震防灾规划》的5个文件。全国至2001年底已有将近70%的抗震设防区的市、县编制了抗震防灾规划，不少城市还逐步实施了规划，提高了城市建设、工程建设、设备的抗震能力，对减轻地震灾害起到了重要作用。

（2）编制城市抗震防灾规划是贯彻建设部和国务院法规的重要体现

建设部自1984年以来颁布了《城市抗震防灾规划编制工作暂行规定》《城市抗震防灾规划编制工作补充规定》《关于城市抗震防灾规划编制和审批工作中有关问题的通知》《抗震设防区划编制工作暂行规定》《建筑工程抗御地震灾害管理规定》（部

长令第 38 号)和《城市抗震防灾规划管理规定》(部长令第 117 号)。这些规定中都明确地规定了编制城市抗震防灾规划的基础资料、模式、编制程序、内容、审批和实施管理等。此外,在《中华人民共和国城乡规划法》中明确了城市抗震防灾规划是城市总体规划的一项专业规划,《中华人民共和国防震减灾法》和《关于进一步加强全国防震减灾工作的通知》中也都提出了编制防灾规划的要求。这些规定都体现了编制城市抗震防灾规划的重要性。而且特别强调我国要基本具备综合防御 6 级左右地震能力,大、中城市、经济发达地区力争取达到中等发达国家水平。

(3)抗震防灾规划是贯彻"以预防为主,防、抗、避、救相结合"方针的重要内容

以预防为主的中心内容,包括两个方面。一是做出成功的地震预报特别是短临预报;二是在地震发生前采取一系列的减轻和防止地震灾害的措施。在地震发生前采取防止和减轻地震灾害的措施是十分有效的。因为地震造成的损失主要是工程、设备的破坏。而城市抗震防灾规划的编制和实施,就是要提高城市抗震防灾能力,对房屋、工程设施、设备、生命线系统和防止次生灾害等内容做出规划,通过规划的实施提前消除不利因素从而达到减轻地震灾害的目的。

(4)城市抗震防灾规划编制和实施是保障城市安全的重要方面

抗震防灾规划批准后,即成为该市的技术法规性文件,任何单位和个人在该市进行城市建设、工程建设时,都必须遵守城市抗震防灾规划中的各项规定和要求。因此,做好抗震设防就意味着城市建设和工程建设的安全。同时,城市抗震防灾规划中的土地利用(含抗震设防区划)对甲、乙类模式要求做到对场地分区和地震动参数分区,考虑了场地土层的反应,这对城市的土地利用、规划、工程建设的场址选择都是很需要的,为合理、安全、经济的抗震设防提供了基础。

4.4.2 我国抗震防灾规划发展简况

(1)我国抗震防灾规划编制的相关法律法规与技术标准

我国政府历来重视城市抗震防灾工作,相继出台了《中华人民共和国防震减灾法》《中华人民共和国城乡规划法》《中华人民共和国突发事件应对法》《城市抗震防灾规划编制工作暂行规定》《城市抗震防灾规划编制工作补充规定》《关于城市抗震防灾规划编制和审批工作中有关问题的通知》《抗震设防区划编制工作暂行规定》《建筑工程抗御地震灾害管理规定》等一系列法律法规,逐步把防灾减灾工作纳入法制化轨道,明确提出需要在贯彻安全防灾的法律法规及相关要求见表 4-8 所示。

新时期以来,针对我国城市发展与抗震防灾能力脆弱的实际情况,建设部在 2003 年颁布了《城市抗震防灾规划管理规定》,是城市抗震防灾规划编制的基本法规,其第十五条规定:"城市抗震防灾规划应当根据城市发展和科学技术水平等各种因素的变化,与城市总体规划同步修订。"另外,《城市抗震防灾规划标准》(GB 50413—2007)已经发布并且实施,结束了我国城市抗震防灾规划编制工作无章可循的现状,其中条规定:"城市抗震防灾规划在下述情形下应进行修编:①城市总体规划进行修编时;②城市抗震防御目标或标准发生重大变化时;③由于城市功能、规模或基础资料发生较大变化,现行抗震防灾规划已不能适应时;④其他有关法律法规规定或具有特殊情形时。"

随着我国一系列与防灾相关的法律、法规和标准的出现,必将促进我国城市抗震防灾规划编制技术的创新与发展,使城市抗震防灾规划切实起到实效,为更好地保障城市抗震防灾安全保驾护航。

(2)我国城市抗震防灾规划研究现状

我国的城市抗震防灾规划工作是在 1978 年第二

表 4-8　相关法律法规对城市规划防灾与安全内容的规定

法规名称	条目	内容
《城乡规划法》	第四条	制定和实施城乡规划……并符合区域人口发展、国防建设、防灾减灾和公共卫生、公共安全的需要
	第十七条	城市总体规划、镇总体规划的内容应当包括……以及防灾减灾等内容
	第十八条	乡规划、村庄规划的内容应当包括……以及防灾减灾等的具体安排
	第三十四条	城市地下空间的开发利用……充分考虑防灾减灾、人民防空和通信等的需要
《防震减灾法》	第四十一条	城乡规划应当根据地震应急避难的需要，合理确定应急疏散通道和应急避难场所，统筹安排地震应急避难所必需的交通、供水、供电、排污等基础设施建设
《突发事件应对法》	第十九条	城乡规划应当符合预防、处置突发事件的需要，统筹安排应对突发事件所必需的设备和基础设施建设，合理确定应急避难场所
《地质灾害防治条例》	第十三条	编制城市总体规划、村庄和集镇规划，应当将地质灾害防治规划作为其组成部分
《城市规划编制办法》	第十八条	编制城市规划……考虑城市安全和国防建设需要
	第十九条	编制城市规划，对涉及……公共安全和公众利益等方面的内容，应当确定为必须严格执行的强制性内容
	第二十九条	总体规划纲要应当包括下列内容："提出建立综合防灾体系的原则和建设方针"
	第三十条	市域城镇体系规划"原则确定市域危险品生产储存设施的布局"
	第三十一条	中心城区规划应当包括下列内容：（十五）确定综合防灾与公共安全保障体系，提出防洪、消防、人防、抗震、地质灾害防护等规划原则和建设方针
	第三十二条	城市总体规划的强制性内容包括：（七）城市防灾工程。包括：城市防洪标准、防洪堤走向；城市抗震与消防疏散通道；城市人防设施布局；地质灾害防护规定
	第三十四条	城市总体规划应当明确综合交通……综合防灾等专项规划的原则。编制各类专项规划，应当依据城市总体规划
《城市抗震防灾规划管理规定》	第三条	在抗震设防区的城市，编制城市总体规划时必须包括城市抗震防灾规划
	第十条	城市抗震防灾规划中的抗震设防标准、建设用地评价与要求、抗震防灾措施应当列为城市总体规划的强制性内容，作为编制城市详细规划的依据
《市政公用设施抗灾设防管理规定》	第八条	城乡规划中的防灾专项规划应当包括以下内容：（一）……进行灾害及次生灾害风险、抗灾性能、功能失效影响和灾时保障能力评估，并制定相应的对策……
	第九条	城乡规划中的市政公用设施专项规划应当满足下列要求：（一）快速路、主干道以及对抗灾救灾有重要影响的道路应当与周边建筑和设施设置足够的间距，广场、停车场、公园绿地、城市轨道交通应当符合发生灾害时能尽快疏散人群和救灾的要求……

次全国抗震工作会议上首先提出的，并于 1981 年在烟台、海口进行抗震防灾规划编制的试点。抗震工作的重点是抓好城市抗震，其主要目标是：在遭遇相当于基本烈度的破坏性地震时，第一，要确保城市要害系统的安全，并保证震后人民生活的基本需要，水、电、粮食、医疗基本不受影响；第二，重要工矿企业不致严重破坏，不发生次生灾害，生产基本正常进行或能迅速恢复；第三，住宅和其他公用建筑物不致大面积倒塌、大量伤人。

中国建筑科学研究院工程抗震研究所周锡元、刘锡荟等在建设部支持下首先开展了城市抗震防灾的理论和应用研究。有关的研究内容包括地震危险性分析，土层地震反应计算方法，建筑和生命线工程的易损性和震害预测，抗震防灾规划的技术和指标，震损建筑鉴定与加固改造方法，抗震防灾对策和措施等等，明确了城市抗震防灾规划的目标、内容和编制程序。这些研究成果是建设部《城市抗震防灾规划编制工作暂行规定》的技术基础。根据这一规定又开展了编制方法的研究工作，提出了《城市抗震防灾规划编制指南》，指导了国内许多城市开展城市抗震防灾规划的编制工作。在抗震防灾规划编制和推广过程中，中国地震局哈尔滨工程力学研究所、上海同济大学、冶金部建筑研究总院等许多单位也先后进行了许多工作，中国石油天然气总公司、中国石化总公司、中国地震局所属的各地方局也进行了很多研究工作，特别是在重要设备和设施方面。这些工作对于编制独立工矿区的抗震防灾规划也具有重要意义。抗震防灾规划的基础研究主要集中在地震危险性分析和地震小区划方法，场地条件对震害和地震动的影响，震害预测和人员伤亡估计方法，以及对避震疏散场地和道路的基本要求，防灾资源配置和利用原则，指挥和应急管理体制等方面。在实际工作中进一步发现，作为防灾规划的基础，地震危险性及其对城市影响的研究虽然非常重要，但是毕竟只是基础，而且也不可能精确地加以确定，因此，关于城市的地震危险性，一般情况下应该主要依据国家地震局在地震区划图中给出的研究结果，在 1987 年颁发的《城市抗震防灾规划编制工作补充规定》中体现了这样的观点。由于地震是不确定性很大的随机现象，我国学者对地震基本烈度的概率含义进行了研究和标定，提出了三水准设防的思想。对于建筑，这一思想自 1989 年以来，已在抗震设计规范中得到了体现，在城市抗震防灾规划方面，也对抗震设防目标进行了调整，增加了针对罕遇地震的对策和措施。

21 世纪以来，北京工业大学抗震减灾研究所提出了"基于现状发展并重的城市抗震防灾规划的研究编制模式和技术路线"，该方法把发展中的城市作为研究对象，使得防灾规划具有一定的前瞻性，并以分别在建设部试点"泉州市规划区抗震防灾规划"和"厦门市城市建设综合防灾规划"的编制工作中进行了研究与应用。

（3）城市抗震防灾规划存在问题分析

如前所述，随着我国城市化进程的加快和经济的迅速发展，人民物质文化财富得到了极大的丰富，对城市安全和防灾的要求也日益强烈。然而，我国城市正面临着越来越多的抗震防灾问题：

①老城区、城乡结合部建筑和人口密度大，抗震防灾能力差；

②旧房抗震能力差，较多的传统民居结构房屋存在隐患；

③快速发展与城市基础设施建设的矛盾突出；

④城市规划与建设中缺少健全的抗震防灾规划指标与管理体系——抗震防灾工作具有较大的盲目性和无序性；

⑤地震次生灾害的隐患较多；

⑥缺少避震疏散体系；

⑦文化遗址的保护往往忽略了抗震保护；等等。

我国自 20 世纪 80 年代初开始抗震防灾规划编制工作以来，无论在基础理论研究还是规划实践方面都取得了丰硕的成果，可以说为促进我国的抗震防灾工作起到了极大的作用。但随着我国城市的快速发展，目前的城市抗震防灾规划尚存在诸多不足之处。

1）与城市总体规划有些脱节

在城市总体规划中处于从属地位，表现在：

a. 总体规划是在研究城市现状的基础上，对城市未来的发展做出规划，其研究对象是不断变化发展的城市系统，研究范围是所确定的城市未来的发展范围及规划区范围。而传统防灾规划只是针对城市现状进行分析研究，城市抗震防灾规划多是被动地去适应城市总体规划所产生的空间形态，不能很好地对城市总体规划提出反馈。研究区域也往往局限于建成区，为城市总体规划所确定的不同发展阶段提供所需要的防灾减灾成果没有引起足够重视，在技术方法上也没有解决。

b. 总体规划是指导城市发展建设的蓝图，针对城市发展的总体和局部需要，制定有总体规划、分区规划和详细规划等多个层次，而防灾规划对建筑物的易损性分析做得很细，但缺乏针对性，没有配合城市总体规划中详细规划的相对应成果和具体对策与措施，规划编制完成后也是工程层面内容多，城市层面内容少。由于防灾规划与总体规划的不协调，因此无法与总体规划配合实施，反映在总体规划中的只是一些总体定性指标和要求，如何保证防灾策略和对策的实施办法和措施却又不足，缺乏可操作性。

c.由于城市地震灾害是小概率事件，和其他影响城市总体规划的诸多因素如城市空间、结构、经济和社会等等相比，城市防灾往往被看成一个不会影响城市大格局的从属层面的次要因素，且因为城市防灾规划不能带来直接的经济效益，因此，从地方政府领导到规划设计人员往往都对城市防灾规划没有从战略高度和宏观整体上给予足够的重视，城市防灾规划成了从属于总体规划的"被动式"规划，它们只是在第二道防线上消极地为城市的各种灾害做着技术、管理和组织程序上的专业措施而已。

2）城市抗震防灾规划与应急救灾没有很好的衔接

城市抗震防灾规划与城市震后应急救灾实际上应该是常态建设和灾后应急的关系，因此在城市抗震防灾规划中重点要解决灾害发生前安全保障和灾害发生后应急救援所需要的应急基础设施和资源的规划与建设要求，在规划伊始就将应急能力保障系统考虑进去，建立一种常态应急建设体系，从而促进城市应急救灾能力的提高。而我国目前各城市制定的地震应急预案内容上大多包括了工作目标、应急预案的启动、应急救援指挥队伍的组成及各相关部门震后的工作内容等，这种方法虽然对减轻震后损失起到了重要作用，但只是面临灾害后的一种被动的救援方式，存在诸多问题，缺乏对实际应急救灾所依托的工程的规划和建设，此方面尚缺乏深入的研究。

3）对地震灾害风险空间分布认识不足

随着城市规模不断扩大，规划面积达到上百平方公里甚至几百平方公里，对于如此大的城市空间尺度来说，城市不同区域的面临的地震危险性（地震峰值加速度、设防烈度等）可能会有差异；其次，我国几乎所有的城市尤其是历史较为悠久的城市，在长期的城市规划和建设中，都形成了不少灾害隐患，例如城市旧城区，房屋破旧拥挤、人口密度大、私搭乱建、路网不合理、基础设施陈旧老化，市区老工业区，用地功能不明确，工业居住混杂，危险物质、次生灾害源比比皆是，这些区域在空间分布上也具有不均匀性，其所面临的地震灾害风险势必较高。所以，城市地震灾害风险在空间上具有较大的差异。

然而，在制定抗震防灾规划对策和措施之前，对城市不同区域地震灾害风险差别与程度认识却不足，造成这种结果的原因主要有两个：其一是对城市地震危险性空间分布进行了分析，但其结果没有与震害预测工作很好的衔接；其二是作为震害预测工作的基础网格划分没有充分的依据，主要是人为的以城市航测图按照城市街道或城市行政区划为基础划分，以此作为地震灾害风险评价的基本单元其结果掩盖了城市中实际存在的地震灾害风险。

4）缺乏应对超设防水准地震的思路和手段

目前，我国建筑抗震设计规范是以《中国地震动参数区划图》作为依据的，然而海城、唐山、汶川等地震均表明，目前地震动参数区划图仍具有较强的不确定性，在低烈度设防区发生大地震的可能性依然存在，超过设防水准的地震是不得不考虑的。但如果全面提高城市建筑工程的抗震设防水准是我国国力所难以承受的，所以需要在城市抗震防灾规划中通过新的思路与手段来解决此问题。

4.4.3 规划原则

城市抗震防灾规划应以《中华人民共和国城乡规划法》《中华人民共和国防震减灾法》《中华人民共和国突发事件应对法》等法律法规为依据，结合国家有关政策和规范的最新发展，在充分了解和把握城市的灾害环境、工程设施特征和社会经济情况的基础上，结合国内外有关防灾规划和土木工程、城市规划、公共管理等相关学科的成熟技术和最新科研成果，突出实用性、创新性和可操作性。为此，在抗震防灾规划研究和编制过程中，应坚持以下基本原则：

①重视四个"结合"：有关法律法规和技术标准相结合，与过去编制城市抗震防灾规划的成功经验相结合，与适应城市迅速变化特点的防灾新要求、新思路相结合，与新技术、新方法的有机结合。

②坚持与城市总体规划相互协调的原则，密切结合城市建设与发展过程中的普遍问题和防灾要求。这是《城市抗震防灾规划管理规定》中所规定的，也是实践经验和教训的总结，是保证防灾规划可实施性的重要方面，实际上在城市抗震防灾规划标准中在防灾规划的编制内容和要求等多方面都体现了这一点，并在总则中明确规定了"城市抗震防灾规划的范围和适用期限应与城市总体规划保持一致。对于城市抗震防灾规划标准第 3.0.12 条 2～4 款规定的特殊情况，规划末期限宜一致。城市抗震防灾规划的有关专题抗震防灾研究宜根据需要提前安排。应纳入城市总体规划体系同步实施。对一些特殊措施，应明确实施方式和保障机制。"当总体规划与城市抗震防灾规划编制时间不同造成规划范围和适用期限有差异时，通常可以采用多种方式弥补，可根据国家规划编制的有关规定和城市的具体情况由抗震防灾规划主管部门确定。城市抗震防灾规划是其总体规划组成部分，该规划所确定的城市抗震设防标准、城市用地评价与选择、抗震防灾措施是总体规划中强制性内容，纳入总体规划实施有其法律效力保证。城市抗震防灾规划中通常需要由专业部门实施的一些特殊措施，可根据不同政府部门的管理要求明确实施方式和保障措施。

③城市现状和发展并重，体现新时期城市抗震防灾规划的时代要求，强调实用性、可操作性和适度的前瞻性，针对城市的不同规划发展阶段和不同的规划与建设层次要求，发展城市抗震防灾规划研究、编制和实施的相关技术。

④认真贯彻"以预防为主，防、抗、避、救相结合"的方针，坚持"分清层次、区别对待、有所侧重、突出重点、统筹安排、全面规划"的规划编制原则，立足于为城市工程建设服务的指导思想。

⑤坚持"以人为本"的原则，体现对生命的重视和尊重，规划的制定出发点是人，落脚点是工程，保障民众的抗震安全和提高城市综合抗震能力是规划目标的两个方面。规划措施的制定，应体现民众的需求，始于民而服务于民。

4.4.4 规划目标

《城市抗震防灾规划标准》（GB 50143—2007）1.0.4、1.0.5、3.0.2 条对城市抗震防灾的防御目标的确定作出了规定：

1）下述目标为基本防御目标：

①当遭受多遇地震影响时，城市功能正常，建设工程一般不发生破坏；

②当遭受相当于本地区地震基本烈度的地震影响时，城市生命线系统和重要设施基本正常，一般建设工程可能发生破坏但基本不影响城市整体功能，重要工矿企业能很快恢复生产或运营；

③当遭受罕遇地震影响时，城市功能基本不瘫痪，要害系统、生命线系统和重要工程设施不遭受严重破坏，无重大人员伤亡，不发生严重的次生灾害。

2）城市抗震防御目标应不低于基本防御目标，根据城市建设与发展要求确定，必要时还可区分近期与远期目标，对于城市建设与发展特别重要的局部地区、特定行业或系统，可采用较高的防御要求。

3）抗震防御目标高于基本防御目标时，应给出设计地震动参数、抗震措施等抗震设防要求，并按照现行《建筑抗震设计规范》（GB 50011—2010）中的抗震设防要求的分类分级原则进行调整。

应该注意的是：鉴于现有抗震防灾规划和抗震设防区划中当采用高于基本抗震防御目标时，部分城市制定了一些与现行国家相关规范标准更高的抗震防灾要求和措施，但这些要求和措施多是对现行《建筑抗震设计规范》的相关抗震措施进行了过细的调整，打破了该规范中相关条文的分类分级规定，依据稍显不足，因此在城市抗震防灾规划标准中的规定应按照相关规范中的分类分级层次进行调整，以规范相应抗震措施的制定。

在进行城市抗震防灾规划时，应综合考虑我国现有各种规范标准中的防御目标要求。下面为部分标准中的相关规定。

（1）《工程结构可靠度设计统一标准》（GB 50153—2008）

第1.0.7条 工程结构设计时，应根据结构破坏可能产生的后果（危及人的生命，造成经济损失，产生社会影响等）的严重性，采用表4-9规定的安全等级。

第1.0.8条 工程结构中各类结构构件的安全等级宜与整个结构的安全等级相同。对其中部分结构构件的安全等级可适当提高或降低，但不得低于三级。

（2）《建筑抗震设计规范》（GB 50011—2010）

按本规范进行抗震设计的建筑，其抗震设防目标是：当遭受低于本地区抗震设防烈度的多遇地震影响时，一般不受损坏或不需修理可继续使用；当遭受相当于本地区抗震设防烈度的地震影响时，可能损坏，经一般修理或不需修理仍可继续使用；当遭受高于本地区抗震设防烈度预估的罕遇地震影响时，不致倒塌或发生危及生命的严重破坏。

建筑抗震的设防目标即"小震不坏，中震可修，大震不倒"的具体化。根据我国华北、西北和西南地区地震发生概率的统计分析，50年内超越概率约为63%的地震烈度为众值烈度，比基本烈度约低一度半，规范取为第一水准烈度；50年超越概率约10%

的烈度即1990中国地震烈度区划图规定的地震基本烈度或新修订的中国地震动参数区划图规定的峰值加速度所对应的烈度，规范取为第二水准烈度；50年超越概率2%～3%的烈度可作为罕遇地震的概率水准，规范取为第三水准烈度，当基本烈度6度时为7度强，7度时为8度强，8度时为9度弱，9度时为9度强。

与各地震烈度水准相应的抗震设防目标是：一般情况下，遭遇第一水准烈度（众值烈度）时，建筑处于正常使用状态，从结构抗震分析角度，可以视为弹性体系，采用弹性反应谱进行弹性分析；遭遇第二水准烈度（基本烈度）时，结构进入非弹性工作阶段，但非弹性变形或结构体系的损坏控制在可修复的范围；遭遇第三水准烈度（预估的罕遇地震）时，结构有较大的非弹性变形，但应控制在规定的范围内，以免倒塌。

（3）《构筑物抗震设计规范》（GB 50191—2012）

第1.0.2条 按本规范进行抗震设计的构筑物，当遭受低于本地区设防烈度的地震影响时，一般不致损坏或不需修理仍可继续使用；当遭受本地区设防烈度的地震影响时，可能损坏，但经一般修理或不需修理仍可继续使用；当遭受高于本地区设防烈度一度的地震影响时，不致倒塌或发生危及生命或导致重大经济损失的严重破坏。

（4）《建筑工程抗震设防分类标准》（GB 50223—2015）

第3.0.1条 建筑抗震设防类别划分，应根据下列因素的综合分析确定：

1）建筑破坏造成的人员伤亡、直接和间接经济

表4-9 工程结构的安全等级

安全等级	破坏后果	安全等级	破坏后果	安全等级	破坏后果
一级	很严重	二级	严重	三级	不严重

注：对特殊结构，其安全等级可按具体情况确定。

损失及社会影响的大小。

2）城镇的大小、行业的特点、工矿企业的规模。

3）建筑使用功能失效后，对全局的影响范围大小、抗震救灾影响及恢复的难易程度。

4）建筑各区段的重要性有显著不同时，可按区段划分抗震设防类别。下部区段的类别不应低于上部区段。

5）不同行业的相同建筑，当所处地位及地震破坏所产生的后果和影响不同时，其抗震设防类别可不相同。

注：区段指由防震缝分开的结构单元、平面内使用功能不同的部分、或上下使用功能不同的部分。

第 3.0.2 条 建筑工程应分为以下四个抗震设防类别：

1）特殊设防类：指使用上有特殊设施，涉及国家公共安全的重大建筑工程和地震时可能发生严重次生灾害等特别重大灾害后果，需要进行特殊设防的建筑。简称甲类。

2）重点设防类：指地震时使用功能不能中断或需尽快恢复的生命线相关建筑，以及地震时可能导致大量人员伤亡等重大灾害后果，需要提高设防标准的建筑。简称乙类。

3）标准设防类：指大量的除 1）、2）、4）款以外按标准要求进行设防的建筑。简称丙类。

4）适度设防类：指使用上人员稀少且震损不致产生次生灾害，允许在一定条件下适度降低要求的建筑。简称丁类。

（5）《室外给水排水和燃气热力工程抗震设计规范》（GB 50032—2016）

第 1.0.2 条 按本规范进行抗震设计的构筑物及管网当遭遇低于本地区抗震设防烈度的多遇地震影响时，一般不致损坏或不需修理仍可继续使用。当遭遇本地区抗震设防烈度的地震影响时，构筑物不需修理或经一般修理后仍能继续使用；管网震害可控制在局部范围内，避免造成次生灾害。当遭遇高于本地区

抗震设防烈度预估的罕遇地震影响时，构筑物不致严重损坏，危及生命或导致重大经济损失；管网震害不致引发严重次生灾害，并便于抢修和迅速恢复使用。

第 1.0.7 条 对室外给水、排水和燃气、热力工程系统中的下列建构筑物（修复困难或导致严重次生灾害的建构筑物），宜按本地区抗震设防烈度提高一度采取抗震措施（不作提高一度抗震计算），当抗震设防烈度为 9 度时，可适当加强抗震措施：

1）给水工程中的取水构筑物和输水管道、水质净化处理厂内的主要水处理构筑物和变电站、配水井、送水泵房、氯库等；

2）排水工程中的道路立交处的雨水泵房、污水处理厂内的主要水处理构筑物和变电站、进水泵房、沼气发电站等；

3）燃气工程厂站中的贮气罐、变配电室、泵房、贮瓶库、压缩间、超高压至高压调压间等；

4）热力工程主干线中继泵站内的主厂房、变配电室等。

（6）《铁路工程抗震设计规范》（GB 50111—2006）

第 3.0.1 条 按本规范进行抗震设计的铁路工程，应达到的抗震性能要求如下：

性能要求 I：地震后不损坏或轻微损坏，能够保持其正常使用功能；结构处于弹性工作阶段；

性能要求 II：地震后可能损坏，经修补，短期内能恢复其正常使用功能；结构整体处于非弹性工作阶段；

性能要求 III：地震后可能发生较大破坏，但不出现整体倒塌，经抢修后可限速通车；结构处于弹塑性工作阶段。

4.4.5 城市抗震防御目标的确定

（1）城市总体抗震防御目标的确定应考虑的因素

城市抗震防灾规划的编制所依据的总体防御目

标，将通过规划的实施逐步达到。在确定总体防御目标时，主要考虑到：

1) 城市规划区的地震基本烈度，城市规划区在《中国地震动参数区划图》（GB 18306—2015）中的位置；

2) 进行工程建设时，抗震设防烈度应按照国家有关标准确定，同时也应符合城市抗震防灾规划有关规定；

3) 相关法律标准的规定；

4) 城市总体规划与其他相关规划中设定的城市抗震防灾目标，与上述规定的相互关系；

5) 国家、省级、市级防震减灾规划的防震减灾目标；

6) 城市抗震救灾应急目标及场景的设定；

7) 城市抗震防灾体系的设计和构建要求；

8) 城市发展目标和要求分析（城市中长期发展规划，五年发展规划，总体规划）。

（2）城市抗御6级地震的考虑

目前，在各级防震减灾规划中，多对城市达到抗御6级地震的目标进行了规定。地震震级和地震烈度是两个不同的概念。地震震级通常是相对于发震震源或设定地震来说的，因此震源的设定对城市地震影响的估计影响甚大。

从城市抗震防灾规划来说，如何抗御6级地震目前尚没有统一的规范解释。目前较为一致的认识是城市通过抗震设防、应急救援和地震预警预报等综合抗震防灾能力的建设，能够综合达到应对6级地震的能力。因此对城市抗震防灾规划来说，主要通过下面措施来达到该防御目标：

1) 按照《中国地震动参数区划图》（GB 18306—2015）和《建筑抗震设计规范》（GB 50011—2010）所确定的抗震设防烈度进行抗震设防，城市建（构）筑物达到抗御地震基本烈度的抗震能力，即常说的"小震不坏，中震可修，大震不倒"，并根

据有关规范标准的规定和城市抗震防灾规划的统一安排对城市的重要建筑、要害系统和关键生命线工程采取较高的抗震设防标准及抗震措施，保证其在地震中的防灾救灾功能保障要求；

2) 在抗震防灾规划中，综合考虑地震应急救援资源的综合规划，设计防灾型空间布局，进行防灾型都市构建规划设计。

3) 城市通过制定地震应急救援抗震减灾目标和应急对策，使城市达到抗御6级地震的能力。

（3）特定局部地区、特定行业或系统的考虑

城市抗震防灾规划时，根据城市抗震防灾和抗震应急救灾的总体规划部署，对特定局部地区、特定行业或系统可统筹考虑采用较高的防御目标。

4.4.6 城市抗震防灾规划内容体系建议

（1）总则

编制规划的指导思想、编制原则、编制依据、防御目标、规划范围及适用期限、规划背景和规划过程、规划的批准和实施、术语解释。

（2）基本要求

包括城市总体抗震设防要求、设防水准、人口密度、房屋间距等规划总体防灾技术指标，其他抗震防灾基本要求。

（3）城市用地

对规划区内的场地环境进行地震工程地质调查和评价的基础上，提出土地利用抗震防灾有关规定，城市用地的适宜性要求和措施。

成果图件主要有：

1) 已经收集的和补充勘察的场地勘察资料分布图

2) 地震场地破坏效应分区图

3) 城市用地抗震类型分区

4) 城市用地防灾适宜性分区

（4）新建工程抗震设防

城市新建工程的抗震设防要求、规划、设计、

建设、施工、维护管理等抗震防灾要求。

（5）城市基础设施

供电、供水、供气、交通及对抗震救灾起重要作用的指挥、通讯、医疗、消防、物资供应与保障等基础设施，分别进行现状分析、震害预测和损失分析、抗震薄弱环节分析，制定规划要求和抗震防灾措施。

成果图件主要有：

1）城市基础设施各系统抗震性能评价及抗震防灾规划

2）应急保障基础设施布局及要求

（6）既有建筑抗震加固与改造

既有建（构）筑物现状调查，易损性分析，抗震薄弱环节分析，抗震加固确定原则、标准，抗震加固要求，抗震加固计划和安排，抗震加固管理。

成果图件主要有：

1）建（构）筑物抗震性能评价图

2）既有建（构）筑物的抗震加固规划图

（7）城区建设和改造

城区建设和改造的总体要求与对策，重点改造城区及改造要求，城区建设的抗震防灾要求，近期重点建设与改造城区及抗震防灾要求。

成果图件主要有：

1）城区抗震性能分区评价图

2）城区建设改造规划图

（8）地震次生灾害防御

次生灾害源的建设和管理，次生灾害防御应急与队伍管理，防止、减轻次生灾害的规划措施等。

成果图件主要有：

1）潜在次生灾害危险源分布图

2）次生灾害危险源改造规划图

（9）避震疏散

调查城市可用作避震疏散的用地面积、容量和附近的交通情况，研究在设防烈度地震和罕遇地震作用下的城市破坏影响和受灾人数，制定城市避震疏散

总体要求，避震疏散场所、道路的抗震防灾要求，避震疏散场所的安排，避震疏散场所和道路的建设改造要求，避震疏散场所的管理和避震疏散宣传教育等。

成果图件主要有：

1）避震疏散用地和避灾据点分布图

2）避震疏散责任区划分图

3）避震疏散通道图

（10）地震应急和恢复重建

制定城市地震应急和恢复重建的原则和抗震防灾要求。

（11）近期主要抗震防灾工作

城市近期的主要抗震工作及安排。

（12）规划的实施和保障

城市抗震防灾机构、法规与制度建设、技术科研、队伍建设、宣传培训、经费投入保障等防灾规划实施和保障的要求和措施。

（13）修订和解释

城市抗震防灾规划的修订和解释有关事项。

4.4.7 分类分级指导

（1）规划编制模式

根据城市规模和地震危险性划分三类编制模式，即：

甲类模式——位于地震烈度七度及以上地区的大城市

乙类模式——中等城市和位于地震烈度六度地区的大城市

丙类模式——其他城市

2014 年 11 月 21 日，《关于调整城市规模划分标准的通知》明确规定，新的城市规模划分标准以城区常住人口为统计口径，将城市划分为五类七档：城区常住人口 50 万以下的城市为小城市，其中 20 万以上 50 万以下的城市为 I 型小城市，20 万以下的城市为 II 型小城市；城区常住人口 50 万以上 100 万以

下的城市为中等城市；城区常住人口 100 万以上 500 万以下的城市为大城市，其中 300 万以上 500 万以下的城市为 I 型大城市，100 万以上 300 万以下的城市为 II 型大城市；城区常住人口 500 万以上 1000 万以下的城市为特大城市；城区常住人口 1000 万以上的城市为超大城市。

（2）规划编制工作区

根据城区重要性和灾害规模效应，对城市的不同规划和发展区域划分为四类工作区，分别制定不同的抗震防灾评价及规划编制要求，这也与城市的规划发展总体思想相一致，城市的重点规划建设与发展区域，也是防灾规划的重点，需要重点制定有针对性的规划防灾要求、技术指标及相应的抗震措施，对于城市的中远期发展区域，与城市总体规划的要求相一致，注重总体防灾的编制内容和要求。

（3）规划编制与专题研究并重

与城市总体规划、详细规划等不同层次规划要求相对应，防灾规划编制与专题研究并重。专题研究是防灾规划编制和贯彻实施的重要保障。

城市抗震防灾规划的编制应依据对城市地震地质环境与场地环境、基础设施、城区建筑、地震次生灾害源等城市灾害环境和工程设施环境的充分把握，必要时需要进行专题研究以加强对城市综合抗震防灾能力的了解。

编制城市抗震防灾规划的专题研究安排要从城市的实际情况出发，针对城市规划发展的防灾决策分析、工程抗震土地利用、基础设施、城区建筑、地震次生灾害、避震疏散和防灾据点建设、防灾规划信息管理系统以及迫切需要解决的城市规划建设中的其他抗震防灾问题，在规划编制前进行。在进行专题研究时，要密切结合城市的规划发展要求，以制定与近期规划、建设和发展相匹配的抗震防灾要求和措施为重点，满足城市迅速发展变化的要求，解决城市建设与发展进程中的抗震防灾问题。

（4）加强防灾规划内容的强制性和指导性

抗震防灾规划的内容体系应贯彻强制性和指导性相结合的原则，以增强规划的实用性和可操作性。《城市抗震防灾规划管理规定》及《城市抗震防灾规划标准》中都明确规定"城市抗震防灾规划中的抗震设防标准、建设用地评价与要求、抗震防灾措施应根据城市的防御目标、抗震设防烈度和国家现行标准确定，作为规划的强制性要求。"

需要注意的是，对于规划中的抗震防御目标、抗震设防标准、建设用地评价与要求、抗震防灾措施等应与现行国家规范标准一致，如果采用较高要求，要有充分的根据，强调规划内容规定从相关法律法规和技术标准出发，充分考虑工程建设实际情况和可能的条件，以增强规划的实用性和可操作性。

（5）规划编制层次

从规划编制层面上划分，大体可以分为三个层次：一是城市规划与发展的防灾要求和技术指标；二是针对各类工程设施（各子系统）的单独的防灾规划要求和措施；三是防灾资源和设施的建设规划要求，属于工程规划的范畴。在规划编制过程中，要立足于城市的变化和发展，运用动态的观点来看待和规划城市防灾工作。要使防灾规划在长时间内起作用，其关键是要使防灾规划所依据的基础资料和信息经常与城市的实际情况保持一致，并针对不断更新的基础数据进行实时动态分析和修编外，针对基于城市发展的基本要素和条件要求，研究城市发展和建设中的防灾规划技术指标和防灾减灾策略与对策，以满足不同阶段、不同层次城市抗震防灾基本要求。

4.4.8 研究层次划分

随着我国国民经济的快速发展，城市的规模越来越大，城市在国民经济中的位置也发生了较大的变化。城市作为地区经济、文化、政治活动的中心，其辐射范围和影响度越来越大，因此各类规模的城市规划所涵盖的区域范围面积相对于改革开放初期都大大增加了。城市不同分区的发展程度不同，规划目标和要求也不同，灾害环境、工程设施的类型及分布特点、分区规划发展的防灾需求差异也很大。城市的建设和发展按照总体规划具有不同的发展时序和重要性，产生对抗震防灾的要求差异，从抗震防灾的角度看，城市规划区的不同地区抗震防灾需求层次和侧重点也有所差异。城市建成区灾害的规模效应比其他地区高，尤其城市中的高密度开发区和其他致灾因素比较多的地区地震易损性明显提高，在进行抗震防灾评价和规划安排时应该特别注意；城市规划的新建区、待发展区迫切需要解决的问题包括防灾基础设施建设、防灾措施的制定、土地利用适宜性评价和防灾规划技术指标的制定等。划分工作区主要是考虑不同功能区域的灾害及场地环境影响特点、灾害的规模效应、工程设施的分布特点及对抗震防灾的需求重点，区分不同地区抗震防灾工作不同层次、不同标准的需求及轻重缓急。为此按照防灾规划的编制要求，考虑城市的总体发展要求和不同地区的用地性质，将城市规划区划分为不同类别的工作区，以便各有侧重、突出重点、统筹规划。

在城市抗震防灾规划标准中，给出了以下规定：

1）甲类模式：城市规划区内的建成区和近期建设用地应为一类工作区；

2）乙类模式：城市规划区内的建成区和近期建设用地应不低于二类工作区；

3）丙类模式：城市规划区内的建成区和近期建设用地应不低于三类工作区；

4）城市的中远期建设用地应不低于四类工作区；

5）在进行防灾评价时，可不考虑城市规划区内的山地、林地、农用地、一般风景园林区等非建设用地。

不同类别工作区的评价要求可按实际情况进行调整（表4-10）。

4.4.9 城市的主要防灾研究对象及评价要求

城市抗震防灾规划的研究对象是不断发展的城市系统，亦即研究区域内的与城市建设相关的地震地质和场地环境、建筑结构工程、城市基础设施等城市

表4-10 不同工作区的主要工作项目

主要工作项目			规划工作区类别			
分类	序号	项目名称	一类	二类	三类	四类
城市用地	1	用地抗震类型分区	✓*	✓	#	#
	2	地震破坏和不利地形影响估计	✓*	✓	#	#
	3	城市用地抗震适宜性评价及规划要求	✓*	✓	✓	✓
基础设施	4	基础设施系统抗震防灾要求与措施	✓	✓	✓	✓
	5	交通、供水、供电、供气建筑和设施抗震性能评价	✓*	✓	#	×
	6	医疗、通信、消防建筑抗震性能评价	✓*	✓	#	×
城区建筑	7	重要建筑抗震性能评价及防灾要求	✓*	✓	✓	✓
	8	新建工程抗震防灾要求	✓	✓	✓	✓
	9	城区建筑抗震建设与改造要求和措施	✓*	✓	#	×
其他专题	10	地震次生灾害防御要求与对策	✓*	✓	✓	×
	11	避震疏散场所及疏散通道规划布局与安排	✓*	✓	✓	×

注：表中的"✓"表示应做的工作项目，"#"表示宜做的工作项目，"×"表示可不做的工作项目。
　　*表示宜开展专题抗震防灾研究的工作内容。

环境要素和建设要素以及由这些要素组成的复杂的、不断变化发展的城市复杂工程系统。城市抗震防灾规划中需要重点研究的对象分为以下几类,相应的评价要点和规划要求如下:

(1) 城市用地

城市规划建设用地选择的盲目性在许多地方造成了相当大的投资和建设风险,城市用地工程抗震适宜性规划是防灾规划中对城市总体规划具有强制性的核心内容之一,应在进行城市用地抗震类型分区和不利因素评价估计的基础上,进行防灾适宜性评价,区分不同的适宜性,提出城市规划建设用地选择与相应城市建设抗震防灾要求和对策。

(2) 城市基础设施

主要是指城市的生命线系统包括单体工程设施和由其组成的网络。在进行抗震防灾规划编制时,主要需对供电、供水、供气、交通系统以及对抗震救灾起重要作用的指挥、通讯、医疗、消防、物资供应及保障系统等进行抗震防灾评价,应在加强单体工程设施抗震评价基础上,针对供电、供水、供气、交通系统根据实际需要进行网络功能抗震评价。必要时,与这些系统相关的次生灾害影响也是研究的重点。结合城市基础设施各系统的专业规划,针对其在抗震防灾中的重要性和薄弱环节,提出基础设施规划布局、建设和改造的抗震防灾要求和措施。

(3) 城区建筑

1) 重要建筑,主要包括:《建筑抗震设防分类标准》中的甲、乙类建筑,市级党政指挥机关、抗震救灾指挥部门的主要办公楼,生命线系统的关键节点,可能造成重大人员伤亡或经济损失的其他建筑等。

2) 一般建筑:根据抗震评价要求,考虑结构型式、建设年代、设防情况、建筑现状等,参考工作区建筑调查统计资料进行分类。

城区中建筑密集或高易损性城区是研究重点,在这里重点强调对城区中的这些区域进行抗震防灾评价,为城市的规划建设提供指导。

传统城市抗震防灾规划中的建(构)筑物抗震防灾规划部分,对城市现有建筑物进行抗震性能评价(易损性分析)与城市工程设施的抗震防灾对策脱钩比较严重,抗震加固措施常常缺乏针对性。因此,建筑物的抗震防灾评价应与城区建设的抗震防灾要求和对策的制定结合起来,城市抗震防灾的对策应突出城区评价,针对城区建设和改造的薄弱环节提出相应的抗震防灾对策,体现分清层次、突出重点、分别侧重的原则。城区建筑抗震防灾对策研究考虑以下原则:

a. 在考虑城市功能的分区基础上进行。

b. 结合抗震性能评价结果分层次进行。

c. 重点针对抗震防灾能力薄弱城区,高密度、高危险城区。

(4) 地震次生灾害源

在进行抗震防灾规划编制时,应确定次生灾害危险源的种类和分布,并进行危害影响估计或评价。

城市防御地震次生灾害规划安排应结合城市的安全生产和危险品管理工作以及消防等专业规划,从优化城市次生灾害源布局和加强次生灾害源抗震防灾能力、减轻灾害影响方面重点进行规划。其规划编制按照次生灾害危险源的种类和分布,根据地震次生灾害的潜在影响,分类分级提出需要保障抗震安全的次生灾害源。对可能产生严重影响的次生灾害源,结合城市的发展,控制和减少致灾因素,提出防治、搬迁改造等要求。

(5) 避震疏散场所,防灾据点

避震疏散规划是减少人员伤亡的有效手段。避震疏散的安排应坚持"平震结合"的原则,结合城市的绿地、广场、公园、公共设施等规划,合理进行本镇疏散场所的规划安排,加强避震疏散的抗震安全和逐步提高避震疏散条件。制定避震疏散规划的主要内容为：

1）避灾疏散的基本技术指标要求的制定，如避灾场地的面积要求，环境要求等。

2）避震疏散场所的抗震防灾要求，包括场地的现状评价、人均避难面积、场地的安全性、配套设施和管理要求。

3）避震疏散道路的要求，如城市出入口数量要求，主干道和次干道要求、道路宽度要求等。

4）避灾疏散规划安排和对策。

5）防灾据点和防灾公园的规划建设。

在整个防灾规划的研究和编制过程中，将特别注意点线面的有机结合。抗震防灾中的点主要是国家级历史保护建筑、政府指挥机关和重大工程。人员众多的公共建筑等建筑将要考虑作为防灾据点对其抗震设防和抗灾能力进行重点研究。针对线状设施与网络的工作研究内容主要是指生命线系统抗灾能力分析和功能保障措施，以减轻震后可能引发的次生灾害和损失。

4.4.10 规划编制的主要依据

在进行城市抗震防灾规划时，应依据国家相关法律法规和技术标准的规定，下面给出部分供依据或参考的法律法规和技术标准：

（1）与防灾减灾有关的法律

1）《中华人民共和国城乡规划法》

2）《中华人民共和国建筑法》

3）《中华人民共和国防震减灾法》

4）《中华人民共和国突发事件应对法》

（2）与防灾减灾有关的行政法规

1）《建设工程质量管理条例》

2）《建设工程勘察设计管理条例》

3）《地震安全性评价管理条例》

4）《城市抗震防灾规划管理规定》（建设部第117号部长令）

5）《建设工程抗御地震灾害管理规定》（建设部第38号部长令）

6）《超限高层建筑工程抗震设防管理暂行规定》（建设部第59号部长令）

7）《超限高层建筑工程抗震设防管理规定》（建设部第111号部长令）

8）《城市规划编制办法》（建设部第14号部长令）

9）《市政公用设施抗灾设防管理规定》（住建部第1号令）

（3）技术标准

1）《城市抗震防灾规划标准》（GB 50413—2007）

2）《建筑抗震设计规范》（GB 50011—2010）

3）《建筑抗震鉴定标准》（GB 50023—2009）

4）《建筑抗震设防分类标准》（GB 50223—2015）

5）《中国地震动参数区划图》（GB 18306—2015）

6）《构筑物抗震设计规范》（GB 5019—2012）

7）《电力设施抗震设计规范》（GB 50260—2013）

8）《核电厂抗震设计规范》（GB 50267—1997）

9）《岩土工程勘察规范》（GB 50021—2001）

10）《室外给水排水和燃气热力工程抗震设计规范》（GB 50032—2016）

11）《铁路工程抗震设计规范》（GB 50111—2006）

12）《水工建筑物抗震设计规范》（DL 5073—2016）

13）《水运工程抗震设计规范》（JTS 146—2012）

14）《输油（气）埋地钢质管道抗震设计规范》（SY/T 0450—2004）

15)《公路工程抗震设计规范》（JTG 1302—2013）

16）其他有关的技术规范和标准

（4）城市有关资料

1）城市发展规划及相关规定

2）城市总体规划及相关专项规划

4.5 建筑工程结构抗震

4.5.1 我国地震烈度区划图的发展

地震区划是对给定区域（一个国家或地区）按照其在一定时间内可能经受的地震影响强弱程度的划分，通常用图来表示。地震区划图是国家经济建设和国土利用规划的基础资料，是一般工业与民用建筑的地震设防依据，也是制定减轻和防御地震灾害对策的基本依据。

我国从 20 世纪 50 年代开始，随着对我国地震、地质、地球物理等资料的积累，在地震构造环境和地震活动特征等方面取得了新进展，国内外在地震区划图编制原则与方法方面也取得了重要进展，在此基础上相继开展了多次地震烈度区划图的编制。具体来说，我国先后五次编制了全国性的区划图，分别为 1956 年的《地震区划图》、1977 年的《中国地震烈度区划图》、1990 年的《地震烈度区划图》、2001 年的《中国地震动参数区划图》以及 2015 年的《中国地震动参标区划图》，分别介绍如下。

第一代地震区划图，为适应第一个五年计划期间国家经济建设的需要，1954 年我国编制了第一张全国性的地震烈度区划图，该图和说明书发表在 1957 年的《地球物理学报》上。第一代地震烈度区划图的编制原则：历史地震烈度的重复原则和相同发震构造发生相同地震烈度的类比原则。这一代的基本烈度被定义为："未来（无时限）可能遭遇历史上曾发生的最大地震烈度。"由于该区划图没有明确的时间概念，并且所给出的烈度值偏高，因此在实际中并未被采用。

第二代地震区划图，1966 年邢台地震发生后，我国中长期地震预测方法有了迅速发展，这就为新版地震区划图的编制创造了条件。第二代地震烈度区划图于 1977 年公布，并正式成为我国工程建设抗震设防依据。该图首次引入了地震趋势分析的概念，将区划图赋予了时间预测的含义，并提出了地震基本烈度的概念和定义，即：地震基本烈度为未来 100 年内，在一般场地条件下，该地可能遭遇的最大地震烈度。第二代地震区划图的编制方法称为确定性方法，图中标示的烈度在对具体建设工程进行抗震设防时需做政策性调整。

第三代地震区划图，于 1992 年由国家地震局和建设部联合颁发，作为一般建设工程抗震设防的依据。该图首次以超越概率的形式定义了基本烈度的概念，即：地震基本烈度为一般场地条件下，50 年内可能遭遇超越概率为 10% 的地震烈度。所谓超越概率就是指在一定时期内，地震震动强度超过给定值的概率或可能遭遇大于或等于给定的地震动参数值的概率。50 年内超越概率为 10% 的地震烈度，相当于 474 年（重现期）一遇的地震烈度。该图制定时采用了地震危险性分析的概率方法，并考虑了我国地震活动时、空分布不均匀的特点，吸收了地震长期预测方面的成果。

第四代地震区划图，地震烈度区划图是以定性的"烈度"等级为标准，既不能准确反映地震动的物理效应，也不能满足经济和科学发展的要求。作为工程抗震设防的依据，应该直接给出抗震设计所需要的地震动参数。《中国地震动参数区划图》（GB 18306—2001）于 2001 年 2 月由原国家质量技术监督局（现国家质量监督检验检疫总局）以强制性国家标准批准发布，并于 2001 年 8 月 1 日正式实施。该区划图的编制原则是：充分吸收国内外有关地震区划的最新研究成果，特别是近 10 年来取得的新成果和新资料；采用多学科（如地球物理、地质学、地壳应力地震分析及预报、工程力学等）综合研究的手段，充分考虑中国地震环境和地震活动区域性差异以及不同时间尺度的地震预测结果；科学地考虑各环节的不确定性因素及其影响；以地震动参数表示。综合反映场地影响和地震环境特点；区划图适用于新建、改建、扩建一般建设工程抗震设防以及编制社会经济发展和国土利用规划；以全文强制性国家标准的形式颁布，并考虑抗震设防政策和使用上的连续性，与现行国家法律、法规、标准协调一致以及实施过程中的可操作性。《中国地震动参数区划图》（GB 18306—2001）的内容包括：《中国地震动峰值加速度区划图》、《中国地震动反应谱特征周期区划图》和《地震动反应谱特征周期调整表》（表 4-11），即所谓"两图一表"。同时，为便于操作还提供了《地震动峰值加速度分区与地震基本烈度对照表》。

第五代地震区划图，根据国家质量监督检验检疫总局、国家标准化管理委员会发布 2015 年第 15 号中国国家标准公告，新修订的强制性国家标准《中国地震动参数区划图》（GB 18306—2015）发布，代替 GB 18306—2001，于 2016 年 6 月 1 日起正式实施。该标准修订的主要原因如下：国家对地震安全提出了更高的要求，社会对地震安全提出了新的需求；第四代地震区划图实施以来，我国积累了大量地震、地质、地球物理等新资料，在地震构造环境和地震活动特征等方面取得了新的认识；国内外在地震区划图编制原则与方法方面取得了重要进展，并逐步得到应用；

2008 年我国汶川地震及 2011 年日本东部海域地震等国内外特大地震灾害事件提供了重要的经验教训。

本标准依据《中华人民共和国防震减灾法》修订，与 GB 18306—2001 相比主要有以下变化：

（1）由全文强制改为条文强制；

（2）增加了引言；

（3）增加了规范性引用文件作为第 2 章；

（4）增加了部分术语和定义，增加的术语和定义为 3.1"地震动"、3.2"地震动参数"、3.7"重大建设工程"、3.8"一般建设工程"、3.9"基本地震动"、3.10"多遇地震动"、3.11"罕遇地震动"、3.12"极罕遇地震动"；

（5）原第 4 章"使用规定"扩充为现第 5 章"基本规定"、第 6 章"II 类场地地震动峰值加速度确定"、第 7 章"II 类场地地震动加速度反应谱特征周期确定"和第 8 章"场地地震动参数调整"；

（6）修订了附录 A 和附录 B 的内容，局部地区地震动参数值进行了适当调整；

（7）原附录 C"中国地震动反应谱特征周期调整表"扩充为"场地地震动峰值加速度调整系数 F_a"和"场地基本地震动加速度反应谱特征周期调整表"，"场地地震动峰值加速度调整系数 F_a"放入附录 E 中，"场地基本地震动加速度反应谱特征周期调整表"放入第 8 章正文中；

（8）原附录 D"关于地震基本烈度向地震动参数过渡的说明"修改为"场地地震动峰值加速度与地震烈度对照表"，作为附录 G；

（9）增加了"全国城镇 II 类场地基本地震动峰

表 4-11　中国地震动反应谱特征周期调整表

特征周期分区	场地类型划分			
	坚硬	中硬	中软	软弱
1 区	0.25	0.35	0.45	0.65
2 区	0.30	0.40	0.55	0.75
3 区	0.35	0.45	0.65	0.90

值加速度和基本地震动加速度反应谱特征周期"、"场地类别划分"和"地震动参数分区值范围",分别作为附录 C、附录 D 和附录 F。

4.5.2 我国建筑抗震设计规范发展沿革

我国于 1955 年翻译出版了苏联《地震区建筑规范》,1957 年提出了新的中国地震烈度表,在哈尔滨召开全国抗震结构学术讨论会,部分论文 1958 年发表于土木工程学报。国家建委委托土木建筑研究所负责主编我国抗震设计规范,1959 年提出了我国第一个抗震设计规范草案,内容包括房屋、道桥、水坝、给排水等多种土建工程学科,并为设计单位试用,此草案参考了 1957 苏联 CH-8-57 规范。同年,国家建委撤销,此草案被搁置。

1962 年土木建筑研究所改名为工程力学研究所,国家建委重新恢复并责成工程力学所重新主编我国抗震规范,参加编制的单位还有中国科学院地球物理所、建筑工程部西北工业设计院、给排水设计院、铁道部第一设计院,水电部水利科学研究院等。1964 年提出我国第二个抗震设计规范草案《地震区建筑设计规范(草案稿)》,该规范中不再包括水工结构部分,但除建筑物部分外,还包括给排水、农村房屋、道桥等。此规范有如下特点:与 1959 年草案相同,由于无成熟的全国地震烈度区划图,只采用若干重要城市的基本烈度作参考;废弃了 1959 年草案中按苏联经验采用的场地烈度概念,对场地影响不采用调整烈度的方式去处理,而采用调整反应谱的方法,这一方法的引入要早于美国和日本十几年;改变了 1959 年草案中将场地分为三类的单纯宏观方法,而采用多物理指标法分为四类;将 1959 年草案中的地震系数 k_c 改写为 C 与 k 两个系数的乘积 Ck,使地震系数 k 明确表示实际地震动,即 $k=a_{max}/g$,a_{max} 为地震最大水平或竖向加速度;而用结构系数 C 明确表示结构非弹性反应的影响,随结构类型而异,

变化于 1/3 到 1 之间;采用两种公认的方法,即等效静力法与反应谱法;对下述结构应计算竖向地震力:稳定性依赖于自重维持的结构,如重力坝与挡土墙;位于高烈度区(震中区)的以自重为主要荷载的结构,如大跨桥梁与屋盖结构;根据国内实测结果与理论研究,给出了多层砖石房屋、多层钢筋混凝土楼房、坝、桥墩、烟囱与高架塔的自振周期计算公式。

1970 年国家建委重新组织中国建筑科学研究院等单位主编我国建筑抗震规范,1972 年提出了工业与民用建筑抗震规范草案,广泛征求意见,并于 1974 年出版了我国第一部正式批准的抗震规范《工业与民用建筑抗震设计规范(试行)》(TJ 11—74),此规范仅包括工业与民用建筑部分,不包括给排水与道桥等。该规范继承了 1964 年规范草案中关于按场地土壤调整反应谱的规定,不用场地烈度一词,但改场地土为三类;同时,根据我国近十余年地震现场经验,提出了砂土液化判别公式。1978 年根据海城、唐山地震震害经验,对 1974 版规范进行了修改,正式出版了《工业与民用建筑抗震设计规范》(TJ 11—78)。

1982 年由建筑科学研究院负责主编,考虑对《工业与民用建筑抗震设计规范》(TJ 11—78)进行修订,1989 年由建设部批准《建筑抗震设计规范》(GBJ 11—89),1990 年正式实施。这一规范的主要特点是:采用了以概率可靠度为基础的三水准(小震不坏、中震可修、大震不倒)、两阶段(小震下得截面抗震验算和大震下的结构变形验算)的抗震设计思想;提出了 6 度区的建筑抗震设防的要求;提出了建筑的重要性分类概念,以基本烈度和建筑重要性分类共同确定设防标准;采用了 4 类场地分类,并在地震作用计算中考虑了远近震的影响;在地震作用计算方法中增加了结构时程分析法作为补充计算,同时,还考虑了扭转和竖向地震效应的计算;在截面承载力验算中

引入了抗震调整系数，取代了 TJ 11—78 的总安全系数和结构系数。

1994 年由于中国建筑科学研究院负责，开始了《建筑抗震设计规范》（GBJ 11—89）修订的准备工作。2001 年 7 月建设部正式批准并与国家质量监督检验检疫总局联合发布《建筑抗震设计规范（GB 50011—2001）》。与 GBJ 11—1989 规范相比，GB 50011—2001 规范的主要改进之处在于：在抗震设防依据上取消了设计近震、远震的概念，代之以设计地震分组概念；提出了长周期和不同阻尼比的设计反应谱；增加了结构规则性定义，并提出了相应的抗震概念设计；新增加了若干类型结构的抗震设计原则。

2006 年由于中国建筑科学研究院负责，开始了《建筑抗震设计规范》（GB 50011—2001）修订的准备工作。修订过程中发生了 2008 年汶川地震，为适应汶川地震灾后恢复重建的需要，对正在实施的《建筑抗震设计规范》（GB 50011—2001）进行了局部修订，主要修订内容为：对灾区设防烈度的进行了调整，增加了有关山区场地、框架结构填充墙设置、砌体结构楼梯间、抗震结构施工要求的强制性条文，提高了装配式楼板构造和钢筋伸长率的要求等。此后，2010 年 5 月 31 日住房和城乡建设部正式批准并与国家质量监督检验检疫总局联合发布《建筑抗震设计规范》（GB 50011—2010）。本次修订后共有 14 章 12 个附录。除了保持 2008 年局部修订的规定外，主要修订内容是：补充了关于 7 度（0.15g）和 8 度（0.30g）设防的抗震措施规定，按《中国地震动参数区划图》调整了设计地震分组；改进了土壤液化判别公式，调整了地震影响系数曲线的阻尼调整参数、钢结构的阻尼比和承载力抗震调整系数、隔震结构的水平向减震系数的计算，并补充了大跨屋盖建筑水平和竖向地震作用的计算方法；提高了对混凝土框架结构房屋、底部框架砌体房屋的抗震设计要求；提出了钢结构房屋抗震等级并相应调整了抗

震措施的规定；改进了多层砌体房屋、混凝土抗震墙房屋、配筋砌体房屋的抗震措施；扩大了隔震和消能减震房屋的适用范围，新增建筑抗震性能化设计原则以及有关大跨屋盖建筑、地下建筑、框排架厂房、钢支撑—混凝土框架和钢框架—钢筋混凝土核心筒结构的抗震设计规定。取消了内框架砖房的内容。

4.5.3 抗震理论的发展历程

按照人们对地震地面运动特性认识程度不同和抗震设计时地震作用计算理论的差异，抗震理论的发展历程可分为静力理论阶段、反应谱理论阶段以及动力理论阶段。

（1）静力理论阶段（20 世纪 10 ~ 40 年代）

1857 年在意大利南部发生了纽波里坦（Neopolitan）大地震后，爱尔兰工程师罗伯特·马勒特（Robert Mallett）在其广泛的工作领域中首次将地震纳入到现代科学研究的轨道上。他运用力学原理将地震机理解释为"岩石和岩浆的错动"，并由此建立了地震学、震源、等震线等基本词汇，从此，将工程学和地震学紧密联系起来。

从世界范围来看，日本位于环太平洋地震带上，全国均属强震区，地震活动频繁，故抗震理论发展较早。1899 年日本大森房吉提出了震度法的概念，从而创立了水平静力抗震理论，成为该时期抗震理论的标志。此理论认为，结构物所受地震作用可以简化为作用于结构上的水平等效静力，其大小等于 $V=kW$，$k=a/g$，a 为地震动最大水平加速度，g 为重力加速度，W 为结构重量，地震系数 k 即为震度，约为 1/10，与结构特性无关。在此理论创立时，一般认为结构是刚性的，因此结构物上任何一点的加速度都等于地震动加速度。

这一理论的形成与震度 k 数值上的选择，是根据多次地震震害分析得来的。1891 年日本浓尾地震

（M=7.4）震害严重，促进人们对地震工程的重视，翌年在文部省下设置"震灾预防调查会"，开始了建筑与土木工程的抗震研究。1906年美国旧金山大地震，多种结构物受到检验，引起各方面的重视，日本的佐野利器等人进行现场调查，取得了重要经验；1916年佐野发表了长篇报告《家屋耐震构造论》，引入了震度法的概念，并根据大森房吉的烈度表确定了国际上几次大地震的震度，认为k=0.3是结构破坏的界限，若取结构物在一般荷载下的安全系数为3，在地震荷载下的安全系数可降低到1，则设计震度k=0.1。内藤多仲1921年按k=1/15设计了日本兴业银行等房屋，1923年关东大地震时，周围房屋破坏严重，而内藤设计的兴业银行等房屋则几乎无损坏，从而肯定了水平静力震度法的有效性。

震度法以刚性结构物假定为基础，但是结构振动研究表明，结构是可以变形的，有其自振周期。对于结构振动，共振是很重要的现象，直接影响着结构反应的大小。因此，在20世纪20～30年代引起了一场刚柔理论之争，这一刚柔之争一直继续到40年代仍无结论。但是由于震度法简便易行，柔性结构的定量分析当时无力解决，柔性结构的实现又有困难，所以后来用于实际的仍为以刚性理论为基础的震度法为主。

在这一阶段中，美国在地震工程的发展上，除了强震观测工作外，一般都落后于日本。1906年旧金山强震虽然损失严重，约相当于日本关东大地震，但是在旧金山地震后，美国并未重视地震工程工作，只是要求按146kgf/m²的风力设计，直到1925年圣巴巴拉地震之后，才开始有组织的抗震研究，由地质调查局承担地震研究；1927年的有关规范开始对抗震有所要求，直到1933年的加州Long Beach地震后，加利福尼亚政府采取了Field法案和Riley法案，对建筑抗震提出了强制性要求，采用静力震度法设计，取 k=0.02～0.08。

（2）反应谱理论阶段（20世纪40～60年代）

日本的石本已世雄在20世纪30年代初开始对强地震动加速度过程的观测，并取得不少中弱震记录，最大加速度约0.04g。他用此研究过不同场地条件对地震动最大振幅和卓越周期的影响，得到了一些有意义的结果。但是在他去世后，其工作未受到应有的重视而中止。与此相反，美国则在日本的影响下开展并发展了强震观测工作。

20世纪30年代，美国地震工程的发展受到日本的影响很大。1929年在东京召开万国工业会议时，美国派多人去东京地震研究所等单位了解抗震设计和地震动研究，并注意强震动的记录和观测问题。此后，组织了以弗里曼等人为中心的活动，宣传强震仪器观测的重要意义，1931年得到国家的支持，拨出特别经费由海岸地质调查局负责这一工作，并邀请日本当时的地震研究所所长末广恭二去美国四所大学讲学，对地震工程作了一系列详细的报告，鼓励美国进行强地震动加速度过程的观测。因此，1932年在加州布设了9个台，1933年长滩地震开始得到第一批强地震动过程的记录，以后继续增设强震观测台站并积累强震记录，其中有特别意义的是1940年5月18日帝国峡谷地震时取得的埃尔森特罗记录，具有典型强震动特性，在国际上曾被经常引用。

到20世纪40年代，美国已经取得了不少有工程意义的强地震动加速度过程的记录，这些记录丰富了人们对地震动时程特性的认识，从而促进了抗震设计理论一个重要发展，使抗震理论进入了反应谱阶段。

反应谱理论的提出是加州理工学院一些研究者对地震动加速度记录的特性进行分析后所取得的一个重要成果。比奥特在20世纪40年代初明确提出从这样的记录中计算反应谱的概念，而由豪斯纳在20世纪50年代初加以实现，并同时在加州的抗震规范中首先采用反应谱作为抗震设计理论，以取代过去的静力震度法。由于这一理论正确而简单地反映了地震动的特性，并根据强震观测资料提出了可用的数据，因而迅速在国际上得到广泛承认。到 20 世纪 50 年代，这一抗震理论基本上取代了震度法，从而确定了反应谱理论的主导地位。

反应谱理论可以称为准动力法。它通过反应谱考虑结构物的动力特性（自振周期、振型和阻尼）所产生的共振效应，但是，在设计中它仍然把地震惯性力看做是静力，因而只能称为准动力理论。

当反应谱理论在 20 世纪 50 年代被广泛接受时，抗震设计是以弹性理论为基础的。20 世纪 60 年代，结构非线性反应研究盛行，提出了极限设计的概念。这种思潮在抗震理论上的反映是结构非线性地震反应的研究，以伊利诺大学纽马克为首的研究者们取得了有意义的成果。他们提出了延性这个简单概念来概括结构物超过弹性阶段的抗震能力，延性大小是结构物抗震能力强弱的重要标志。他们认为在抗震设计中，除了强度与刚度之外，还必须重视加强延性，并提出了按延性系数将弹性反应谱修改成为弹塑性反应谱的具体方法和数据，从而使抗震设计理论进入了非线性反应谱阶段。

20 世纪 60 年代抗震理论的另一重要成果是随机振动理论的应用。这一理论的应用也是以人们对地震动特性的深入认识为基础的。美国的豪斯纳在 20 世纪 40 年代后期已经注意到了地震动的随机特性。到 50 年代末和 60 年代初，苏联、美国、日本和我国的地震工作者都进行了这一研究，包括结构物地震反应的随机理论的研究。这一理论不但为振型组合提供普遍接受的方法，更重要的是为今后发展的抗震设计概率理论奠定了基础。

20 世纪 60 年代抗震设计理论的另一进展是考虑了场地条件对反应谱形状的影响。场地条件对地震动和结构物的影响是历次强震震害反复表明了的，

但是由于经验不足，对地震动的认识不深，在国际上也引起过一场争论。早在 1906 年美国旧金山地震和 1923 年日本关东地震时就已经认识到坚硬地基上的震害轻于松软地基的经验，从而出现了加大松软地基上结构物设计地震动的规定。但与此同时，曾明确提出过的柔性结构在大远震、松软地基上震害重，刚性结构在小近震、坚硬地基上震害重的经验，却常被忽视。到 60 年代初，这些不同的经验或不同的认识，形成了互相矛盾的思想或理论。美国多数人趋向于认为场地条件对小地震有明显影响，松软地基上的地震动可能较大，但是达到强烈地震动时，松软地基无力传递这种地震动，因而不同场地上的加速度并无明显区别。苏联则以震害调查为依据，提高松软地基上结构物的设计烈度，认为松软地基上的加速度较大；美国的古登堡根据中小地震动的记录持同样意见；按金井清的理论，认为地震动的加速度将随地震动的卓越周期加长而减小，而松散地基上的卓越周期是较长的，所以地震动加速度也较小，从而形成了软地基上的地震动加速度和坚硬地基上相比要大、要小、差不多这三种截然不同的意见同期并存的混乱局面。我国研究者比较全面地总结分析了与此问题有关的震害经验和地震动观测数据，提出了松软地基上容易产生的地基失效影响，应该用选择场地与地基、构造措施来考虑，场地土壤对地震动的影响应该用调整反应谱的方法来考虑，主要表现为对软地基加大反应谱的长周期部分。这一调整反应谱的理论，现在证明是较正确的，已逐渐为更多的国家所采用。

（3）动力理论阶段（20 世纪 70 年代至今）

20 世纪 60 年代中，除了反应谱理论的推广普及外，在地震工程学的基本研究中还取得了许多重要的进展，其中包括电子计算机的普及和试验技术（特别是模拟地震动大型试验台）的发展，使人们对各类结构物在地震动作用下的线性与非线性反应全过程有

较多的了解；重大特殊的工程，如核电站、近海平台、输油管等结构，形状复杂、安全度要求高、实际震害经验缺乏，因而对结构抗震设计提出了更深入的要求；美、日、中等许多国家又相继发生了一些强烈地震，使许多新型结构有了地震经验；又由于强震观测台站的不断扩充，不少地震现场取得了许多结构，有些甚至是受到严重地震损坏的结构物的地震反应记录，同时还大量丰富了地震动的数据，包括地基内部反应的观测数据。这许多有利因素，促进了地震工程研究的迅速发展，在抗震设计上也出现更多的成果，向着真正的动力理论阶段过渡。

从地震动的振幅、频谱和持时三要素来看，抗震设计理论的静力阶段考虑了高频振动振幅的最大值，反应谱阶段考虑了频谱，持时则始终未能从设计理论中有明确的反映。1971 年美国圣费尔南多地震的震害使人们认识到"反应谱理论只说出了问题的一半"，从而推动了按地震动加速度过程 $a(t)$ 计算结构反应过程的动力法的研究，不但考虑了地震动的持时，并且也考虑了地震动中反应谱所不能概括的其他特性。对于复杂的结构体系，特别是在多维地震反应时，由于振型密集产生的耦联，以及平均反应谱中不同周期并非同时出现的影响，使得反应谱理论有较大的误差；对于结构出现破坏后的强烈非线性反应，除极为规整简单的结构物外，反应谱理论难以给出合理结果。在这些情况下，一般均需用动力法进行地震反应分析和抗震设计。

4.5.4 抗震设防与抗震设防标准

国内外的多次地震表明，进行工程抗震设防是有效减轻地震灾害的重要措施。例如 1976 年 7 月 28 日，一个拥有 150 万人口的唐山市发生了 7.8 级地震，顷刻间整座城市化为一片瓦砾，造成 24 万人员死亡，经济损失超过百亿元；然而，9 年以后的 1985 年，同样拥有 100 余万人口的智利瓦尔帕莱索市遭受了

7.8 级地震的袭击，只造成了 150 人死亡。两个人口规模相差不大的城市在遭遇同样大小的地震影响后，产生如此不同的结果，其原因是由于瓦尔帕莱索的建筑和设施进行了有效的抗震设防。2008 年 5.12 汶川地震灾害调查表明，严格按照《建筑抗震设计规范》（GB 50011—2001）设计的建筑，在预期地震的作用下一般都能达到抗震设防目标，也有很多超过预期地震的建筑也有良好的表现。因此，强化工程的抗震设防并把提高建筑物的地震安全性作为重要的指标，这是保障人民安居乐业的关键，抗震设防对减轻地震灾害工作是非常有效的。

我国是多地震的国家之一，抗震设防工作早在第一个五年计划时期就开始了。当时，由于经济水平的关系只对一些重点工程项目进行了抗震设防，地震烈度 8 度和 8 度以下的民用建筑均不设防。1966 年邢台地震后，京津地区的部分工程项目也进行了抗震设防。全国的抗震设防工作是在 1974 年底国家颁布第一本《工业与民用建筑抗震设计规范》之后才正式展开的，之后各部门也制订了相应的行业标准。

（1）抗震设防的概念

为工程结构在其服务期内（设计基准期内）确定一个抗御一定强度地震影响的设防标准一般称为抗震设防标准。设防标准的选择是与预期防御目标相联系的，它不仅考虑地震的危险水平，更主要的是考虑工程的效用—重要性、功能和效益（减免灾害损失所发挥的社会效益、经济效益、生态环境效益等）以及增加设防投资的承受能力。因而，抗震设防目标与抗震设防标准是在一定社会经济条件下的一种抉择性选择，它不仅受当前科学水平的局限，同时也为社会经济发展水平所制约。

对于不同使用性质和重要性不同的建筑物，地震破坏所造成后果的严重性是不一样的。因此，对于不同用途和不同重要性建筑物的抗震设防，不宜采用

同一标准，而应根据其破坏后果加以区别对待。为此，我国《建筑工程抗震设防分类标准》将建筑物按照其用途的重要性划分为四大类。

1）特殊设防类：指使用上有特殊设施，涉及国家公共安全的重大建筑工程和地震时可能发生严重次生灾害等特别重大灾害后果，需要进行特殊设防的建筑。简称甲类。

2）重点设防类：指地震时使用功能不能中断或需尽快恢复的生命线相关建筑，以及地震时可能导致大量人员伤亡等重大灾害后果，需要提高设防标准的建筑。简称乙类。

3）标准设防类：指大量的除1）、2）、4）以外按标准要求进行设防的建筑。简称丙类。

4）适度设防类：指使用上人员稀少且震损不致产生次生灾害，允许在一定条件下适度降低要求的建筑。简称丁类。

各抗震设防类别建筑的抗震设防标准，应符合下列要求：

1）标准设防类，应按本地区抗震设防烈度确定其抗震措施和地震作用，达到在遭遇高于当地抗震设防烈度的预估罕遇地震影响时不致倒塌或发生危及生命安全的严重破坏的抗震设防目标。

2）重点设防类，应按高于本地区抗震设防烈度一度的要求加强其抗震措施；但抗震设防烈度为9度时应按比9度更高的要求采取抗震措施；地基基础的抗震措施，应符合有关规定。同时，应按本地区抗震设防烈度确定其地震作用。

3）特殊设防类，应按高于本地区抗震设防烈度提高一度的要求加强其抗震措施；但抗震设防烈度为9度时应按比9度更高的要求采取抗震措施。同时，应按批准的地震安全性评价的结果且高于本地区抗震设防烈度的要求确定其地震作用。

4）适度设防类，允许比本地区抗震设防烈度的要求适当降低其抗震措施，但抗震设防烈度为6度时

不应降低。一般情况下，仍应按本地区抗震设防烈度确定其地震作用。

（2）地震危险性分析

如前所述，抗震防灾工作需要有一定的设防标准，标准太高会导致过高的投资，标准太低则可能造成不应有的损失。因此，我们面临的现实问题是如何在对周围地震环境不十分了解的前提下确定最适当的抗震设防标准，以发挥最大的投资效益，地震危险性分析方法是解决这一问题的重要基础。

地震危险性（Seismic Hazard）是指地震发生、并可能造成破坏的地震动的可能性，城市地震危险性分析是要预测未来一定时间内研究城市将会遭遇到的地震动的大小，或不同地震动水平的概率，或超过给定地震动水平的概率。地震危险性分析是地震风险分析的基础之一，其主要任务是掌握地震发生的统计规律，只对地震这种致灾因子进行分析，并没有涉及震害。目前地震危险性分析主要有确定性方法和概率性方法。

1）确定性方法

所谓确定性方法仅是指地震震源的大致位置和震级是预测设定的，而非设定地震的估计结果是唯一的。确定性方法的基本原则是：

a. 历史上曾经发生过的地震今后在同一地区还可能发生；

b. 与历史地震发生区具有类似地震地质构造特征的地区也可能发生类似地震。

在此原则基础上，定数法进行地震危险性分析的基本步骤是：

a. 根据历史地震和地质构造资料，确定给类潜在震源区；

b. 以震级 M 和震中距 R 为参数，从几组地震中选择对研究场地最不利的控制地震；

c. 根据选定的 M 和 R，利用地震动经验衰减关

系确定研究场地的最大可能地面运动参数；

d. 根据局部场地条件，对上述结果作一定调整。

由上述步骤可以发现，定数法在地震发生强度上采用了确定性处理方法，而在判定潜在震源问题上，则相当于引用了地震发生在时间上和空间上都是均匀分布的假定。但实际上地震无论在发生强度、发生时间和发生位置上都具有强烈的随机性，在时间、空间的分布上则又具有普遍的不均匀性。因此，到20世纪60年代末，人们开始引入并致力于用概率论方法进行地震危险性分析的研究工作。

2) 概率性方法

一般认为用概率方法对地震破坏作用进行地震危险性分析是由美国麻省理工学院的 C.A.Cornell 于 1968 年提出，后来经 A.Der Kiureghian 和 A.H.S.Ang （洪华生）等许多学者的不断发展，成为当今地震危险性分析工作的主要趋势。该方法的基本思想是把地震和地震作用当做随机现象，综合考虑区域范围内所有潜在震源区中不同震级档、不同距离地震对所研究地区的影响，用概率统计方法进行分析和研究，能以地震动强度参数及其超越概率水平来提供所研究地区在特定时间内受到的震危险性地水平的定量估计。该方法的主要步骤分为下述四步：

a. 确定潜在震源，根据地质和历史资料勾画出对场地有影响的震源，由此得到震源和场地之间的距离分布 f（R）；

b. 根据历史资料，确定每一震源的震级与发生频率的关系，由此得到震级的概率分布 f（M）；

c. 确定从震源到场地地震动参数通过传播介质的衰减关系；

d. 计算所讨论场地地震动参数 A 超过 a 的概率。地震危险性分析中最基本的问题是确定在某个震源发生地震的条件下场地上地震动强度超过给定值的概率。在一般情况下可按下式计算：

$$P(A \geq a | E) = \iiint P[A \geq a | m, s, r] f_M(m) f_s(s|m) f_R(r|s, m) \, dr \, ds \, dm$$
（式 4-4）

式中：$P(A \geq a | m, s, r)$ 是在给定震级 m，破裂长度 s 和场地是震源距离 r 的条件下地震动强度超过给定值的概率；

E 和 k 是震源和场地的代号。

如果把地震发生看作泊松事件，且认为年超越概率很小的情况下，则可以得到未来 T 年内在 n 个震源联合作用下，地震动超过给定值 a 的概率为：

$$P_T(A \geq a) = 1 - [1 - \sum_{i=1}^{n} P(A \geq a | E_i) v_i]^T$$
（式 4-5）

式中：E_i 是第 i 个震源发生地震；

v_i 是第 i 个震源的震级大于某阈值的年发生率。

在地震灾害预测中常需要地震动参数的发生概率，因此必须将超越概率转换成概率。在地震危险性分析时，地震动参数可以根据需要选地面最大加速度，也可以选地震烈度或其他参数。可以根据（4-3）式计算：

$$P_T[I = I_k] = P_T[I > I_k] - P_T[I > (I_k + 1)]$$
（式 4-3）

必须指出，危险性分析概率方法只是将历史地震记录和地质资料结合起来，用概率论及数理统计方法进行分析。实际上，现有的任何分析方法都是从过去的地震资料来外推未来地震危险性的，因此也只有当这些历史地震记录能代表未来地震的情况下，才是可靠的。

（3）抗震设防目标与要求

工程结构抗震设防的基本目的就是在一定的经济条件下，最大限度地限制和减轻工程结构的地震破坏、避免人员伤亡、减少经济损失。为了实现这一目的，近年来许多国家和地区的抗震设计规范采用了"小震不坏、中震可修、大震不倒"作为工程结构抗震设计的基本准则。为了实现这一设计准则，我国《建筑抗震设计规范》（GB 50011—2010）明确提出了3个水准的抗震设防要求：

第一水准：当遭受低于本地区抗震设防烈度的

多遇地震影响时，主体结构不受损坏或不需修理可继续使用。

第二水准：当遭受相当于本地区抗震设防烈度的设防地震影响时，可能发生损坏，但经一般性修理仍可继续使用。

第三水准：当遭受高于本地区抗震设防烈度的罕遇地震影响时，不致倒塌或发生危及生命的严重破坏。

规范规定的 3 个设防水准是具有一定的概率意义的，根据对我国 45 个城镇的地震危险性分析结果表明，地震烈度符合上限为 12 度，下限为 5 度的极值Ⅲ型分布，概率密度函数曲线大体上见图 4-25 所示。

50 年内超越概率约为 63% 的地震烈度为对应于统计"众值"的烈度，比基本烈度约低一度半，称为"多遇地震"；50 年超越概率约为 10% 的地震烈度，即 1990 中国地震区划图规定的"地震基本烈度"或中国地震动参数区划图规定的峰值加速对所对应的烈度，称为"设防地震"；50 年超越概率 2% ～ 3% 的地震烈度，称为"罕遇地震"。

根据上述抗震设防目标的要求，在第一水准时，结构应处于弹性工作阶段。因此，可以来用线弹性动力理论进行建筑结构地震反应分析，以满足强度要求；在第二和第三水准时，结构已进入弹塑性工作阶段，主要依靠其变形和吸能能力来抗御地震。在此阶段，应控制建筑结构的层间弹塑性变形，以避免产生不易修复的变形（第二水准要求）或避免倒塌和危及

生命的严重破坏（第三水准要求）。因此，应对建筑结构进行变形验算。

在进行建筑抗震设计时，原则上要满足上述三个水准的抗震设防要求。在具体进行建筑结构的抗震设计时，为简化计算，《建筑抗震设计规范》提出了两阶段设计方法。其主要设计思路是通过控制第一和第三水准的抗震设防目标，使第二水准得以满足，不需另行计算，也即建筑结构在多遇地震作用下应进行抗震承载能力验算，在罕遇地震作用下应进行薄弱部位弹塑性变形验算的抗震设计要求：

第一阶段设计：首先按与基本烈度相应的众值烈度（相当于小震）的地震作用效应和其他荷载效应的组合验算结构构件的承载能力和结构的弹性变形。在多遇地震作用下，结构应能处于正常使用状态。设计内容包括截面抗震承载力验算、结构弹性变形验算以及抗震构造措施等。通过这一阶段设计，用以满足第一水准的抗震设防要求。

第二阶段设计：按第三水准罕遇地震烈度对应的地震作用效应验算结构的弹塑性变形。在罕遇地震作用下，结构进入弹塑性状态，产生较大的非弹性变形。为满足第三水准的抗震设防要求，应控制结构的弹塑性变形在允许的范围内。此阶段设计通常称为弹塑性变形验算。

通过第一阶段设计，将保证第一水准下的"小震不坏"要求，通过第二阶段设计，使结构满足第三水准下的"大震不倒"要求。在设计中，通过良好的抗震构造措施使第二水准的要求得以实现，从而满足"中震可修"的要求。

需要指出的是，在实际抗震设计中，并非所有结构都需进行第二阶段设计。对大多数结构，一般可只进行第一阶段设计，而通过概念设计和抗震构造措施来满足第三水准的设计要求。特别重要的或存在薄弱部位的建筑物，才需作第二水准的抗震设计。

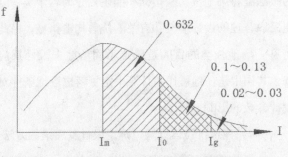

图 4-25　地震烈度概率密度示意图

4.5.5 地震反应谱与场地分类

(1) 地震反应谱基本概念

结构抗震分析理论是近一百年来发展形成的一门新兴学科。由于结构地震反应决定于地震动与结构动力特性，因此，地震反应分析也随着人们对这两方面的认识而发展。根据计算理论不同，地震反应分析理论可划分为静力理论、反应谱理论和动力理论三个阶段。由于反应谱理论较真实地考虑了结构振动特点，计算简单实用，因此目前是各国抗震规范中给出的一种主要抗震分析方法。

反应谱是抗震设计的基础，关系到地面运动输入作用、结构的动力特性和设防标准。关于反应谱，首先要区分两个不同的概念，即实际地震反应谱和抗震设计反应谱。

实际地震的反应谱是根据一次地震中强震仪记录的加速度记录计算得到的谱，也就是具有不同自振周期（频率的倒数）和一定阻尼的单质点结构在地震地面运动影响下最大反应与自振周期的关系曲线。不同阻尼的单质点结构在地震地面运动影响下的反应过程曲线和由此得到的反应谱已形象化的表示在图4-26中。

(2) 设计反应谱

抗震设计反应谱是根据大量实际地震记录分析得到的地震反应谱进行统计分析，并结合震害经验综合判断给出的。也就是说设计反应谱不像实际地震反应谱那样具体反应1次地震动过程的频谱特性，而是从工程设计的角度，在总体上把握具有某一类特征的地震动特性。

我国大多数抗震规范中的设计反应谱（我国有关规范中称为地震影响系数）可用下式表述：

$$a(T) = \frac{S_A(T)}{g} = \frac{a \cdot \beta(T)}{g} = k \cdot \beta(t) \qquad (式 4-7)$$

式中：$a(T)$ 是一般情况下由地震环境（地震烈度）和场地环境（场地类别）确定；

k 是地震系数，一般与地震烈度有关；

$b(T)$ 是一般与场地条件有关，常称为动力放大系数；

a 是地面加速度峰值。

(3) 场地分类

场地是指工程群体所在地，具有相似的反应谱特征。其范围相当于厂区、居民小区和自然村或不小于 $1km^2$ 的平面面积。地震对建筑物的破坏作用是通过场地、地基和基础传递给上部结构的，场地、地基在地震时起着传播地震波和支撑上部结构的双重作用，对建筑物抗震性能有着重要的影响。历史震害资料表明，建筑物震害除与地震类型、结构类型等有关外，还与其下卧层的构成、覆盖层厚度密切相关。

历史上场地影响的最典型实例之一是 1985 年墨西哥地震。在这次地震中，距震中仅 80km 的海岸城市比距震中约有 400km 的墨西哥城的损坏还要轻，而墨西哥城的高层建筑（包括一些钢结构房屋）和长周期结构发生了严重的破坏。其原因是由于远震地面运动的长周期特征、软土场地的卓越周期与十几层的高层建筑的自振周期比较接近，从而出现结构与地震波共振，使数百栋高层建筑遭到严重破坏或倒塌。可以看出，不同的建筑场地条件在地震中的反应是不尽相同的，一定范围内建筑区域的场地效应对地震动的影响是建筑抗震设计中必须要加以考虑的。

为了考虑场地条件对设计反应谱的影响，通常的做法是将场地按某些指标和描述划分为若干类，以便采取合理的设计参数和有关的抗震构造措施。由此可见，场地分类的目的是确定不同场地上设计反应谱，其作用是在地震作用计算中定量考虑场地条件对设计参数的影响。

(4) 建筑抗震设计规范确定设计反应谱的方法

建筑抗震设计规范是通过场地分类、设防烈度

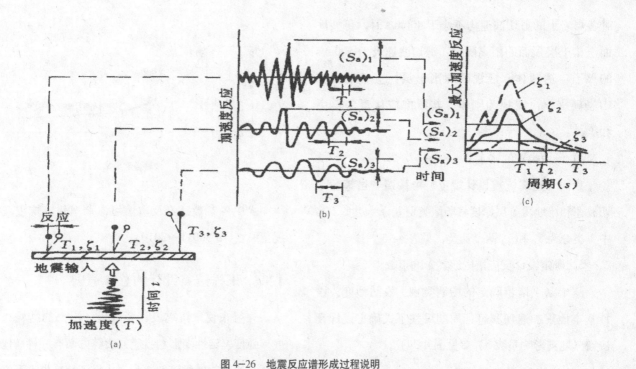

图 4-26　地震反应谱形成过程说明
(a) 阻尼常数一定、固有周期不同的单质点体系　(b) 反应波形　(c) 反应谱

与设计反应谱相联系，因此按该途径选择设计反应谱大体可按以下步骤进行：

1) 确定设计基本地震加速度和设计特征周期

抗震设防烈度应按国家规定的权限审批、颁发的文件（图件）确定，一般情况下可采用中国地震动参数区划图提供的基本烈度（或与设计基本地震加速度对应的烈度）；对做过抗震防灾规划的城市，可按批准的抗震设防区划、地震小区划（设防烈度或设计地震动参数）确定。

一般情况下，设防烈度及设计基本加速度和设计特征周期可根据场地在中国地震动参数区划图上的位置判断确定，但需考虑《建筑抗震设计规范》(GB 50011—2010) 附录 A 中的有关规定。

2) 计算和确定等效剪切波速

一般情况下，土层的等效剪切波速，应按下列公式计算：

$$v_{se}=d_0/t \qquad (式4-8)$$
$$t=\sum_{i=1}^{n}(d_i/n_{si}) \qquad (式4-9)$$

式中：v_{se} 是土层等效剪切波速（m/s）；

d_0 是计算深度（m），取覆盖层厚度和20m二者的较小值；

t 是剪切波在地面至计算深度之间的传播时间(s)；

d_i 是计算深度范围内第 i 土层的厚度（m）；

n_{si} 是计算深度范围内第 i 土层的剪切波速(m/s)；

n 是计算深度范围内土层的分层数。

对丁类及丙类建筑中层数不超过 10 层，高度不超过 24m 的多层建筑，当无实测剪切波速时，可根据岩土名称和性状，按表 4-12 划分土的类型，再利用当地经验在表 4-12 的剪切波速范围内估计各土层的剪切波速。

3) 确定场地覆盖层厚度

覆盖层厚度原意是指从地表面到地下基岩面的距离。《建筑抗震设计规范》中建筑场地覆盖层厚度的确定，应符合下列要求：

一般情况下，应按地面至剪切波速大于500m/s且其下卧各土层的剪切波速均不小于500m/s的土层顶面的距离确定；当地面 5m 以下存在剪切波速大于其上部各土层剪切波速 2.5 倍的土层，且该层及其下卧各层岩土的剪切波速均不小于400m/s时，可按地面至该土层顶面的距离确定；剪切波速大于500m/s的孤石、透镜体，应视同周围土层；土层中的火山岩硬夹层，应视为刚体，其厚度应从覆盖层中扣除。

4）场地类别的确定

我国《建筑抗震设计规范》中按照土层等效剪切波速和场地覆盖层厚度将场地类别划分为四类，其中Ⅰ类分为 I_0 和 I_1 两个亚类，见表4-13。

5）确定设计反应谱或地震影响系数

基于以上诸步确定的场地类别、设防烈度、设计基本地震加速度和特征周期可按下式确定设计反应谱（地震影响系数 α，参见图4-27）。

$$\alpha = \begin{cases} [0.45+10(\eta_2-0.45)\,T]\alpha_{max} & \text{当 } T \leq 0.1s \\ \eta_2\alpha_{max} & \text{当 } 0.1s < T \leq T_g \\ (T_g/T)^{\gamma}\eta_2\alpha_{max} & \text{当 } T_g < T \leq 5T_g \\ [0.2^{\gamma}\eta_2-\eta_1(T-5T_g)]\alpha_{max} & \text{当 } T > 5T_g \end{cases}$$

（式4-10）

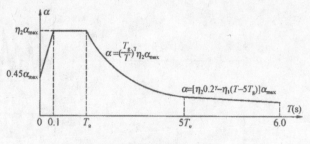

图4-27 地震影响系数曲线

式中各参数意义及取值可参照《建筑抗震设计规范》（GB 50011—2010）。

4.5.6 工程抗震设计的总体原则

一般来说，抗震设计要求设计出来的结构在刚度、强度、延性变形和吸能能力等方面有一种最佳的选择，使其能够经济地达到"小震不坏、中震可修、大震不倒"的目的。建筑抗震设计包括三个层次的内容与要求：概念设计、抗震计算与构造措施。

概念设计是在总体上把握抗震设计的基本原则，

表4-12 土层类型划分和剪切波速范围

土的类型	岩土名称和性状	土层剪切波速范围（m/s）
岩石	坚硬、较硬且完整的岩石	$v_s > 800$
坚硬土或软质岩土	破碎和较破碎的岩石或软和较软的岩石，密实的碎石土	$800 \geqslant v_s > 500$
中硬土	中密、稍密的碎石土，密实、中密的砾、粗、中砂，$f_{ak} > 150$ 的黏性土和粉土，坚硬黄土	$500 \geqslant v_s > 250$
中软土	稍密的砾、粗、中砂，除松散外的细、粉砂，$f_{ak} \leqslant 150$ 的黏性土和粉土，$f_{ak} > 130$ 的填土，可塑新黄土	$250 \geqslant v_s > 150$
软弱土	淤泥和淤泥质土，松散的砂，新近沉积的粘性土和粉土，$f_{ak} \leqslant 130$ 的填土，流塑黄土	$v_s \leqslant 150$

注：f_{ak}—为地基土静承载力标准值（KPa）。

表4-13 场地类别划分与等效剪切波速及覆盖土层厚度关系

岩石的剪切波速或土的等效剪切波速（m/s）	场地类别				
	I_0	I_1	Ⅱ	Ⅲ	Ⅳ
$v_s > 800$	0				
$800 \geqslant v_s > 500$		0			
$500 \geqslant v_{se} > 250$		< 5	≥ 5		
$250 \geqslant v_{se} > 150$		< 3	3 ~ 50	> 50	
$v_{se} \leqslant 150$		< 3	3 ~ 15	15 ~ 80	> 80

注：v_s 为岩石的剪切波速，v_{se} 为土层等效剪切波速。

抗震计算为建筑抗震设计提供定量手段，而构造措施是在保证结构整体性、加强局部薄弱环节等意义上保证抗震计算结果的有效性。抗震设计的上述三个层次的内容是一个不可割裂的整体，忽略任何一部分，都可能造成抗震设计的失败。关于抗震计算和构造措施本书中不做具体讨论，读者可参阅建筑抗震设计相关书籍。这里重点讨论抗震概念设计的问题。

多年来，人们在总结历次大地震灾害的经验中逐渐发现，一个合理的结构抗震设计，需要建筑师和结构工程师的密切配合，不能仅仅依赖于"计算设计"，而在很大程度上取决于良好的"概念设计"，往往后者更重要。所谓"概念设计"，是指基于震害经验建立的抗震设计原则和思想，包括正确的处理总体方案，材料使用和细部构件，抗震概念设计的总体原则有：

（1）场地选择

历史地震中的经验表明，建筑场地的地质条件与地形地貌对建筑物震害有显著影响。因此，我国建筑抗震设计规范在选择建筑场地时，要求根据工程需要，掌握地震活动情况、工程地质和地震地质的有关资料，作出综合分析（表4-14）。工程建设时，宜选择对建筑抗震有利的地段，避开对建筑抗震不利地段，不应在危险地段建造甲、乙、丙类建筑。

（2）地基和基础设计

1）同一结构单元不宜设置在性质截然不同的地基土上，也不宜部分采用天然地基，部分采用桩基。

2）当地基有软弱粘土、可液化土，新近填土或严重不均匀土层时，宜加强基础的整体性和刚性，以防止地震引起的动态和永久的不均匀变形。

3）在地基稳定的条件下，还应考虑结构与地基的震动特性，力求避免共振的影响。

（3）选择对抗震有利的建筑平面和立面布置

建筑结构的规则性对抗震能力的重要影响的认识始自若干现代建筑在地震中的表现，最为典型的例子是1972年2月23日南美洲的马那瓜地震。马那瓜有相距不远的两幢高层建筑（图4-28），一幢为十五层高的中央银行大厦，另一幢为18层高的美洲银行大厦。当地地震烈度估计为8度，其中一幢破坏严重，震后拆除；另一幢轻微损坏，稍加修理便恢复使用（图4-29）。究其原因，中央银行大厦在平面和立面布置上均存在不规则的情况，而美洲银行

图4-28 地震前两栋银行大楼

表4-14 有利、不利和危险地段的划分

地段类别	地质、地形、地貌
有利地段	稳定基岩，坚硬土，开阔、平坦、密实、均匀的中硬土等
一般地段	不属于有利、不利和危险的地段
不利地段	软弱土，液化土，条状突出的山嘴，高耸孤立的山丘，陡坡，陡坎，河岸和边坡的边缘，平面分布上成因、岩性、状态明显不均匀的土层（含故河道、疏松的断层破碎带、暗埋的塘浜沟谷和半填半挖地基），高含水量的可塑黄土，地表存在结构性裂缝等
危险地段	地震时可能发生滑坡、崩塌、地陷、地裂、泥石流等及发震断裂带上可能发生地表位错的部位

图4-29 地震后仅存美洲银行大楼

大厦结构则是均匀对称的，因此地震中没有遭到严重破坏。

根据1985年墨西哥地震震害资料，墨西哥国家重建委员会首都地区规范与施工规程分会对房屋的破坏原因进行了统计分析，按照房屋体型分类统计的地震破坏率列于下表，从表4-15中可以看出拐角形建筑的破坏率很高，达到了42%。

表4-15　墨西哥地震房屋破坏原因统计

建筑特征	破坏率
拐角形建筑	42%
刚度明显不对称	15%
低层柔弱	8%
碰撞	15%

因此，建筑的平面和立面布置宜对称、规则，力求使质量和刚度变化均匀。规则结构为建筑的立面和竖向剖面规则，结构的侧向刚度宜均匀变化，竖向抗侧力构件的截面尺寸和材料强度宜自下而上逐渐减小，避免抗侧力结构的侧向刚度和承载力突变。

结构不规则又分为平面不规则和竖向不规则。平面不规则：如在建筑平面上呈"Y""T""H""Y"形和附加的结构物。竖向不规则：如在立面上的屋顶小屋等。详见表4-16、表4-17所示。

建筑的防震缝应根据建筑的类型、结构体系和建筑形状等具体情况的实际需要设置。当设置防震缝时，应将建筑分成规则的结构单元。防震缝应根据烈度、场地类别、房屋类型等留有足够的宽度，其两侧的上部结构应完全分开。伸缩缝、沉降缝应符合防震缝的设置要求。

（4）选择合理的抗震结构体系

其为抗震设计应考虑的最关键性问题，应根据建筑的重要性、设防烈度、房屋高度、场地、地基、基础、材料和施工等因素，经济技术和经济条件比较综合确定。具体要符合以下要求：

1）应具有明确的计算简图和合理的地震作用传递途径。

2）宜有多道抗震防线，应避免因部分结构或构件破坏而导致整个体系丧失抗震能力或对重力的承载能力。因此，超静定结构优于同种类型的静定结构。

3）应具备必要的强度、良好的变形能力和耗能能力。

4）以具有合理的刚度和强度分布、避免因局部削弱或突变形成薄弱部位。对可能出现的薄弱部位，应采取措施提高抗震能力。

表4-16　平面不规则的类型

不规则类型	定义和参考指标
扭转不规则	在规定的水平力作用下，楼层的最大弹性水平位移（或层间位移）大于该楼层两端弹性水平位移（或层间位移）平均值的1.2倍
凹凸不规则	结构平面凹进的尺寸，大于相应投影方向总尺寸的30%
楼板局部不连续	楼板的尺寸和平面刚度急剧变化，例如，有效楼板宽度小于该层楼板典型宽度的50%，或开洞面积大于该层楼面面积的30%，或较大的楼层错层

表 4-17　竖向不规则的类型

不规则类型	定义和参考指标
侧向刚度不规则	该层的侧向刚度小于相邻上一层的 70%，或小于其上相邻三个楼层侧向刚度平均值的 80%，除顶层或出屋面小建筑外，局部收进的水平向尺寸大于相邻下一层的 25%
竖向抗侧力构件不连续	竖向抗侧力构件（柱、抗震墙、抗震支撑）的内力由水平转换构件（梁、桁架等）向下传递
楼层承载力突变	抗侧力结构的层间受剪承载力小于相邻上一楼层的 80%

（5）选择合理的结构构件

结构构件应具有良好的延性，力求避免脆性破坏或失稳破坏。在选择抗震结构的构件时，应符合下列要求：

1）砌体结构构件应按规定设置钢筋混凝土结构圈梁、构造柱、芯柱或采用配筋砌体和组合砌体柱，以改善砌体结构的抗震能力；

2）混凝土结构构件应合理地选择构件尺寸、配置纵向钢筋和箍筋，避免剪切先于弯曲破坏、混凝土压溃先于钢筋屈服破坏、钢筋锚固粘结先于构件破坏；

3）钢结构构件应合理控制构件尺寸，防止局部或整个构件失稳。

（6）处理好非结构构件和主体结构的关系

附着于楼、屋面结构构件的非结构构件（如女儿墙、雨篷等）应与主体结构有可靠的连接或锚固，避免倒塌伤人或砸坏仪器设备；围护墙与隔墙应考虑对主体结构抗震有利或不利的影响，避免不合理设置而导致主体结构的破坏；幕墙、装饰贴面与主体结构应有可靠的连接，避免塌落伤人，当不可避免时应有可靠的防护措施。

（7）材料选择与施工质量

抗震结构在材料选用，施工质量，材料的代用上有其特殊要求，应予以重视。各类材料的强度等级应符合最低要求，钢筋接头及焊接质量应满足规范要求。在施工中，不宜以强度等级高的钢筋替换原设计中的纵向受力钢筋。当需要时，应按照钢筋受拉承载力设计值相当的原则换算。结构材料性能指标，具体要求如下：

1）粘土砖的强度等级不应低于 MU7.5，砖砌体的砂浆强度等级不宜低于 M2.5，砖烟囱的砂浆强度等级不宜低于 M5。

2）混凝土砌块的强度等级，中砌块不宜低于 MU10，小砌块不宜低于 MU5，砌块砌体的砂浆强度等级不宜低于 M5。

3）混凝土强度等级，抗震等级为一级的框架梁、柱和节点不宜低于 C30，构造柱、芯柱、圈梁和扩展基础不宜低于 C15，其他各类构件不应低于 C20。

4）钢筋的强度等级，纵向钢筋宜采用 II、III 级变形钢筋，钢箍宜采用 I、II 级钢筋，构造柱、芯柱可采用 I、II 级钢筋。

在施工方面，也要符合一定的技术要求和水准，这样才能保证抗震结构符合预先的设计要求，达到合格的质量。

4.5.7　建筑隔震技术

建筑结构隔震技术是 20 世纪 60 年代出现的一项新技术，多年来世界各国学者对此项技术开展了广泛、深入的研究，并取得了引人注目的成果。传统抗震结构通过增强结构强度来抵抗地震，同时容许结构构件在地震时进入非弹性状态，具有一定的延性，以结构本身的损坏为代价消耗地震能量，减轻地震反应。从近 10 多年的地震震害损失来看，凡是按照抗震规范设计和建造的房屋，基本可以保证大地震发生时，房屋不倒塌。但按照传统抗震方式建造的房屋，在高烈度区常造成建筑构件尺寸过大，影响实际使用空间与建筑功能；另一方面，在发生超过设防烈度地震时，由于承重构件在地震中的不断损伤，累积到一定程度还会引起房屋倒塌，不能保证房屋在超大地震下的安全；在很多情况下，即使房屋没有倒塌，由于承重构件损伤较重，房屋也很难修复。尽管人员的伤亡大幅减少，但是经济损失较大。因此，单纯强调工程结构在地震下不严重破坏和不倒塌，已不是一种完善的抗震思想，不能适应现代工程结构抗震需求。

为了更有效地保障建筑物安全，国内外学者经过大量研究，提出了建筑隔震技术。建筑隔震技术的设防策略立足于"隔"，采用"拒敌于门外"的防御战术，"以柔克刚"，通过在建筑物基础或下部与上部结构之间设置由隔震器（橡胶隔震支座、滑移支座、FPS 摩擦摆滑动支座等）、阻尼装置等组成的隔震层，隔离地震能量向上部结构传递，减少输入到上部结构的地震能量，同时延长上部结构的自振周期，降低上部结构的地震反应，达到预期的抗震防震要求，使建筑物的安全得到更可靠的保证，并且可以保证结构内部重要设备的安全性。

（1）国外隔震技术发展简况

建筑隔震技术的快速发展始于 20 世纪 60 年代。20 世纪 60 年代中后期，新西兰、日本、美国等多地震国家对隔震技术开展了深入、系统的理论和试验研究，取得了较好的成果。70 年代，新西兰学者 W.H.Robinson 率先开发出铅芯叠层橡胶支座，大大推动了隔震技术的实用化进程。美国、日本首栋隔震建筑分别在 1984 年和 1985 年建成。到 20 世纪 90 年代，全世界至少有 30 多个国家和地区开展了"基础隔震"技术的研究，并在美、日、法、新、意等 20 多个国家修建了数百座"基础隔震"建筑物，其中日本的技术发展最快、应用最为广泛。特别是在 1995 年阪神大地震中，采用橡胶支座隔震的建筑，经受住地震的考验，隔震性能良好，建筑隔震技术得到日本政府的大力推广。隔震技术不仅应用于政府办公大楼和医院，而且越来越多的住宅建筑也开始考虑使用隔震技术。日本成为隔震建筑最多、技术最成熟的国家，目前已建成近 9000 栋左右隔震建筑，其最高的隔震建筑高 177 米，隔震装置多用夹层橡胶隔震垫。早期隔震系统是由天然橡胶支座加阻尼器或铅芯橡胶支座组成，近期，使用高阻尼天然橡胶支座的隔震建筑越来越多。2011 年 3 月 11 日 9.0 级东日本大地震中，隔震房屋以及室内仪器设备没有损坏，表现出优异的抗震性能。地震后，很多房子被民众要求建成隔震房屋。

（2）我国建筑隔震技术应用进展

20 世纪 80 年代后期，我国学者开始重点关注橡胶支座隔震技术。在国家自然科学基金会等基金资助下，以中国建筑科学研究院周锡元和苏经宇、广州大学周福霖、华中科技大学唐家祥等学者为学术带头人，进行了橡胶隔震支座研制、隔震结构分析和设计方法、结构模型振动台试验、橡胶支座产品性能检验、检测技术、施工技术等全方位的系统研究工作，提出了橡胶支座隔震建筑的成套技术（周福霖，1997；唐家祥等，1993；周福霖，2004；苏经宇等，2001；周锡元等，1999；周锡元等，2002；李中锡等，2002）。

我国最早的隔震建筑是 1993 年设计建造的汕头陵海路八层框架结构商住楼以及安阳市粮油综合楼。1994 年 5 月，联合国工业发展组织权威专家将汕头隔震居民楼的建成誉为"世界建筑隔震技术发展的第三个里程碑"。2001 年，建筑隔震与消能减震技术写入国标《建筑抗震设计规范》，标志着隔震消能技术在我国的成熟发展。汶川地震后新修订的《防震减灾法》中，增加"第四十三条 国家鼓励、支持研究开发和推广使用符合抗震设防要求、经济实用的新技术、新工艺、新材料"；2010年新版的《建筑抗震设计规范》对隔震技术的使用范围做了较大调整，取消了对减隔震设计的诸多限制，规范提倡在"抗震安全性和使用功能有较高要求或专门要求的建筑"中使用，更利于该技术的发展。2014年2月，住房和城乡建设部又发布新文件进一步加大了建筑减隔震技术应用的推广力度。经过近些年的环境转变，在标准、法规政策与技术措施方面都已经初步形成较为完善的体系，对建筑减隔震行业的发展形成了有力的支撑。

到目前为止，建筑隔震技术在全国各省市自治区几乎都有应用，包括云南、新疆、四川、陕西、甘肃、河北、江苏、山西、北京、山东、宁夏、天津、广东、海南、福建、内蒙古、青海、上海、广西、河南、吉林、台湾等省市，已建成隔震建筑3000多栋。

（3）建筑隔震实例

建筑隔震技术能使结构抗震安全性大幅提高，近年来其优异的抗震效果在国内外大地震中得到了检验，以下是一些国内外典型实例：

实例1：1994年洛杉矶6.7级地震中，该地区有40座医院遭到破坏严重而不能使用。南加州大学医院为隔震建筑，地震中完好无损（图4-30），成为救灾中心，对震后紧急救援起到了十分重要的作用。

实例2：1995年日本阪神7.6级地震中，西部邮政大楼是隔震建筑。震后该建筑完好，设备无损（图4-31），在救灾中发挥了较大作用。地震记录显示该建筑所受地震力仅为非隔震建筑的十分之一。

实例3：2011年"3.11"日本9.0级地震，在仙台、

图4-30 南加州大学医院在美国北岭地震中丝毫未损

图4-31 日本西部邮政大楼在阪神地震中功能完好

福岛震中区有许多隔震建筑，地震后毫无例外的完好无损，室内设施和物品甚至没有任何移位，其中包括超过 100 米的高层隔震建筑（图 4-32）。

实例 4：2013 年四川芦山 7 级地震，芦山县人民医院门诊楼为隔震建筑，震后结构基本完好，设备正常使用（图 4-33），在抗震救灾中发挥了重要作用。医院其他未隔震建筑破坏严重无法使用。

（4）隔震技术发展方向

总体而言我国建筑隔震技术的研究和应用水平还很低，建筑隔震技术从设计、产品开发及施工技术等方面与发达国家相比尚有一定的距离，隔震技术的发展正处于发展成长期。未来我国建筑隔震技术在隔震理论体系、高性能隔震产品开发和精细化施工技术的实施等方面均需要开展大量工作，建筑隔震技术必然向多样化、实用化和精细化发展。建筑隔震技术的发展将主要围绕以下几个方面逐步推进：

1）由单一隔震元件组成的隔震体系向多功能混合隔震体系发展，从单一的水平隔震到三维隔震，从基础隔震到层间隔震都将成为未来发展方向。

2）在产品开发方面将进一步开发高性能、高稳定性的隔震装置，橡胶支座方面开发适用于高层及大型公共建筑的大直径橡胶隔震支座、高阻尼橡胶隔震支座、滑板支座以及低成本的适用于农村民居的隔震支座。除橡胶支座外，随着新材料的研发，开发其他新材料隔震支座，包括摩擦摆隔震支座（FPS）等。

图 4-32　仙台某高层建筑在 311 日本大地震中完好

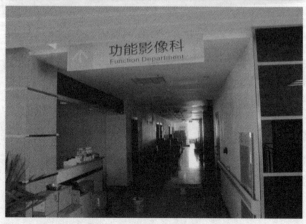

图 4-33　芦山县人民医院芦山 7 级地震后功能完好

3) 隔震技术应用方面，逐步由多层隔震向高层和大跨建筑隔震发展，从单一建筑隔震向街区整体隔震甚至城市整体隔震发展，隔震技术用于既有建筑抗震加固与改造也具有很好的应用前景。开发简单易行、经济适用的隔震装置解决农村民居抗震问题也是未来减轻地震灾害的重要途径。

4.6 建设避震疏散场所

地震来临时及震后，组织好居民避震疏散，是减少人员伤亡，降低生命财产损失十分有效的措施，而合理的避震疏散场所建设是其基础环节。城市避震疏散场所是指利用城市公园、绿地、广场、体育场、学校操场等场地，经过科学的规划建设与规范化管理，具有应急避难生活服务设施，能为社区居民提供安全避难、基本生活保障及救援、指挥的场所，是震后城市救灾和民众生活的重要依托。它是国际社会应对突发性事件的一项灾民安置措施，同时也是现代化大城市用于民众躲避地震、火灾、爆炸、洪水等重大自然灾害的安全避难场所。

日本应急避难场所的建设始于 1923 年 9 月 1 日发生的关东大地震，这次地震造成 50% ~ 80% 的房屋完全倒塌，地震死亡 14.3 万人，其中 9/10 被火烧死。地震发生后，东京市约有 130 万人避难，在上野公园和芝公园避灾的市民有 55 万人左右，两个公园的避灾人数约占东京市避灾总人数的一半。东京有 4 万人逃到一处空地，由于处于"火流"流窜处，3.3 万人因无路可走而活活烧死在这块空地上。痛定思痛，日本灾后在全球率先开启了应急避难场所的建设。日本政府在 1973 年制定的《城市绿地保全法》中把建设城市公园作为构建防灾系统的一部分，并于 1993 年修改《城市公园法实施令》，进一步把公园提升到"紧急救灾对策所需要的设施"的高度。此外，日本早在 1986 年制定的"紧急建设防灾绿地计划"中就提出了建设城市避难场所，使城市具有"避难功能"的目标。1995 年 1 月 17 日阪神地震发生后，日本的城市防灾公园在救灾方面显示了巨大作用，地震时约有 1100 处避难所，最多时收容 31.7 万人，其中神户市的 27 个公园成为市民避灾所。地震发生后，具备应急避难功能的城市公园、体育场等成了主要的避难场所，这些场所除了让公众避难以外，还对防止火灾等二次灾害的蔓延起到了重大的作用。

美国应急避难场所的建设始于 1871 年发生的芝加哥大火，共造成芝加哥市中心 $8km^2$ 的区域过火，连烧三天三夜，由于没有相应的应急避难场所可以疏散和避难，结果造成 300 人死亡，10 万人长时间无家可归。在经历了 9·11 事件以及卡特里娜飓风等灾难性事件以后，美国政府在全国范围内，以建设同时具备"灾前预防及准备""灾时应变及抵御""灾后复原及整体改进"三大功能为一体的"防灾型社区"为中心，积极推动建立公众安全文化教育体系。

我国应急避难场所建设起步较晚，与发达国家相比仍有较大的差距。1975 年 2 月 4 日中国海城发生了 7.3 级地震，虽预报较为成功，居民避震较及时，但"由于震前对群众疏散后的生活问题缺乏周密的考虑与准备，……冻灾、防震棚火灾造成的伤亡达 8000 多人，相当于地震直接伤亡的 46%"；据调查，1966 年河北邢台地震后，搭建防震棚的人数占被调查者的 83.6%；6.8 级和 7.2 级地震的地震烈度 9 度区搭建防震棚者占总人口的 90% 以上。1976 年唐山大地震后，由于没有灾前的合理规划与准备，唐山灾区群众就地取材，90% 以上的灾民在公园、操场、空地、建筑物废墟旁搭建防震棚，造成城市生产、生活、交通较长时间无序，治安、消防管理也十分困难，严重干扰了各项功能的正常运转；在北京，由于没有避难场所的规划，北京市数百万人离开住宅避难，避难秩序相当混乱，仅中山公园、天坛公园和陶然亭公园就涌入 17.4 万人。

2008 年汶川地震发生后，大量灾民到城市中的大小广场、公园和公共绿地、体育场以及大型的公共建筑进行疏散，但从实际情况看存在很多问题（图4-34）。一是人员密集，人均用地少，疏散条件极差，在此只能是短期的简单的休息；二是地形条件不利于灾民安置，如场地不平整、水系等不能搭建帐篷；三是场地安全距离不够，一旦地震次生灾害发生则可能导致更为严重的人员伤亡，进一步加剧灾害；四是无遮挡设施，受降雨、高温及蚊虫等威胁，疏散条件极其恶劣；五是有场地无设施，人们只能在空地上搭建简单的临时帐篷，无法取水无法做饭等，不能进行避难期间的日常生活。

总的来看，汶川地震避震疏散总体上还是自发性的、无序性的疏散，场所功能极度不完善。由此可见，城市防灾建设首先应确保足够的城市开放空间，设置足够的避震疏散场所，在城区中合理的分布，供市民避灾、救援之用，以满足城市各个分区的避灾要求。

图 4-34 汶川地震后避震疏散情况

目前，避难场所建设已引起政府和公众的重视，出台了国家标准《地震应急避难场所场址及配套设施》（GB 21734—2008）、《城市抗震防灾规划标准》（GB 50413—2007）、《防灾避难场所设计规范》（GB 51143—2015）等对避难场所建设进行规范。同时，各地结合自身情况也出台了相关的技术标准，如江苏省、河北省等分别结合地方特点制订了地方标准《城市应急避难场所建设技术标准》等。

4.6.1 避震疏散场所的分类与技术指标

对于城市来说，可以作为避震疏散场所的包括：公园、广场、操场、体育场、停车场、空地、各类绿地和绿化隔离地区，防灾公园和防灾据点等。

（1）分类

根据城市避震疏散场所的特点，一般可划分为以下类型：

1）紧急避震疏散场所：是城市居民住宅附近的小公园、小花园、小广场、专业绿地以及抗震能力强的公共设施，另外还包括高层建筑物中的避震层（间）等。紧急避震疏散场所主要功能是供附近的居民临时避震疏散，也是居民在住宅附近集合并转移到固定避震疏散场所的过渡性场所。

2）固定避震疏散场所：面积较大、人员容纳较多的公园、广场、操场、体育场、停车场、空地、绿化隔离带等。固定避震疏散场所在灾时搭建临时建筑或帐篷，是供灾民较长时间避震疏散和进行集中性救援的重要场所。

3）防灾据点：抗震设防高的有避震疏散功能的建筑物，如体育馆、人防工程、居民住宅的地下室、经过抗震加固的公共设施等。防灾据点具有紧急避震疏散场所或固定避震疏散场所的防灾机能。

4）中心避震疏散场所：规模较大、功能较全的固定避震疏散场所。中心避震疏散场所其内一般设抗震防灾指挥机构、情报设施、抢险救灾部队营地、直升机场、医疗抢救中心和重伤员转运中心等。

（2）技术指标

1）**避难场所开放时间**

根据我国《防灾避难场所设计规范》（GB 51143—2015）的规定，各类避难场所的设计开放时间不宜超过表4-18规定的最长开放时间。

实际避难场所设计时，避难场所的开放时间可以根据需避难应对的灾害种类和发生发展特点及相应的应急和避难需求，考虑灾害应对实际情况和要求综合确定。如遇特殊情况，开放时间可以有限期延长。

2）**避难场所责任区范围**

《防灾避难场所设计规范》（GB 51143—2015）对不同类型避难场所的有效避难面积及服务人口等进行了规定（表4-19），同时，对于不同避难

表4-18　避难场所的设计开放时间

适用场所	紧急避难场所		固定避难场所			中心避难场所
避难期	紧急	临时	短期	中期	长期	长期
最长开放时间（d）	1	3	15	30	100	100

表4-19　紧急、固定避难场所责任区范围的控制指标

项目 类别	有效避难面积 （hm²）	避难疏散距离（km）	短期避难容量 （万人）	责任区建设用地 （km²）	责任区应急服务总人口 （万人）
长期固定避难场所	≥5.0	≤2.5	≤9.0	≤15.0	≤20.0
中期固定避难场所	≥1.0	≤1.5	≤2.3	≤7.0	≤15.0
短期固定避难场所	≥0.2	≤1.0	≤0.5	≤2.0	≤3.5
紧急避难场所	—	≤0.5	—	—	—

表 4-20　不同避难期的人均有效避难面积

避难期	紧急	临时	短期	中期	长期
人均有效避难面积（m²/人）	0.5	1.0	2.0	3.0	4.5

期的人均有效避难面积也进行了规定，不应低于表 4-20 的规定。

对于中心避难场所和中期及长期固定避难场所配置的城市级应急功能服务范围，宜按建设用地规模不大于 30km²、服务总人口不大于 30 万人控制，并不应超过建设用地规模 50km²、服务总人口 50 万人。

对于中心避难场所来说，由于其承担市级救灾任务，因此需要设置应急功能用地。应急功能用地规模按服务人数 50 万人考虑，应急指挥区需 3hm²，停机坪加伤员转运等待区需 1hm²，应急医疗卫生救护区按 2% 受伤比例约 1 万人考虑 7 日周转需 5hm²，专业救助队伍驻扎区按 1 万人考虑需 5hm²，物资储配集散区按人均 0.12m²/人考虑需 6hm²，共计需 20hm²。按服务人数 30 万人考虑，共计需 15hm²。从已有经验来看，应急指挥区、应急医疗救护区、专业救助队伍驻扎区通常不小于 2hm²。

因此，《防灾避难场所设计规范》（GB 51143—2015）规定了中心避难场所的城市级应急功能用地规模按总服务人口 50 万人不宜小于 20hm²，按总服务人口 30 万人不宜小于 15hm²。承担固定避难任务的中心避难场所的控制指标尚宜满足长期固定避难场所的要求。

4.6.2 避震疏散场所抗震安全性

避震疏散规划应确保避震疏散途中和避震疏散场所内避震疏散人员的安全，对各种避震疏散场所和设施，应进行安全可靠性分析。用作避震疏散场所的场地、建筑物应保证在地震时的抗震安全性，避免二次震害带来更多的人员伤亡。避震疏散场所还应符合城市防止火灾、水灾、海啸、滑坡、山崩、场地液化、矿山采空区塌陷等其他防灾要求。避震疏散场所应保障以下几方面的安全：

（1）地震地质环境安全。避震疏散场所应避开发震断裂、岩溶塌陷区、斜坡滑移、矿山采空区和场地容易发生液化的地区以及地震次生灾害（特别是火灾）源，禁止在抗震危险地段规划建设避震疏散场所，尽量避开不利地段。

（2）自然环境安全。避震避难场所不会被地震次生水灾（河流决堤、水库决坝）淹没，不受海啸袭击，地势平坦、开阔。北方的避震避难场所应避开风口、有防寒措施；南方应避开烂泥地、低洼地以及沟渠和水塘较多的地带，台风地区应避开风口。

（3）人工环境安全。避震疏散场所必须远离易燃易爆、有毒物品生产工厂与仓库、高压输电线路、有可能震毁的建筑物；有较好的交通环境、较高的生命线供应保证能力以及必需的配套设施，应设防火隔离带、防火树林带以及消防设施、消防通道，设突发次生灾害的应急撤退路线，有伤病人员及时治疗与转移的能力。防灾据点应有更高的抗震设防能力。

（4）避震疏散场所具有基本设施保障能力，各种工程设施符合抗震安全。

（5）防止火灾、水灾、海啸、滑坡、山崩、场地液化、矿山采空区塌陷等其他防灾要求评价。

4.6.3 避震疏散的原则

避震疏散的目的是引导人们在震情紧张时撤离地震危险度高的住所和活动场所，集结在预定的比较安全的场所。在编制避震疏散方案是应该从实际出发，根据震时需要和实际可能提供的场地状况适当安排，并规定严格的管理制度，尽量避免真实可能出现的恐慌和不稳定。

避震疏散场地可结合城市的绿地和广场建设进行规划，对于旧城区和新建区，可结合城区建设与改造进行规划建设，应坚持"平灾结合"的原则，根据城市的建设发展需要，逐步使城市达到避震疏散的抗震防灾要求。

（1）地震来临时，组织好居民避震疏散，是减少人员伤亡，降低生命财产损失十分有效的措施。但是，它又是一项极其复杂的社会工作，必须有周密的规划和组织实施。

（2）疏散对象和疏散时机的确定，难度很大。疏散面过大或疏散过早会加大城市压力，造成恐慌和不安，疏散面过小或疏散过晚则可能造成不必要的损失。因此避震疏散的实施一定要适时适度。

避震疏散的重点是城区内建筑物密集区，对于规划区内的已建成区，根据有关分析研究结果，进行避震疏散的安排；对于城市的规划建设范围，应按照避震疏散的要求安排避震疏散场所和避震疏散道路；对于广大的村镇等待发展地区，可由各区制定避震疏散应急方案，避震疏散场所的预留根据今后的发展结合村镇发展规划确定。

通常情况下，依据避震疏散场所的分布，组织居民就近避震疏散，居民可以自行或集中到规定的避震疏散场所避难，如果市区发生严重的火灾、水灾等次生灾害可以组织远程避震疏散，把居民疏散到市区及其以外的安全地带。

当有短临预报时，主要疏散老弱病残和儿童以及抗震能力严重不足房屋中的人员，其他人员坚守工作岗位；地震发生后主要疏散居住在发生中等破坏以上房屋内的人员。实施疏散时，优先安排抗震防灾重点区内居住在危房和非抗震房屋中的居民。

（3）由于地震的随机性和突发性，加以目前地震预报尚未过关，避震疏散应以临震避难为主，以震前疏散为辅。

（4）避震疏散必须要解决疏散安全的问题，应进行避震疏散路线的合理安排。避震疏散道路应对就近避震疏散、集中避震疏散和远程避震疏散进行道路安排，包括市、区、街道各级的避震疏散道路和避震疏散场所内的道路。

一些机关、工厂、企事业单位内部一般都有一些空旷场地，又不便对外提供使用，可安排本单位人口就地疏散不仅可减轻集中疏散的压力，且方便居民生活，有利于治安。

（5）按块规划的原则。为便于领导和管理，坚持按区、街道、居委会三级行政组织的设置按块进行规划。

（6）加强避震疏散场所的管理，明确责任制度。

（7）结合城市地震宣传和演习，加强避震疏散的教育和宣传。

4.6.4 避震疏散场所配套设施

为给避难所的灾民提供基本的生活条件，紧急避难所应提供临时用水、供电照明，设置临时厕所。固定避难所还应增设灾民栖身场所、生活必需品与药品储备库、消防设施、应急通信设施与广播设施、临时发电与照明设备、医疗设施以及畅通的交通环境等。从配套设施的完善程度看，中心固定避难所高于一般固定避难所，后者又高于紧急避难疏散场所。

配套设施是提升避难所防灾减灾功能的重要措施，根据避难场所承担的不同应急功能，配套建设相应设施。规划设置避难所是城市居民避难、救灾活动的中心，因此基础设施建设非常重要，主要包括消防及生活用水设施、临时发电设备、卫生设施、广播设施、照明设施、卫星通讯、医疗急救等。另外，在中心防灾疏散场所中，应考虑修建应急停机坪、紧急车辆基地以及应急物资储备仓库，以保证及时满足避难人员的需要。

我国《防灾避难场所设计规范》（GB 51143—2015），给出了各级避难场所设施配置的标准，如表4-21所示。

表 4-21　各级避难场所设施配置一览表

序号	应急功能 项目	场所类型 应急设施	紧急避难场所 紧急	紧急避难场所 临时	固定避难场所 短期	固定避难场所 中长期	中心避难场所 长期
1	应急管理	应急指挥区	-	-	-	○	●
2		场所管理区	-	○	●	●	●
3		应急标识	○	●	●	●	●
4		应急功能介绍设施	-	-	-	○	●
5		应急演练培训设施	-	-	-	○	●
6	避难宿住	应急休息区	●	●	●	●	●
7		避难宿住区	-	-	●	●	●
8		避难建筑	-	-	○	○	○
9		避难场地	○	○	○	○	○
10		帐篷	-	-	-	○	○
11		简易活动房屋	-	-	-	○	○
12	应急交通	应急通道	●	●	●	●	●
13		出入口	●	●	●	●	●
14		应急停机坪	-	-	-	○	●
15		应急停车场	-	-	-	●	●
16		应急交通标志	●	●	●	●	●
17		应急交通指挥设备	-	-	-	-	●
18	应急供水	应急水源	●	●	●	●	●
19		应急储水设施	○	○	●	●	●
20		净水滤水设施	○	○	●	●	●
21		净水滤水设备或用品	○	○	●	●	●
22		供水车停车区	○	○	○	○	○
23		配水点	○	○	○	○	○
24		市政应急保障输配水管线	-	-	○	●	●
25		场所应急保障给水管线	-	-	-	○	●
26		市政给水管线	-	-	-	○	●
27		场所给水管线	-	-	-	○	●
28		应急水泵	-	○	●	●	●
29		临时管线、给水阀	-	○	○	●	●
30		饮水处	○	○	●	●	●

(续)

4 地震灾害与安全防灾 | 193

序号	应急功能 项目	场所类型 应急设施	紧急避难场所		固定避难场所		中心避难场所
			紧急	临时	短期	中长期	长期
31	应急医疗卫生	城市应急保障医院	-	-	-	●	●
32		应急医疗区	-	-	-	○	●
33		急救医院	-	-	-	○	●
34		重症治疗区	-	-	-	○	●
35		抢救伤病员的医疗设备	-	-	-	○	●
36		卫生防疫分隔	-	-	○	○	●
37		应急医疗所	-	-	●	●	●
38		医疗卫生室/医务点	○	○	●	●	●
39		医药卫生用品	○	○	●	●	●
40	应急消防	防火分区、防火分隔、安全疏散通道、消防水源	●	●	●	●	●
41		消防水井、消防水池 消防水泵	-	-	○	●	●
42		消防栓、消防管网	-	-	○	●	●
43		消防车、消防器材	●	●	●	●	●
44	应急物资	应急物资储备区	-	-	-	●	●
45		物资储备库物资储备房	-	-	○	●	●
46		物资分发点	○	●	●	●	●
47		食品、药品等应急物资	○	○	○	●	●
48	应急保障供电	市政应急保障供电	-	-	○	○	●
49		应急发电区 移动式发电机组	-	-	○	●	●
50		变电装置	-	-	○	●	●
51		应急充电站、充电点	-	-	○	●	●
52		紧急照明设备	○	○	●	●	●
53		线路、照明装置	-	-	○	●	●
54	应急通信	应急指挥区 应急指挥监控中心	-	-	-	○	●
55		应急通信设备、通信车	-	-	○	○	●
56		通信室、监控室用房	-	-	○	●	●
57		广播室	-	-	○	●	●
58		应急广播设备（广播线路和设备）	○	○	○	●	●
59		应急电话	-	-	○	●	●
60	应急排污	化粪池	-	-	●	●	●
61		应急固定厕所	-	○	○	●	●
62		应急临时厕所	○	○	○	●	●
63		应急排污设施	-	-	○	●	●
64		应急污水吸运设备	-	-	-	●	●
65		污水管网、污水井	-	-	-	○	○

(续)

序号	应急功能 项目	场所类型 应急设施	紧急避难场所 紧急	紧急避难场所 临时	固定避难场所 短期	固定避难场所 中长期	中心避难场所 长期
66	应急垃圾	应急垃圾储运区	-	-	-	○	○
67	应急垃圾	应急垃圾储运设施	-	-	-	○	●
68	应急垃圾	固定垃圾站	-	-	-	○	●
69	应急垃圾	垃圾收集点	○	○	●	●	●
70	应急通风设施	地下场所	●	●	●	●	●
71	应急通风设施	应急建筑	●	●	●	●	●
72	公共服务设施	综合服务区	-	-	-	○	○
73	公共服务设施	会议室	-	-	-	○	○
74	公共服务设施	管理办公室 警务室	-	-	○	○	○
75	公共服务设施	洗衣房	-	-	-	○	○
76	公共服务设施	开水间，盥洗室 应急洗浴	-	-	-	○	○
77	公共服务设施	售货站	-	-	○	○	○
78	公共服务设施	公用电话	-	○	○	○	○
79	公共服务设施	自行车存放处	-	-	○	○	○

注："●"表示应设；"○"表示宜设；"–"表示可选设。

主要设施设置可参考如下案例：

（1）应急指挥中心

避震疏散场所应急指挥中心受城市减灾委员会指挥中心指令，主要功能是对各种信息进行收集、传达、处理和分析，协调各避难空间的使用情况，并按照与防灾规划相协调的应急预案计划展开工作。应急指挥中心要充分考虑各种防灾信息及操作系统管线的预先布置，中心疏散场所配备的应急指挥中心规模应在3000m² 左右，固定避震疏散场所的应急指挥中心规模可以在600m² 左右。由于灾时各项业务的需要，应急指挥中心必须在空间上大量延伸，要注意户外空间的留设，还要加强该中心建筑物的耐震能力，并加强装设无线通讯设备，以强化救灾资讯功能。

北京元大都公园7号地区的公园管理处建有专门的办公用房和会议室，平时负责公园的管理工作并兼作有关业务培训基地，如发生破坏性地震，即为应急避难指挥中心（图4-35）。

（2）应急直升机停机坪

在灾害发生时，灾区救援往往无法自足，必须依赖外来援助，但当各灾区联外紧急道路多数因灾

图4-35 元大都城垣遗址公园公园管理处

害造成道路本身或联外桥梁严重破坏，需利用直升机运补救援物资。另外为了保证消防救援、医疗救护、恢复器材、信息收集等工作顺利进行，中心避震疏散场所须留设确保直升机紧急离着陆的场所。

应急停机坪的规划应与中心避震疏散场所总体布局充分协调，按照有关飞行空域的基准，结合直升飞机预定的离着陆距离，确保离着陆空间。一般选择面积宽阔且结实耐用的铺装场地或草坪地中坚硬的地盘。如果在干燥土的地盘上建造，要考虑洒水设施，防止飞机起落时产生灰尘和风沙。平时要注意检查地表面有否飞散物，检查停机坪的灯光照明，检查排水、维护设施等。

元大都公园在熊猫环岛南侧附近设有两个直升机紧急起降平台，在道路交通出现问题或不能满足需要时，应急避难时可利用它筑起空中通道运送救灾物资及救助灾民、伤员（图4-36）。

直升机停机坪的设置应符合下列规定：

1）停机坪应设在空旷、平坦、无妨碍飞机降落物的地带；与相邻建、构筑物和突出物体的间距不应小于5m；

2）如停机坪为圆形，旋翼直径为 D（m），则场地的尺寸应为（D+10）m；如为矩形，则其短边宽度不应小于直升机的全长；

3）应在场地周围设置安全护栏；

4）通向停机坪的出口不应小于2个，且每个出口的宽度不宜小于1.5m；

5）在停机坪的适当部位设1～2个消防栓；

6）直升机着陆区应设在停机坪中心，并应设明显标志；标志可为黄色或白色；

7）停机坪应设照明装置，圆形停机坪周边照明装置不应少于8个，如为矩形则每边不得少于5个，且灯之间的间距不应大于3m。

（3）应急物资储备用房

应急物资储备用房是物资的集散据点，利用大型开放空间作为救援人员、物资、机具设备集散地，是灾区不可或缺的城市防灾设施。

避震疏散场所应依据灾害地点、等级、灾害范围、死亡人数、受伤人数、无家可归人数、倒塌房屋以及主要道路破坏等信息计算避震疏散场所内紧急救灾物资的实际最小需求量，并设储藏库储藏。

应急物资储备用房可以靠近应急指挥中心、活动中心或应急棚宿区设置，并且应保持其与紧急救援道路及救援输送道路的通畅。应急物资储备用房内存储确保居民基本生活条件的紧急救灾物资。另外需要适当考虑老年人、儿童、残疾人与妇女需求的奶粉、奶瓶、纸尿布、生理用品等。有些物资长期库存会锈蚀、淘汰、变质，因此库存的救灾物资应当处于动、静结合的状态。

元大都公园"大都鼎盛"景区内的大型组雕的部分台基是用来临时储备如被褥、脸盆、毛巾、暖瓶、水杯、饭盒、卫生纸等应急物资的（图4-37），分段而设的小卖部是灾时的应急物资储备库。

（4）应急卫生防疫设置

1）应急简易厕所

应急简易厕所指的是平时不用而在紧急救灾时才用的厕所，它在灾害时的重要性仅次于饮水。考虑

图4-36 元大都城垣遗址公园应急直升坪

图 4-37　元大都城垣遗址公园大型组雕后的储备用房

图 4-38　元大都城垣遗址公园固定厕所

到灾难发生时人员避难的实际需求和平时公园绿化的美观效果，根据条件修建多组可临时快速启用的暗厕，上面盖板铺设绿化草地，保证平时公园的美观效果，紧急时刻打开盖板，简单搭建掩体就可以作为厕所使用。还可根据情况增设移动厕所（图 4-38、图 4-39）。

2）公共卫生间

公共卫生间应考虑无障碍设施，粪便应实现无害化处理；厕所应按人容量的 2% 设置厕所蹲位，厕所的服务半径不宜大于 150m；男厕设 4 个蹲便器、不小于 3m 长小便器、1 个洗手盆；女厕设 8 个蹲便器、1 个洗手盆；蹲便器间距 900mm。男女淋浴间分设 6 个淋浴器，淋浴器间距 1000mm；每个集中供水点设洗涤槽，配 10 个水嘴，水嘴间距不小于 700mm。

图 4-39　应急厕所

（5）应急医疗站

为了保证灾害发生时受伤人员及时去医院进行治疗，避震疏散场所与城市中医疗救护中心的距离不能太远，两者之间应有紧急道路联系。同时根据场所的布局情况，可在服务建筑、地下空间内暂时存放医疗救护设备，设置应急医疗站（图 4-40）。应急医疗站要考虑自行供水与紧急发电设备，才能在灾害期间发挥救护功能。另外应适度预估灾时救护人数，并预留相对应的户外广场、绿地等开放空间。

图 4-40　应急医疗站

（6）供水

1）应急水装置

避震疏散场所的物资储备中，维持生命的水是很重要的一项，需要做很周全的考虑。一般要配备常时水源和应急水源两种。常时水源主要为市政给水、湖面补水、喷灌用水和厕所用水及地下水源。应急水源可采用紧急水管（图4-41）、自备井供水，给水车供水（通过给水接合器）等方式，另外还可利用消毒后的现有景观水。

2）抗震储水槽

抗震储水槽主要用于预防灾害时断水，储藏饮用用水、消防用水和生活用水。它可以有多种形态，典型的饮用水储水槽是"水管直接式"，也就是说储水槽作为整体供水的一部分，平常时水管的水流过储水槽，受灾时封住进出口，起储水槽的作用。饮用水的储水量按每人每天3升，2～3天的量为标准。储备性储水槽也常用于防火或杂用，如果是防火用最小是40m³，大型的可达到100m³或150m³。储水槽大多是地下埋设型，材料一般可选择钢材（含不锈钢）、铸铁、陶瓷、混凝土等（图4-42）。选择时以储备水为目标，要根据实际情况，进行比较研究，选择最合适的类型。

3）应急用水井

主要用来提供生活用水，保证比较安全的水质，如果一旦自来水管道出现破裂，应急用水井就能投入使用，保障居民饮水（图4-43）。主要有深水井和浅水井两种，设置时有必要对相关的法规、条件进行确认，也可设置手压井。根据水质条件，要装灭菌装置才能作饮用水用。靠水泵扬水的情况，必须设置平时不常用的电源，手压泵的水井不能太深，但起码也要20m的深度，为保证水质，尽可能深一些。

4）雨水排放设施与收集系统

由于受灾后降雨造成的滞水会给避难人员生活带来很多不便，公园的雨水排放非常重要。为了不

4-41　元大都城垣遗址公园紧急水管

4-42　抗震储水槽

图4-43　以人工塑石掩盖的应急用水

妨碍降雨时或雨后的活动，在下坡处设置透水铺装、布置透水管，散水设施要考虑耐久性、透水性，应急棚宿区要考虑从帐篷流下来的雨水处理。同时，为了充分利用水资源，可以设置雨水系统的集水、处理、储存、回用等设施。雨水收集系统结合公园地形、地貌，确定收集方式，用暗沟收集雨水。尽量利用地形，实现雨水的重力收集。然后采用渗水槽系统对雨水进行预处理，渗水槽内装填砾石或其他滤料，雨水经渗水槽预处理后达到规定的水质标准，成为在一定范围内重复使用的非饮用水。

（7）能源与照明设施

避震疏散场所中应该配备应急供电网、各种备用电源和太阳能照明设备，平时用市政供电系统，应急时使用备用发电机和移动式发电机。

避震疏散场所应急指挥中心、应急医疗救护点的地下可以设置小型备用发电机，保证24小时不断电，并在疏散区、棚宿区及应急通道两侧都设置应急供电点，保证灾时电力供应。另外还可采用太阳能电池-蓄电池系统，可以将白天的太阳能转换成电能并输出、储存在蓄电池中，作为灾时电力系统无法供应时自行制造使用。目前从技术上来说，太阳能路灯已基本成熟，推广的困难主要是成本较高。

（8）消防治安设施

为了准确掌握公园的使用情况及收集灾害信息和资料，公园内要装配应急监控装置，可以布置在公园干道周边交通灯杆上。一旦公园作为应急避难场所投入使用，监控器就可用来观测园内情况，调度员依靠它可以作出科学调度。

另外，为了预防火灾蔓延或避难人员生活中意外失火，避难道路两边、应急棚宿区等人流集中的地方还需要规划十分明显的应急消防设施。在公园的地下仓库中也应储存一些消防备用器材。

图4-44 塑石形式的音箱

（9）情报通讯设施

情报通讯设施主要包括应急广播系统（图4-44）、应急通信设备、应急情报设备等，情报通讯设施最好是有线与无线相结合，保证灾害时的对外通讯及防灾、救灾信息的传播及告示的发布。

（10）指示设施

指示设施主要指标识牌和内部划分图。各种指示设施应该考虑与无障碍设施的协调，如应急避难标识牌，内部划分图等可配有为失明、残障人准备的盲文说明。

目前避震疏散场所的标志有两种，一种是公园内的标志指示，另一种就是道路交通指示。在公园入口、路口及广场等人流聚集处应设置鲜明的道路交通指示牌，标明避震疏散场所名称、级别、具体位置和前往的方向，并画出附近的避难道路，灾时为疏导人群指明方向。公园内主要的场所标志分为四类，共有主标志、应急指挥部、应急供电、应急棚宿区、应急监控、应急停机坪、应急水井、应急机井、应急避难场所道路指示等14个标志。可以参考《地震应急避难场所标志》（DB 11/224—2004）中各种标志的标示方法（图4-45～图4-48）。

在避震疏散场所出入口及其他重要交通口需要设置内部区划图（图4-49），明确给出避难场所、

图 4-45　道路指示标志图　　　　4-46　组合标志　　　　图 4-47　图形符号：应急避难场所图　　4-48　图形符号：应急指挥

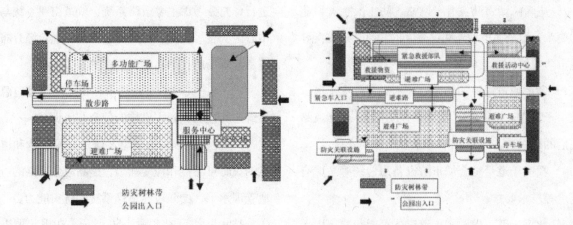

图 4-49　平时公园区域划分图与灾时公园区域划分图

各种防灾设施以及道路的具体位置。

4.6.5 疏散通道技术指标与要求

应急道路系统在地震发生后是第一个进入救灾工作环节的角色，其安全程度和功能发挥直接影响到救灾工作的时效。1991 年美国洛杉矶发生地震时，由于政府反应迅速、决策正确，因而有效地降低了地震造成的各项损失，其中的紧急交通控制与管理系统和交通信息系统对预防和消除交通拥堵，特别是保障救灾道路的畅通，起到了十分重要的作用。

（1）防灾等级

按照城市防灾空间骨干网格的布局要求，城市防灾空间道路划分为三级：

救灾干道：城市进行抗震救灾对内对外交通主干道，为城市防灾组团分割的防灾主轴，通常需要考虑城市应急救灾需要设置应急备用地。需要考虑超过巨震影响的可通行。

疏散主干道：连接城市中心疏散场所、指挥中心、一、二级救灾据点以及二级防灾分区等的城市主干道，构成城市防灾骨干网格，需要考虑大灾影响的安全通行。

疏散次干道：城市防灾骨干网格内部连接固定疏散场所、大型居住组团或居住区、二级防灾分区所依托的救灾据点的城市主、次干道，需要考虑中震情况下的疏散通行和大灾情况下的次生灾害蔓延阻止。

表 4-22 根据应急道路在灾后应急救灾、恢复的

表 4-22　应急道路防灾重要性分级

类型	重要性分类	破坏后果	重要性描述
救灾干道	极重要	极严重	城市进行抗震救灾对内对外交通主干道（包括位于救灾干道上的桥梁），为城市防灾组团分割的防灾主轴，通常需要考虑城市应急救灾需要设置应急备用地。需要考虑巨震影响的可通行，一旦破坏将阻断城市与外界的连通，失去大量外部支援力量的迅速到达
疏散主干道	很重要	很严重	连接城市中心疏散场所、指挥中心、一、二级救灾据点以及二级防灾分区等的城市主干道，构成城市防灾骨干网格，需要考虑大震影响的安全通行，一旦破坏将造成城区交通系统指挥、疏散、救援局部瘫痪，会出现严重的社会混乱现象
疏散次干道	重要	严重	城市防灾骨干网格内部连接固定疏散场所、大型居住组团或居住区、三级防灾分区所依托的救灾据点的城市主、次干道，需要考虑中震情况下的疏散通行和大震情况下的次生灾害蔓延阻止

重要性和其破坏产生的严重性影响进行防灾重要性划分。

（2）防灾保障要求

在进行道路系统布局时，应综合考虑以下因素：

1）应考虑城市防灾骨干网格、防止次生灾害蔓延的要求，综合考虑城市防灾分区的构建，形成良好的城市防灾结构布局形态；

2）考虑城市用地的场地破坏因素，救灾干道、疏散主干道应选择成地破坏因素小的用地，保障道路在灾后的可靠性；

3）救灾干道可结合城市防灾备用地统筹考虑有效宽度等技术要求；

4）救灾干道、疏散主干道应尽可能与城市出入口相连，并形成互联互通的网络形式；

5）考虑消防救援、危险品运输路线的统一合理安排。

（3）规划原则和技术路线

应急道路系统规划应遵循以下原则：

1）城市应急道路系统规划需围绕城市道路，结合地铁、轻轨、市郊铁路、航空和船舶运输系统等进行；充分考虑主要道路系统、轨道交通系统与城市中心区、各居住区、对外交通枢纽、危险源分布点、应急避难场所、消防站和医院的有效衔接。

2）考虑灾时的交通需求和特点，注重应急道路系统与其他防灾减灾设施的配合与协调。

3）注重加强应急道路系统的布局结构和道路节点的灾时可靠性和应变能力，提高应急道路的应急交通管理水平，增强应急道路系统的抗灾能力。

技术路线可参考图4-50所示，在现状调查道路系统通行能力及抗震能力等基本情况的基础上，按照震后应急避难人员疏散通行及救灾车辆通行等保障目标，合理制定各类别疏散通道的布局方案，同时，

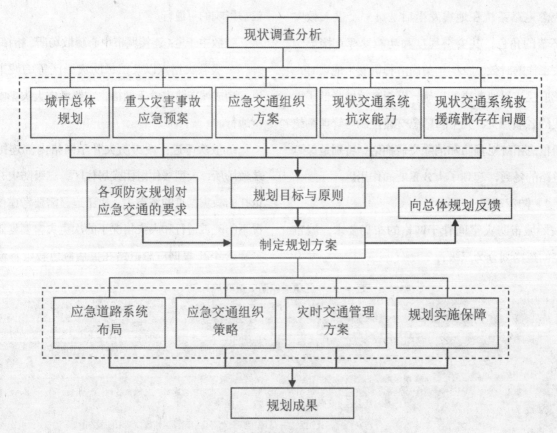

图 4-50　城市应急道路系统规划技术路线图

应按照不同类别疏散通道制定相应的抗震防灾要求与措施。

(4) 控制技术指标

城市出入口应保证灾时外部救援和抗灾救灾的要求，应建立多方向多个城市出入口。根据《城市抗震防灾规划标准》（GB 50413—2007）对城市出入口数量的要求，中小城市不宜少于 4 个，大城市和特大城市不宜少于 8 个。另外，城市出入口的桥梁应采取提高一度进行抗震设防或考虑桥梁垮塌后通行宽度满足救灾干道要求，以保证大震抗倒塌的要求。

城市疏散道路应保证两侧建筑物倒塌堆积后的通行，并满足：

1）若道路两旁有宜散落、崩塌危险的边坡、地震中易破坏的非结构物和构件，应及时排除，同时提高道路上桥梁的抗震性能。

2）疏散道路的抗震有效宽度应满足以下要求，即，救灾干道不小于 15m；疏散主干道不小于 7m；疏散次干道和疏散通道不小于 4m。城市疏散道路宽度可按以下公式计算：

$$W = H_1 \times K_1 + H_2 \times K_2 - (S_1 + S_2) + N \quad \text{（式 4-11）}$$

式中：W 是道路红线宽度，H_1、H_2 是两侧建筑高度，K_1、K_2 是两侧建筑物可能倒塌瓦砾影响宽度系数，S_1、S_2 是两侧建筑距道路红线距离，N 是抗震有效宽度。

两侧建筑物可能倒塌瓦砾影响宽度系数按照通常震害经验倒塌建筑物为 1/2 ~ 2/3 左右。按照现行抗震设计规范建造的建筑物可能倒塌瓦砾影响宽度系数按房屋结构类型不同，应满足下列要求：一般情况下，不得小于 1/2 ~ 2/3；对钢筋混凝土结构，可不小于 1/2；对高层建筑可不小于 1/3。考虑到各级城市疏散道路的设防和抗震救灾要求的不同，对于两侧建筑物按照现行抗震设计规范进行设计建造的房屋，在城市规划设计时可按下述规定考虑：

a. 救灾干道应满足考虑双侧建筑物同时倒塌时的畅通，此时瓦砾影响宽度系数按 1/2 考虑；并且满足单侧较高建筑物倒塌时的畅通，此时瓦砾影响宽度系数按 2/3 考虑。

b. 疏散主干道应满足考虑双侧建筑物同时倒塌时的畅通，此时瓦砾影响宽度系数按 1/3 考虑；并且满足单侧较高建筑物倒塌时的畅通，此时瓦砾影响宽度系数按 1/2 考虑。

c. 疏散次干道应满足考虑单侧较高建筑物倒塌时的道路畅通，此时瓦砾影响宽度系数按 1/2 考虑。

对于未进行抗震设防的房屋，应考虑两侧建筑物倒塌时的震时交通要求；对于按照乙类房屋进行抗震设防的房屋，可降低一级考虑。

3）若城市疏散道路宽度不能满足上述第 2 规定，可通过提高道路两旁建筑物的抗震性能来达到，即救灾干道两侧建筑物应提高一度采取抗震措施；疏散主干道两侧建筑物宜提高一度采取抗震措施。

4）城市新建工程，房屋间距除满足城市规划规定的间距外，作为抗震疏散道路两侧房屋之间的间距，应满足疏散道路的宽度规定。

(3) 设防要求

1）救灾干道的桥梁应采取提高一度进行抗震设防或考虑桥梁垮塌后通行宽度满足救灾干道要求，满足大灾时的通行要求。

2）疏散主干道上的桥梁设计时，应考虑桥梁垮塌后通行宽度符合要求。

3）救灾干道和疏散主干道应采取防止场地破坏效应的措施，必要时可考虑提高一度进行抗震设防。

(4) 辅助通道的使用

当个别区域应急道路不能满足要求时，可以采用增设辅助通道的方式解决。辅助通道是指在应急通道瘫痪后能够起到应急作用的通道，规划辅助通道需考虑各种灾害情况下对应急通道可能造成的破坏，并制定相应的交通解决方案，辅助通道为救援疏散任务的完成提供了最后保障。

4.7 地震保险

地震是对人类危害最大的自然灾害之一，由于地震是无法避免的，因此世界各国均采取了地震预报、工程抗震、结构控制等各种防震减灾措施，在保护建筑结构及人员生命安全方面取得了显著的成就。但是，随着全球经济的发展及我国城市化进程的加快，地震造成的经济损失越来越大。地震保险作为一种资源储备和经济补偿的手段，其作用和效率是不容忽视的。地震保险是实现社会互助、减轻政府财政负担、提高抗震救灾能力、稳定社会的有效途径，是防震减灾综合对策和措施之一，对综合减灾具有不可替代的作用，对灾后的恢复、重建、稳定人心、安定社会都具有重要的意义。1985年3月29日，四川省自贡市发生一次中强地震，全市受灾企业412户，参加保险而得到保险经济补偿的为173户，支付赔偿费为932万元，占企业自报损失金额3122.7万元的29.8%。1993年1月27日，云南省普洱县发生6.3级地震，由于震前已有大量的企业、单位和家庭参加了保险，虽然社会经济损失仅为1.67亿元，但获得保险赔款高达1670.75万元。1994年1月17日，美国南加州Northbridge地震造成了约200亿美元的财产损失，其中125亿美元的损失由地震保险来赔付，受赔企业在震后很快恢复了生产，对震区的生产、生活秩序的恢复起到了积极作用。

目前，国际上许多国家如日本、美国、墨西哥、新西兰和澳大利亚等都开展了地震保险业务，尤其是日本起步较早，并且随着经历地震次数的增多，其法律法规逐步完善，商业运营方面逐步成熟。一些国家的地震保险规模已经较大，在各国减轻地震灾害、震后补偿、震前预防过程中起到了相当大的作用，同时也对保持国民经济的持续发展、维持社会稳定、确保各国的财政收支平衡、积累地震保险和再保险总准备金做出了贡献，具有明显的社会效益和经济效益。

我国的地震风险管理体制是计划经济体制下发展起来的产物，震后灾区重建基本靠政府补贴和社会捐赠，主要解决公共设施和最困难群体的住房恢复重建，一般公众和企业的经济损失则是"听天由命"，这样在实质上造成了国家财政的巨额负担，并且由于国家财力和民间捐赠的有限性，使得过低的补偿额度难以有效弥补地震灾害的损失。随着我国经济水平的不断提高以及社会发展的需要，地震保险存在着巨大的社会需求。

地震保险是指利用保险这一经济手段，按照概率论的原理，由企业和个人交纳保险费的方式，设立集中的保险基金，专门用于补偿因地震灾害所造成的经济损失。地震保险以地震风险及其震害损失为承保标的，是一种长期地震预测预防的方法，也是对危险的处理与管理的方法。其实质就是将个别投保人的地震损失转嫁给全体投保人来共同承担，换句话说，把地震造成的损失，由保险公司通过金融调节手段将其变成固定小额保险费支出，是实现社会互助、减轻国家经济负担、提高抗震减灾能力的有效方法。由于地震灾害的破坏性极大，世界各国的地震保险一般都由国家集中统一经营。

地震保险与再保险以承保地震及其危险性为目标，对地震造成的财产损失进行经济补偿，以减轻地震灾害为根本目的，其基本运行程序：评估地震危险性→收取保险费→经济补偿→减轻灾害。对地震保险进行研究，必须以前几章所述的地震危险性、震害预测、地震经济损失估计和人员伤亡估计为基础。

由于地震事件的大灾难、大范围、小概率特征，地震灾害保险是一项特殊的财产保险业务。通常，地震保险具有以下特点。

(1) 风险大

由于地震灾害损失十分巨大，而地震保险开展的时间较短，国际上地震保险开展较早的国家如日本也仅是从 1965 年才正式开始的，因此以保险公司目前的风险储备金和单薄的保费积累，当发生大规模破坏性地震时，将会带来巨大的损失。同时，由于地震灾害具有区域性，当发生地震时，往往使灾区的保险标的遭到普遍性的损失，使该地区的保险人面临巨额的赔保风险。保险公司吸收巨灾危险的能力是有限的，不是无限的，仅能满足少部分用户的需要，这就迫使地震保险经营者采取限额措施来减少承保的比例。一般说来，地震保险不能成为一个大量经营的险种，只能是某一险种的补充。家庭财产保险可以附加地震险，火灾险也可以附加地震险。

(2) 大数法则不完全适用

大数法则是指在试验不变的条件下，重复试验多次，随机事件的频率近似于它的概率。

在投保户参加数量构成统计量的情况下，保费收入与支付几起同时发生的中等强度地震造成的损失补偿保持着平衡关系。对于一个发生在大城市附近的大地震所造成的损失，其补偿能力是有限额的，超限额则承担不了。虽然地震属于小概率事件，但大数法则仍然部分可用，即在跨区域或大于地震周期的时限内大数法则可以应用，在同区域内大数法则会发生失效。

(3) 保险费率至关重要

地震保险依赖于地震保险费率的厘定，并受总准备金数量的限制，同时也与地震危险性的地区分布、远近程度和时间变化有关。确定地震保险费率和准备金的数量，应充分考虑特定地区的地震危险性、时空分布特性和该地区的社会经济发展程度。

(4) 再保险业务急需发展

目前地震保费费率较低，有时出现无法弥补震灾损失的情况。

要实现灾害储备金的积累，单纯靠保费显然是不够的，应该进一步开展地震再保险，通过财政预算拨款对灾害储备基金进行公共积累。再保险对于地震保险起到了降低和分散风险的作用，对于长周期的地震保险，规范化和专业化的再保险可以满足对分保公司巨灾保险的巨额分保，等效于缩短地震周期，降低保险业赔偿金不足的危险。

(5) 各类机制不健全

由于地震概率不好预测，落后地区贫乏的地震观测资料给地震保险费率的精算带来了困难，导致地震保险机制先天发育不良。

综上所述，在防震减灾措施中引入保险机制，是推动社会和公众减灾活动的重要途径。地震保险作为一种化解巨灾风险的经济措施，在抗御和减轻地震灾害损失过程中起到了以下一些作用。

(1) 震前预防，抗灾减损

震前通过广泛动员，积极办理地震保险，可以增强企业单位和广大人民群众的抗震防灾意识，也可促使工程设计和技术人员自觉遵守建筑抗震设计规范、落实震前预防减灾措施、实施建筑物抗震设防和抗震加固，做到防患于未然，尽可能地避免和减轻震害带来的损失；同时，能够在地震灾害发生前广泛动员和集结社会成员的资金，形成地震损失补偿基金，从而最大限度地提高灾后的经济补偿能力，改变灾害发生后只能向政府等、靠、要的现状，有利于快速恢复正常的生产生活秩序；并且地震保险制度的保费缴纳义务使人们置身于地震灾害防范制度内，能够有效增强地震安全和防灾防损意识，有效落实国家有关抗震设防要求。

(2) 震后补偿

企业单位和广大人民群众通过参加地震保险，在缴纳少量的地震保险费之后，即可以把可能遇到的地震风险转嫁给保险公司承担，一旦因发生地震遭受损失则可从保险公司得到相应的经济补偿，大大地加快了恢复生产和重建家园的进程，保障生产经营的持续发展，进而通过发展生产，努力挽回地震灾害带来的经济损失，取得抗震救灾的最佳效果。例如，1993年2月1日，大姚县发生了5.3级、烈度为6度的地震，8月14日姚安县发生了5.6级、烈度为7度的地震，在两次地震中累计经济损失5250万元。在大姚、姚安地震中，人保公司处理地震赔案639件，有137个单位、29486户农户得到了地震赔偿，赔款总金额达到635.6万元，这笔巨款在抗震救灾工作中，起到了很大的作用。

（3）抢险救灾，减轻和避免后续损失

在地震发生后，受灾企业及受灾群众可以按照保险条款的规定，采取有效措施，积极投入抗震抢险和救灾工作，抢救和整理受损财产，避免损失的蔓延和扩大的同时，在保险公司预付和兑现赔款的支持下，及时恢复生产，避免和减轻停产、停业等间接损失。

（4）稳定人心，稳定社会

企业单位和广大群众通过参加地震保险获得了保险保障，无论是震前或震后，均可起到安定人心、稳定社会的积极作用。震前，人们通过参加地震保险获得了安全感，有利于增强事业发展的信心及决心；震后，通过地震保险赔款，可以使人们得到安抚，尽快把情绪稳定下来，并及时恢复和建立正常的生产、工作和生活秩序，发挥稳定人心、稳定经济、稳定社会的作用。

（5）聚积地震保险专项基金，逐步减轻国家和社会的经济负担

目前，政府救济是我国地震灾害发生后最主要的经济补偿手段，灾害补偿款往往带来沉重的财政负担。开办地震保险后，可以在地震相对平静的年份，把地震保险费的收支结余用于建立地震保险专项基金，留作大震之年的地震保险赔款。通过逐年聚积，不但可以充实地震风险防御的经济实力和社会后备基金，增强抗震救灾能力，而且随着地震保险面的扩大，还可以做到逐步减轻国家和社会用于救助地震灾害的经济负担。例如：1993年大姚、姚安地震，楚雄彝族自治州人保公司提供的635.6万元地震赔款是州政府拨款的127.1%，为抗震救灾作出了贡献，减轻了政府的财政负担。换句话说，通过建立地震保险制度，在国家财政、保险公司、再保险公司、投保人之间形成地震风险的分担机制，可以有效降低国家财政的负担，也符合社会公平原则。

5 地质灾害与安全防灾

5.1 地质灾害概述

5.1.1 地质灾害定义与分类

在地球内动力、外动力或人为地质动力作用下，地球发生异常能量释放、物质运动、岩土体变形位移以及环境异常变化等，危害人类生命财产、生活与经济活动或破坏人类赖以生存与发展的资源、环境的现象或过程称为地质灾害。地质灾害的分类十分复杂，从不同的角度有不同的标准。

地质灾害有广义和狭义之分，广义上来说任何成灾的地质活动都可以称为地质灾害，包括火山喷发、地震、崩塌、滑坡、泥石流、水土流失、沙漠化、荒漠化、地面沉陷、地裂缝等；狭义来看地质灾害主要指崩塌、滑坡、泥石流和地面沉陷等，这些是最为常见的、也是最重要的地质灾害类型。

就地质环境或地质体变化的速度而言，可分突发性地质灾害与缓变性地质灾害两大类。前者如崩塌、滑坡、泥石流、地面塌陷、地裂缝，即习惯上的狭义地质灾害；后者如水土流失、土地沙漠化等，又称环境地质灾害。

根据地质灾害发生区的地理或地貌特征，可分山地地质灾害，如崩塌、滑坡、泥石流等，平原地质灾害，如地面沉降、地裂缝等。

按照地质灾害造成的人员伤亡、经济损失的大小，分为四个等级。特大型：因灾死亡30人以上或者直接经济损失1000万元以上的；大型：因灾死亡10人以上30人以下或者直接经济损失500万元以上1000万元以下的；中型：因灾死亡3人以上10人以下或者直接经济损失100万元以上500万元以下的；小型：因灾死亡3人以下或者直接经济损失100万元以下的。

按照地质灾害成因分类的原则，则可将地质灾害可分为自然动力型、人为动力型和复合动力型，见表5-1所示。

5.1.2 我国的地质灾害

我国地域辽阔，经纬度跨度大，自然地理条件复杂，构造运动强烈，自然地质灾害种类繁多。同时，我国又是一个发展中国家，经济发展对资源开发的依赖程度也相对较高，大规模的资源开发和工程建设以及对地质环境保护重视程度不够，人为诱发了很多地质灾害，使我国成为世界上地质灾害最为频繁和严重的国家之一。

（1）我国地质灾害的分布

根据地质灾害宏观类别，结合地质、地理、气候及人类活动等环境因素，我国地质灾害可划分为四大区域。

1）平原、丘陵地面沉降与塌陷为主地质灾害大区

表 5-1　地质灾害成因类型划分表

类型	亚类	灾害举例
自然动力型	内动力亚类	地震、火山、地裂缝等
	外动力亚类	泥石流、滑坡、崩塌、岩溶塌陷等
人为动力型	道路工程	滑坡、崩塌、荒漠化等
	水利水电工程	泥石流、滑坡、崩塌、岩溶塌陷地面沉降、诱发地震等
	矿山工程	地面塌陷、坑道突水、泥石流、诱发地震、瓦斯突出等
	城镇建设	地面沉降、地裂缝、地下水变异等
	农林牧活动	水土流失、荒漠化等
	海岸港口工程	海底滑坡、岸边侵蚀、海水入侵等
复合动力型	内外动力复合亚类	泥石流、滑坡、崩塌等
	内动力人为复合亚类	岩爆、瓦斯爆炸、地裂缝、地面沉降等
	外动力人为复合亚类	泥石流、滑坡、崩塌、水土流失等

位于山海关以南，太行山、武当山、大娄山一线以东，包括中国东部和东南部的广大地区，地处华北断块东南部、华南断块、台湾断块的主体部位。地貌上位于中国大地貌区划第三级地势阶梯，以平原、丘陵地貌类型为主。区域内矿产资源较丰富，采矿业发达，大中城镇分布密集，人口稠密，沿海开放城镇工业发达，人类工程活动规模较大、强度高，诱发了严重的城镇地面沉降、矿山地面塌陷、岩溶塌陷、水库地震、土地荒漠化以及港口、水库、河道等淤积灾害，丘陵山区人为活动诱发的滑坡、崩塌、泥石流灾害发育较多，是人类工程活动为主形成的地质灾害组合类型大区。

2）山地斜坡变形破坏为主地质灾害大区

包括长白山南段、阴山东段，长城以南，阿尼玛卿山、横断山北段一线以东，雅鲁藏布江以南的广大地区，属于中国中部地区及青藏高原南部、东北部分地区，地处青藏断块、华南断块与华北断块的结合部位，地貌上位于中国大地貌区划第二级地势阶梯，以山地和高原为主要地貌类型。区内矿产、水力、森林、土地等资源丰富，是我国新兴工业区，人口密度较大，资源开发和农牧活动等经济活动活跃，由于不合理开发利用山地斜坡、森林植被等资源，使地质环境日趋恶化，导致泥石流、滑坡、崩塌、水土流失等

山地地质灾害频繁发生，灾害损失严重，自然动力和人类活动相互叠加而形成的山地地质灾害广泛分布。

3）内陆高原、盆地干旱、半干旱风沙为主地质灾害大区

地处秦岭—昆仑山一线以北，在大地构造上属于新疆断块并横跨华北断块及东北断块区，位于中国大地貌区划的第二级阶梯部位，由高原、沙漠、戈壁及高大山系、盆地、平原等地貌类型组成。区域西部，活动性断裂发育，地震活动强烈；内陆高原、荒漠地区气候恶劣，风力吹扬作用强烈，沙质荒漠化灾害日趋严重。河套平原等地区土地盐碱化较发育；新疆、宁夏、内蒙古等地的煤田自燃灾害比较严重；天山、昆仑山山地则主要发育雪崩、滑坡、崩塌等地质灾害。北部地区是以自然地质营力为主并叠加人为地质作用所形成的复合型地质灾害大区。

4）青藏高原及大、小兴安岭北段地区冻融为主地质灾害大区

位于青藏高原中北部及大、小兴安岭北段地区，大地构造上属于青藏断块和东北断块区。青藏高原为中国地貌区划第一级地势阶梯上，平均海拔5000m以上，属于高海拔冻土区。东北大兴安岭、小兴安岭北段处于欧亚大陆高纬度冻土带南缘，是我国高纬度多年冻土地区，由于气候季节变化和日温差变化，冰

丘冻胀、融沉、融冻泥流、冰湖溃块泥流等地质灾害较为发育。本区主要是自然地质营力形成的以冻融、地震灾害为主的地质灾害大区。

(2) 我国地质灾害损失重

我国遭受地质灾害影响严重的地区分布很广，滑坡、崩塌、泥石流、地面沉降及地裂缝等地质灾害在我国大范围存在，且经常造成巨大的经济损失和人员伤亡。以 2004 年为例，全国共发生中等规模以上地质灾害 875 起，其中滑坡 572 起，崩塌 181 起，泥石流 77 起，地面塌陷 25 起，地裂缝 13 起，造成 688 人死亡，172 人失踪，426 人受伤，直接经济损失 20.5 亿元。表 5-2 给出了 2004 年我国地质灾害发生和造成损失的情况，可见其危害性非常之大。

根据国土资源部 2014 年国土资源公报显示，全国共发生各类地质灾害 10907 起，其中滑坡 8128 起、崩塌 1872 起、泥石流 543 起、地面塌陷 302 起、地裂缝 51 起、地面沉降 11 起。造成 349 人死亡、51 人失踪、218 人受伤，直接经济损失 54.1 亿元。与上年相比，地质灾害发生数量、造成死亡失踪人数和直接经济损失均有所减少，分别减少 29.2%、40.2% 和 46.7%。除上海、天津外的其余 29 个省（自治区、直辖市）均发生过不同数量的地质灾害，主要发生在湖南省、重庆市、四川省、贵州省、云南省和湖北省等。

根据国土资源部 2015 年国土资源公报显示，

2015 年，全国共发生各类地质灾害 8224 起，其中，滑坡 5616 起，崩塌 1801 起，泥石流 486 起，地面塌陷 278 起，地裂缝 27 起，地面沉降 16 起。造成 229 人死亡、58 人失踪、138 人受伤，直接经济损失 24.9 亿元。与上年相比，地质灾害发生数量、造成死亡失踪人数和直接经济损失均有所减少，分别减少 24.6%、28.3% 和 54.0%。地质灾害主要发生在江西、湖南、云南、安徽、浙江和四川等省。

另外，图 5-1 给出了 2011 ~ 2015 年我国地质灾害造成的死亡失踪人数和直接经济损失情况，可以看出，虽然近些年地质灾害防治取得了很大的进展，但人员伤亡和经济损失情况仍然较大。随着我国城镇化的发展，人地矛盾也越来越突出，城市上山等一系列山地城市的开发建设，都使得城镇地质灾害风险加大，因此，地质灾害防治工作将是我国一项长期而艰巨的任务。

(3) 我国地质灾害影响因素

地质灾害与地形地貌、地质构造格局、新构造运动的强度与方式、岩土体工程地质类型、水文地质条件、气象水文及植被条件、人类工程活动的类型有密切的关系，主要影响因素如下：

1) 地貌

我国陆地的地貌呈三级阶梯状。第一级由青藏高原及其山脉构成，平均海拔达到 4000m 以

表 5-2 2004 年我国发生的死亡和失踪 10 人以上的重大地质灾害

发生时间	地质灾害发生地点	死亡	失踪	灾害类型	诱发因素
5 月 30 日	贵州省六盘水市水城县金盆乡营盘村	11		滑坡	强降雨
6 月 23 日	湖南沅陵县、安化县	21	6	群发滑坡崩塌	强降雨
6 月 30 日	四川省宜宾市兴文县两龙乡三村	6	7	滑坡	连续降雨和暴雨
7 月 4 ~ 5 日	云南省德宏州盈江县、陇川县、瑞丽市	14	4	山洪、泥石流及滑坡	暴雨
7 月 17 ~ 20	云南省西部怒江、宝山、德宏	12	41	洪涝泥石流滑坡	大到暴雨
7 月 20 日	湖南怀化市通道县独坡乡骆团村	12		山体滑坡	暴雨
8 月 13 日	浙江乐清市、磐安县、天台县、永嘉县、玉环县	47		群发滑坡崩塌	台风暴雨
9 月 5 日	重庆市万州区、云阳县、开县，四川省达州市	85	2	群发滑坡崩塌	暴雨
12 月 3 日	贵州省纳雍县鬃岭镇左家营村岩脚组后山	39	5	危岩体崩塌	地形高陡、岩体开裂、暴雨和树木根劈作用

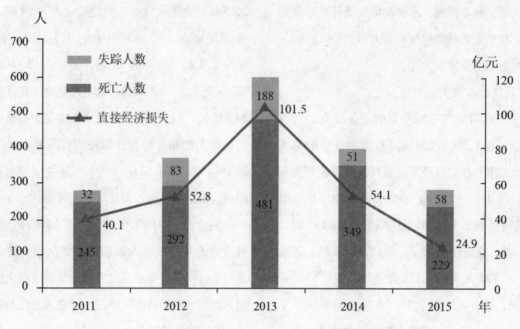

图 5-1 2011-2015 年地质灾害造成的死亡失踪人数和直接经济损失情况

上，第二级为高原、山地和盆地，海拔高度在 1000 ～ 2000m，第三级为东部平原和丘陵。从青藏高原世界最高峰到东部沿海地区海拔跨度极大，特别是一、二级阶梯过渡地带，有许多深切河谷和陡峭山坡，为地质灾害的发生发展提供了转化条件。

2）地质构造

我国位于亚欧板块、太平洋板块和印度板块交界处，特别是印度板块活动强烈，近几千万年向北挤压，导致古代东地中海的消失和喜马拉雅山脉的崛起。至今青藏高原边缘地带仍是世界上地震与地质灾害发生最强烈和最频繁的地区之一。我国地质构造包括多个大地台和褶皱系，新构造运动强烈，形成了百余条断裂带，不仅破坏了分布带内的岩体完整性，而且经常成为发生地震的震源。

我国地域辽阔，地层出露齐全，岩性复杂。其中岩性软弱的有黄土、黏土、硅藻土等，本成岩有砂岩、粉砂岩、火山凝灰岩、泥灰岩等，在外力作用下极易解体。变质岩中的中板岩、千板岩和片岩等也极易风化。这些岩石都可形成大量松散碎屑物质，在这些软弱岩石出露地易发生滑坡和泥石流。在花岗岩、

石灰岩等硬质出露地则容易发生崩塌。第四季冲积、湖积、海积的黏性土和粉细砂土上结构松散，极易压缩变形，容易发生地面沉降。碳酸盐岩极易被雨水淋溶，形成溶洞而最终塌陷。

3）气候与水源

山地灾害的发生通常与水的因素有关。我国大陆性季风气候的一个显著特点是降水集中在雨季。每年冬春旱季经过冻融和冷热的物理风化作用，往往形成大量松散堆积物。雨季的降水一般要占到全年的 70% ～ 80%。年际变化也很大，多雨年和少雨年的降水量可相差四五倍。山区地形复杂，往往在迎风面形成暴雨中心。这种在时间和空间上高度集中的过量降水极易引发局部的地质灾害。西部地区还有许多终年积雪的高大山脉，并发育了大量冰川。春季冰雪融化时如遇气温陡升或降雨冲洗，往往成为激发地质灾害的水源。

4）不合理的人类活动

滥伐森林、毁林开荒是造成水土流失的主要原因。滥垦与超载放牧导致草原退化，可加剧风蚀沙化。开矿、筑路等大型工程建设任意排弃废石废渣，

容易诱发山地灾害。过量抽取地下水是平原地区地面下沉的最常见原因。在地质不稳定的山地修建水库和水渠，也可能诱发地震或滑坡。

5.1.3 地质灾害主要预防措施

城镇地质灾害是主要指由于自然界或人为作用，多数情况下是二者协同作用引起的，在地球表层比较强烈地破坏人类生命财产和生存环境的岩土体移动事件。城镇地质灾害在成因上具备自然演化和人为诱发的双重性，它既是自然灾害的组成部分，同时也属于人为灾害的范畴。在某种意义上，城镇地质灾害已经是一个具有社会属性的问题，已经成为制约社会经济发展和人民安居的重要因素。因此，城镇地质灾害防治就不仅是指预防、躲避和工程治理，在高层次的社会意识上更表现为努力提高人类自身的素质，通过制定公共政策或政府立法约束公众的行为，自觉地保护地质环境，从而达到避免或减少城镇地质灾害的目的。我国政府重视地质灾害的防治工作，制定和颁布了一系列关于地质灾害防治的法律法规和技术标准，保障了地质灾害防治工作的法制化和规范化。

（1）有关法律法规

由国务院发布的地质灾害防灾减灾法规主要有：2003年11月19日国务院第29次常务会议通过，2003年11月24日国务院令第394号公布，自2004年3月1日起施行的《地质灾害防治条例》；2005年5月14日国务院发布的《国家突发地质灾害应急预案》。由国土资源部发布的地质灾害防灾减灾法规主要有：1999年2月24日由国土资源部发布，并于发布之日起施行的《地质灾害防治管理办法》；2005年5月12日国土资源部发布，自2005年7月1日起施行的《地质灾害危险性评估单位资质管理办法》《地质灾害治理工程勘察设计施工单位资质管理办法》和《地质灾害治理工程监理单位资质管理办法》；

2009年2月2日国土资源部发布，自2009年5月1日起施行的《矿山地质环境保护规定》。

《地质灾害防治条例》是我国第一部关于地质灾害防治的行政法规，它标志着我国的地质灾害防治工作进入了规范化、法制化的轨道。《地质灾害防治条例》确定了三项原则、五项制度和五项防灾措施，介绍如下：

1）三项原则

一是"预防为主、避让与治理相结合，全面规划、突出重点"的原则。随着科学技术的不断发展和防灾减灾经验的不断积累，一些地质灾害的先兆是可以被人们捕捉到的，政府和有关部门可以通过这些信息，预报预警地质灾害，或者采取有效措施，最大限度地减少人员伤亡和经济损失。同时，对于大型地质灾害一般通过工程治理手段并不容易实现，且耗资巨大，一般应采取工程建设避让的原则，而对于小型地质灾害则采取治理的方式。

二是"自然因素造成的地质灾害，由各级人民政府负责治理；人为因素引发的地质灾害，谁引发、谁治理的原则"。地质灾害治理投入大，工期长，《地质灾害防治条例》明确自然灾害治理由各级政府承担，中央政府以及灾害所在地的各级政府，都负有治理责任。人为引发的地质灾害，不仅仅是"谁引发、谁治理"，给他人造成损失的，还得依法承担赔偿责任，构成犯罪的，依法追究刑事责任。

三是地质灾害防治的"统一管理，分工协作"的原则。《地质灾害防治条例》规定，国务院国土资源主管部门负责全国地质灾害防治的组织、协调、指导和监督工作。国务院其他有关部门按照各自的职责负责有关的地质灾害防治工作。县级以上地方人民政府国土资源主管部门负责本行政区域内地质灾害防治的组织、协调、指导和监督工作。县级以上地方人民政府其他有关部门按照各自的职责负责有关的地质灾害防治工作。

2）五项主要的法律制度

一是地质灾害调查制度。由国务院国土资源主管部门会同国务院建设、水利、铁路、交通等部门结合地质环境状况组织开展全国的地质灾害调查。县级以上地方人民政府国土资源主管部门会同同级建设、水利、铁路、交通等部门结合地质环境状况组织开展本主管区域的地质灾害调查，在调查的基础上编制相应的地质灾害防治规划。

二是地质灾害预报制度。预报内容主要包括地质灾害可能发生的时间、地点、成灾范围和影响程度等。地质灾害预报由县级以上人民政府国土资源主管部门会同气象主管机构发布。任何单位和个人不得擅自向社会发布地质灾害预报。

三是地质灾害易发区工程建设地质灾害危险性评估制度。在地质灾害易发区内进行工程建设应当在建设项目可行性研究阶段进行地质灾害危险性评估，并将评估结果作为可行性研究报告的组成部分；可行性研究报告未包含地质灾害危险性评估结果的，不得批准其可行性研究报告。

四是对从事地质灾害危险性评估的单位实行资质管理制度。从事地质灾害危险性评估的单位，必须经省级以上人民政府国土资源主管部门对其资质条件进行审查合格，并取得相应等级的资质证书后，方可在资质等级许可的范围内从事地质灾害危险性评估业务。

五是与建设工程配套实施的地质灾害治理工程的"三同时"制度。即经评估认为可能引发地质灾害或者可能遭受地质灾害危害的建设工程，应当配套建设地质灾害治理工程。地质灾害治理工程的设计、施工和验收应当与主体工程的设计、施工、验收同时进行。配套的地质灾害治理工程未经验收或者经验收不合格的，主体工程不得投入生产或者使用。

3）五项防灾措施：

一是国家建立地质灾害监测网络和预警信息系统。

二是县级以上地方人民政府要制定年度地质灾害防治方案并公布实施。

三是县级以上人民政府要制定和公布突发性地质灾害的应急预案。

四是县级以上人民政府可以根据地质灾害抢险救灾工作的需要成立地质灾害抢险救灾指挥机构，在本级人民政府的领导下，统一指挥和组织地质灾害的抢险救灾工作。

五是地质灾害易发区的县、乡、村应当加强地质灾害的群测群防工作。

（2）相关技术标准

关于城镇地质灾害防灾工程设计有关标准，不同类型的地质灾害其设计标准是不一样的。与地质灾害防灾减灾相关的行业标准有《滑坡防治工程勘察规范》《滑坡防治工程设计与施工技术规范》《泥石流灾害防治工程勘察规范》《崩塌、滑坡、泥石流监测规范》《地质灾害防治工程监理规范》《建筑边坡工程技术规范》《地质灾害危险性评估规范》《矿山地质环境保护与恢复治理方案编制规范》《地质勘查单位质量管理规范》等。

（3）地质灾害防治对策

1）加强宣传，增强全民的防灾减灾意识，提高全社会的防灾、抗灾和救灾的综合防御能力和人们对灾害的心理承受能力。

2）加强对各种地质灾害的孕育、发展、发生规律的研究工作，探索地质灾害预测、预报和预防方法。

3）地质灾害的防灾减灾工作是设计方方面面的系统工程，只有在各级政府和全社会、专业队伍共同努力下，走综合防御的道路才能达到减灾增效的目的。

4）制定有关法律、法规，以法律形式规范地质灾害的防灾减灾行动，同时，制定应急和组织救灾的预案，在灾害监测、灾害预防、灾害应急、灾后救灾与恢复重建等环节上做好预案，做到有备无患，把灾害损失减轻到最低程度。

5）提高防灾减灾科学技术的现代化水平，开发新技术、新方法，不断增强对地质灾害的预测预报能力。

6）加强城市、重大建设工程和生命线工程抗御地质灾害的能力，做好建设工程地质灾害危险性评估工作。

7）积极开展地质灾害的保险工作。

5.1.4 地质灾害防治规划

地质灾害的防御要以避开为主、改造为辅，改造要尽量保持或少改变天然环境，防治人为破坏和改变天然稳定的环境。地质灾害防治规划类型很多：按规划区域分有国家规划、地区规划、流域规划等；按规划时间分有超长期规划、长期规划、中期规划、短期规划；按地质灾害种类分有单类地质灾害防治规划、综合地质灾害防治规划；按防治内容分有以某一种防治措施为中心的专门防治规划和多种防治措施的综合防治规划。

（1）主要任务和目的

地质灾害防治规划的主要任务和目的是通过调查开展地质灾害现状和发展趋势预测，根据地质灾害防治需要和实际能力，对地质灾害防治工作进行统筹安排，从总体上指导地质灾害防治工作的顺利进行。

地质灾害防治规划在城乡规划体系中属于专门性规划，一定要适应或符合一个地区总体规划的要求，而且要与相关的其他规划协调配合。

（2）基本内容

地质灾害防治规划的基本内容包括以下内容：

1）对因自然因素或者人为活动引发的、与地质作用有关的灾害以及形成环境进行调查评估，给出地质灾害现状和发展趋势预测。

2）结合各地地质灾害防治的基本要求提出地质灾害的防治原则和目标。

3）根据地质灾害发育程度、地形与地貌类型特征、地质构造复杂程度、工程水文地质条件和破坏地质环境的人类工程活动，对地质灾害易发区、重点防治区进行划定。

4）地质灾害防治项目，总体部署和主要任务。

5）地质灾害防治对策和措施等。

县级以上人民政府应当将城镇、人口集中居住区、风景名胜区、大中型工矿企业所在地和交通干线、重点水利电力工程等基础设施作为地质灾害重点防治区中的防护重点。

（3）地质灾害危险性评价

地质灾害危险性评价要确定规划区内是否存在地质灾害及其潜在危险性，查明规划区内地质灾害的类型和分布；充分估计工程建设可能诱发的地质灾害种类、规模、危害以及对评估区地质环境的影响。对评估区内重大地质灾害要按以下要求进行评价：

1）滑坡的评价要查明评估区内地质环境条件、滑坡的构成要素及变形的空间组合特征，确定其规模、类型、主要诱发因素、对工程建设的危害。

2）泥石流评价要查明泥石流形成的地质条件、地形地貌条件、水流条件、植被发育状况、人类工程活动的影响，确定泥石流的形成条件、规模、活动特征、侵蚀方式、破坏方式，预测泥石流的发展趋势及拟采取的防治对策。

3）崩塌的评价要查明斜坡的岩性组合、坡体结构、高陡临空面发育状况、降雨情况、地震、植被发育情况及人类工程活动。确定崩塌的类型、规模、运动机制、危害等；预测崩塌的发展趋势、危害及拟采取的防治对策。

4）地面塌陷的评价要查明形成塌陷的地质环境条件，地下水动力条件，确定塌陷成因类型、分布、危害特征。分析重力和荷载作用、地震与震动作用、地下水及地表水作用、人类工程活动等对塌陷形成的影响；预测可能发生塌陷的范围、危害。

5）地裂缝的评价要查明地质环境条件、地裂缝的分布、组合特征、成因类型及动态变化。评价地裂缝对工程建设的危害并提出防治对策。除地震成因的地裂缝外，对其他诱发因素产生的地裂缝应分析过量开采地下水、地下采矿活动、人工蓄水以及不良土体地区农灌地表水入渗；松散土类分布区潜蚀、冲刷作用、地面沉降、滑坡等作用的影响。

6）地面沉降的评价要查明评估区所处区域地面沉降区的位置、沉降量、沉降速率及沉降发展趋势、形成原因（如抽汲地下水、采掘固体矿产、开采石油、天然气，抽汲卤水、构造沉降等）、沉降对建设项目的影响，以及拟采取的预防及防治措施。评估区不均匀沉降要作为重点进行评价内容。

7）对人工高边坡、挡墙，要判定其危险性、危害程度和影响范围，评价对工程建设的危害并提出处理对策。

（4）地质灾害防御规划要点

1）用地规划要选择对防治地质灾害有利的地段，避开危险地段。对不利的地段要采取防御措施。

2）地质灾害防治规划要根据出现地质灾害前兆、可能造成人员伤亡或者重大财产损失的区域和地段，划定地质灾害危险区段及危害严重的地质灾害点，并提出预防治理对策。

3）地质灾害防治规划要将中心镇、人口集中居住区、风景名胜区、较大工矿企业所在地和交通干线、重点水利电力工程等基础设施作为地质灾害重点防治区中的防护重点。

4）地质灾害治理工程要与地质灾害规模、严重程度以及对人民生命和财产安全的危害程度相适应。

5）对地质灾害危险区要提出及时采取工程治理或者搬迁避让的措施，保证地质灾害危险区内居民的生命和财产安全。

6）在地质灾害危险区内，禁止爆破、削坡、进行工程建设以及从事其他可能引发地质灾害的活动。

7）在地质灾害易发区内进行工程建设应当在可行性研究阶段进行地质灾害危险性评估，并将评估结果作为可行性研究报告的组成部分。

（5）组织单位

根据《地质灾害防治条例》的规定，国家实行地质灾害调查制度。国务院国土资源主管部门会同国务院建设、水利、铁路、交通等部门结合地质环境状况组织开展全国的地质灾害调查。县级以上地方人民政府国土资源主管部门会同同级建设、水利、交通等部门结合地质环境状况组织开展本行政区域的地质灾害调查。

国务院国土资源主管部门会同国务院建设、水利、铁路、交通等部门，依据全国地质灾害调查结果，编制全国地质灾害防治规划，经专家论证后报国务院批准公布。

县级以上地方人民政府国土资源主管部门会同同级建设、水利、交通等部门，依据本行政区域的地质灾害调查结果和上一级地质灾害防治规划，编制本行政区域的地质灾害防治规划，经专家论证后报本级人民政府批准公布，并报上一级人民政府国土资源主管部门备案。

修改地质灾害防治规划，应当报经原批准机关批准。

（6）其他规划需统筹考虑地质灾害防治规划的要求

编制和实施土地利用总体规划、矿产资源规划以及水利、铁路、交通、能源等重大建设工程项目规划，应当充分考虑地质灾害防治要求，避免和减轻地质灾害造成的损失。

编制城市总体规划、村庄和集镇规划，应当将地质灾害防治规划作为其组成部分。

5.2 滑坡灾害及其防治对策

5.2.1 滑坡的概念及分类

（1）滑坡的概念

滑坡是指斜坡上的土体或者岩体，受河流冲刷、地下水活动、雨水浸泡、地震及人工切坡等因素影响，在重力作用下，沿着一定的软弱面或者软弱带，整体地或者分散地顺坡向下滑动的自然现象，俗称"走山""垮山""地滑""土溜"等（图5-2）。

（2）滑坡要素

通常，一个发育完全的、比较典型的滑坡，在地表显示出一系列滑坡形态特征，这些形态特征成为正确识别和判别滑坡的主要标志（图5-3）。

1）滑坡体

沿滑动面向下滑动的那部分岩体或土体称为滑坡体，可简称为滑体。通常滑坡体表面土石松动破碎，起伏不平，裂缝纵横，但其内部一般仍保持着未滑坡前的层位和结构。滑坡体的体积，小的为几百至几千立方米，大的可达几百万甚至几千万立方米。

2）滑动面

滑坡体沿其向下滑动的面称为滑动面，可简称为滑面。此面是滑坡体与下面不动的滑床之间的分界面。有的滑坡有明显的一个或几个滑动面；有的滑坡没有明显的滑动面，而有一定厚度的由软弱岩土层构成的滑动带。大多数滑动面由软弱岩土层层理面或节理面等软弱结构面贯通而成。确定滑动面的性质和位置是进行滑坡整治的先决条件和主要依据。

3）滑坡床和滑坡周界

滑动面以下稳定不动的岩体或土体称滑坡床；平面上滑坡体与周围稳定不动的岩体或土体的分界线称滑坡周界。

4）滑坡壁

滑坡体后缘与不滑动岩体断开处形成高约数十厘米至数十米的陡壁称滑坡壁，平面上呈弧形，是滑动面上部在地表露出的部分。

5）滑坡台阶

滑坡体各部分下滑速度差异或滑体沿不同滑面多次滑动，在滑坡上部形成阶梯状台面称滑坡台阶。

6）滑坡坡舌

滑坡体前缘伸出部分如舌状称滑坡舌。由于受滑床摩擦阻滞，舌部往往隆起形成滑坡鼓丘。

7）滑坡裂隙

是在滑坡体及其周界附近有各种裂隙。其中有：

a. 拉张裂隙

滑坡体与后缘岩层拉开时，在后壁上部坡面上留下的一些弧形裂隙，若斜坡面出现拉张裂隙，往

图 5-2　滑坡现象

往是滑坡将要发生的先兆。沿滑坡壁向下的张裂隙最深、最长、最宽，称主裂隙。

b. 鼓张裂隙

滑坡体在下滑过程中，前方受阻和后部岩土挤压而向上鼓起所形成的裂隙。

c. 扇形裂隙

滑坡滑动时，滑坡舌向两侧扩散而形成许多辐射状的裂隙。

d. 剪切裂隙

滑坡体与两侧未滑动岩层间的裂隙。

以上滑坡诸要素只有在发育完全的新生滑坡才同时具备，并非任一滑坡都具有。

（3）滑坡的分级与分类

滑坡形成于不同的地质环境，并表现为各种不同的形式和特征。滑坡分类的目的就在于对滑坡作用的各种环境和现象特征以及产生滑坡的各种因素进行概括，以便正确反映滑坡作用的某些规律。在实际工作中，可利用科学的滑坡分类去指导勘察工作，衡量和鉴别给定地区产生滑坡的可能性，预测斜坡的稳定性以及制定相应的防滑措施。

目前滑坡的分类方案很多，各方案所侧重的分类原则不同。有的根据滑动面与层面的关系，有的根据滑坡的动力学特征，有的根据规模、深浅，有的根据岩土类型，有的根据斜坡结构，还有根据滑动而形状甚至根据滑坡时代等等。由于这些分类方案各有优缺点，所以仍沿用至今。

1）按滑坡体积的大小、将滑坡强度或规模分为4级，见表5-3。

2）根据以往经验和岩土工程原理，按照滑动面与地质构造特征可分为三种类型，这种分类应用很广，是较早的一种分类。

a. 均质滑坡

发生在均质土体或极破碎的、强烈风化的岩体中的滑坡。滑动面不受岩体中结构面控制，而是决

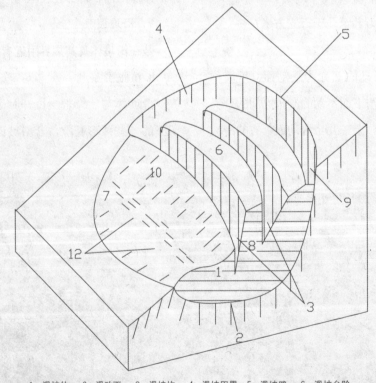

1— 滑坡体；2— 滑动面；3— 滑坡坎；4— 滑坡周界；5— 滑坡壁；6— 滑坡台阶
7— 滑坡舌；8— 张裂隙；9— 主裂隙；10— 剪裂隙；11— 鼓张裂隙；12— 扇形裂隙

图 5-3 滑坡形态特征

表 5-3　滑坡分级表

强度或规模	滑坡体积 /（1×10⁴m³）	死亡人数 / 人	直接经济损失 / 万元
巨型	>1000	>100	>100
大型	100 ～ 1000	10 ～ 100	10 ～ 100
中型	10 ～ 100	1 ～ 9	<10
小型	<10	0	0

定于斜坡的应力状态和岩土的抗剪强度的相互关系，滑面多为近圆弧形滑面（图 5-4）。在粘土岩、粘性土和黄土中较常见。

　b. 顺层滑坡

　沿岩层面或软弱结构面形成滑面的滑坡，多发生在岩层面与边坡面倾向接近，而岩层面倾角小于边坡坡度的情况下（图 5-5）。特别是有软弱岩层存在时，易成为滑坡面。那些沿着断层面，大裂隙面的滑动，以及残坡积物顺其与下部基岩的不整合面下滑的均属于顺层滑坡的范畴。顺层滑坡是自然界分布较广的

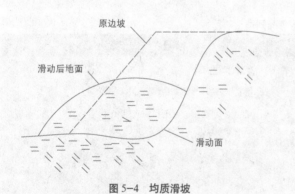

图 5-4　均质滑坡

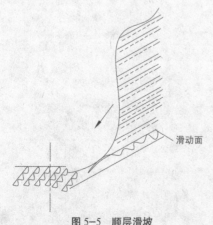

图 5-5　顺层滑坡

滑坡，而且规模较大。如1963 年 10 月 9 日发生在意大利的 Vajont 水库滑坡即为一大型顺层滑坡，该滑坡使当时世界上最大的双曲拱坝失效，并造成坝下游2600 人丧生。

　c. 切层滑坡

　滑动面切过岩层面的滑坡，多发生在沿倾向坡外的一组或两组节理面形成贯通滑动面的滑坡（图5-6）。滑坡面常呈圆柱形，或对数螺旋曲线。

　3）按滑动力学性质分类

　主要按决定于始滑位置（滑坡源）所引起的力学特征进行分类。这种分类，对滑坡的防治有很大意义。

　a. 推落式滑坡

　这种滑坡主要是由于斜坡上部张开裂缝发育或因堆积重物和在坡上部进行建筑等，引起上部失稳始滑而推动下部滑动。

　b. 平移式滑坡

　这种滑坡滑动面一般较平缓，始滑部位分布于滑动面的许多点，这些点同时滑移，然后逐渐发展连接

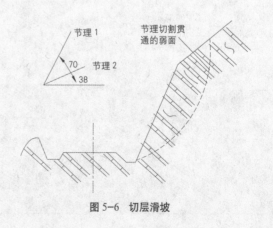

图 5-6　切层滑坡

起来。如包头矿务局的白灰厂滑坡，该处为侏罗系煤系地层，主要为砂岩、砂页岩、灰岩、油页岩及粉砂岩，并夹有粘土岩层，倾角4 ~ 6°，坡体为平缓山坡。滑坡体沿粘土层滑出，最大滑动速度每天有100cm，半年期间覆盖10m宽的公路路面，迫使公路改线。该滑坡的变形特点以水平位移为主，观测期间水平位移为1060 ~ 1234mm，垂直位移仅67 ~ 100mm。

c. 牵引式滑坡

这种滑坡首先是在斜坡下部发生滑动，然而，逐渐向上扩展，引起由下而上的滑动，这主要是由于斜坡底部受河流冲刷或人工开挖而造成的。如四川省云阳镇大桥沟内侧长江阶地沉积的黄褐色粘性土，由于东西两沟流水掏蚀坡脚，引起粘土滑动，由下至上逐渐形成五个滑动面和五个滑坡台阶，这类滑坡是近临空面的前部自行下滑后，后部失去支撑而接着下滑。

d. 混合式滑坡

这种滑坡是始滑部位上、下结合，共同作用。混合式滑坡比较常见。

4）按斜坡岩土类型分类

斜坡的物质成分不同，滑坡的力学性质和形态特征也就不一样，特别是表现在滑动面的形状及滑体结构等有所不同。所以按岩土类型来划分滑坡类型能够综合反映其特点，是比较好的分类方法。按组成滑体的物质成份可分为：粘性土滑坡、黄土滑坡、堆填土滑坡、堆积土滑坡、破碎岩石滑坡、岩石滑坡六大类。

5）其他分类

滑坡的其他分类见表5-4所示。

5.2.2 我国滑坡的分布特点

滑坡的活动强度主要与滑坡的规模、滑移速度、

表5-4 滑坡分类情况列举

分类依据	滑坡分类	滑坡特征描述
滑坡主滑面成因类型	堆积面滑坡	堆积作用形成的软弱面，内部层面
	层面滑坡	沉积变质岩层面，喷出岩上下层接触面
	构造面滑坡	节理面、断层面，原生、构造裂隙面
	同生面滑坡	土质滑坡，不通过软弱面
地形发育过程	幼年期滑坡	滑坡后部新鲜岩石，突发性，多成一块
	青年期滑坡	滑坡后部风化岩石，一定间歇性程度
	壮年期滑坡	滑坡后部混砾砂土，间歇性
	老年期滑坡	滑坡后部混巨砾砂土，连续性
滑坡体厚度	浅层滑坡	滑体厚度小于6m（有的规定3m）
	中层滑坡	滑体厚度6 ~ 20m（有的规定3 ~ 15m）
	深层滑坡	滑体厚度20 ~ 50m（有的规定15 ~ 30m）
	超深层滑坡	滑体厚度大于50m（有的规定30m）
滑动历史	首次滑坡	滑速高，滑体为完整的原始地层
	再次滑坡	滑速低，滑体为滑坡堆积物
滑动时代	新滑坡	发生于河漫滩时期，具有现代活动性
	老滑坡	发生于河漫滩时期，目前暂时稳定
	古滑坡	发生在河流阶地侵蚀时期或稍后，目前稳定
	始滑坡	发生在当地现今水系形成之前，极稳定

滑移距离及其蓄积的位能和产生的动能有关。一般而言，滑坡体的位置越高、体积越大、移动速度越快、移动距离越远，则滑坡的活动强度越高、危害程度也就越大。

滑坡的活动时间主要与诱发滑坡的各种外界因素有关，如地震、降雨、冻融、海啸、风暴潮及人类活动等，滑动的空间分布主要与地质因素和气候因素有关。通常，下列地带是滑坡的易发和多发地区：

（1）江、河、湖（库）、海、沟的岸坡地带，地形高差大的峡谷地区，山区、铁路、公路、工程建筑物的边坡地段等，这些地带为滑坡形成提供了有利的地形地貌条件。

（2）地质构造带中，如断裂带、地震带等。通常、地震烈度大于7度的地区，坡度大于25度的坡体，在地震中极易发生滑坡；断裂带中的岩体破碎、裂隙发育，则非常有利于滑坡的形成。

（3）易滑岩、土分布区，如松散覆盖层、黄土、泥岩、页岩等岩、土的存在为滑坡形成提供了良好的物质基础。

（4）暴雨多发区或异常的强降雨区，在这些地区异常的降雨为滑坡形成提供了有利的诱发因素。

上述地带的叠加区域，就会形成滑坡的密集发育期。如我国从太行山到秦岭，经鄂西、四川、云南到藏东一带就是这种典型地区，滑坡发育密度极大，危害非常严重。具体而言：

（1）西南地区（含云南、四川、西藏、贵州四省区）为我国滑坡分布的主要地区，且类型多、规模大、发生频繁、分布广泛、危害严重。

（2）西北黄土高原地区，面积达60余万平方公里，连续覆盖五省区，以黄土滑坡广泛分布为其显著特点。

（3）东南、中南等省的山地和丘陵地区，滑坡也较多，但规模较小，以堆积层滑坡、风化带破碎岩石滑坡及岩质滑坡为主，其滑坡的形成与人类工程经济活动密切相关。

（4）在西藏、青海、黑龙江省北部的冻土地区，有与冻融有关、规模较小的冻融堆积层滑坡；

（5）秦岭—大巴山地区也是我国主要滑坡分布地区之一。该区的宝成铁路自通车以来，沿线的滑坡每每发生，给铁路正常运营带来很多麻烦。其中，以堆积层滑坡为主，与修建铁路时开挖坡脚有密切关系。

5.2.3 滑坡造成的危害

滑坡是一种常见的地质灾害现象，多发生在上地的山坡、丘陵地区的斜坡、岸边、路堤或基坑等地带，对山区建设、交通设施和人民生命财产安全造成严重的危害。到目前为止，全球范围内凡是有人类居住和工程活动的山岭地区，几乎都有滑坡灾害发生，成为各灾种中频度最高、损失最大的地质灾害类型。当滑坡造成了公路、铁路、航道的堵塞，或者引起各类工程项目、建筑物的损坏和人员伤亡时，就形成了灾害。由于滑坡的孕育过程与其内部岩层结构关系密切，而不暴露于地表，不易为人们所认识，因而常发生突发性的滑坡灾害，给人民的生命财产带来巨大危害。

中国是亚洲乃至世界上滑坡灾害最为严重的地区之一，全国范围内除山东省没有发现严重的滑坡灾害外，其余各地均有发生。其中以西部地区（西南、西北）的云南、贵州、四川、重庆、西藏以及湖北西部、湖南西部、陕西、宁夏及甘肃等省区最为严重。

滑坡常常给工农业生产以及人民生命财产造成巨大损失、有的甚至是毁灭性的灾难。大型滑坡不仅自身失稳影响范围广，而且由于其巨大的势能，往往在脱离母岩后形成高速、远程"崩→滑→流"复合的灾害地质体，带来毁灭性破坏和重大人员伤亡。滑坡对乡村最主要的危害是摧毁农田、房舍、伤害人畜、毁坏森林、道路以及农业机械设施和水利水电设施等，有时甚至给乡村造成毁灭性灾害。位于城镇的滑坡常常砸埋房屋，伤亡人畜，毁坏田地，摧毁工厂、学校、机关单位等，并毁坏各种设施，造成停电、停水、停工，有时甚至毁灭整个城镇（图5-7）。发生在工矿区的滑坡，可摧毁矿山设施，伤亡职工，毁坏厂房，使矿山停工停产，常常造成重大损失。

国内外历史上发生过多次滑坡灾害，并造成了严重的损失。

（1）意大利瓦依昂水库滑坡事件

意大利瓦依昂水库库岸滑坡是世界上著名的损失最惨重的滑坡事件，也是一个非常典型的环境工程地质灾害事件。该水库大坝修建于意大利北部威尼斯省瓦依昂河下游，为当时世界上最高的拱坝。大坝于1960年竣工，边施工，边蓄水。于1960年2月开始蓄水，1960年9月完成蓄水任务，坝前水位已达到130m深度，水库最大水深232m。

1963年10月9日22时38分（格林威治时间），从大坝上游峡谷区左岸山体突然滑下体积为2.4亿m³的超巨型滑坡体。在岩体下滑时形成了气浪，并伴随有落石和涌浪。涌浪传播至峡谷右岸，超出库水位达260m高。涌浪过坝高度超出坝顶100m。过坝水流冲毁了位于其下游数公里之内的一切物体。龙热罗涅、皮触格、维拉诺瓦、里札里塔和法斯等市镇被冲走，约3000人丧生。这场灾难从滑坡发生到坝下游被毁灭，不到7分钟。

（2）湖南资水柘溪水库滑坡

1961年3月6日湖南省资水柘溪水库库岸发生了一起重大滑坡次生灾害。当时水库工程尚未竣工，正值施工期间，在大坝上游右岸1.5km处的塘岩光发生了大滑坡。滑体约165万m³，土石以高达25m/s的速度滑入深50余米的山区水库，激起的涌浪漫过尚未建成的大坝顶部泄向下游，造成了巨大损失，死亡40余人。

（3）甘肃洒勒山滑坡

1983年3月7日，甘肃省东乡族自治县果园乡洒勒村北侧的洒勒山发生大规模高速滑坡，位于高程2283m的山脊瞬间滑落到高程2080m的巴谢河谷，而滑体前缘在滑过宽800m宽的巴谢河及10m高的对岸岸坡后才停积下来，形成总体积达3100万m³的巨量滑坡堆积，整个滑动过程历时不到1分钟。这一重大的灾害性滑坡事件将位于斜坡坡脚及巴谢河原河道附近的3个村庄彻底摧毁，共造成237人死亡。

图5-7 滑坡掩埋了城镇房屋

（4）四川华蓥山溪口滑坡

1989 年 7 月，溪口所在地区遭受历史上罕见的特大暴雨袭击，月降雨量达 222.9mm，7 月 10 日记录到的最大小时降雨强度达到 88.6mm。1989 年 7 月 9 日上午，溪口北侧斜坡地势低洼地带出现了"土爬"。10 日中午暴雨强度增大，斜坡上有块石滚下并击中农舍。此后不久，滑源区前部传出"隆隆"之地鸣声，随之地面鼓胀，山体从马鞍坪村村后坡脚倾斜而下，沿北偏西方向直接扑向长约 300m 的马鞍坪村。此后，滑坡体转化为泥石流沿溪口沟奔流而下，高速冲向溪口镇北角。整个滑坡事件从启动到停积历时约 60s，摧毁溪口水泥厂、川煤 12 处、红岩煤矿、溪口粮库和沿途的数个村庄。

1989 年 7 月 10 日，由特大暴雨触发的四川溪口滑坡是 20 世纪 80 年代末期中国最大的崩滑地质灾害事件。该滑坡导致 221 余人死亡，直接经济损失达 600 多万元。

（5）云南昭通头寨滑坡

1991 年 9 月 23 日 18 时 10 分，云南省昭通市东北方向约 30 km 的盘河乡头寨沟村发生特大山体滑坡。失稳坡体从斜坡中部高程 2300m 处剪出后，高速滑入头寨沟，并迅速转变为顺沟奔腾而下的土石流；其所到之处，摧枯拉朽，将头寨沟沟谷及沟口的村舍全部掩埋。在与沟谷斜坡发生 3 次大规模高速撞击、改向后，其前缘在高程 1820m 的头寨沟沟口停止下来，最终形成斜长 3000m、平均宽 130m、厚 10m，总体积约 400 万 m³ 的滑坡－土石流堆积，整个过程历时仅为 3 分钟。

这一重大滑坡灾害事件共造成 216 人死亡，掩埋牲畜 252 头，毁坏耕地 20 万 m²，直接经济损失约 1200 万元。

（6）四川宣汉天台乡滑坡

从 2004 年 9 月 3 日开始，四川省宣汉县普降大到暴雨，3 ～ 5 日的降雨量分别达到 15.9mm、122.6mm 和 257.0mm，强度之大前所未有。5 日 15:00，天台乡义和村渠江支流前河岸坡上的南樊公路出现开裂，随后路边房屋开始垮塌坠入河中。此后，斜坡前缘一直处于缓滑阶段，变形区范围由前向后逐渐发展扩大；晚 22:00 ～ 23:00 滑坡体前部的主滑块体启动冲入前河，后部滑块紧紧跟进接连开始滑动并逐步发展为天台特大滑坡。

此次滑坡灾害摧毁屋舍 1736 间，1255 人无家可归，公路交通中断，通信线路受损。此外，由于滑体前部滑入前河，形成高 23m 的堆石坝，堵塞河道 1.2km，导致前河断流 20h。河水形成的堰塞湖汇水达 20km，水位上涨 20 ～ 23m，库容约 6000 万 m³，上游 2 个乡镇被淹，造成 1 万多人无家可归。

（7）四川丹巴滑坡

四川省甘孜藏族自治州丹巴县县城坐落在大金河右岸的狭窄河谷地带，高程 1864 m，城区规划面积为 2.5km²，城区人口约 1.1 万人，为全县政治、经济、文化中心，也是甘孜州的重要出口通道。

2002 年 8 月，丹巴县城后侧高 200m、平均坡度 32°的高陡斜坡出现变形。2004 年 10 月，变形明显加剧。2005 年 1 ～ 3 月，出现 4 次变形加速期，整体下滑迹象日趋明显。2 月 3 日位移量由原来 6mm 增大到 8mm；2 月 22 日，日均位移速率增至 17 ～ 33mm；3 月 8 日，主滑面日位移量达到 18.53mm；3 月 14 日，斜坡变形再次加速并发生局部崩滑，前缘外推和鼓胀，多处房屋被摧毁，造成 1066 万元的经济损失。此时，斜坡累计变形量已达 70 ～ 80cm，最大处接近 1m，边界裂缝已基本贯通和圈闭，总体积 220 万 m³ 的丹巴滑坡基本形成。如果该滑坡再次发生远距离整体滑移，将直接危害到县政府、县公安局及妇幼保健院等 10 多个企事业单位以及 1071 间房屋，涉及人口 4620 人，资产上亿元。如果滑体堵塞大金河河道，后果将更加不堪设想

（8）南镇雄果珠乡滑坡

2013 年 1 月 11 日，云南镇雄果珠乡高坡村赵家沟村民组发生一起山体滑坡灾害事故（图 5-8），总计约 21 万 m³ 的滑坡体从陡坡上倾泻而下，将赵家沟 14 户民房损毁掩埋，造成 46 人死亡 2 人受伤。据初步调查，这次灾害主要原因是高位陡坡上松散的残坡堆积体，经过 10 多天的雨雪浸泡渗透、水分饱和后发生滑坡，是自然因素诱发形成的山体滑坡。

（9）四川汶川地震滑坡

2008 年汶川地震中，由于汶川震区处于高山与川中盆地的交界地区，地形地貌条件非常复杂，主震及余震频频诱发滑坡、崩塌、泥石流等次生地质灾害。这次地震中此类灾害与以往其他地震的情况相比其数量和程度都是很大的，加重了地震灾害损失，不仅造成大量的工程设施破坏和人员伤亡，也由于道路堵塞严重阻碍了救灾工作的进度，另外还由于滑坡体划入河流湖泊中形成了堰塞湖，形成了新的洪水灾害源，也是本次地震灾害的显著特点。据调查统计，四川省地震诱发次生地质灾害 6000 多起，其中滑坡灾害近 3000 起，崩塌 1700 多起，泥石流 540 起，其他次生地质灾害 800 多起，直接威胁人数达 32 万余人。图 5-9 所示为东河口大滑坡惨况，有四个村全部

被滑坡体所吞噬，埋压深度达数十米；图 5-10 所示为北川县老城区西面大部分建筑物被滑坡体所掩埋的惨状；北川中学（新区）位于县城东部，坐落在陡峭的山坡西侧，地震触发学校东侧山体发生巨大滑坡，摧毁了北川中学（新区）几乎所有的房屋，校园内部仅残留了半个篮球场，造成了巨大的人员伤亡(图 5-11)。

以上滑坡事件实例表明，滑坡的危害巨大，尤其是城镇建设一旦遭受滑坡影响更是损失严重，并且通过提高建筑工程本身的抗御能力来抵抗滑坡的冲击一般无法实现安全的目的。因此，要防治滑坡灾害，必须对滑坡有科学的认识，并采取合理的避让或工程措施。

5.2.4 滑坡的产生条件

无论天然斜坡或是人工边坡都不是一成不变的。它是在一定条件下由于各种自然和人为因素的影响而不断发展和变化着的。滑坡的形成和发展就是在一定的地貌、岩性条件下，由于自然地质或人为因素影响的产物。

（1）地层岩性

地层岩性是滑坡产生的物质基础。虽然几乎各个

图 5-8　滑坡灾后救援

图 5-9　东河口滑坡掩埋 4 个村

图 5-10　北川老城区西面大部分被滑坡体所掩埋

图 5-11　滑坡摧毁了北川中学

地质时代、各种地层岩性中都有滑坡发生，但滑坡发生的数量与岩性有密切关系，有些岩层中滑坡很多，有些岩层则很少。据统计，在如下一些地层中，滑坡

特别发育：第四系的各种黏性土、黄土及黄土类土，以及各种成因的堆积层（包括崩积、坡积、洪积及人工堆积等）；第三系、白垩系及侏罗系的砂岩、页岩、泥岩和砂页岩互层，煤系地层；石炭系的石灰岩和页岩泥岩互层；以及泥质岩的变质岩系，如千枚岩、板岩、云母片岩、绿泥石片岩和滑石片岩等，质软或易风化的凝灰岩等。这些地层中滑坡之所以发育，是由于它们本身岩性较弱，在水和其他外营力作用下，易形成滑动带，这就具备了产生滑坡的基本条件。

（2）地形地貌条件

只有处于一定的地貌部位，具备一定坡度的斜坡，才可能发生滑坡。一般江、河、湖（水库）、海、沟的斜坡，前缘开阔的山坡、铁路、公路和工程建筑物的边坡等都是易发生滑坡的地貌部位。坡度大于10°，小于45°，下陡中缓上陡、上部成环状的坡形是产生滑坡的有利地形。滑坡的充分条件是具备临空面和滑动面，故滑坡多在丘陵、山地和河谷地貌单元内发生。

（3）地质构造条件

地质构造与滑坡的形成和发展的关系主要表现在以下 3 个方面：

1）在大的断裂构造带附近，岩体破碎，构成破碎岩层滑坡的滑体，所以沿断裂破碎带往往滑坡成群分布；

2）各种构造结构面，控制了滑动面的空间位置及滑坡的范围；

3）地质构造决定了滑坡区地下水的类型、分布、状态和运动规律，从而不同程度地影响着滑坡的产生和发展。

（4）水文地质条件

各种软弱层、松散风化带容易聚水，若山坡的上方或侧面有丰富的地下水补给时，则易促进滑坡的形成和发展，其主要作用有以下 4 个方面：

1）地下水或地表水渗入滑体，增加滑体重量，并湿润滑带土使之强度降低；

2）地下水在隔水层汇集成含水层，会对上覆岩层产生浮托力，降低抗滑力；

3）地下水和周围岩体长期作用，不断改变周围岩土的性质和强度，从而引起滑坡的滑动；

4）地下水位升降还会产生很大的静水和动水压力。

（5）人为因素和其他作用的影响

违反自然规律、破坏斜坡稳定条件的人类活动都会诱发滑坡。随着经济的发展，人类越来越多的工程活动破坏了自然坡体，因而滑坡的发生越来越频繁，并有愈演愈烈的趋势。

1）人工开挖边坡，坡体上部加载（如修筑路堤、堆料、弃渣等），改变了坡体的外形和应力状态，相对减小了斜坡的支撑力，从而引起滑坡。如铁路、公路沿线遇到的大型古、老滑坡，往往是在工程修建时复活的，说明人类活动对斜坡稳定性产生的不良影响。

2）破坏斜坡植被及覆盖层，促使斜坡风化，使地表水易于渗入，人工渠道漏水，大量的生活用水倾倒等，都可能引起斜坡的滑动。

3）劈山开矿的爆破作用，可使斜坡的岩、土体受震动，振动作用（包括地震或人工大爆破）能使岩土破碎松散，强度降低，也有利于滑坡的产生。

4）水渠和水池的漫溢和渗漏，工业生产用水和废水的排放、农业灌溉等，均易使水流渗入坡体，加大孔隙水压力，软化岩、土体，增大坡体容重，从而促使或诱发滑坡的发生。

5）水库的水位上下急剧变动，加大了坡体的动水压力，支撑不了过大的重量，失去平衡而沿软弱面下滑，也可使斜坡和岸坡诱发滑坡发生。

20 世纪 80 年代以来中国大陆大型滑坡发生相对频繁的重要原因就是人类活动。随着社会的发展，自 20 世纪中期以来，人类活动的力量就在与日俱增，并表现出逐渐取代自然营力成为导致地球环境变化和日益恶化的主要因素，中国大陆大型滑坡灾害发生的频度呈上升趋势（图 5-12）。尤其是在中国西部地区，不仅自然和地质条件有利于滑坡灾害的发生，且这个地区也是大型工程活动最为集中和频繁的地区，尤其是 20 世纪 90 年代西部大开发战略实施以来。

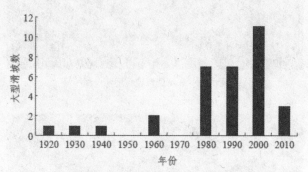

图 5-12　中国大型滑坡发生频度随时间的变化

5.2.5　滑坡发生机理及前兆

（1）滑坡发育的各阶段特征

滑坡的发生机理一直是世界上公认的难题。一般来说，滑坡的发生是一个长期的变化过程，滑坡的发育可分为蠕动、滑动、剧滑、趋稳等四个阶段，各阶段特征详见表 5-5。

（2）滑坡稳定性的识别

滑坡稳定性在野外可从地貌形态比较、地质条件对比和影响因素变化分析等方面来判断。

1）地貌形态比较

滑坡是斜坡地貌演变的一种形式，它具有独特的地貌特征和发育过程，在不同的发育阶段有不同的外貌形态。因此可以总结归纳出相对稳定和不稳定滑坡的地貌特征，作为判断滑坡稳定性的参考。在实践中，一般参照表 5-6 进行比较。

2）地质条件对比

在已发现的滑坡体上，仔细考察地层岩性、岩层产状、岩层成层情况及其完整性。如地质构造有无断层和不整合面，有无软弱夹层及片理或节理面。同时注意位于斜坡上的台阶、裂缝、泉水和湿地分布

表 5-5　滑坡各阶段发育特征

特征	I 蠕动阶段	II 滑动阶段	III 剧滑阶段	IV 趋稳阶段
地表宏观裂缝	即使出现横向张拉裂缝也不明显，或很快被自然营力所夷平。由于经历时间很长，在巨型滑坡上其后界裂缝可因滑坡体的巨大应变积累能力被拉开数十米，留在人们记忆中已达数十年	周界裂缝产生并连通，可见前缘鼓起胀裂缝	所有种类的裂缝都可出现，但变化很快，甚至丧失；后界的侧界裂缝两边可有高差，中段有很多张拉裂缝，前段出现扁形裂缝	因闭合被填充而逐渐消失；或因冲刷作用而发展成为注槽冲沟
宏观地貌形态	无明显变化	显露出滑坡总体轮廓，在纵向上可见有解体现象	经常发生分级、分块、分条等解体现象，可见滑坡洼地、鼓丘、台地等形态	可见滑坡湖、滑坡湿地（沼泽）。典型的滑坡地貌形态逐渐消失甚至只留下其内部的滑积物，证明了原始地貌形态
滑动面（带）	当局部的塑性蠕变点逐渐发展成为剪切变形带。相当于处在减速蠕变和常速蠕变阶段。剪变带内的抗剪强度由峰值强度逐渐降低	剪变带已处于加速蠕变阶段的初期。剪变带加速发展至形成滑动面。抗剪强度继续降低至残余强度	剪应力集中在三维空间的滑动面上	剪变带压密结固、抗剪强度逐渐增大
滑动体运动状态	可有不明显的局部位移	滑速逐渐加大	符合运动学规律。一次性或断断续续地多次完成运动过程，后壁上常有崩塌	可有反复，但总体上向稳定方向转化，直到完全稳定
触发因素的作用	可有触发因素的作用	触发因素起主导作用，甚至有新的触发因素加入	触发因素可继续起作用	触发因素可继续起作用，或当三个基本（内部）条件有缺失时，触发因素的作用才能消失
伴生现象		地下水运动异常；动物异常；声发射地物形变；后壁或前缘可有小崩塌	火光、生烟、地声、重力型地震、冲击波（气浪）	
稳定系数	1.20（或更大）→ 1.10 左右	1.10 左右 → 1.00	1.00 → 0.90（或更小）→ 1.00	1.00 → 1.20（或更大）
发育历时	很长	较长或较短	较短或很短	长或永久性
备注	本阶段的滑坡发育特征似乎全部集中在剪切变形带的逐渐形成过程之中，宏观现象不明显			

表 5-6　稳定滑坡和不稳定滑坡的形态特征

相对稳定的滑坡地貌特征	不稳定的滑坡地貌特征
滑坡后壁较高，长满了树木，找不到擦痕和裂缝	滑坡后壁高、陡，未长草木，常能找到擦痕和裂缝
滑坡台阶宽大且已夷平，土体密实，无陷落不均现象	滑坡台阶尚保存台坎，土体松散，地表有裂缝，且沉陷不均匀
滑坡前缘的斜坡较缓，长满草木，无松散坍塌现象	滑坡前缘的斜坡较陡，土体松散，未长草木，并不断产生小量坍塌
滑坡两侧的自然沟谷切割很深，谷底基岩出露	滑坡两侧是新生的沟谷，切割较浅，沟底多为松散堆积物
滑坡体较干燥，地表一般没有泉水或湿地，滑坡舌泉水清澈	滑坡体湿度很大，地面泉水或湿地较多，舌部泉水流量不稳定
滑坡前缘舌部有河水冲刷的痕迹，舌部细碎土石已被河水冲走，残留有一些较大的孤石。	滑坡前缘正处在河水冲刷的条件下

及含水层变化的情况，并将这些情况综合起来，与其他稳定的和不稳定的滑坡进行分析比较，从中得出结论。

3）影响因素变化的分析

斜坡发生滑动后，如果形成滑坡的不稳定因素并未消除，则在转入相对稳定的同时，又会开始不稳定因素的积累，并导致发生新的滑动。只有当不稳定因素消除，滑坡才能由于稳定因素的逐渐积累而趋于长期稳定。

（3）滑坡发生的前兆

不同类型、不同特质、不同特点的滑坡，在滑动之前，均会表现出多种不同的异常现象，显示出滑

动的前兆。常见的有以下几种:

1) 大滑动之前,在滑坡前线坡脚处,有堵塞多年的泉水复活现象,或者出现泉水(水井)突然干枯、井(钻孔)水位突变等异常现象。

2) 在滑坡体中,前部出现横向及纵向放射状裂缝,它反映了滑坡体向前推挤并受到阻碍,已进入临滑状态。

3) 大滑动之前,在滑坡体前缘坡脚处,土体出现上隆(凸起)现象,这是滑坡向前推挤的明显迹象。

4) 大滑动之前,有岩石开裂或被剪切挤压的音响,这种迹象反映了深部变形与破裂,动物对此十分敏感,有异常反应。

5) 临滑之前,滑坡体四周岩体(土体)会出现小型坍塌和松弛现象。

6) 滑坡后缘的裂缝急剧扩展,并从裂缝中冒出热气(或冷气)。

7) 临滑之前,在滑坡体范围内的动物惊恐异常,植物变态,如猪、狗、牛惊恐不安、不入睡,老鼠乱窜不进洞,树木枯萎或歪斜等。

5.2.6 滑坡的识别

如前所述,斜坡在滑动之前,常有一些先兆现象,斜坡滑动之后,会出现一系列的变异现象。这些变异现象,为我们提供了在野外识别滑坡的标志,其中主要有:

(1) 地形地貌及地物标志

滑坡的存在,常使斜坡不顺直、不圆滑而造成圈椅状地形和槽谷地形,其上部有陡壁及弧形拉张裂缝;中部坑洼起伏,有一级或多级台阶,其高程和特征与外围河流阶地不同,两侧可见羽毛状剪切裂缝;下部有鼓丘,呈舌状向外突出,有时甚至侵占部分河床,表面多鼓张扇形裂缝;两侧常形成沟谷,出现双沟同源现象(图5-13);有时内部多积水洼地,喜水植物茂盛,有"醉林"及"马刀树"(图5-14)

和建筑物开裂、倾斜等现象。

(2) 地层构造标志

假如斜坡地层属于软弱层或软硬相间,可以形成良好聚水条件,加上斜坡较陡,就有可能产生滑坡;如坡面松散堆积层下面为致密地层,也容易产生滑坡;如斜坡上的岩层发育有层理或有不整合面,或节理裂隙面的倾斜角大到某一限度时,也可能为滑

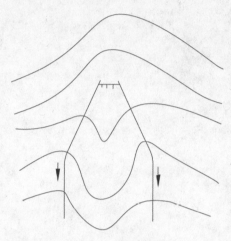

图5-13 双沟同源

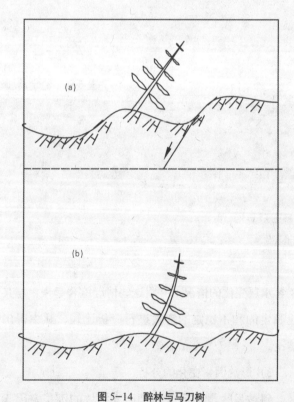

图5-14 醉林与马刀树

(a) 滑坡刚滑动不久,树木倾斜成醉林状; (b) 滑动停止时间时间较长,树干上部垂直地面生长,成为马刀树

坡的滑动面。当滑坡发生时，滑坡范围内的地层整体性常因滑动而破坏，有扰乱松动现象；层位不连续，出现缺失某一地层、岩层层序重叠或层位标高有升降等特殊变化；岩层产状发生明显的变化；构造不连续（如裂隙不连贯、发生错动）等，都是滑坡存在的标志。

（3）水文地质标志

沟谷交汇的陡坡下部或地下水露头多的斜坡地带，常发育着滑坡群。在地下水露头较多的斜坡地带，多产生浅层小滑坡，这种小滑坡因含水层与周界外的联系错断，形成单独的含水体系，有时发生潜水位不规则和流向紊乱的现象，斜坡下部常有成排的泉水溢出。同时在滑坡周界裂缝的两侧，坡面洼地和舌部常有喜水植物茂盛生长。

上述各种变异现象，是滑坡运动的统一产物，它们之间有不可分割的联系。因此，必须综合考虑几个方面的标志，互相验证，才能准确无误，绝不能根据某一标志，就轻率的作出结论。

5.2.7 滑坡的监测与预报

（1）滑坡监测预警

监测滑坡是为了具体了解和掌握滑坡演变过程，为滑坡的正确评价、预测预报及治理工程提供可靠的资料和科学依据，同时，监测结果也是检验滑坡分析评价及治理工程效果的尺度。通过监测滑坡的变形特征与规律预测预报滑坡的边界条件、规模、滑动方向、破坏方式、大体时间及其危害性，并及时采取措施尽量或减轻灾害损失。

1）滑坡监测

滑坡监测分为专业监测和群测群防。专业监测：由专业监测单位采用仪器设备进行与滑坡稳定性相关参数的定量监测。群测群防：组织非专业技术人员，对滑坡区及其影响区进行巡查、了解地表变形破坏情况，地表水、泉水流量变化，配合简易变形监测等。

2）监测内容

滑坡监测内容一般包括：地表大地变形监测、地表裂缝位错监测、地面倾斜监测、建筑物变形监测、滑坡裂缝多点位移监测、滑坡深部位移监测、地下水监测、孔隙水压力监测、滑坡地应力监测等。

3）常用监测方法与精度要求

a. 地表大地变形监测

采用经纬仪、全站仪、GPS等测量仪器了解滑坡体水平位移、垂直位移以及变化速率。为达到精度要求，上述方法均要配合进行二等以上高精度的水准测量。上述点位误差要求不超过 ±2.6 ~ 5.4mm，水准测量每公里中误差小于 ±1.0 ~ 1.5mm。对于土质滑坡，精度可适当降低，但要求水准测量每公里中误差不超过 ±3.0mm。

b. 地表裂缝位错监测

采用伸缩仪、位错计或千分卡直接量测，了解地裂缝伸缩变化和位错情况。测量精度0.1 ~ 1.0mm。

c. 地下水动态监测

采用自动水压计监测地下水动水压力、流量与流速。定期进行地下水水质监测。

d. 滑坡深部位移监测

采用钻孔倾斜仪、光纤监测滑坡深部，特别是滑带的位移情况。目前有人工监测和自动监测两种钻孔倾斜仪设备。系统总精度不超过 ±5mm/15m。

e. 锚索预应力监测

采用锚索测力计监测锚索预应力动态变化和锚索的长期工作性能，为工程实施提供依据。主要设备有轮辐式压力传感器、钢弦式压力盒、应变式压力盒、液压式压力盒进行监测。长期监测的锚杆数不少于总数的5%。

f. 抗滑桩受力和滑带承重阻滑受力监测

采用压力盒监测滑坡体传递给支挡工程的压力。压力传感器依据结构和测量原理区分，类型繁多，使用中应考虑传感器的量程与精度、稳定性、抗震及抗冲击性能、密封性等因素。

（2）滑坡预警

滑坡预警是指在动态观测点的某项数据达到预先设置的警戒值时所发出的警报。警报种类有声音、光信号等。它是警告观测人员及险区内居民应引起注意的信号，只表明具有预警功能的观测仪器设备在达到警戒值时能有效自动报警，并不意味着滑坡已经确定临近剧滑阶段了。所以，当收到预警信号时，应冷静对待滑坡预警信号，不能把滑坡预警同滑坡预报等同起来，既要提高警惕做好充分的避灾思想准备，又不能因恐慌而发生意外事故。

在实际报警过程中，预先确定报警警戒值是一项十分复杂的工作，即使是正在开展动态观测工作的滑坡，人们对该滑坡的认识也还处在逐步深化的过程中，尚未真正认识这一滑坡，不可能得出能够表达这一具体滑坡的模型，更不能针对某观测点上的某项指标确定出切合实际的警戒值。因此，只能凭预警人员的工作经验，密切结合滑坡点所发生的各种信息，并根据地质结构、诱发因素等进行综合分析、判断，随机确定警戒值，实现预警。

在实际监测预警过程中，各个滑坡预警点主要是由监测预报人员通过动态观测手段，对获取的动态观测资料及各类科技人员的分析判断加以归纳和综合后，提出经验数值型预报，由行政部门决策、发布预报公告及撤离搬迁命令。

（3）滑坡预报

滑坡预报是一个世界难题，自20世纪60年代日本学者Saito的开创性工作以来，已有不少新的进展，但是其主要的学术思想一直影响至今，并被不断扩展而应用于火山喷发、地震等自然地质灾害的发生时间的预报。它是以预先判断滑坡发生时刻为主要内容的预先判断，其预报准确与否不仅具有重要的经济意义，而且具有较大的社会效益，将直接影响社会的安定团结和国民经济的发展。它是一种政府行为，只有行政部门才有权发布滑坡预报。

1）预报类型

滑坡预报是一个笼统概念，实际工作中，通常分临滑预报和趋势预报两种类型。

a.临滑预报

指预先判断数天内滑坡发生或活动的时间，也就是人们日常所说的滑坡预报。滑坡临滑预报是一种数值预报，它是在建立正确的滑坡滑动模式，同时又具备可靠的滑坡观测资料的基础上进行的，是滑坡预报中难度最大的预报类型，也是人们追求的目标。

b.趋势预报

指预先判断数月、数年、数十年甚至更长时间以后将要发生滑坡或发生滑坡复活的预报。目前只能根据滑坡体的地质、地貌综合分析，分析结果是定性的，至多是半定量的。

滑坡的趋势预报又分为短期预报、中期预报、长期预报和超长期预报。短期预报是预先判断数月内滑坡发生或复活的预报。中期预报是预先判断数年内的滑坡发生、发展状况。长期预报是一种预先判断数十年内滑坡发生、发展趋势的预报。而超长期预报是一种预先判断数百年内滑坡发生发展趋势的预报。

这4种类型中，短期预报和中期预报同灾害相联系，预报水平是提供政府部门决策的根本依据。中期预报侧重于形变趋势，在此期间重要建筑物或工程应开始搬迁，但居民点不一定立即搬迁。短期预报侧重于边坡失稳时间的推断，同时具有预测与预报的任务，在这一期间所有居民点要全部搬迁。

2）临滑预报途径

在各种滑坡预报中，临滑预报难度最大，是预警系统追求的目标，更是人们在滑坡防灾减灾中期盼最大的一种预报。随着科学技术的迅速发展，滑坡观测技术和实验技术水平的极大提高，临滑预报已有了一定的基础。一般来说，实现临滑预报有以下基本途径：

a. 滑坡的地质地貌综合分析是实现临滑预报的基本途径

对滑坡进行地质地貌综合分析是认识滑坡发生、发展状况的出发点。首先，要从滑坡的形成条件入手，找出形成滑坡的必要条件（基本条件）和某些相关的充分条件（诱发条件）。在此基础上，结合坡体的地质露头和地貌现象，得出可能发生滑坡或已经发生滑坡的结论，进而得出有关滑坡的发育史、类型、周界、丰轴线、滑动总力向、滑动面（带）的形状、厚度、层次、滑坡稳定性现状等特征的认识，并可作为相应的预报。

b. 滑坡观测是实现临滑预报的必要条件

其目的就是在滑坡地质地貌综合分析的基础下，运用各种有效的观测手段，捕捉临滑前的滑坡或边坡所暴露出的种种前兆信息及诱发滑坡的各种相关因素。前兆信息包括宏观信息和微观信息；宏观信息指暴露在滑坡地表的，尺度较大的成变化幅度显著、人们能凭感官感觉得到的前兆信息；微观信息则指必须运用仪器设备才能探测到的信息。滑坡观测的对象主要是微观信息，也包括一些宏观信息。

滑坡观测的另一重要内容是观测能够导致边坡、滑坡失稳的易变因素，如地下水、地表水、降水、地理、人为因素练。滑坡的观测成果不仅要表现出滑坡动态要素的定量数据，更要体现出动态要素的演变趋势，以利于临滑预报。

c. 模拟试验是实现临滑预报的另一必要条件

滑坡的观测成果只能向人们提供滑坡的有关动态数据和发展演变趋势，还不能告诉人们该边坡或滑坡接近临滑状态的程度，更不能显示出滑坡的临界时刻。模拟试验就是开展一系列相关的岩体、土力学试验和模型试验，其目的是确定滑坡的滑动模式，预先确定边坡或滑坡处于临滑状态时的相关极限指标，只有确定了滑坡的滑动模式之后，滑坡的观测成果才

具有实际意义，临界预报才能得以实现。

d. 重视宏观的临滑前兆

宏观临滑前兆大致可以分为：地下水异常（出水点数目、水量、水质、水温等发生变化）、动物异常、滑坡的地表形变（拉张裂缝、鼓胀裂缝、地表倾斜等）、滑体上的地物变形（开裂、倾斜、倒塌、沉陷等）、滑坡体前端小型崩塌突然急剧增多等。成功的临滑预报实例表明，宏观的临滑前兆在临滑预报中起着重要作用。今后相当长的时期内，即使滑坡观测技术和试验技术水平有了更大提高，宏观的临滑前兆对作出临滑预报的作用也不可低估。

3）预报内容

a. 滑动范围

指滑动及影响面，包括滑坡体的范围、滑坡后壁牵动的范围、滑坡前段能达到的范围、剧冲型滑坡在滑动过程中产生冲击波和涌浪所波及的范围等。

b. 滑动规模

指滑动体积的预报，要结合滑坡范围与滑动面（带）的发育深度进行预报。滑动面（带）多沿原来位置发育，但亦可能在更深的层次出现，所以滑动面（带）的深度是正确预报滑坡规模的重要参数。

c. 滑动方向

指实际滑动方向。滑坡实例证明，往往滑动方向并非总是地质地貌分析中所认定的主轴线，而是依据滑坡观测资料重新确定的实际滑动方向。因此，滑动方向预报功不可忽视，应作为预报的重要内容。

d. 滑坡灾害

指对人类的生命、财物造成的损害。要根据滑动范围、滑动规模、滑动方向，并结合临滑时滑坡现场的人类经济活动状况，进行分析、判断，并作出预报。这是滑坡临滑预报的目的。

5.2.8 滑坡的防治措施

滑坡防治是一个系统工程，它包括预防滑坡发

生和治理已经发生的滑坡两大领域。"预防"是针对尚未产生严重变形与破坏的斜坡，或者是针对有可能发生滑坡的斜坡；"治理"是针对已经产生严重变形与破坏、有可能发生滑坡的斜坡，或者是针对已经发生滑坡的斜坡。也就是说，一方面要加强地质环境的保护与治理，预防滑坡的发生；一方面要加强前期地质勘察和研究，妥善治理已经发生的滑坡，使其不再发生。要保证做到"防中有治，治中有防"。因此，滑坡的防治要贯彻"及早发现，预防为主；查明情况，综合治理；力求根治，不留后患"的原则。

国外防治滑坡有 100 多年的历史，我国从 20 世纪 50 年代以来也防治了许多滑坡。美国将防治措施分为绕避、减小下滑力、增加抗滑力及滑带土改良四类。日本将其分为抑制工程和控制工程两大类。目前，我国常见的防治滑坡的工程措施方法主要有绕避、排水、力学平衡和滑带土改良四类，见表 5-7 所示。

虽然各国的具体条件不同，在防治滑坡的措施上也有所差异和侧重，但对滑坡总的防治原则基本是相同的。滑坡的工程防治主要有三个途径：一是终止或减轻各种形成因素的作用；二是改变坡体内部力学特征，增大抗滑强度使变形终止；三是直接阻止滑坡的启动发生。选择滑坡防治措施，必须针对滑坡的成因、性质及其发展变化的具体情况而定。

（1）绕避滑坡

绕避措施主要是通过一些工程措施绕开或避开滑坡的隐患点或危险区，以避免滑坡灾害造成的损失。由于早期人们对滑坡的性质和变化规律认识不深，以及社会经济发展的程度所限，对那些大中型滑坡，其堆积体往往规模巨大，难以整治，如果对它进行整治则工程浩大，一般可采用绕避措施。在铁路、公路选择路线时，通过设计地勘报告，反复比选，查明是否有滑坡存在，并对路线的整体稳定性做出判断，对路线有直接危害的大型或巨型滑坡应避开为宜。

其主要的工程措施有：

1）改移路线

2）用隧道避开滑坡

3）用桥梁跨越滑坡

4）清除滑坡

绕避直接的办法就是改移线路，在选线时要以地质选线为原则和指导思想，在可研、初测和定测阶段加强地质勘察工作，详细查明所遇到的滑坡的规模、性质、稳定状态、发展趋势和危害程度等情况，尽量避开巨型滑坡所在地段；在通过滑坡地段时，尽量避免在工程活动中对滑坡的扰动，使一些巨型老滑坡复活，可以采用工程跨越如以桥代路、用桥跨河、隧道绕避等方法通过巨型滑坡所在段（图 5-15）。

（2）排水措施

滑坡的发生常和水的作用有密切的关系，水的作用，往往是引起滑坡的主要因素，因此，消除和减轻水对边坡的危害尤其重要。

其目的是：降低孔隙水压力和动水压力，防止岩土体的软化及溶蚀分解，消除或减小水的冲刷和浪击作用。

表 5-7 防治滑坡的工程措施

方法类别	具体措施
绕避滑坡	改移路线；用隧道避开滑坡；用桥梁跨越滑坡；清除滑坡
排水	地表排水系统：滑体外截水沟、滑体内排水沟、自然沟防渗； 地下排水系统：截水盲沟、盲（隧）洞、水平钻孔群排水、垂直孔群排水、井群抽水、虹吸排水、支撑盲沟、边坡渗沟、洞-孔联合排水、井-孔联合排水
力学平衡	减重工程、反压工程； 支挡工程：抗滑挡墙、挖空钻孔桩、钻孔抗滑桩、锚索抗滑桩、锚索、微型桩群、抗滑键、排架桩、刚架桩、刚架锚索桩
滑带土改良	滑带注浆、滑带爆破、旋喷桩、石灰桩、石灰砂桩、焙烧

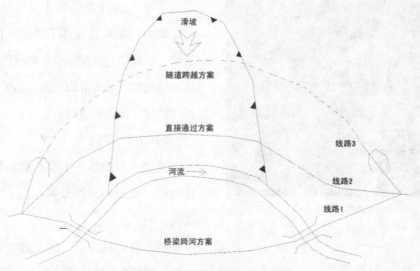

图 5-15　绕避滑坡方案示意图

具体做法有：防止外围地表水进入滑坡区，可在滑坡边界修截水沟；在滑坡区内，可在坡面修筑排水沟。在覆盖层上可用浆砌片石或人造植被铺盖，防止地表水下渗。对于岩质边坡还可用喷混凝土护面或挂钢筋网喷混凝土。排除地下水的措施很多，应根据边坡的地质结构特征和水文地质条件加以选择。常用的方法有：水平钻孔疏干；垂直孔排水；竖井抽水；隧洞疏干；支撑盲沟。

1）排除地表水

对滑坡体外地表水要截流旁引，不使它流入滑坡内。最常用的措施是在滑坡体外部斜坡上修筑截流排水沟，当滑体上方斜坡较高、汇水面积较大时，这种截水沟可能需要平行设置两条或三条。对滑坡体内的地表水，要防止它渗入滑坡体内，尽快把地表水用排水明沟汇集起来引出滑坡体外。应尽量利用滑体地表自然沟谷修筑树枝状排水明沟，或与截水沟相连形成地表排水系统（图5-16）。

地表排水沟要注意防止渗漏，沟底及沟坡均应以浆砌片石防护。图5-17表示截水沟断面的构造及尺寸，图5-18是实际建设的排水沟实例。

2）排除地下水

滑坡体内地下水多来自滑体外，一般可采用截

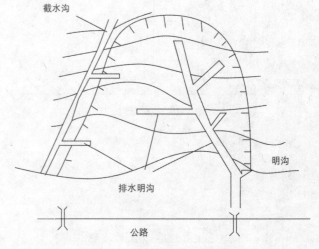

图 5-16　滑坡地表排水系统示意图

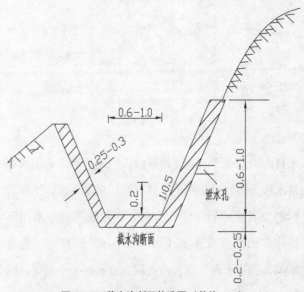

图 5-17　截水沟断面构造图（单位：m）

图 5-18 排水沟建设实例

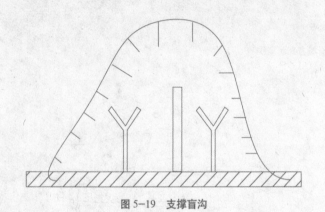

图 5-19 支撑盲沟

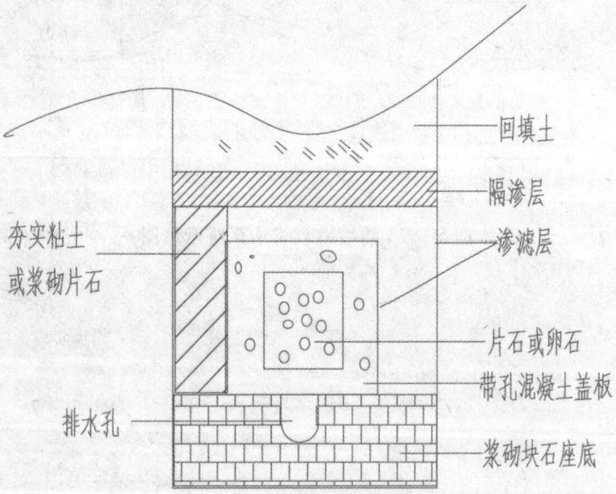

图 5-20 截水盲沟

水盲沟引流疏干。对于滑体内浅层地下水，常用兼有排水和支撑双重作用的支撑盲沟截排地下水。支撑盲沟的位置多平行于滑动方向，一般设在地下水出露处，平面上呈 Y 形或 I 形（图 5-19）。盲沟（也称渗沟）的迎水面作成可汐透层，背水面为阻水层，以防盲沟内集水再渗入滑体；沟顶铺设隔渗层（图 5-20）。

（3）力学平衡措施

此方法是在滑坡体下部修筑抗滑石垛、抗滑挡土墙、抗滑桩、锚索抗滑桩和抗滑桩板墙等支挡建筑物，以增加滑坡下部的抗滑力。另外，可采取刷方减载的措施以减小滑坡滑动力等。

1）修建支挡工程

支挡工程的作用主要是增加抗滑力，使滑坡不再滑动。常用的支挡工程有挡土墙、抗滑桩和锚固工程。

挡土墙应用广泛，属于重型支挡工程。采用挡土墙必须计算出滑坡滑动推力、查明滑动面位置，挡土墙基础必须设置在滑动面以下一定深度的稳定岩层上，墙后设排水沟，以消除对挡土墙的水压力（图 5-21）。

抗滑桩（图 5-22）的桩材料多为钢筋混凝土，桩横断面可为方形、矩形或圆形，桩下部深入滑面以下的长度应大于全桩长的 1/4 ～ 1/3，平面上多沿垂直滑动方向成排布置，一般沿滑体前缘或中下部布置单排或两排。桩的排数、每排根数、每根长度、断面尺寸等均应视具体滑坡情况而定。已修成的较大滑坡抗滑桩实例为三排共 50 多根，最长的单根桩约 50m，断面 4m×6m。

锚固工程包括锚杆加固和锚索加固。通过对锚杆或锚索预加应力，增大了垂直滑动面的法向压应力，从而增加滑动面抗剪强度，阻止了滑坡发生（图 5-23）。

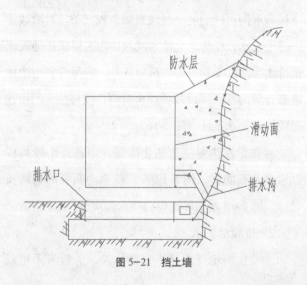

图 5-21 挡土墙

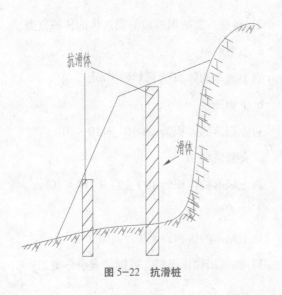

图 5-22 抗滑桩

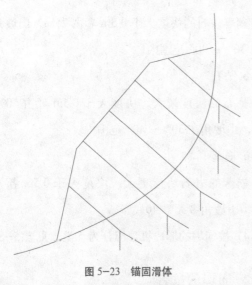

图 5-23 锚固滑体

2）削方减载

这种措施主要是消减推动滑坡产生区的物质（即减重）和增加阻止滑坡产生区的物质（即反压），通常所谓的砍头压脚；或减缓边坡的总坡度，即通称的削方减载。主要做法是将滑体上部岩、土体清除，降低下滑力；清除的岩、土体可堆筑在坡脚，起反压抗滑作用。

对于前缘失稳的牵引式滑坡，整治的工程措施是在滑坡前缘修建片石垛载入反压，增加抗滑部分的土量，使滑坡得到新的稳定平衡。整治推移式滑坡，在滑坡体上部削方减载，以减少下滑力来稳定滑坡。

这种方法是经济有效的防治滑坡的措施，技术

上简单易行且对滑坡体防治效果好，所以获得了广泛的应用并积累了丰富的经验。特别是对厚度大、主滑段和牵引段滑面较陡的滑坡体，其治理效果更加明显。对其合理应用则需先准确判定主滑、牵引和抗滑段的位置，否则不仅效果不显著，甚至会更加促使岩体不稳。

（4）滑动带土改良措施

改善滑动面或滑动带岩土性质的目的是增加滑动面的抗剪强度，达到整治滑坡要求。滑带土改良提高滑坡自身抗滑力稳定滑坡从理论上讲是完全正确的，国内外都做过不少试验，但至今很少用于工程实践，原因是在工艺上难以控制浆液进入滑带土提高其强度，效果也不易检验，所以，除类均质土密度和强度不足可用注浆提高强度外，对沿软弱带滑动的滑坡应慎用。改善滑带岩土性质的方法在我国应用尚不广泛，有待进一步研究和实践。

1）灌浆法

把水泥砂浆或化学浆液注入滑动带附近的岩土中，凝固、胶结作用使岩土体抗剪强度提高。

2）电渗法

在饱和土层中通入直流电，利用电渗透原理，疏干土体，提高土体强度。

3）焙烧法

用导洞在坡脚焙烧滑带土，使土变得像砖一样坚硬。

改善滑带岩土性质的方法在我国应用尚不广泛，有待进一步研究和实践。

5.3 崩塌灾害及其防治对策

5.3.1 崩塌的概念与分类

（1）崩塌的概念

崩塌也叫崩落、垮塌或塌方，是较陡斜坡上的岩土体在重力作用下突然脱离母体崩落、滚动、堆积

图 5-24　岩崩现象

在坡脚的地质现象（图 5-24）。产生在土体中者称土崩，产生在岩体中者称岩崩。规模巨大、涉及到山体者称山崩。大小不等、零乱无序的岩块呈锥状堆积在坡脚的堆积物，称崩积物，也可称为岩堆或倒石堆。

（2）崩塌的工程分类

1）**按崩塌体的物质组成分类**

a. 岩崩

崩塌体基本上是由岩块组成的。

b. 土崩

崩塌体基本上是由土和砂土组成的。

自然界中岩质崩塌分布较多，土质崩塌分布较少，仅在黄土区沟谷两岸分布较多，西部高寒山区冰水堆积碎屑陡坡有崩塌分布。

2）**按照一次崩塌形成的崩落体的体积分类**

a. 小型崩塌

岩土崩落的体积小于 $1 \times 10^4 m^3$。

b. 中型崩塌

岩土崩落的体积为 $1 \times 10^4 \sim 10 \times 10^4 m^3$。

c. 大型崩塌

岩土崩落的体积为 $10 \times 10^4 \sim 100 \times 10^4 m^3$。

d. 特大型崩塌

岩土崩落的体积大于 $100 \times 10^4 m^3$。

3）**按照崩塌体规模、范围、大小分类**

a. 剥落

剥落岩石的块度大于 0.5m 者占 25%，山坡角一般在 30º ～ 40º 范围内。

b. 坠石

坠石的块度较大，块度大于 0.5m 者占 50% ～ 75%，山坡角在 30º ～ 40º 范围内。

c. 崩落

崩落的岩石块度更大，块度大于 0.5m 者大于 75%，山坡角多大于 40º。

4）**按崩塌的形成机理可分为 5 类，见表 5-8。**

5.3.2　崩塌的危害

崩塌和滑坡一样，危害都是非常大的。崩塌的

表 5-8　按形成机理的崩塌分类

特征类型	岩性	结构面	地貌	崩塌体形状	受力状态	起始运动状态	失稳主要因素
倾倒式崩塌	黄土、石灰岩及其他直立岩层	多为垂直节理、柱状节理、直立岩层面	峡谷、直立岸坡、悬崖等	板状、长柱状	主要受倾覆力矩作用	倾倒	静水压力、动水压力、地震力、重力
滑移式崩塌	多为软硬相间的岩层，如石灰岩夹薄层页岩	有倾向临空面的结构面（可能是平面、楔形或弧形）	陡坡通常大于 55º	可能组合成各种形状，如板状、楔形、圆柱状等	滑移面主要受剪切力	滑移	重力、静水压力、动水压力
鼓胀式崩塌	直立的黄土、黏土或坚硬岩石下有较厚软岩层	上部垂直节理，下部为近水平的结构面	陡坡	岩体高大	下部软岩受垂直挤压	鼓胀，伴有下沉、滑移、倾斜	重力、水的软化作用
拉裂式崩塌	多见于软硬相间的岩层	多为风化裂隙和重力拉胀裂隙	上部突出的悬崖	上部硬岩层以悬臂梁形式突出	拉张	拉裂	重力
错断式崩塌	坚硬岩石或黄土	垂直裂隙发育，通常无倾向临空面的结构面	大于 45º 的陡坡	多为板状、长柱状	自重引起的剪切力	错断	重力

规模虽不如滑坡大，但危害却不亚于滑坡。崩塌造成危害性的作用方式有三种：

砸—崩塌块体脱离母岩在斜坡上迅速连滚带跳最后落于地面将建筑物砸坏；撞—崩塌块体在陡坡上快速滚动、碰撞，遇上建筑就撞击建筑，使建筑物损坏。埋—大型崩塌几十万立方米到数百万立方米。从斜上部铺天盖地下来。将下面（坡脚）的建筑物通通埋上。就连高速汽车也难逃此灾难。

(1) 对线性工程的危害

崩塌的危害体现在大量崩塌块体垮塌堆在线性工程上（如铁路、公路及河运工程等）阻断交通，砸坏输油气管道。若引起管道泄漏，将引发更大的次生灾难；若阻断输水渠道，还会造成渠道垮塌。

2007 年 11 月 20 日 8 时 40 分，宜万铁路湖北省恩施州巴东县，木龙河段高阳寨隧道进口处，发生岩崩，崩塌体堆积物方量约 3000m³，巨石将 318 国道掩埋约 50m 长的路段，造成隧道进口处铁架上施工的 4 名民工死亡，更为严重的是一辆从上海返回利川途经此处满载乘客的客车也被崩塌体砸毁并掩埋。此次灾害共造成 31 人死亡，1 人失踪，1 人受伤（图5-25）。

(2) 对房屋等建筑的危害

崩塌对房屋等建筑的危害方式是砸、撞和埋等三种方式，一般建筑物的抗御能力不足以抵抗岩崩的巨大冲击力。

1987 年原四川省巫溪县南门湾发生仅 7000m³ 的岩崩，将陡岩下一幢六层楼的电力公司宿舍撞击垮塌，大型岩块高速滚过公路将南门旅馆一半打垮，造成 76 人死亡（图 5-26）。

2001 年 5 月 1 日晚重庆市武隆县城西高陡边坡发生体积 1.2 万 m³ 的崩塌，将一幢 9 层商住楼摧毁，随后崩下来的大量土石将倒下的房屋掩埋，造成 79 人被埋。

1980 年 6 月 3 日、湖北省远安县盐池河磷矿突然发生了一场巨大的岩石崩塌。山崩时，标高 830m 的鹰嘴崖部分山体从 700m 标高处俯冲到 500m 标高的谷地，在山谷中形成南北长 560m、东西宽 400m、石块加泥土厚度 20m 的堆积体，崩塌堆积的体积共 100 万 m3。最大的岩块有 2700t 重。顷刻之间盐池河上筑起一座高达 38m 的堤坝。构成一座天然湖泊。乱石块把磷矿区的五层大楼掀倒、掩埋，死亡 307 人，还毁坏了该矿的设备和财产，损失十分惨重。

图 5-25 隧道进口处岩崩

图 5-26　电力公司宿舍遭崩塌撞击垮塌

（3）对江河的危害

历史上大型、特大型崩塌堵河造成上游淹没、溃坝和对下游淹没的危害事件也不少。1933 年四川岷江上游叠溪发生强烈地震引发了叠溪大滑坡，使千年叠溪古镇毁于一旦，同时在此段上游侧引发 2 个大型崩塌，将岷江堵断形成上下海子，现在还清晰可见。

现今崩塌堵江事例也不少。2000 年 4 月 9 日，西藏林芝地区易贡湖左岸的扎木隆巴发生特大型崩塌、雪崩，推动沟床两岸松散土层形成近 3 亿 m³ 的巨大泥石流，堵断易贡藏布江，形成长 1.5km，高近 100m 的土石坝，淹没上游近万亩茶园和农田，60 天后（6 月 10 日）溃决，形成巨大山洪泥石流，给下游沿岸公路、桥梁、森林造成毁灭性灾难。

2009 年 10 月 16 日晚 11 时，长江大堤安徽巢湖无为县二坝镇惠生联圩蛟矶村徐埂自然村段突然发生剧烈窝崩，崩宽 100 余米，崩深近 200m。到 19 日上午，崩宽达 200 余米，崩深超过 200m（图 5-27）。

（4）对森林生态的危害

崩塌对森林植被的危害也很普遍，很严重。2008 年 5 月 12 日四川汶川大地震，山坡上崩塌启动的大量滚石，像雨点般砸向坡下，也使得地表森林植被被

图 5-27　长江岸崩对江河的影响

掩埋和折断。

（5）对人民生命财产的危害

崩塌对人们生命安全的危害也很普遍，也很严重。在高山峡谷行进，一个汤圆大的石块从高边坡落下可置人于死地。2008 年 5 月 12 日四川汶川大地震，伤亡人数很大，除房屋倒塌压死以外，山坡上崩塌启动的大量滚石，像雨点般砸向坡下，使在户外劳作的人们也未幸免于难。图 5-28 所示为新北川中学由于岩崩造成建筑物破坏，建筑物在巨大的崩塌体冲击下发生垮塌，即便没有垮塌的建筑物也被崩塌石块巨大的冲击力作用下导致中部切断，整体向前推移。

图 5-28 新北川中学岩崩

图 5-29 崩塌危岩高陡斜坡

5.3.3 崩塌的形成条件

影响崩塌形成的条件是多方面的，地形地貌、岩土性质、地质构造等是产生崩塌的基本物质条件，而大气降雨及人类不合理的工程活动等外力因素则是崩塌形成的动力条件。

（1）地形地貌

大量天然斜坡和人工边坡的崩塌调查表明，陡峻斜坡地形是形成崩塌的主要条件之一。斜坡坡度越陡，高差越大，越易形成崩塌，规模也越大。在地形强切割的山区、河谷岸坡、深开挖基坑、露天矿坑、人工陡边坡，崩塌现象多见。

崩塌大多产生在陡峻的斜坡地段，一般坡度大于 55°、高度大于 30m 以上，坡面多不平整，上陡下缓（图 5-29）。

（2）岩土体性质

岩土体是崩塌发生的物质基础，岩土体对边坡崩塌的控制作用也是明显的。巨厚的完整坚硬岩层若夹有薄层页岩，当岩层倾向临空面时，高陡边坡可能会发生大规模的崩塌；软硬相间的岩石边坡，因差异风化可发生小型崩塌；页岩、泥岩等软岩边坡，如果构造发育，常发生小的崩塌；在露天采矿区，陡偏帮下矿层不断挖掘，易形成大的偏帮斜坡崩塌。

（3）地质构造

各种地质构造如断层、节理、裂隙、岩层面、构造面等均能使岩层主体遭受到不同程度的破坏，把完整的岩土体切割成大小不同的碎裂体，为崩塌提供了必要条件。裂隙的切割密度对崩塌块体的大小起控制作用。

（4）诱发因素

1）地震

崩塌形成的外部条件很多，其中地震就是一个重要因素。30 多年前发生的云南省昭通地震，四川省炉霍地震和松潘平武地震，强震区内引发了大量崩塌、滑坡，2008 年 5 月 12 日在四川省汶川县发生的 8.0 级大地震，强震区崩塌滑坡比比皆是。地震发生时，完全具备崩塌发生的高陡岸坡，除受到正常状态下重力作用外，还受到地震面波高速传递的惯性力作用，若这两个力的合力大于此块岩体的抗折断强度，此岩体立即产生倾倒崩塌。震源传到地表的能量越大，在地表传播的波速越快，地震惯性力就越大，所以强地震区原来较稳定的陡岩也就容易发生崩塌。

2）降水和地下水

降雨与崩塌之间有着密切的关系，据西北地区崩塌灾害调查发现，绝大部分崩塌发生在雨季，特别是暴雨或连续降水时，雨水对岩土体产生冲刷、侵蚀、渗透、加荷等诱发崩塌发生。而斜坡带地下水的储存、运移则会导致斜坡稳定程度降低，在其动态发生改变时易导致崩塌灾害发生。

3）人为因素

崩塌形成最主要的人为因素是开挖坡脚。任何高陡岩体岸坡由于风化和卸荷回弹作用都会产生松弛开裂，为崩塌的形成发生奠定了基础。若在这个时候在开挖坡脚建房、修路和进行其他工程，必将引起崩塌发生。在公路建设中开挖坡脚的现象非常普遍，可以认为公路内侧边坡的崩塌90%是人工开挖引起的。近些年在高速公路建设中开挖边坡时采取了预防性措施，崩塌发生的现象少多了。2007年1月，四川省华市某石岩采石场，采用坡脚开采放大炮，引发了一个近十万立方米的崩塌，造成了施工工人伤亡。

5.3.4 崩塌的区域分布及特征

（1）崩塌的地域分布特征

崩塌具有明显的地域性。西南地区为我国崩塌分布的主要地区。崩塌类型多、规模大、频率高、分布广、危害重，已成为该地区主要自然灾害之一。其次是西北黄土高原地区，该地区以黄土崩塌广泛分布为其显著特征。东南、中南等省的山区和丘陵地区，崩塌也较多，但规模一般较小。西藏、青海、黑龙江省北部的冻土地，分布着与冻融有关规模较小的冻融堆积层崩塌。秦岭大巴山地区既是滑坡主要分布地区，也是多崩塌地区。尤其是宝成铁路，自通车以来沿线滑坡、崩塌年年发生，这与修筑铁路时开挖坡脚有密切关系。

（2）崩塌与滑坡的区别

崩塌和滑坡有明显的区别，虽然他们同属斜坡重力变形破坏的块体运动现象，但在形成、运动、堆积等方面有许多区别。崩塌与滑坡的区别主要表现在以下几个方面：

1）从斜坡坡度看，崩塌面坡度常大于50°，而滑坡面则常小于50°。

2）从运动本质上看，崩塌属于倾倒、坠落，而滑坡则属于剪切滑动。崩塌发生之后，崩塌物的垂直位移量远大于水平位移量，其重心位置降低了很多；而滑坡则不然，通常是滑坡体的水平位移量大于垂直位移。多数滑坡体的重心位置降低不多，滑动距离却很大。同时，滑坡下滑速度一般比崩塌缓慢。崩塌总是突发性的，滑坡则有快有慢，或先缓慢而后突发。

3）崩塌发生之后，崩塌物常堆积在山坡脚，呈锥形体且结构零乱；而滑坡堆积物常见有一定的外部形状，滑坡体的整体性较好，反映出层序和结构特征。也就是说，在滑坡堆积物中，岩体（土体）的上下层位和新老关系没有多大的变化。

4）崩塌体完全脱离母体（山体），而滑坡体则很少是完全脱离母体的，多数总有一部分滑体残留在滑床之上。

5）崩塌堆积物表面基本上不见裂缝分布；而滑坡体表面，尤其是新发生的滑坡，其表面有很多具有一定规律性的纵横裂缝。例如，分布在滑坡体上部（也就是后部）的弧形拉张裂缝；分布在滑坡体中部两侧的剪切裂缝（呈羽毛状）；分布在滑坡体前部的横张裂缝，其方向垂直于滑动方向，即受压力的方向；分布在滑坡体中前部，尤其是以滑坡舌部为多的扇形张裂缝，或者称为滑坡前缘的放射状裂缝。

（3）崩塌形成过程

崩塌从岩体高陡边坡出现微裂开始到崩塌发生、堆积要经历四个阶段：

1）微裂初期变形阶段

此阶段高陡边坡地表仅出现微小裂缝。

2）张裂倾倒变形阶段

此阶段地表裂缝不断加宽，成上大下水的锥形整体岩体向临空方倾斜。

3）断裂剧变阶段

此阶段地表裂缝不仅继续加大，而且裂缝下部临空侧岩体开始出现断裂，当断裂的速率出现剧烈增加时，预示崩塌即将发生。

4）崩塌堆积阶段

崩塌堆积的时间非常快，几乎同时进行，崩塌完成，堆积也就完成。

5.3.5 崩塌的预测和预报

（1）崩塌的识别

崩塌与滑坡虽有许多相似性，但崩塌有许多独有的地貌特征。依据下列这些独有的特征，就可识别崩塌。

1）地形识别

新发生的崩塌后壁成圈椅形，锯齿状，堆积体是上小下大的锥型，老崩塌也基本保留了上述地形，依据这一条就可初步判定是不是崩塌。

2）堆积体特征判别

崩塌堆积体为倒石堆，大、小混杂，杂乱无章，小块的多堆积在上部，大块的多在堆积体坡脚，个别大块石滚得更远。

3）运动特征识别

崩塌的运动多为滚动、碰撞、跳跃等方式。若在崩塌现场观测，见到山上垮塌中坡体岩块为滚动，碰撞，跳跃为主运动方式的可判定为崩塌。

（2）危险斜坡识别

崩塌发生前的危险斜坡判别主要从以下方面进行：

1）斜坡坡度判别

50°以上的斜坡容易发生崩塌，崩塌发生的最佳地形为60°以上的斜坡。

2）斜坡体组成结构

若斜坡为裸露岩体，上部有脆性坚硬岩石，下部为泥岩、页岩软弱地层，岩层产状近于水平，这种组成结构利于崩塌的形成。

3）斜体岩体风化程度与变形现状

若岩体表部成强风化现状，陡岩顶已有开裂变形。依据开裂变形程度对危险边坡进行分级。一般分为：极危险斜坡；危险斜坡；危险性小斜坡。

（3）崩塌前兆现象

崩塌发生前的地表开裂变形观测与滑坡后缘裂缝变形观测基本相同，可采用在裂缝两侧埋桩进行观测。若为坚硬岩体裂缝，木桩无法埋进可使用在裂缝两侧岩石刻"十"字，测量两侧"十"中心的距离便是裂缝变形张开量。

崩塌发生前的前兆现象与滑坡前兆现象也基本相同。但有一条应引起关注的，一个大型崩塌，在发生之前在前缘陡崖上会有明显变形，并有小块垮塌。

若岩质陡坡，通过后缘裂缝观测，裂缝已开始出现加速变形，同时又在崩塌前缘陡坡上见有小块坍塌，这预示崩塌很快就要发生。

（4）崩塌预报

20世纪60年代，崩塌、滑坡的预报研究才刚刚起步，现已成为一个热门研究课题，由于其复杂性，现在仍是世界性的科学难题。目前，建立崩塌灾害的预报系统仍在探索之中。

1）崩塌灾害预报的主要内容包括

变形破坏的方式（倾倒、陷落、滑动、滚动等）、方向、运动线路、规模（体积）、成灾范围和成灾时间等。

2）崩塌灾害预报的主要对象

对整个崩塌体稳定性起关键作用的块体、变形速度大得块体及其变形速度对整个崩塌体的变形破坏具有代表性的块体、产生严重危害的块体等。

3）崩塌灾害的范围应包括

崩塌体自身的范围、崩塌体运动所达到的范围及其所造成的次生灾害（如涌浪、堵江、破坏水库和其他水利设施、在暴雨或地震条件下放大效应波及的范围或者崩塌堆积体转化为泥石流等）的危害范围。

4）预报模型和预报依据的建立

a．预报模型的建立

对于重要和灾害严重的崩塌体，应建立起地质模型，进行大比例尺地质力学模型试验和三维数值模拟，确定其变形破坏模式、变形破坏的宏观形迹及其量级、崩塌短临前兆及其时效、破坏时位移速率及其阈值，建立该崩塌失稳自综合预报模型，与试验模拟所建立的模型进行分析比较，进行完善。

常用的集中预报模型：确定性预报模型、非确定性预报模型和类比分析模型。其中，确定性预报模型一般适用于长期状态预报，如极限平衡法、极限分析法等。非确定性预报模型一般用于中期、短期预报，如灰色系统模型、生长曲线预报模型、动态跟踪预报模型、卡尔曼滤波法等。类比分析模型适应性较广，可适用于长期、中期、短期及其临阵预报，如人工神经网络预报模型、综合信息预报模型等。

b．进行综合预报

综合预报判据包括安全系数判据和破坏概率判据、位移速率判据、位移总量判据、宏观变形破坏短临前兆判据、类比分析预报判据和其他判据（如干扰能量判据，声发射判据等）。

预报模型和预报判据建立后，应进行试运行，报上级主管组织专家评审，鉴定批准后方可采用。之后，应不断改进与完善。

5.3.6 崩塌的防治措施

崩塌灾害具有高速运动、高冲击能量、多发性、在特定区域发生时间和地点的随机性、难以预测性和运动过程的复杂性等特征。在防治过程中必须遵循标本兼治、分清主次综合治理、生物措施与工程措施相结合、治理危岩与保护自然生态环境相结合的原则。通过治理最大限度降低危岩失稳的诱发因素，达到治标又治本的目的。

崩塌落石本身涉及少数不稳定的岩块，它们通常并不改变斜坡的整体稳定性，也不会导致有关建筑物的毁灭性破坏。因此，防止落石造成道路中断、建筑物破坏和人身伤亡是整治崩塌危岩的最终目的，即防治的目的并不一定要阻止崩塌落石的发生，而是要防止其带来的危害。因此，根据崩塌危害的特点，其防治工程措施归纳起来可分为防止崩塌发生的主动防治和避免造成危害的被动防治两种类型，见表5-9。

表5-9 崩塌防治措施归纳表

措施类型	具体工程措施
主动防治	1）削坡；2）清除危岩，3）控制爆破；4）地表排水；5）加固或支护：支挡；锚固；捆绑喷混凝土；护面墙；SNS主动防护系统；
被动防治	1）拦截：落石沟槽；拦石墙；金属格栅；SNS被动防护系统； 2）引导：棚洞；SNS被动系统； 3）避让：绕道、隧道措施，变更工程位置；

（1）主动防治措施

1）护坡、削坡

对于破碎岩体坡面常用喷射混凝土加固，削坡减载是指对危岩体上部削坡，减轻上部荷载，增加危岩体的稳定性。削坡减载的费用比锚固和灌浆的费用小得多，但有时会对斜坡下方的建筑物造成一定损害，同时也破坏了自然景观。

2）清除

对于规模小、危险程度高的危岩体通常采用爆破或手工进行清除，并对母岩进行适当的防护加固，彻底消除崩塌隐患，防止造成灾害。

3）地表排水

地表水和地下水通常是崩塌产生的诱发因素，在可能发生崩塌的地段，务必还要做好地面排水和对有害地下水活动的处理。修建完善的地表排水系统，将地表径流汇集起来，通过排水沟系统排出坡外。

4）山坡加固措施

a. 支撑加固

危石的下部修筑支柱、支护墙。亦可将易崩塌体用锚索、锚杆与斜坡稳定部分联固；

b. 灌浆、勾缝

岩体中的空洞、裂隙用片石填补、混凝土灌注；

c. 护面

易风化的软弱岩层，可用沥青、砂浆或浆砌片石护面。

各种加固措施见图 5-30 所示。

（2）被动防治措施

1）避让措施

对可能发生大规模崩塌地段，即使是采用坚固的建筑物，也经受不了这样大规模崩塌的巨大破坏力，则必须设法绕避。对沿河谷线路来说，绕避有两种情况：

a. 绕到对岸、远离崩塌体；

b. 将线路向山侧移，移至稳定的山体内，以隧道通过。在采用隧道方案绕避崩塌时，要注意使隧道有足够的长度，使隧道进出口避免受崩塌的危害，以免隧道运营以后，由于长度不够，受崩塌的威胁，因而在洞口又接长明洞，造成浪费和增大投资。

2）拦截措施

对中、小型崩塌可修筑遮挡建筑物和拦截建筑物。

a. 遮挡建筑物

对中型崩塌地段，如绕避不经济时，可采用明洞、棚洞等遮挡建筑物（图 5-31）。明洞或棚洞防治，一方面可遮挡崩落的块石，一方面又可加固边坡下部而起稳定和支撑作用，一般适用于中、小型崩塌。

b. 拦截建筑物

如果山坡的母岩风化严重，崩塌物质来源丰富，或崩塌规模虽然不大，但可能频繁发生，则可采用拦截建筑物，如落石平台、落石槽、拦石堤或拦石墙等措施（图 5-32）。在危岩带下方的斜坡大致沿等高线，修建拦石墙，以拦截上方危岩掉块落石，拦石墙可以是刚性的，也可以是柔性的。

3）SNS 边坡柔性防护系统

SNS 作为一种新型的边坡柔性防护系统，是以钢丝绳网为主要构成部分，并以覆盖（主动防护）和拦截（被动防护）两大基本类型来防治各类斜坡坡面地质灾害和雪崩、岸坡冲刷、飞石、坠物等危害的柔性安全防护系统（图 5-33）。主动防护系统是用以钢丝绳网为主的各种柔性网覆盖或包裹在需防护的斜坡或危石上，以限制坡面岩土体的风化剥落或破坏以及危岩崩塌（加固作用）或者将落石控制在一定范围内运动（围护作用）。被动防护系统是将以钢丝绳网为主的栅栏式柔性拦石网设置在斜坡上相应位置，用于拦截斜坡上的滚落石以避免其破坏保护的对象。

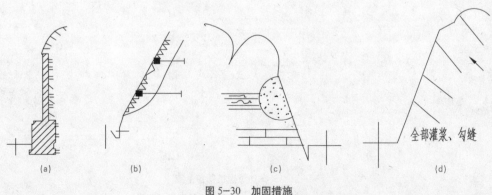

图 5-30 加固措施
(a) 支护墙 (b) 锚固 (c) 嵌补 (d) 灌浆、勾缝

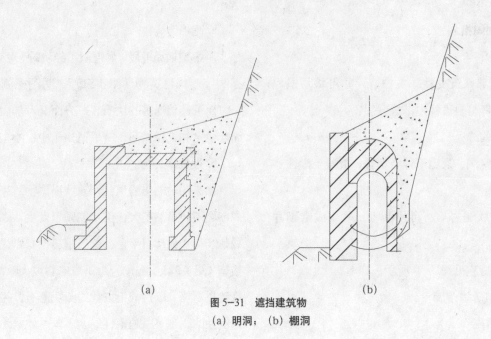

图 5-31 遮挡建筑物
(a) 明洞；(b) 棚洞

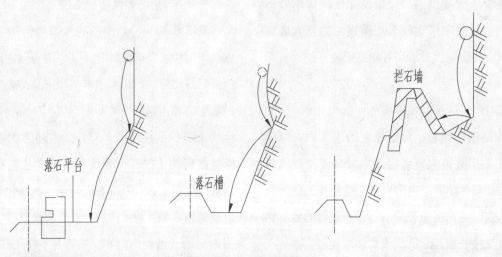

图 5-32 拦截建筑物

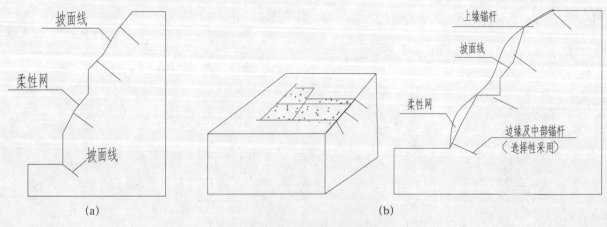

图 5-33 SNS 边坡柔性防护系统
(a) 标准主动防护系统；(b) 主－被动防护系统

4）清除危岩

若山坡上部可能的崩塌物数量不大，而且母岩的破坏不甚严重，则以全部清除为宜，并对母岩进行适当的防护加固。

5）排水工程

地表水和地下水通常是崩塌产生的诱发因素，在可能发生崩塌的地段，务必还要做好地面排水和对有害地下水活动的处理。

（3）其他措施

此应加强减灾防灾科普知识的宣传，严格进行科学管理；合理开发利用坡顶平台区的土地资源，防止因城镇建设和农业生产而加快危岩的形成，杜绝发生崩塌的诱发因素。

5.4 泥石流灾害及其防治对策

5.4.1 泥石流的概念与分类

（1）泥石流的概念

泥石流是指发生在山区小型流域内，突然爆发的夹杂有泥砂、石块、含大量固体物质（泥、砂、石）的特殊洪流（图 5-34），是山区常见的、多发的自然灾害之一。

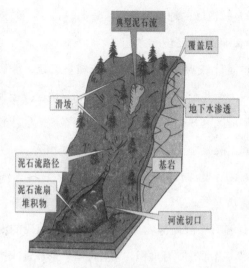

图 5-34 泥石流示意图

泥石流具有突然性以及流速快，流量大，物质容量大和破坏力强等特点。发生泥石流常常会冲毁公路铁路等交通设施甚至村镇等，造成巨大损失（图 5-35）。

（2）分类

为了防治泥石流，提出有效的整治措施，必须对泥石流进行合理的分类。而这种分类应能反映出泥石流的形成条件、流域形态、物质组成、流体性质及发育阶段和趋势等。泥石流分类方法很多，现将常用的方法归纳如下：

图 5-35 泥石流灾后惨状

1）按流域的地质地貌特征分类

a.标准型泥石流

这是比较典型的泥石流。流域呈扇状，流域面积一般为十几至几十平方公里，能明显地区分出泥石流的形成区（多在上游地段，形成泥石流的固体物质和水源主要集中在此区）、流通区和堆积区。

b.沟谷型泥石流

流域呈狭长形，流域上游水源补给较充分。形成泥石流的松散固体物质主要来自中游地段的滑坡和崩塌。沿河谷既有堆积，又有冲刷，形成逐次搬运的"再生式泥石流"（图5-36）。

c.山坡型泥石流

是指发育在斜坡面上的小型泥石流沟谷。它们的流域面积一般不超过 $2km^2$，流域轮廓呈哑铃形，沟坡与山坡基本一致，沟浅、坡短，流通区很短，甚至没有明显的流通区，形成区和堆积区往往直接相贯通。沉积物棱角明显，粗大颗粒多搬运在锥体下部（图5-37）。

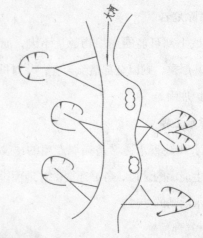

图5-37　山坡型泥石流

2）按泥石流流体的物质组成分类

a. 泥石流

是由浆体和石块共同组成的特殊流体，固体成分从直径小于 0.005mm 的黏土粉砂到几米至 10 ～ 20m 的大漂砾。它的级配范围之大是其他类型的夹沙水流所无法比拟的。这类泥石流在我国山区的分布范围比较广泛，对山区的经济建设和国防建设危害十分严重。

b. 泥流

是指发育在我国黄土高原地区，以细粒泥沙为主要固体成分的泥质流。泥流中黏粒含量大于石质山区的泥石流，黏粒重量比可达 15%以上。泥流含有少量碎石、岩屑，黏度大，呈稠泥状，结构比泥石流更为明显。

c. 水石流

是指发育在大理岩、白云岩、石灰岩、砾岩或部分花岗岩山区，由水和粗砂、砾石、大漂砾组成的

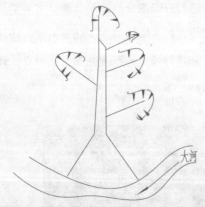

图5-36　沟谷型泥石流

特殊流体，黏粒含量小于泥石流和泥流。水石流的性质和形成类似山洪。

3）按泥石流流体性质分类

a. 黏性泥石流

含大量黏性土的泥石流或泥流，黏性大，固体物质占 40%～60%，最高达 80%。水不是搬运介质，而仅是组成物质，黏性大，石块呈悬浮状态，爆发突然，持续时间短，破坏力大，堆积物在堆积区不散流，停积后石块堆积成"舌状"或"岗状"。

b. 稀性泥石流

水为主要成分，黏性土含量少，固体物质占 10%～40%，有很大分散性。水为搬运介质，石块以滚动或跃移前进，有强烈的下切作用，堆积物在堆积区呈扇形散流，停积后似"石海"。

4）泥石流的工程分类见表 5-10 所示。

5.4.2 我国泥石流分布情况

我国山区面积占全国总面积的 2/3，地质构造复杂，岩性多变，地震强烈，再加上气候和人类工程活动影响，使我国成为世界上泥石流最为发育的国家之一。我国泥石流分布广泛、活动强烈、危害严重，泥石流主要沿着山地的地震带和地质构造断裂带发育，分布在沿河两岸山间盆地的山前地带。

我国西南、西北、华北、东北和中南 23 个省区，都有泥石流发生。其中以西北、西南地区为最多、最活跃，规模也最大。据初步统计全国有 29 个省、自治区、直辖市，77 个县（市）有泥石流活动。我国泥石流的分布主要集中于 3 个地形阶梯间的 2 个过渡带，即青藏高原向次一级的高原或盆地（云贵高原、黄土高原、内蒙古高原、四川盆地、塔里木盆地、难嘎尔盆地）的过渡带，包括昆仑山、祁连山、岷山、龙门山、横断山和喜马拉雅山，以及次一级高原盆地向我国东部低山丘陵或平原的过渡带，包括大小兴安岭、长白山、燕山、太行山、秦岭、大巴山、巫山、武陵山、南岭、云开大山和十万大山等。

此外，其他山区泥石流呈零星分布，其中灾害性泥石流又集中于上述 2 个过渡带内的断裂带，尤其在活动性深和大断裂带的软弱岩石地区，动性泥石流的暴发频率最高，泥石流沟道分布最为密集。比如，四川安宁河流域泥石流、云南小江流域泥石流和大盈江流域泥石流等。

从我国气候特点与泥石流的分布来看，冰川型泥石流分布于海拔很高的青藏高原及其周缘的高山和极高山区；暴雨型泥石流的分布可认为完全受季风气候控制其格局，在季风气候的山区，泥石流具片状和带状分布的特点，而季风影响不到的西北、北部地区，仅在一定坡向和高度上（最大降雨带），才有泥石流发育。

表 5-10　泥石流的工程分类

类别	泥石流特征	流域特征	亚类	严重程度	流域面积 /km²	固体物质一次冲出量 /(1×10⁴m³)	流量 /m³/s	堆积区面积 /km²
I 高频率泥石流沟谷	基本上每年均有泥石流发生。固体物质主要来源于沟谷的滑坡、崩塌。爆发雨强小于 2～4mm/10min。除岩性因素外，滑坡、崩塌严重的沟谷多发生黏性泥石流，反之多发生稀性泥石流，规模小	多位于强烈抬升区，岩层破碎，风化强烈，山体稳定性差。泥石流堆积新鲜，无植被或仅有稀疏草丛。黏性泥石流沟中下游沟床坡度大于 4%	I₁	严重	>5	>5	>100	>1
			I₂	中等	1-5	1-5	30-100	<1
			I₃	轻微	<1	<1	<30	—
I 低频率泥石流沟谷	爆发周期一般在 10 年以内。固体物质主要来源于沟床，泥石流发生时"揭床"现象明显。暴雨时坡面产生的浅层滑坡往往是激发泥石流形成的重要因素。爆发雨强，一般大于 4mm/10min。规模一般较大，性质有黏有稀	山体稳定性相对较好，无大型活动性滑坡、崩塌。沟床和扇形地上巨砾遍地。植被较好，沟床内灌木丛密布，扇形地多已辟为农田，黏性泥石流沟中下游沟床坡度小于 4%	II₁	严重	>10	>5	>5	>1

5.4.3 泥石流的危害

泥石流是由于降水因素产生在沟谷或山坡上的一种夹带大量泥沙、石块等固体物质的特殊洪流，是高浓度的固体和液体的混合颗粒流。它的运动过程介于山崩、滑坡和洪水之间，是各种自然因素和人为因素综合作用的结果。泥石流灾害的特点是规模大、危害严重、活动频繁、危及面广，且重复成灾。

泥石流由于其强大的冲刷力使得所过之处成为废墟，对于城镇也是如此，我国有多次城镇选址遭遇了泥石流影响，如三峡库区移民区小城镇建设中，重庆的麻柳咀镇、巫山新县城、双龙镇、云阳县城、姚坪乡巴东、奉节、万州三区、开县的渠口镇等一大批城镇建设在泥石流危害区或滑坡堆积体上，1996年至1998年的暴雨中造成大量地质灾害，迁址重建或治理的投资高达数亿元。

我国历史上发生过多次泥石流灾害，并造成了严重的损失，如：

2004年8月13日，受14号云娜台风带来的强降雨影响，乐清北部山区发生泥石流，共37人死亡、5人失踪。

2006年8月11日凌晨，受8号超强台风带来的强降雨影响，浙江省庆元县荷地镇石磨下村附近山体多处发生浅表层土质滑坡，并由这些滑坡作为起动条件形成了泥石流，共造成20人死亡，经济损失达158万元。

2008年11月2日凌晨，云南省楚雄彝族自治州楚雄市发生特大泥石流灾害，造成该市西舍路乡下辖的新华、保甸、岔河、朵苴4个村发生严重山体滑坡，其中新华村受灾最为严重，泥石流灾害导致35人死亡，107万多人受灾。

2010年8月7日22时左右，甘南藏族自治州舟曲县城东北部山区突降特大暴雨，降雨量达97mm，持续40多分钟，引发三眼峪、罗家峪等四条沟系

特大山洪地质灾害，泥石流长约5km，平均宽度300m，平均厚度5m，总体积750万 m^3，流经区域被夷为平地（图5-38）。截至2010年9月7日，舟曲8·7特大泥石流灾害中遇难1481人，失踪284人，累计门诊治疗2315人。

2012年10月3日，彝良地震灾区普降暴雨，彝良县龙海乡镇河村油房小学侧面山体发生泥石流，18名受地震影响参加补课的学生被埋在垮塌的教学楼内。

一般来说，泥石流对人类的危害具体表现在如下几个方面：

（1）对居民点的危害

泥石流最常见的危害之一，是冲进乡村、城镇，摧毁房屋、工厂、企事业单位及其他场所设施。淹没人畜、毁坏土地，甚至造成村毁人亡的灾难。如1989年7月10日，四川华蓥山地区由于连降暴雨形成泥石流，冲毁了下游城镇的数个工矿和附近村庄，造成293人死亡。

（2）对公路、铁路和航道的危害

新中国成立以来，泥石流给我国铁路和公路造成了无法估计的巨大损失。泥石流可直接埋没车站、铁路、公路，摧毁路基、桥涵等设施，致使交通中断，还可引起正在运行的火车、汽车颠覆，造成重大的人身伤亡事故。有时泥石流汇入河道，阻塞航道或者形成险滩，也会引起河道大幅度变迁，间接毁坏公路、铁路及其他构筑物，甚至迫使道路改线，造成巨大的经济损失。

如甘川公路394km处对岸的石门沟，1978年7月暴发泥石流，堵塞白龙江。白龙江改道使长约2km的路基变成了主河道，公路、护岸及渡槽全部被毁。该段线路自1962年以来，由于受对岸泥石流的影响已3次被迫改线。

（3）对水利、水电工程的危害

主要是冲毁水电站、引水渠道及过沟建筑物，

图 5-38　舟曲泥石流城镇损毁情况

淤埋水电站尾水渠，并淤积水库、磨蚀坝面等。

（4）对农田、矿山的危害

泥石流或直接吞噬农田村寨，或者因阻断江河而壅水，淹没沿江两岸的农田村寨和城镇。填塞溃坝后，又以溃决洪水侵袭农田村寨，进而吞没两岸土地和村寨，或冲蚀沟谷，吞噬坡地，导致沟谷扩大，耕地锐减，水土流失。

对矿山的危害主要是摧毁矿山及其设施、淤埋矿山坑道、伤害矿山人员、造成停工停产，甚至使矿山报废。

5.4.4 泥石流的形成条件

一般情况下，泥石流形成的三个基本条件是：充足的岩屑供给；丰富的水源；有能使大量的岩屑和水体迅速聚集、混合和流动的有利地形条件。

（1）地形地貌条件

在地形上具备山高沟深、地势陡峻、沟床纵坡降大、流域形状便于水流汇集的特点。在地貌上，从

上游到下游一般可分为三个区：即泥石流的形成区、流通区和堆积区（图5-39）。

1）泥石流的形成区（上游）

多形成于三面环山、一面出口的瓢状或漏斗状围谷区，周围山坡陡峻，大多为30°～60°，沟谷纵坡降大。该区面积为几到数十平方公里，坡面侵蚀和风化作用强烈，植被生长不良，山体光秃破碎，沟道狭窄，斜坡常被冲沟切割。这样的地形条件，有利于汇集周围山坡上的水流和固体物质。形成区的面积越大，坡面越多，山坡越陡，沟壑越多，则泥石流集流快、规模大，迅速强烈。

2）泥石流流通区（中游）

即泥石流通过的地段。在地形上多为狭窄而幽深的峡谷或冲沟，谷壁陡峻（坡度在20°～40°），纵坡降大且多陡坎和跌水，规模大的泥石流经常迅速通过峡谷直泄山外。暴发一次泥石流能将沟床切深达7～8m。流通区纵坡缓、曲直和长短对泥石流的强度有很大的影响。当纵坡降陡而顺直时，流途

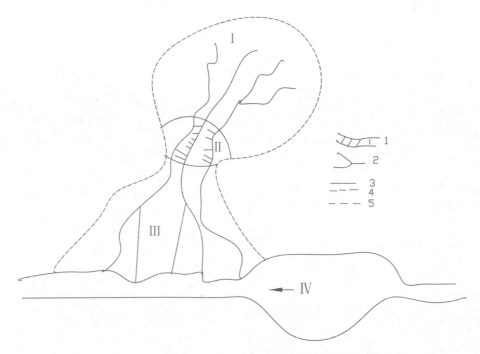

Ⅰ—泥石流形成区；Ⅱ—泥石流流通区；Ⅲ—泥石流堆积区；Ⅳ—泥石流堵塞形成的湖泊
1—峡谷；2—有水沟床；3—无水沟床；4—分区界线；5—流域界线

图5-39 泥石流的流域地貌特征

畅通，则泥石流能量大，可直泄山外；当纵坡降缓而弯曲时，则削弱了泥石流的能量，易堵塞停积或改道。

3）泥石流堆积区（下游）

即泥石流物质的停积场所。一般位于山口外或山间盆地的边缘，地形较平缓，由于地形豁然开阔平坦，泥石流动能急剧变弱，最终停积下来，形成扇形、锥形或带形的堆积体。堆积扇地面往往垄岗起伏、坎坷不平，大小石块混杂。若泥石流物质能直泻入主河槽，河水搬运能力又很强时，则堆积扇有可能缺失。

由于泥石流流域具体地形地貌条件不同，有些泥石流流域上述三个区段不可能明显分开。

（2）松散物质来源条件

泥石流常发生于地质构造复杂、断裂褶皱发育、新构造活动强烈、地震烈度较高的地区。地表岩层破碎，滑坡、崩塌、错落等不良地质现象发育，为泥石流的形成提供了丰富的固体物质来源；另外，岩层结构疏松软弱、易于风化、节理发育，或软硬相间成层地区，因易受破坏，也能为泥石流提供丰富的碎屑物来源；一些人类工程经济活动，如人为滥伐山林，造成山坡水土流失，开山采矿、采石弃渣堆石等，往往提供大量物质来源。

（3）水源条件

水既是泥石流的重要组成部分，又是泥石流的重要激发条件和搬运介质（动力来源）。泥石流的水源有暴雨、冰雪融水和水库（池）溃决水体等形式。我国泥石流的水源主要是降雨、长时间的连续降雨等。

（4）人为条件

人类不合理的经济活动，如滥垦坡地、滥伐森林以及城镇建设时不适当的开炸建筑石料及矿渣和路渣等大量岩屑乱堆在山坡和沟谷中，破坏了当地的生态平衡，影响了坡地的稳定性，并提供了大量松散的固体物质，加速了泥石流的发生和发展，扩大了泥石流的活动范围，增加了泥石流发生的频率和强度，也可能使已经停息的泥石流又重新活跃起来。

1）不合理开挖

修建铁路、公路、水渠以及其他工程建筑的不合理开挖。

如云南省东川至昆明公路的老干沟，因修公路及水渠，使山体破坏，加之 1966 年犀牛山地震又形成崩塌、滑坡，致使泥石流更加严重。

又如香港多年来修建了许多大型工程和地面建筑，几乎每个工程都要劈山填海或填方，才能获得合适的建筑场地。1972 年一次暴雨，使正在施工的挖掘工程现场 120 人死于滑坡造成的泥石流。

2）不合理的弃土、弃渣、采石

如四川省冕宁县泸沽铁矿汉罗沟，因不合理堆放弃土、矿渣，1972 年一场大雨暴发了矿山泥石流，冲出松散固体物质约 10 万 m^3，淤埋成昆铁路 300m 和喜（德）—西（昌）公路 250m，中断行车，给交通运输带来严重损失。

3）滥伐乱垦

滥伐乱垦会使植被消失，山坡失去保护、土体疏松、冲沟发育，大大加重水土流失，进而山坡的稳定性被破坏，崩塌、滑坡等不良地质现象发育，结果就很容易产生泥石流。

例如甘肃省白龙江中游现在是我国著名的泥石流多发区。而在一千多年前，那里树木茂密、山清水秀，后因伐木烧炭，烧山开荒，森林被破坏，才造成泥石流泛滥。

又如甘川公路石坳子沟山上大耳头，原是森林区，因毁林开荒，1976 年发生泥石流毁坏了下游村庄、公路，造成人民生命财产的严重损失。当地群众说："山上开亩荒，山下冲个光。"

5.4.5 泥石流的预测、预报和警报

泥石流预测、预报和警报的目的是为预测泥石流的发生、发展变化和暴发时间，以便提前采取措施，保护国家和人民生命财产的安全。

（1）泥石流预测

泥石流预测主要根据预测范围内各泥石流沟固体物质的来源和积累程度、水的来源和数量、是否可以达到激发泥石流发生的水量要求、各沟谷的发育阶段和暴发泥石流的频率等来预测地区、沟谷泥石流暴发的可能性和危险程度。

泥石流暴发的危险度预测可采用定性和半定量评价方法进行。一般说来，地质构造复杂、地壳活动越强烈、山高坡陡、地形越破碎、风化越严重，滑坡、崩塌等地质现象越发育、人类活动越强烈，即可定性认为泥石流暴发的可能性越高，危险度也越大。

（2）泥石流预报

泥石流预报是在泥石流预测的基础上，选择那些极重度和重度危险地区或单条泥石流沟进行预报。对降雨型泥石流，根据已有泥石流暴发前的降雨量观测值和统计结果，确定预报范围内激发泥石流发生的降雨临界值；然后，根据地区气象预报的降雨量与临界降雨量进行对比，预报近期内泥石流发生的可能性。

（3）泥石流警报

在泥石流沟谷的形成区、流通区和堆积区分别设置监测点，对泥石流的活动过程进行监测，将泥石流开始启动、流动的情况，及时利用电话或无线电设备，传送到监测预报中心，发出警报，通知主管部门和政府，组织泥石流区人员及时撤离。

2003年7月11日，四川甘孜藏族自治州丹巴县巴底乡水卡子村发生泥石流，导致51人遇难。在此泥石流发生前，省、州、县的有关预警是准确、及时的，共有90分钟可以用来规避灾难。但是，由于当地基层预警制度的不完善，加之通信不畅，预警手段落后等原因导致了悲剧的发生。

5.4.6 泥石流的防治对策

（1）整治原则

泥石流是一种较大规模的地质灾害，是自然界多种因素综合作用的结果，因素比较复杂，根治极为困难，因此，对泥石流的防治应遵循以防为主，防治结合，避强制弱，重点治理，沟谷的上、中、下游全面规划，山、水、林、田综合治理；工程方案应以小为主，中小结合，因地制宜，就地取材。

（2）基本要求

泥石流的防治宜对形成区、流通区、堆积区统一规划和采取生物措施与工程措施相结合的综合治理方案，并应符合下列要求：

1）形成区宜采取植树造林、水土保持、修建引水、蓄水工程扯削弱水动力措施，修建防护工程，稳定土体。流通区宜修建拦沙坝、谷坊，采取拦截松散固体物质、固定沟床和减缓纵坡的措施。堆积区宜修筑排导沟、急流槽、导流堤、停淤场，采取改变流路，疏排泥石流的措施。

2）对稀性泥石流宜修建调洪水库、截水沟、引水渠和种植水源涵养林，采取调节径流，削弱水动力，制止泥石流形成的措施。对黏性泥石流宜修筑拱石坝、谷坊、支挡结构和种植树木，采取稳定（岩）土体、制止泥石流形成的措施。

（3）防治措施

经过几十年的泥石流防治实践，我国逐步形成和发展了岩土工程措施与生态工程措施相结合、上下游统筹考虑、沟坡兼治的泥石流综合治理技术，对泥石流流域进行全面整治以逐步控制泥石流的发生发展，达到除害兴利的目的。不同的泥石流沟具有不同的发育特征，其相应的治理措施也应有所不同，主要采取以工程措施为主，兼用生物措施。泥石流的

主要防治措施见表 5-11 所示。

1）工程防治措施

a. 拦挡工程

拦挡工程是工程防治方法中采用最多的措施之一，它是修建在泥石流沟上的一种横向拦挡建筑物，可以将泥石流的大部分冲刷物质拦截于泥石流沟道内停淤，主要有拦沙坝和谷坊两种，其主要功能有：

一是拦沙截流，减小泥石流的峰值流量和密度，

减缓泥石流流速，调节下泄固体物质总量，减轻对下游的冲淤作用；

二是抬高局部沟床的侵蚀基准，减轻对沟床的下切侵蚀和侧蚀作用，抑制泥石流固体物质的补给量，达到护床固坡的目的；

三是减缓回淤段的沟床坡降，减轻沟床侵蚀，抑制泥石流发育。但拦沙坝的库容量有限，待坝库容淤满以后，其效用将明显降低。

因此，拦沙坝是一项持续性建设工程，建成后

表 5-11　泥石流整治措施一览表

措施	工程	工程项目	防治作用
工程措施	治水工程	蓄水工程 引水工程 截水工程 控制冰雪融化工程	调蓄洪水，避免或减缓洪峰； 引、排供水，减缓、控制泄洪量； 拦截上方滑坡或水土流失地段径流； 人为促使冰雪提前融化，控制避免大量冰雪提前融化，加固或预先铲除冰碛堤
	治泥工程	拦坝、谷坊工程 拦墙工程 护坡、护岸工程 削坡工程 潜坝工程	拦蓄泥砂、稳固滑坡、节节拦蓄、减缓沟底坡度； 稳固滑坡、崩塌体，拦蓄泥沙； 加固边坡、岸坡，增强坡体抗滑抗流能力； 降低坡角，削减泥石流侵蚀力； 稳固沟床，防止泥石流下切
	排导工程	导流堤工程 顺水坝工程 徘导沟工程 导槽工程 明洞工程 改沟工程	排导泥石流，防止泥石流冲淤； 调整导流向，排泄泥石流； 排泄泥石流，防止泥石流漫溢； 在道路上方或下方筑槽排泄泥石流； 以明洞形式排泄泥石； 将泥石流沟口改至相邻沟道
	拦截工程	储淤场工程 拦泥库工程	利用开阔低洼地，蓄积泥石淹； 利用平坦谷地，蓄积泥石流。
	农田工程	水田改旱地工程 渠道防渗工程 坡地改梯田工程 田间排水、截水工程 夯实地面裂隙、田边筑便工程	减少水渗透量，防止山体滑坡； 防止渠水渗漏，稳定边坡； 防止坡面侵蚀和水土流失； 排导坡面径流，防止侵蚀； 防止水下渗，拦截泥沙，稳定边坡
生物措施	林业工程	水源涵养林 水土保持林 护床防冲林 护堤固滩林	改良土壤，削减径流； 仅水保上，减少水土流失； 保护沟床，防止冲刷、下切； 加固河堤，保护滩地，防风固沙
	农业工程	梯田耕作 立体种植 免耕种植 选择作物	水土保持，减少水土流失； 扩大植被覆盖率，截存降雨，减少地表径流； 促使雨水快速渗透，减少土壤侵蚀； 选择保水保土作物，减少水土流失
	牧业工程	适度放牧 圈养 分区轮牧 改良牧草 选择保水保土牧草	保持牧草覆盖率，减少水土流失； 扩养草场，减轻水土流失； 防止草场退化和水土保持能力降低； 捷高产草率，增加植被覆盖面积，减轻水土流失； 提高保水保土能力，削减土坝侵蚀

需要定期清淤养护。

b.排导工程

泥石流排导工程是利用已有的天然沟道或者人工开挖及填筑形成的一种开敞式过流建筑物。其主要功能是把泥石流顺畅地排入下游非危险区，以控制泥石流对下游流通区和堆积区的淤埋和冲击作用，因此排导工程主要设置在堆积区。泥石流排导工程能够调节流路，限制漫流，改善沟槽纵坡，调整过流断面，控制泥石流流速和输沙能力，属永久性工程，其特点是工程简单，施工方便，防治效果稳定。通常包括导流堤、急流槽和束流堤三种类型。

c.防护工程

防护工程包括稳坡固沟和调蓄洪水工程，目的是控制泥石流形成的水动力条件，减少固体物质补给来源，从而防止泥石流发生或者减小泥石流规模。具体措施有：防止坡脚和坡面受到侵蚀和冲刷的护坡、变坡、挡土墙；减轻泥石流下切侵蚀作用的护底工程、浅坝工程；削减洪峰，调节水动力条件，减小对下游松散土体冲刷的调洪水库；隔离上游水土或者将水直接排导到安全地区的排水沟、截水沟、排洪隧道等。通常包括护坡、挡墙、顺坝和丁坝等。

2）生物防治措施

泥石流防治的生物措施是包括恢复植被和合理耕牧。一般采用乔、灌、草等植物进行科学地配置营造，充分发挥其滞留降水，保持水土，调节径流等功能，从而达到预防和制止泥石流发生或减小泥石流规模，减轻其危害程度的目的。生物措施一般需要在泥石流沟的全流域实施，对宜林荒坡更需采取此种措施。但要正确地解决好农、林、牧之间的矛盾，如果管理不善，很难收到预期的效果。

综上所述，无论是工程措施，还是生物措施，泥石流防治都离不开泥石流形成的三个基本条件，即控制水源，减少松散固体物质和改善陡峭的地形。

制定具体的治理方案时，除了结合泥石流自身特点和发展规律、流域特征、当地经济条件外，不同类型的防治措施都有自身的优势，把各种措施结合起来，选择合理的防治措施。

5.5 地面沉降灾害及其防治对策

5.5.1 地面沉降的概念与分类

（1）地面沉降的概念

地面沉降又称为地面下沉或地陷。它是在人类工程经济活动影响下，由于地下松散地层固结压缩，导致地壳表面标高降低的一种局部的工程地质现象。地面沉降的特点是波及范围广，下沉速率缓慢，往往不易察觉，但已对建筑物、城镇建设和农田水利危害极大（图5-40）。

（2）地面沉降分类

1）地面沉降分构造沉降、抽水沉降和采空沉降三种类型。

a.构造沉降

由地壳沉降运动引起的地面下沉现象。

b.抽水沉降

由于过量抽汲地下水（或油、气）引起水位（或

图5-40 嘉兴市地面沉降导致地下水位上升10mm

油、气压）下降，在欠固结或半固结土层分布区，土层固结压密而造成的大面积地面下沉现象．

c. 采空沉降

因地下大面积采空引起顶板岩（土）体下沉而造成的地面碟状洼地现象。

2）按发生地面沉降的地质环境可分为三种模式，见表 5-12 所示。

5.5.2 地面沉降的危害

地面沉降是一种累进性地质灾害，会给城市建筑物、道路交通、管道系统及给排水、防洪等带来诸多困难。因此，城市地面沉降已被列为十大地质灾害之一。它具有生成缓慢、持续时间长、成因复杂和防治难度大等特点，其影响范围之广、治理难度之大远远超过了其他城市地质灾害，会给滨海平原防洪排涝、土地利用、城镇规划建设、航运交通等造成严重危害，其破坏和影响是多方面的。其中主要危害表现为：

1）滨海城镇海水侵袭

世界上有许多沿海城镇，如日本的东京市、大阪市和新玛市，美国的长滩市，中国的上海市、天津市、台北市等，由于地面沉降致使部分地区地面标高降低，甚至低于海平面。这些城镇经常遭受海水的侵袭，严重危害当地的生产和生活。为了防止海潮的威胁，不得不投入巨资加高地面、修筑防洪墙、护岸堤。

如中国上海市的黄浦江和苏州河沿岸，由于地面下沉，海水经常倒灌，影响沿江交通，威胁码头仓库。1956 年修筑防洪墙，1959～1970 年间加高 5 次，投资超过 4 亿元，每年维修费也达 20 万元。为了排除积水，不得不改建下水道和建立排水泵站。

1985 年 8 月 2 日和 19 日，天津市沿海海水潮位达 5.5m，海堤多处决口，新港、大沽一带被海水淹没，直接经济损失达 12 亿元。1992 年 9 月 1 日，特大风暴再次袭击天津，潮位达 5.93m，有近 100km 海堤浸水，40 余处溃决，直接经济损失达 3 亿元。虽然风暴潮是气象方面的因素而引起的，但因地面沉降损失近 3m 的地面标高是海水倒灌的重要原因。

地面沉降也使内陆平原城镇或地区遭受洪水灾害的频次增多、危害程度加重。可以说，低洼地区洪涝灾害是地面沉降的主要致灾特征（图 5-41）。无可否认，江汉盆地沉降、洞庭湖盆地沉降（现代构造沉降速率为 10mm/ 年）和辽河盆地沉降加重了 1998 年中国的大洪灾。

图 5-41　河北平原地面沉降区洪涝灾害

表 5-12　地面沉降模式分类

地面沉降模式		分布情况	特征描述
现代冲积平原模式		主要发育在河流中下游地区现代地壳沉降带中。我国东部许多河流冲积平原，如黄河与长扛中下游、淮海平原和松嫩平原等地的地面沉降受此种地质环境控制。	一般来说，这些沉积物为多层交错的叠置结构，平面分布呈条带状或树枝状，侧向连续性较差，不同层序的细粒土层相互衔接包围在砂体的上下及两侧。
三角洲平原模式		分布在河流冲积平原与滨海大陆架的过渡带，即现代冲积三角洲平原地区。我国长江三角洲就属于这种类型。常州、无锡、苏州、嘉兴等地的地面沉降均发生在这种地质环境中。	河口地带接受陆相和海相两种沉积物沉积，其沉积结构具有陆源碎屑物（以含有机黏土的中细砂为主）和海相黏土交错叠置的特征。
断陷盆地模式	近海式	地位于滨海地区，如我国宁波等	常受到近期海浸的影响，其沉积结构具有海陆交互相地层特征。
	内陆式	地位于内陆近代断陷盆地中，如西安、大同的地面沉降。	沉积物源于盆地周围陆相沉积物。

2）港口设施失效

地面下沉使码头失去效用，港口货物装卸能力下降。美国的长滩市，因地面沉降而使港口码头报废。我国上海市海轮停靠的码头，原标高5.2m，至1964年已降至3.0m，高潮时江水涌上地面，货物装卸被迫停顿。

3）桥墩下沉，影响航运

桥墩随地面沉降而下沉，使桥下净空减小，导致水上交通受阻（图5-42）。上海市的苏州河，原先每天可通过大小船只2000条，航运量达（100～120）×10^4t，由于地面沉降，桥下净空减小，大船无法通航，中小船只通航航也受到影响。

4）地基不均匀下沉，建设工程发生破坏

地面沉降往往使地面和地下建设工程遭受巨大的破坏，如建筑物墙体开裂或倒塌、高楼脱空、深井井管上升、井台破坏、桥墩不均匀下沉、自来水管开裂漏水等（图5-43、图5-44）。

如美国内华达州的拉斯韦加斯市，因地面沉降加剧，建筑物损坏数量剧增；我国江阴市河塘镇地面塌陷，出现高达150m以上的沉降带，造成房屋墙壁开裂、楼板松动、横梁倾斜、地面凹凸不平，约5800m^2的建筑物成为危房，一座幼儿园和部分居民被迫搬迁。地面沉降强烈的地区，伴生的水平位移有时也很大，如美国民滩市地面垂直沉降伴生的水平位

图5-42 地面沉降使桥下净空减少

图5-43 太原市地面沉降导致房屋受损

图5-44 地面不均匀沉降错断供水管道

移最大达到3m，不均匀水平位移所造成的巨大剪切力，使路面变形、铁轨扭曲、桥墩移动、墙壁错断倒塌、高楼支柱弯扭断裂、油井及其他管道破坏。

5）地面水准点失效，地面高程资料失效

地面水准点对城镇建设、管理及防洪防潮调度起着重要的作用。由于地面沉降导致水准点失稳失效，使城市规划、工程建设项目失去依据，需要重新校核。水文站、验潮站的水位、潮位标高失真，影响防洪防潮决策。

5.5.3 地面沉降的成因

由于地面沉降的影响巨大，因此早就引起了各国政府和研究人员的密切注意。地面沉降成因主要

包括开发利用地下流体资源（地下水、石油、天然气等）、开采固体矿产、岩溶塌陷、软土地区与工程建设有关的固结沉降等，此外还包括新构造运动、冻土融化等因素。地面沉降的产生需要一定的地质、水文地质条件和土层内的应力转变（由水所承担的那部分应力不断转移到土颗粒上）条件。从地质、水文地质条件来看，疏松的多层含水体系；其中承压含水层的水量丰富，适于长期开采；开采层的影响范围内，特别是它的顶、底板，有厚层的正常固结甚或欠固结的可压缩性粘性土层等，对于地面沉降的产生是特别有利。从土层内的应力转变条件来看，承压水位大幅度波动式的趋势性降低，则是造成范围不断扩大的、累进性应力转变的必要前提。

从地质条件，尤其是水文地质条件来看，疏松的多层含水层体系、水量丰富的承压含水层、开采层影响范围内正常固结或欠固结的可压缩性厚层粘性土层等的存在，都有助于地面沉降的形成。从土层内的应力转变条件来看，承压水位大幅度波动式的持续降低是造成范围不断扩大累进性应力转变的必要前提。

（1）厚层松散细粒土层的存在

地面沉降主要是抽采地下流体引起土层压缩而引起的，厚层松散细粒土层的存在则构成了地面沉降的物质基础。在广大的平原、山前倾斜平原、山间河谷盆地、滨海地区及河口三角洲等地区分布有很厚的第四系和上第三系松散或未固结的沉积物，因此，地面沉降多发生于这些地区。如在滨海三角洲平原，第四纪地层中含有比较厚的淤泥质粘土，呈软塑状态或流动状态。这些淤泥质粘性土的含水量可高达60%以上，孔隙比大、强度低、压缩性强，易于发生塑性流变。当大量抽取地下水时，含水层中地下水压力降低，淤泥质粘土隔水层孔隙中的弱结合水压力差加大，使孔隙水流入含水层有效压力加大，结果发生粘性土层的压缩变形。

易于发生地面沉降的地质结构为砂层、粘土层的松散土层结构。随着抽取地下水，承压水位降低，含水层本身及其上、下相对隔水层中孔隙水压力减小，地层压缩导致地面发生沉降。

（2）长期过量开采地下流体

未抽取地下水时，粘性土隔水层或弱隔水层中的水压力与含水层中的水压力处于平衡状态。抽水过程中，由于含水层的水头降低，上、下隔水层中的孔隙水压力较高，因而向含水层排出部分孔隙水，结果使上、下隔水层的水压力降低。在上覆土体压力不变的情况下，粘土层的有效应力加大，地层受到压缩，孔隙体积减小。这就是粘土层的压缩过程。

由于抽取地下水，在井孔周围形成水位下降漏斗，承压含水层的水压力下降，即支撑上覆岩层的孔隙水压力减小，这部分压力转移到含水层的颗粒上。因此，含水层因有效应力加大而受压缩，孔隙体积减小，排出部分孔隙水。这就是含水层压缩的机理。

地面沉降与地下水开采量和动态变化有着密切联系，表现在以下几个方面：

1）地面沉降中心与地下水开采漏斗中心区呈明显一致性。

2）地面沉降区与地下水集中开采区域大体相吻合。

3）地面沉降量等值线展布方向与地下水开采漏斗等值线展布方向基本一致，地面沉降的速率与地下液体的开采量和开采速率有良好的对应关系。

4）地面沉降量及各单层的压密量与承压水位的变化密切相关。

许多地区已经通过人工回灌或限制地下水的开采来恢复和抬高地下水位的办法，控制了地面沉降的发展，有些地区还使地面有所回升。这就更进一步证实了地面沉降与开采地下液体引起水位或液体沉降之间的成因联系。

（3）新构造运动的影响

平原、河谷盆地等低洼地貌单元多是新构造运动的下降区，因此，由新构造运动引起的区域性下沉对地面沉降的持续发展也具有一定的影响。

西安地面沉降区位于西安断陷区的东缘，由于长期下沉，新生界累计厚度已经超过3000m。1970～1987年，渭河盆地大地水准测量表明，西安的断陷活动仍在继续，在北部边界渭河断裂及东有部边界临渝—长安断裂测得的平均活动速率分别为3.37mm/年和3.98mm/年，构造下沉约占同期各沉降中合部位沉降速率的3.1%～7%左右。

（4）城镇建设对地面沉降的影响

相对于抽采地下流体和构造运动引起的地面下沉，城镇建设造成的地面沉降是局部的，有时也是不可逆转的。

城镇建设按施工对地基的影响方式可分为：以水平方向为主和以垂直方向为主的两种类型。前者以重大市政工程为代表，如地铁、隧道、给排水工程、道路改扩建等，利用开挖或盾构掘进，并铺设各种市政管线。后者以高层建筑基础工程为代表，如基坑开挖、降排水、沉桩等。沉降效应较为明显的工程措施有开挖、降排水、盾构掘进、沉桩等。

5.5.4 我国的地面沉降分布

20世纪20年代初，中国最早在上海和天津市区发现地面沉降灾害，至20世纪60年代两地地面沉降灾害已十分严重。20世纪70年代，长江三角洲主要城市及平原区、天津市平原区、华北平原东部地区相继产生地面沉降；80年代以来，中小城市和农村地区地下水开采利用量大幅度增加，地面沉降范围也由此从城市向农村扩展，在区域上连片发展，致使地面沉降地区伴生的地裂缝加剧了地面沉降灾害。

地面沉降灾害在全球各地均有发生。由于工农业生产的发展、人口的剧增以及城镇规模的扩大，大量抽取地下水引起了强烈的地面沉降，特别是在大型沉积盆地和沿海平原地区，地面沉降灾害更加严重。石油、天然气的开采也可造成大规模的地面沉降灾害。

目前，中国在19个省份中超过50个城市发生了不同程度的地面沉降，累计沉降量超过200mm的总面积超过7.9万km²。地面沉降的重灾区主要是长江三角洲地区、华北平原和汾渭盆地这三个区域。

中国地质调查局公布的《华北平原地面沉降调查与监测综合研究》及《中国地下水资源与环境调查》显示：华北平原不同区域的沉降中心有连成一片的趋势；长江区最近30多年累计沉降超过200mm的面积近1万km²，占区域总面积的1/3。其中，上海市、江苏省的苏州、无锡、常州三市开始出现地裂缝等地质灾害。

从成因上看，我国地面沉降绝人多数是因地下水超量开采所致。从沉降面积和沉降中心最大累积降深来看，以天津、上海、苏州、无锡、常州、沧州、西安、阜阳、太原等城镇较为严重，最大累积沉降量均在1m以上；如按最大沉降速率来衡量，天津（最大沉降速率80mm/年）、安徽阜阳（年沉降速率60～110mm/年）和山西太原（114mm/年）等地的发展趋势最为严峻。我国地面沉降的地域分布具有明显的地带性，主要位于厚层松散堆积物分布地区。

（1）大型河流三角洲及沿海平原区

主要是长江、黄河、海河及辽河下游平原和河口三角洲地区。这些地区的第四纪沉积层厚度大，固结程度差颗粒细，层次多压缩比强；地下水含水层多，补给径流条件差，开采时间长、强度大；城镇密集、人口多，工农业生产发达。这些地区的地面沉降首先从城镇地下水开采中心开始形成沉降漏斗，进而向外围扩展，形成以城镇为中合的大面积沉降区。

（2）小型河流不角洲区

主要分布在东南沿海地区第四纪沉积层厚度不大以海陆交互相的粘土和砂层为主，压缩性相对较小。地下水开采主要集中于局部的富水地段。地面沉降范围一般比较小，主要集中于地下水降落漏斗中心附近。

（3）山前冲洪积扇及倾斜平原区

主要分布在燕山和太行山山前倾斜平原区，以北京、保定、邯郸、郑州及安阳市等大、中城镇最为严重。该区第四纪沉积层以冲积、洪积形成的砂层为主；区内城镇人口众多、城镇密集工农业生产集中；地下水开采强度大，地下水位下降幅度大。地面沉降主要发生在地下水集中开采区，沉降范围由开采范围决定。

（4）山间盆地和河流谷地区

主要集中在陕西省的渭河盆地及山西省的汾河谷地以及一些小型山间盆地内，如西安、咸阳、太原、运城、临汾等城镇。第四纪沉积物沿河流两侧呈条状分布，以冲积砂土、粘性土为主，厚度变化大；地下水补给、径流条件好；构造运动表现为强烈的持续断陷或下陷。地面沉降范围主要发生在地下水降落漏斗区。

以下简要介绍几座地面沉降较严重城市的状况。

上海市：从1921年发现地面下沉开始，到1965年止，最大的累计沉降量已达2.63m，影响范围达400km^2。有关部门采取了综合治理措施后，市区地面沉降已基本上得到控制。从1966～1987年22年间。累计沉降量36.7mm，年平均沉降量为1.7mm。

天津市：从1959～1982年间最大累计沉降量为2.15m。1982年测得市区的平均沉降速率为94mm。目前，最大累计沉降量已达2.5m，沉降量100mm以上的范围已达900km^2。

北京市：自从20世纪70年代以来，北京的地下水位平均每年下降1～2m，最严重的地区水位下降可达3～5m。地下水位的持续下降导致了地面沉降。有的地区（如东北部）沉降量590mm。沉降总面积超过600km^2。而北京城区面积仅440km^2，所以，沉降范围已波及到郊区。

西安市：地面沉降发现于1959年，1971年后随着过量开采地下水而逐渐加剧。1972～1983年，最大累计沉降量777mm，年平均沉降量30～70mm的沉降中心有5处。1983年后，西安市地面沉降趋于稳定，部分地区还有减缓的趋势。到1988年最大累计沉降量已达1.34m，沉降量100mm的范围达200km^2。

太原市：经1979年、1980年、1982年三次在市区600km^{2}范围的测量，发现沉降量大于200mm的面积有254km^2，大于1000mm的沉降区面积达7.1km^2。最严重的是吴家堡，其次是小店。吴家堡水准点的累计沉降量：1980年是819mm，1982年是1232mm，到1987年累计沉降量达1380mm。

沧州市：地面沉降从20世纪70年代至今，沧州大约沉降了2.4m。地面沉降已成为沧州市的主要地质灾害之一其危害最为典型、最为严重。沧州地区内有多条重大交通干线，由于地面沉降也受到严重威胁。从沧州市地面沉降中心穿过的京沪铁路，由于地面沉降碎石路基一再加高，在地面沉降中心附近铁轨下的垫石比原垫石层加厚了500mm，不仅增加了维护成本而且影响铁路运行安全。

5.5.5 地面沉降的监测与预测

地面沉降的危害十分严重，且影响范围广大。尽管地面沉降往往不明显，不易引人注目，却会给城镇建设、生产和生活带来极大的损失。因而，在必须开采利用地下水的情况下，通过大地水准测量来监测地面沉降是非常重要的。

目前，我国地面沉降严重的城镇，几乎都已制订了控制地下水开采的管理法令，同时开展了对地面沉降的系统监测和科学研究。

（1）地面沉降的监测

地面沉降的监测项目主要有大地水准测量、地下水动态监测、地表及地下建筑物设施破坏现象的监测等。

监测的基本方法是设置分层标、基岩标、孔隙水压力标、水准点、水动态监测网、水文观测点、海平面预测点等，定期进行地下水开采量、地下水位、地下水压力、地下水水质监测及地下水回灌监测，同时开展建筑物和其他设施因地面沉降而破坏的定期监测等。根据地面沉降的活动条件和发展趋势，预测地面沉降速度、幅度、范围及可能产生的危害。

（2）地面沉降趋势的预测

虽然地面沉降可导致房屋墙壁开裂、楼房因地基下沉面脱空和地表积水等灾害，但其发生、发展过程比较缓慢，属于渐进性地质灾害，因此，对地面沉降灾害只能预测其发展趋势。目前地面沉降预测计算模型主要有两种：

1）土水模型

土水模型由水位顶测模型和土力学模型两部分构成，可利用相关法、解析法和数值法等地下水水位进行预测分析。土力学模型包括含水层弹降计算模型、粘性土层最终沉降量模型、太沙基固结模型、流变固结模型、比奥固结理论模型、弹塑性固结模型、回归计算模型及半理论半经验模型（如单位变形量法等）和最优化计算法等。

2）生命旋回模型

生命旋回模型主要从地面沉降的整个发展过程来考虑直接由沉降量与时间之间的相关关系构成，如泊松旋回模型、verhulst 生物模型和灰色预测模型等。晏同珍用动力学和数学方法预测了西安市及宁波市的地面沉降周期趋势，并绘制了动力曲线图，得出两城镇地面沉降周期分别为 25 年和 80 年的结论。根据沉降周期预测，认为西安市 1992 ～ 1996 年地面沉降达到峰值，此后将显著减缓，2050 年地面沉降威胁结束。宁波市地面沉降 1987 ～ 1989 年已达到峰值阶段，2050 年沉降将进入休止阶段。

5.5.6 地面沉降的预防措施

地面沉降与地下水过度开采紧密相关，只要地下水位以下存在可压缩地层就会因过量开采地下水而出现地面沉降，而地面沉降一旦出现则很难治理，因此地面沉降主要在于预防。

目前，国内外预防地面沉降的主要技术措施大同小异，主要包括建立健全地面沉降监测网络，加强地下水动态和地面沉降监测工作；开辟新的替代水源、推广节水技术；调整地下水开采布局，控制地下水开采量；对地下水开采层位进行人工回灌；实行地下水开采总量控制、计划开采和目标管理。

当前对地面沉降的控制和治理措施可分为两类：

（1）表面治理措施

对已产生地而沉降的地区，要根据灾害规模和严重程度采取地面整治及改善环境。其方法主要有：

1）在沿海低平面地带修筑或加高挡潮提、防洪堤，防止海水倒灌、淹没低洼地区。

2）改造低洼地形，人工填土加高地面。

3）改建城市周围给水、排水系统和输油线、输气管线，整修因沉降而被破坏的交通路线等线性工程，使之适应地面沉降后的情况。对地面可能沉陷地区预估对管线的危害，制定预防措施。

4）修改城市建设规划，调整城市功能分区及总体布局、规划中的重要建筑物要避开沉降地区。

（2）根本治理措施

从研究消除引起地面沉降的根本因素人手，谋求缓和直到控制或终止地面沉降的措施。主要方法有：

1）人工补给地下水（人工回灌）

选择适宜的地点和部位向被开采的含水层、含油层采取人工注水或压水，使含水（油、气）层小孔隙液压恢复或保持在初始平衡状态。把地表水的蓄积储存与地下水回灌结合起来，建立地面及地下联合调节水库，是合理利用水资源的一个有效途径。一方面利用地面蓄水体有效补给地下含水层，扩大人工补给来源；另一方面利用地层孔隙空间储存地表余水，形成地下水库以增加地下水储存资源。

2）限制地下水开采，调控开采层次，以地面水源代替地下水源。其具体措施有：

a. 以地面水源的工业自来水厂代替地下供水源；

b. 停止开采引起沉降量较大的含水层而改为利用深部可压缩性较小的含水或基岩裂隙水；

c. 根据预测方案限制地下水的开采量或停止开采地下水。

3）限制或停止开采固体矿物。对于地面塌陷区，应将塌陷洞穴用反滤层填上，并加松散覆盖层，关闭一些开采量大的厂矿，使地下水状态得到恢复。

例如上海市为合理开采使用地下水有效控制地面沉降，近年来坚持"严格控制、合理开采"的原则，加大对地下水开发、利用和管理的为度，取得了显著的成效。据市给水处的统计数据，1996 年至今全市近郊地区共压缩停用深井 185 口，使本市地下水开采量又恢复到 80 年代的水平；1999 年全市平均地面沉降量比 1998 车减少 1.94mm。为继续保持地下水开采量负

增长为良好势头，上海市政府做出决定，2000 年全市地下水净开采量要比上年同比递减 $300 \times 10^4 \, m^3$。

5.6 地面塌陷灾害及其防治对策

5.6.1 地面塌陷的概念与分类

（1）地面塌陷的定义

地面塌陷是指地表岩、土体在自然或人为因素作用下，向下陷落，并在地面形成塌陷坑的一种地质现象。当这种现象发生在有人类活动的地区时，便可能成为一种地质灾害（图 5-45）。

（2）地面塌陷的分类

1）由于其发育的地质条件和作用因素的不同，地面塌陷可分为以下几种类型。

a. 岩溶塌陷

由于可溶岩（以碳酸岩为主，其次有石膏、岩盐等）中存在的岩溶洞隙而产生的。在可溶岩上有松散土层覆盖的覆盖岩溶区，塌陷主要产生在土层中，称为"土层塌陷"，其发育数量最多、分布最广。当组成洞隙顶板的各类岩石较破碎时，也可发生顶板陷落的"基岩塌陷"。我国岩溶塌陷分布广泛，除天津、上海、甘肃、宁夏、以外的 26 个省（自治区）中都

图 5-45 地面塌陷现象

有发生，其中以广西、湖南、贵州、湖北、江西、广东、云南、四川、河北、辽宁等省（自治区）发育较为严重。

b. 非岩溶性塌陷

由于非岩溶洞穴产生的塌陷，如采空塌陷，黄土地区黄土陷穴引起的塌陷，玄武岩地区其通道顶板产生的塌陷等。后两者分布较局限。采空区塌陷指煤矿及金属矿山的地下采空区顶板易落塌陷，在我国分布较广泛，目前已见于除天津、上海、内蒙古、福建、海南、西藏以外的 24 个省区（包括台湾省），其中黑龙江、山西、安徽、江苏、山东等省发育较严重。

在上述两类塌陷中，岩溶塌陷分布最广、数量最多、发生频率高、诱发因素最多，且具有较强的隐蔽性和突发性特点，严重地威胁到人民群众的生命财产安全。

2）根据形成塌陷的主要原因分为自然塌陷和人为塌陷两大类。

自然塌陷是地表岩、土体由于自然因素（如地震、降雨、自重等）向下陷落而成。人为塌陷是由于人类经济活动造成的地面塌陷。

3）按照地面塌陷所形成的单个塌陷坑洞规模分类。

地面塌陷所形成的单个塌陷坑洞的规模不大，直径一般为数米至数十米，个别巨大者达百米左右。一般分为 4 个等级。

a. 小型塌陷：塌陷坑洞 1～3 处，合计影响面积小于 1km²。如黄土塌陷规模都比较小。

b. 中型塌陷：塌陷坑洞 4～10 处，合计影响面积 1～5km²。

c. 大型塌陷：塌陷坑洞 11～20 处，合计影响面积 5～10km²。

d. 特大型塌陷：塌陷坑洞超过 20 处，合计影响面积超过 10km²。

一般情况下，采空塌陷形成的塌坑较大。

5.6.2 地面塌陷的危害

地面塌陷每年都给我国工农业生产、城市建设及人民生命财产等方面造成严重危害。地面塌陷危害主要表现在突然毁坏城镇设施、建筑工程、农田，干扰破坏交通线路，造成人员伤亡。从现有资料看，地面塌陷中采空塌陷的危害最大，造成的损失最重，岩溶塌陷次之，黄土湿陷相对小也较集中。

（1）造成人员伤亡

塌陷发生突然，并且塌陷发生前往往前兆现象不明显，当有人员正在塌陷区范围内，就可能落入塌坑中，造成伤亡。如 2007 年 3 月 15 日上午 10 时 40 分，辽宁省葫芦岛市南票区暖池塘镇沙金沟村鸡冠山北坡脚，突然发生地面塌陷，6 个正在拾煤渣的人突然沉到地下，当地政府立即组织全力抢救，但一直未发现这 6 人的踪影。

（2）造成房屋倒塌和破坏

在房屋建筑密集区，如发生地面塌陷，会造成房屋大面积破坏，安徽省淮南市的大通镇、九龙岗镇和淮北市的烈山镇等地，因地面塌陷，原来的城镇因受到破坏而不能正常使用，不得不搬迁重建。如 1996 年初，广西桂林市中心体育场的岩溶塌陷造成了数百万元的经济损失；1997 年底，桂林市郊柘木村因疏通漓江河道，炸礁爆破的振动作用诱发了岩溶塌陷，在数日内出现的塌陷坑近 40 个，全村 116 户居民中的 86 户房屋遭受不同程度的损坏，其中倒塌 1 户，严重危房须拆除重建的 5 户，直接经济损失 200 多万元。

（3）破坏土地

地面塌陷造成的土地破坏现象是非常惊人的，尤其是采矿引起的采空塌陷在全国各地频频发生，造成大量的地表土地破坏已成为我国主要的人为地质灾害之一。经有关部门测算，我国平均采 1 万吨煤就会产生 2000m² 的地面塌陷，据此推算，全国每年仅因采煤就会出现地面塌陷 70km²，直接经济损失约 3.17 亿元。如黑龙江鹤岗煤矿开采 70 多年，已造成地面塌陷 42km²，塌陷区需搬迁房屋总建筑面积 140 万 m²。

（4）危害工业生产

地面塌陷会造成厂房及设施的破坏，使已有的建筑格局严重走样，并使得工程建设场地等级、地基等级复杂程度提高，地基处理费用大大增加。在地下矿产开采中，许多矿区产生了岩溶塌陷，从而造成建筑物开裂倒塌、道路中断，甚至矿井报废。如广东省凡口铅锌矿位于岩溶区，由于盲目疏干地下水，1970 年以来出现塌陷坑 1923 个，把矿区地面破坏得千疮百孔，造成 0.68 万 m² 房屋搬迁，0.67km² 农田受损，4km 铁路和 1.4km 公路遭破坏。在黄土湿陷区的兰州钢厂第一炼钢车间，因生产用水管理不当，造成黄土自重湿陷，建筑物相对沉降达 0.74m，导致建筑物报废。

（5）危害公路、铁路、水利设施和地下管线

地面沉陷也是岩溶地区公路、铁路水利设施和地下管线的主要地质灾害之一。在我国的主要铁路干线中，京广线、贵昆线、浙赣线、津蒲线、沈大线、渝达线等都有较严重的地面塌陷灾害。地面塌陷造成车站建筑物毁坏、路基下沉、路轨悬空、桥涵开裂倒塌，甚至造成火车出轨。如贵昆线曾发生 3 次重大地面塌陷灾害，造成 2 列货车颠覆，中断行车 71 小时，投入治理经费 1700 万元。在华南和西南的岩溶地区，地面塌陷灾害也十分严重，如桂梧高速公路的临桂县会仙镇马面村以南约 2km 处发现有 85 个塌陷溶洞，分布在 2km 长的新辟路基上，直径在 1 ~ 10m 多，深度在 1.3m 多。在甘肃东部地区靖会引黄干渠白草塬和山长塬引水渠道上，黄土湿陷每年至少形成 2 ~ 3 处塌陷，40km 长的总干渠中有 16.6km 渠水渗漏后产生沉陷，支渠有 14.3km 也经常产生沉陷；白草塬 2 号渠 1980 年建成后，渠底渗漏沉陷，将一座小山体从中劈开，移动土方达 2 万 m³，造成渠道报废。

（6）污染地下水

地面塌陷发生后，地表污水可沿塌陷坑渗水通道进入地下水系，污染地下水。如在贵州省六盘水地区，曾因大量抽取地下水造成地面塌陷，工业和城市污水由塌陷区进入地下水系统，引起地下水污染和生态环境恶化。

5.6.3 地面塌陷的成因

人类活动对地面塌陷的形成、发展产生了重要的作用。不合理的或强度过大的人类活动都有可能诱发或导致地面塌陷（图 5-46）。现将对地面塌陷有重要影响的几种主要人类活动及其作用简述如下：

（1）矿山地下采空

地下采矿活动造成一定范围的采空区，使上方岩、土体失去支撑，从而导致地面塌陷。这种人为活动是采矿区地面塌陷的主要原因。我国已有许多矿区发生了这类地面塌陷，并产生了相当程度的危害。如山西省内八个主要矿务局所属煤矿区的地面塌陷已影响到数百个村庄、数万亩田和十几万人正常生产和生活。

（2）地下工程中的排水疏干与突水（突泥）作用

矿坑、隧道、人防及其他地下工程，由于排疏地下水或突水（突泥）作用，使地下水位快速降低，其上方的地表岩、土体平衡失调，在有地下空洞存在时，便产生塌陷。这类人为活动对岩溶地面塌陷所起的作用极大，由此所生产的岩溶地面塌陷的规模和强度最大，危害最重。我国许多矿区、铁路隧道中岩溶地面塌陷均由这类活动所致。

（3）过量抽采地下水

对地下水的过量抽采，使地下水位降低，潜蚀作用加剧，岩、土体平衡失调，在有地下洞隙存在时，也可产生地面塌陷。这种地面塌陷也多见于岩溶地区的塌陷中，并多发生在城镇地区。

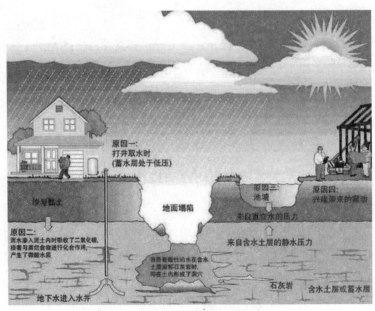

图 5-48　地面塌陷成因示意图

（4）人工蓄水

这不仅在一定范围内使水体荷载增加，而且使地下水位上升、地下水的潜蚀、冲刷作用加强，从而引起地面塌陷。如广西南丹八圩水库引起的地面塌陷使库水全部漏失。

（5）人工加载

在有隐伏洞穴发育部位上方的人工加载，也会导致地面塌陷的产生。如武汉中南轧钢厂料场的地面塌陷即由人工堆放荷载所致。

（6）人工振动

爆破及车辆的振动作用也可使隐伏洞穴发育地区产生地面塌陷。如广西贵县吴良村因爆破产生的地面塌陷迫使全村迁移。

（7）地表渗水

输水管路渗漏或场地排水不畅造成地表水下渗或化学污水下渗，也能引导起地面塌陷，如广西桂林第二造纸厂的地面塌陷即由该厂排放化学污水下渗所致。

5.6.4　地面塌陷的分布

在我国的各类地面塌陷中，以岩溶塌陷的分布最广。其分布范围北面到黑龙江省，南面到海南省，西面从青海湖畔，东面到东海之滨，以华南、西南、华北地区分布最为广泛。

据不完全统计，全国已有 23 个省（自治区、直辖市）发生岩溶塌陷 1400 多例，塌坑总数超过 40000 个。其中以广西、广东、贵州、湖南、江西、四川、云南、湖北、河北、山东等省（区）较为多发，尤以广西岩溶区地面塌陷最为突出。

岩溶塌陷灾害较为严重的城市有：辽宁的大连、河北的秦皇岛、唐山，山东的济南、泰安、淄博、枣庄，湖北的武汉、黄石、咸宁，湖南的怀化、娄底、黔城、湘潭、郴州，江苏的南京，浙江的杭州，江西的九江、宜春、上高，云南的昆明，贵州的贵阳、水城、安顺、遵义、六盘水、清镇，广西的桂林、柳州、玉林，广东的广州、肇庆等数十个城市。其中破坏强烈、影响较大的有：大连、秦皇岛、泰安、武汉、桂林、水城、昆明等。

如中国水钢集团所在地—贵州的水城（属六盘水市），由于水钢集团水源地的 16 口供水井大量开采地下水，在约 $5km^2$ 的范围内，产生塌陷坑 1023 个，导致 89 座房屋开裂或倒塌，道路坍裂，约 $28hm^2$ 农田被毁坏，电杆倒塌，一度引起全城停电，直接赔偿和经济损失达 260 余万元，局部地段因污水灌入造成地下水水质污染和生态环境恶化。再如，云南省昆明市中心的翠湖公园，曾经碧波荡漾、建筑优美协调，为春城昆明的最佳风景点之一。由于过度开采地下水，在 3km² 的范围内，形成了 117 个塌陷坑、地裂缝数百条，使历史悠久的风景点——翠湖湖水干涸、亭台倒塌、建筑物开裂、桥梁破坏、花草枯夕，造成损失超过千万元。据不完全统计，全国岩溶地面塌陷每年造成的经济损失达数亿至 10 余亿元。

5.6.5 地面塌陷监测

地面塌陷的监测应包括对地面、建筑物、水点（井孔、泉点、矿井突水点、水库渗漏点等），地下洞穴分布及其发展状况和岩、土体特征的长期观测及对塌陷前兆现象的监测。

长期、连续地监测地面、建筑物的变形和水点中水量、水态的变化，地下洞穴分布及其发展状况等，对于掌握地面塌陷的形成发展规律，提早预防、治理是非常必要的。对地面和建筑物的变形监测，通常设置一定的点位，用水准仪、百分表及地震仪等进行测量。地下岩、土体特征的变化可采用伸缩性钻孔桩（分层桩）、钻孔深部应变仪等进行监测。水点变化的观测常用测量水量、水位的仪器进行。地下洞穴分布及其发展状况可借助物探或钻探方法查明。

塌陷前兆现象是塌陷的序幕，离塌陷时间近而且短促。因此，及时发现这些现象，作出预警报，对减轻灾害损失有重要意义。这些现象一般比较直观，只要仔细、认真，通过肉眼便容易发现。塌陷前兆现象的监测内容包括：

（1）井、泉的异常变化：如井、泉的突然干枯或浑浊翻砂，水位骤然降落等。

（2）地面形变：地面产生地鼓，小型垮塌，地面出现环型开裂，地面出现沉降。

（3）建筑物作响、倾斜、开裂。

（4）地面积水引起地面冒气泡、水泡、旋流等。

（5）植物变态、动物惊恐，微微可闻地下土层的垮落声。

5.6.6 地面塌陷的防治措施

虽然地面塌陷具有随机、突发的特点，有些防不胜防，但它的发生是有其内在和外部原因的。我们完全可以针对塌陷的原因，事前采取一些必要的措施，以避免或减少灾害的损失。

（1）对塌陷坑一般进行回填处理，回填方法有：

1）对影响建筑设施或大量充水的塌陷坑，应根据具体情况进行相应处理，一般是清理至基岩，封住溶洞口，再填土石。

2）对不易积水地段的塌陷坑，当没有基岩出露时，采用粘土回填夯实，高出地面 0.3 ~ 0.5m，当有基岩出露并见溶洞口时，可先用大块石堵塞洞口，再用粘土压实。

3）对河床地段的塌陷坑，若数量少，亦可采用上述方法进行回填，若数量多时，应根据具体情况考虑对河流采取局部改道的方法处理。

（2）城镇建设中避免岩溶塌陷灾害的措施

在工程选址时，首先对工程选址地区调查了解已有岩溶塌陷的发育情况，并初步判断其稳定性。针对不同情况采取如下对策：

1）对已有岩溶塌陷发育且其稳定性差尚有活动迹象的地段，坚决避让。

2）对已有岩溶塌陷数量较少且其稳定性较好已不再活动的地段，原则上应使主要建筑物避开塌陷地段，尤其是要充分考虑今后环境条件改变对塌陷稳定性的影响。

3）建筑物应尽量避开有利于岩溶塌陷发育的地段，特别是存在人为因素影响的情况下，尤其需要慎重对待，必要时应进行勘查。

4）工程设计和施工中要注意消除或减轻人为因素的影响，如设置完善的排水系统等。

（3）在塌陷区建筑时应注意的问题

1）建筑场地应选择在地势较高的地段。

2）建筑场地应选择在地下水最高水位低于基岩面的地段。

3）建筑场地应与抽、排水点有一定距离，建筑物应设置在降落漏斗半径之外。如在降落漏斗半径范围内布置建筑物时，需控制地下水的降深值，使动水位不低于上覆土层底部或稳定在基岩面以下，即不使其在土层底部上下波动。

4）建筑物一般应避开抽水点地下水主要补给的方向，但当地下水呈脉状流（如可溶岩分布呈狭长条带状）时，下游亦可能产生塌陷。

6 城镇火灾与安全防灾

6.1 城镇火灾概述

火的使用是人类最伟大的发明之一，是人类赖以生存和发展的一种自然力。可以说，没有火的使用，就没有人类的进化和发展，也就没有今天的物质文明和精神文明。不过，火在给人类带来文明和进步的同时，也给人类带来了巨大的灾难。由于使用的不慎和雷击等其他原因，火在失控情况下，就会给人类造成灾难。

城镇火灾的发生频率很高，是城镇安全的一大隐患，因此城镇消防自古即为城镇防灾的重点，人类使用火的历史与同火灾作斗争的历史是相伴相生的。在长时间与火灾的斗争中，人类也不断总结火灾发生的规律并积累了丰富的防火经验。例如我国的防火自周王城开始就已采取了很多措施，古代城市建设就愈加明确地用宽阔的道路和围墙划分城市防火单元；利用自然河道，组织城中通达的水系用于生活与防火；有明确的功能分区，将手工业区、市场区等易火区与宫室区、居住区分开，采用方格网的空间布局，利于扑救与疏散，防止延烧；建设园林、开辟广场用于隔断火灾和疏散避难。

但是，现代城镇火灾有着许多与以前不同的特点，如化学危险品火灾事故多，高层建筑、大型建筑火灾扑救难度大，火灾经济损失持续上升等，现代城镇火灾的特点也促使城镇消防工作更应采取积极的措施予以应对。

6.1.1 火灾概念及分类

火灾是指在时间或空间上失去控制，在其发展蔓延的过程中给人类生命和财产造成损失的一种灾害性的燃烧现象。它可以是自然灾害，也可以是人为灾害。在各种灾害中，火灾是最经常、最普遍地威胁公众安全和社会发展的主要灾害之一。城镇火灾多为人为火灾，往往伴随着爆炸。

根据可燃物的类型和燃烧特性，《火灾分类》(GB/T 4968—2008) 将火灾分为 A 类、B 类、C 类、D 类、E 类、F 类六类。

（1）A 类火灾

指固体物质火灾。这种物质通常具有有机物质性质，一般在燃烧时能产生灼热的余烬。如木材、煤、棉、毛、麻、纸张等火灾。

（2）B 类火灾

指液体或可熔化的固体物质火灾。如煤油、柴油、原油、甲醇、乙醇、沥青、石蜡等火灾。

（3）C 类火灾

指气体火灾。如煤气、天然气、甲烷、乙烷、丙烷、氢气等火灾。

（4）D类火灾

指金属火灾。如钾、钠、镁、铝镁合金等火灾。

（5）E类火灾

带电火灾。物体带电燃烧的火灾。

（6）F类火灾

烹饪器具内的烹饪物（如动植物油脂）火灾。

根据火灾损失严重程度，《生产安全事故报告和调查处理条例》把火灾划分为特别重大火灾，重大火灾、较大火灾和一般火灾四个等级。

（1）特别重大火灾

指造成30人以上死亡，或者100人以上重伤，或者1亿元以上直接财产损失的火灾。

（2）重大火灾

指造成10人以上30人以下死亡，或者50人以上100人以下重伤，或者5000万元以上1亿元以下直接财产损失的火灾。

（3）较大火灾

指造成3人以上10人以下死亡，或者10人以上50人以下重伤，或者1000万元以上5000万元以下直接财产损失的火灾。

（4）一般火灾

指造成3人以下死亡，或者10人以下重伤，或者1000万元以下直接财产损失的火灾。

6.1.2 我国的火灾形势

随着工业化进程的加快，火灾事故频频发生。20世纪70年代，出现了"燃烧的美国"，随后又出现了"燃烧的俄罗斯"等称号。表6-1和表6-2所示为21世纪初（2001～2008年）世界各国年平均火灾起数和死亡人数的统计情况。

目前，我国由于城镇化的加速，经济的快速发展，工业化的提速，火灾事故也进入了高发时期。据公安部消防局统计，仅2013年，全国共统计火灾38.9万起，死亡2113人，受伤1637人，直接财产损失48.5亿元（表6-3）。

表6-1　21世纪初世界各国年平均火灾起数

序号	火灾起数 / 年	国家 / 个	国家
1	150万～160万	1	美国
2	10万～60万	11	美国、法国、阿根廷、俄罗斯、波兰、中国、印度、巴西、意大利、墨西哥、澳大利亚
3	2万～10万	25	日本、印度尼西亚、土耳其、加拿大、南非、马来西亚、荷兰、乌克兰、西班牙、伊朗等
4	1万～2万	20	泰国、阿尔及利亚、乌兹别克斯坦、罗马尼亚、哈萨克斯坦、古巴、捷克、比利时、塞尔维亚、丹麦、芬兰等
5	0.5万～1万	15	伊拉克、斯里兰卡、叙利亚、突尼斯、斯洛伐克、格鲁吉亚、新加坡、克罗地亚等
	总计	72	-

表6-2　21世纪初世界各国年均火灾死亡人数

序号	年均死亡人数 / 人	国家 / 个	国家
1	＞2万	1	印度
2	1万～2万	1	俄罗斯
3	1000～1万	6	美国、中国、白俄罗斯、乌克兰、南非、日本
4	200～1000	20	英国、德国、印度尼西亚、巴西、墨西哥、土耳其、伊朗、阿根廷、韩国、西班牙、波兰、加拿大、乌兹别克斯坦、罗马尼亚、哈萨克斯坦、立陶宛、拉脱维亚、菲律宾等
5	100～200	13	朝鲜、澳大利亚、斯里兰卡、捷克、匈牙利、瑞典、保加利亚、摩尔多瓦等
	总计	41	-

表 6-3 2013 年全国各地区火灾综合情况

地区	火灾概况					
	起数	死人	伤人	损失		
				直接损失（万元）	烧毁建筑（m²）	受灾户数
合 计	388821	2113	1637	484670.2	25889251	131050
北 京	4119	53	18	5265.9	85845	229
天 津	4195	43	39	5048.0	112466	1392
河 北	12571	85	49	22260.0	1488057	3540
山 西	8153	24	43	16216.4	809417	1155
内蒙古	11749	40	16	12634.7	1453105	1403
辽 宁	31655	94	50	21207.2	742771	2930
吉 林	12370	138	85	24354.5	405806	1320
黑龙江	15395	45	54	14342.7	7042857	4498
上 海	9031	73	79	12417.4	122753	1475
江 苏	30469	165	167	28583.5	612355	47492
浙 江	46141	163	136	56715.5	1428309	12740
安 徽	11671	61	56	16320.2	788171	1559
福 建	11972	95	68	16526.3	420844	3596
江 西	7207	61	22	19684.1	361639	1803
山 东	32353	75	54	27367.1	1263901	2645
河 南	13562	72	61	14850.2	1230950	4502
湖 北	11263	66	99	8020.8	258025	2124
湖 南	15611	80	59	28302.3	711557	3062
广 东	21118	202	143	39525.8	686875	4133
广 西	3710	83	45	10964.5	543755	1707
海 南	1285	13	21	2520.6	676153	116
重 庆	6049	52	47	5644.0	173650	2219
四 川	19765	51	62	11746.0	290492	3237
贵 州	2900	66	41	11178.0	196452	2534
云 南	8502	85	33	15059.4	550840	8253
西 藏	112	4		817.3	15890	156
陕 西	11871	51	23	16223.0	806786	858
甘 肃	6455	22	35	7654.1	1034650	4408
青 海	1511	10	6	2385.4	286610	432
宁 夏	4161	9		2149.6	118217	510
新 疆	11895	32	26	8685.7	1170057	5022

根据中国统计年鉴资料，见表6-4给出了2005～2012年近10年时间我国的火灾发生起数统计，同时图6-1和图6-2分别给出了2008～2012年历年因火灾造成的人员死亡人数和经济损失的分布。

可以看出，我国的火灾形势比较严峻，因火灾死亡人数虽有逐年递减的趋势，但火灾直接经济损失仍在高位运转，是城镇化安全防灾建设中需要高度重视的问题。

表6-4　2005～2012年我国火灾发生起数统计

指　标	2012年	2011年	2010年	2009年	2008年	2007年	2006年	2005年
火灾发生数（起）	152157	125417	132497	129381	136835	163521	222702	235941
特大火灾发生数（起）				1	2	1	20	33
重大火灾发生数（起）	2	7	4	4	4	8	181	250
较大火灾发生数（起）	60	80	77	59	77	66		
一般火灾发生数（起）	152095	125330	132416	129317	136752	163446	222501	235658

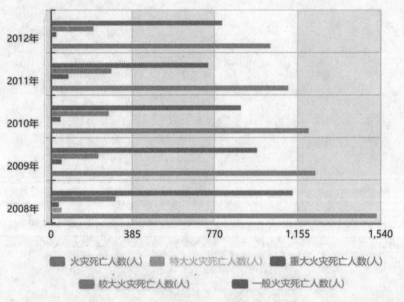

图6-1　2008～2012年我国火灾死亡人数统计

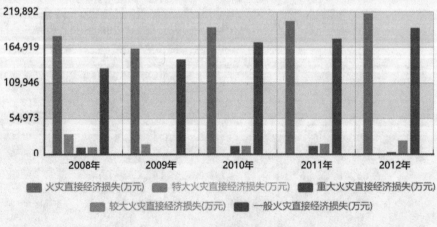

图6-2　2008～2012年我国火灾经济损失统计

另外，城市公共消防设施建设发展不平衡，严重滞后于城市经济建设。建国初期，有些易燃易爆的工厂、仓库布置在城市边缘，随着城市建设的快速发展，城区范围逐步扩大，易燃易爆的工厂、仓库与居民区、公共建筑相互包容，不安全因素逐渐增多，甚至成为重大火险隐患。

以下列举了一些我国近些年的典型城镇火灾案例：

2003年11月3日凌晨4时40分，湖南省衡阳市珠晖区的永兴综合楼发生大火，至凌晨5时过火面积就蔓延至整座大楼（图6-3）。在救火过程中，这栋8层楼的建筑于当日上午8时37分左右突然坍塌，多名正在救火的消防员被活埋。截至4日上午，共造成7名消防官兵殉职，仍有13名消防官兵被埋在废墟中。还有4名正在现场采访的记者身受重伤。

2009年2月9日，北京市中央电视台新址园区在建附属文化中心发生特大火灾（图6-4），造成1名消防员牺牲，6名消防员受伤，工程主体建筑的外墙装饰、保温材料及楼内的部分装饰和设备不同程度过火，直接经济损失总计16383万元（其中直接财产损失15072.2万元）。北京市公安消防总队先后调集85辆消防车、595名官兵到场扑救，共疏散人员800

余人。

2010年11月5日，吉林省吉林市船营区商业大厦因一层二区斯舒郎精品店仓库电气线路短路引发火灾，造成19人死亡、24人受伤，过火面积15830m²，直接财产损失1560万元。

2010年11月1日，上海市静安区胶州路728号的公寓大楼因无证电焊工违章操作引发火灾，造成58人死亡、7人受伤。上海市公安消防总队先后调集122辆消防车、1300余名消防指战员赶赴现场扑救，共营救疏散居民160余人。

2011年4月25日，北京大兴区旧宫镇南小街振兴北路一出租房发生火灾，造成18人死亡、24人受伤，过火面积300m²，直接财产损失286.2万元。

2013年4月14日5时50分许，湖北省襄阳市樊城区前进路158号的一景城市花园酒店二层迅驰星空网络会所发生火灾，造成14人死亡、47人受伤，过火面积约510m²，直接财产损失186.9万元。

6.1.3 火灾的危害

火是一种能量的表现方式，它是可燃物资源能量释放，这种释放按其与人类的希望与追求的同异分为能量正流和能量逆流。所谓能量正流是指可燃物资

图6-3　衡阳大火救援人员在火灾现场进行抢救

图6-4　CCTV新址火灾现场

源，在可控设备（燃烧器）的条件下，所获取为人类服务的能量释放方向。如火力发电的燃煤燃烧等，均是有利的能量释放过程。能量逆流是指在失控条件下，由于人的不安全行为，如可燃物的不安全状态下可构成的可燃物资源的能量释放。这种逆流使火演变成危及人类生命财产安全的火灾。火灾可夺走成千上万人的生命和健康，造成数以亿计的经济损失。

从远古到现代，从蛮荒到文明，无论过去、现在和将来，人类的生存与发展都离不开同火灾作斗争。火对人类具有利与害的两重性，人类自从掌握了用火的技术以来，火在为人类服务的同时，却又屡屡危害成灾。火灾的危害十分严重，具体表现在以下几个方面：

（1）造成巨大的财产损失

凡是火灾都要毁坏财物。火灾，能烧掉人类经过辛勤劳动创造的物质财富，使城镇、乡村、工厂、仓库、建筑物和大量的生产、生活资料化为灰烬；火灾，可将成千上万个温馨的家园变成废墟；火灾，能吞噬掉茂密的森林和广袤的草原，使宝贵的自然资源化为乌有；火灾，能烧掉大量文物、古建筑等诸多的稀世瑰宝，使珍贵的历史文化遗产毁于一旦。另外，火灾所造成的间接损失往往比直接损失更为严重，这包括受灾单位自身的停工、停产、停业，以及相关单位生产、工作、运输、通讯的停滞和灾后的救济、抚恤、医疗、重建等工作带来的更大的投入与花费。至于森林火灾、文物古建筑火灾造成的不可挽回的损失，更是难以用经济价值计算。

随着经济的发展，社会财富日益增多，火灾给人类造成的财产损失也越来越巨大。建国初期，由于社会经济发展缓慢，火灾总量和损失降低，20世纪50年代我国平均每年发生火灾6万起，火灾直接损失平均每年约0.6亿元。随着工业化和城市化的发展，火灾直接经济损失也相应增加，20世纪60年代到80年代，年平均火灾损失从1.4亿元上升到3.2亿元。改革开放后，经济社会进入了快速发展阶段，社会财富和致灾因素大量增加，火灾损失也急剧上升。20世纪90年代火灾直接损失平均每年为10.6亿元；21世纪前5年间的年均火灾损失达15.5亿元，为20世纪80年代年均火灾损失的4.8倍，达到历史高峰。近年来，通过国务院、各级人民政府以及公安机关消防机构、有关部门和社会的共同努力，我国火灾大幅度上升的趋势得到遏制。火灾与社会经济发展"同步"这种现象，给人们敲响了警钟。它提醒人们，在集中精力搞经济建设的同时，千万不可忽视消防工作。

（2）残害人类生命

火灾不仅使人陷于困境，它还涂炭生灵，直接或间接地残害人类生命，造成难以消除的身心痛苦。如上述衡阳大火和CCTV新址火灾均有多人伤亡，再如2000年12月25日河南省洛阳市东都商厦发生火灾事故，造成309人死亡、7人受伤；2008年9月20日深圳市龙岗区舞王俱乐部发生火灾事故，造成44人死亡、64人受伤。据统计，1979年至2004年间，我国发生死亡30人以上的特别重大火灾35起，共造成2638人死亡。其中，20世纪90年代以后死亡30人以上的特别重大火灾占26起，死亡2078人；2000年至2004年，年平均发生火灾23.4万起，死亡2559人，受伤3531人。仅2008年1月至11月份，全国共发生火灾11.9万起，死亡1198人，受伤624人。这些群死群伤火灾事故的发生，给人民生命财产造成巨大损失。

（3）破坏生态平衡

火灾的危害不仅表现在毁坏财物、残害人类生命，而且还会严重破坏生态环境。如1987年5月6日黑龙江省大兴安岭地区火灾，烧毁大片森林，延烧4个储木厂和85万 m^3 木材以及铁路、邮电、工商等12个系统的大量物资、设备等，烧死193人，伤171人。这起火灾使我国宝贵的林业资源遭受严重的损失，对生态环境造成了难以估量的巨大影响。1998 年 7 月发生在印度尼西亚的森林大火持续了 4 个多月，受害森林面积高达 150 万 hm²，经济损失高达 200 亿美元。这场大火还引发了饥荒和疾病的流行，使人们的健康受到威胁，环境遭到污染。此外，大火所产生的浓烟使能见度大大降低，由此造成了飞机坠毁和轮船相撞事故。另外，这场大火使大量的动植物灭绝，环境恶化，气候异常，干旱少雨，风暴增多，水土流失，最主要的是导致生态平衡破坏，严重威胁人类的生存和发展。

（4）引起不良的社会和政治影响

火灾不仅给国家财产和公民人身、财产带来了巨大损失，还会影响正常的社会秩序、生产秩序、工作秩序、教学科研秩序以及公民的生活秩序。当火灾规模比较大，或发生在首都、省会城市、人员密集场所、经济发达区域、名胜古迹等地方时，将会产生不良的社会和政治影响。有的会引起人们的不安和骚动，有的会损害国家的声誉，有的还会引起不法分子趁火打劫、造谣生事，造成更大的损失。

随着城镇化的发展，地下空间的开发越来越多，大型公共建筑越来越多，超高建筑也拔地而起，这几类建筑一旦引发火灾无论从经济和人员损失方面，还是从社会影响方面都是难以接受的，因此下列火灾需要引起重视并重点防范：

（1）地下建筑火灾

随着地下建筑、地下工程的不断增多，地下火灾事故也频频发生，地下建筑火灾具有疏散及扑救难度大的特点。1995 年 10 月 28 日，阿塞拜疆首都巴库乌尔杜斯地铁站发生重大火灾，死亡 558 人。日本自 1961 年至 1975 年的 15 年中，共发生地铁火灾 45 起。2004 年下午 5 时，正在建设的北京地铁五号线张自忠路车站突然发生火灾（图 6-5），所幸及时得到控制，没有造成人员伤亡。

2003 年 2 月 18 日，韩国大邱市地铁中央路站由

图 6-5　北京地铁 5 号线失火现场

图 6-6　韩国大邱地铁火灾

于人为纵火发生火灾（图 6-6），造成 198 人死亡，146 人受伤，298 人失踪的惨剧。地铁列车一旦着火，地铁自身的防灾系统和控制指挥系统对于人员逃生、疏散起着至关重要的作用。在此前提下，个人是否具有消防安全意识和逃生自救知识非常重要。

（2）人员密集场所火灾

随着社会的发展进步，火灾发生的频率越来越高，而且在我国每年发生的数万起中，人员密集场所火灾占有相当的比重，群死群伤的火灾事故屡见不

鲜。据公安部消防局官方微博消息，2015 年，全国人员密集场所共发生火灾 4.2 万起，死亡 314 人，起数占总数的 12.6%，死亡人数占总数的 18.1%。

酒店、影剧院、超市、体育馆等人员密集场所一旦发生火灾，常因人员慌乱、拥挤而阻塞通道，发生互相践踏的惨剧，或由于逃生方法不当，造成人员伤亡。人员密集场所火灾具有如下特点：

1）人员伤亡大

当人员集中场所发生火灾的时候，产生大量浓烟、毒气容易使被困人员的视线不清楚，很快就会出现中毒、神志不清的现象；燃烧的高温、热气流使人难以忍受，极易出现惊慌失措，在惊恐中争相逃命，互相拥挤，即使不是烧死和熏死，也极有可能被践踏伤亡，而且拥挤的人群，必然导致疏散过慢，增加中毒、窒息伤亡的可能性。

2）经济损失大

随着我国改革开放经济建设的发展，社会物质财富和商品流通急速增长，人员密集场所的发展规模空前的扩大，并呈现了三多的势头。既购物、娱乐、餐饮、住宿为一体的综合性高层建筑、地下工程越来越多；大型的商场、大型文化、体育馆越来越多，易燃、易爆物品多，他们的设备、财产、流通物品数量价值高，而且在这些场所里人员也比较集中，一旦发生火灾，经济损失和伤亡都比较严重。

3）社会影响大

人员密集场所与人们的衣食住行紧密相连，更是新闻媒体关注的焦点。发生重大火灾损失后其社会影响和后果深远。

（3）高层建筑火灾

二战后，世界范围出现了高层建筑的繁荣期。高层建筑以其建设周期短，社会、经济效益高等特点备受推崇。在我国，以上海市为例，自 20 世纪初出现之后，经历了较长的历程以后于 70 年代加快了步伐，建筑类型由以高层宾馆、住宅为主逐渐向办公楼、

综合体发展。但是，高层建筑在消防方面存在隐患。由于高层建筑楼层多、功能复杂、设备繁多、可燃物多，构成较大的火灾危险。特别是这些高层建筑难以像一般建筑那样从外部方便地进行灭火，给救灾和疏散带来很大困难。

高层建筑火灾起火因素多且蔓延快，火灾后人们不便疏散，并且由于消防设施的不完备以及消防云梯等限制导致火灾扑救难度及危害比较大。图 6-7 和 6-8 所示为高层建筑火灾实例，在火灾长时间作用下使得部分建筑构件承载力丧失，从而威胁建筑整体安全，甚至倒塌。

6.1.4 常见的火灾原因

事故都有起因，火灾也是如此。分析起火原因，

图 6-7 西班牙首都一座 32 层高的大楼着火有整体倒塌危险

图 6-8 美国世贸大厦火灾后整体坍塌

了解火灾发生的特点，是为了更有针对性地运用技术措施，有效控火，防止和减少火灾危害。导致火灾发生的原因有很多，但其必须具备的三个必要条件即有可燃物、助燃物和着火源。

（1）可燃物

凡是能与空气中的氧或其他氧化剂起燃烧化学反应的物质称为可燃物。根据化学结构不同，可燃物可分为无机可燃物和有机可燃物两大类。有机可燃物包括天然气、液化石油气、汽油、煤油、柴油、原油、酒精、豆油、煤、木材、棉、麻、纸以及三大合成材料（合成塑料、合成橡胶、合成纤维）等；无机可燃物中的无机单质包括钾、钠、钙、镁、磷、硫、硅、氢等，无机化合物包括一氧化碳、氨、硫化氢、磷化氢、二硫化碳、联氨、氢氰酸等。

（2）助燃物

通俗地说是指帮助可燃物燃烧的物质，确切地说是指能与可燃物质发生燃烧反应的物质。通常燃烧过程中的助燃物主要是氧，它包括游离的氧或化合物中的氧。空气中含有大约21%的氧，可燃物在空气中的燃烧以游离的氧作为氧化剂，这种燃烧是最普遍的。此外，某些物质也可作为燃烧反应的助燃物，如氯、氟、氯酸钾等。

（3）着火源

着火源又称点火源，是指具有一定能量，能够引起可燃物燃烧的热能源。例如：化工企业中常见的着火源有明火、化学反应热、热辐射、高温表面、摩擦和撞击等，这些点火源必须具有足够的温度，才能点燃由一定的量结合的可燃物和助燃物。

同时具备上述三个条件，才能发生燃烧现象，但是，并不是上述三个条件同时存在就一定会发生燃烧现象。燃烧发生同时还需具备以下充分条件：一是可燃物要有一定的浓度；二是助燃物要有一定的量；三是着火源必须有一定的温度和足够的热量；同时使它们相互作用才能发生燃烧，燃烧一旦失控将酿成火灾。

随着社会的发展，现代化程度的不断提高，建筑形式、设施越来越多样化，各种电气设备和家用电器已成为不可或缺的基本生活设施，随之带来了发生火灾的原因也日趋复杂和多样化。除了森林火灾、草原火灾等野地火灾，以及车辆火灾、船舶火灾、飞机火灾、储罐或管道火灾、可燃材料堆场火灾等室外火灾外，大部分火灾都为建筑火灾。

建筑火灾除了建筑内部具有易燃或可燃性材料的基本要素之外，其常见原因主要以人为失误造成为主，具体来说有以下几种：

（1）电气

电气原因引起的火灾在我国火灾中居于首位。有关资料显示，2012年，全国因电气原因引发的火灾占火灾总数的32.2%。电气设备过负荷、电气线路接头接触不良、电气线路短路等是电气引起火灾的直接原因。其间接原因是由于电气设备故障或者电器设备设置和使用不当所造成的。如：使用电热扇距可燃物较近，超负荷使用电器，购买使用劣质开关、插座、灯具等；忘记关闭电器电源等。

（2）生活用火不慎

生活用火不慎主要指城乡居民家庭生活用火不慎，如：家中烧香过程中无人看管，造成香灰散落引发火灾；炊事用火中炊事器具设置不当，安装不符合要求，在炉灶的使用中违反安全技术要求等引起火灾；将没有熄灭的烟头或者火柴梗扔在可燃物中引起火灾；躺在床上，特别是醉酒后躺在床上吸烟，烟头掉落在被褥上引起火灾等。

虽然政府和公安消防部门加大了消防工作的宣传力度，人民的消防意识有了一定的提高，但是总体来说人们的消防安全意识淡薄，消防知识匮乏，自防自救能力较差。

（3）生产作业不慎

生产作业不慎主要指违反生产安全制度引起火

灾，违反生产安全制度引起火灾的情况很多。如：在易燃易爆的车间内动用明火，引起爆炸起火；将性质相抵触的物品混存在一起，引起燃烧爆炸；在用气焊焊接和切割时，飞溅出的大量火星和熔渣，因未采取有效的防火措施，引燃周围可燃物；在机器设备运转过程中，不按时添加润滑油，或没有清除附在机器轴承上面的杂质、废物，使机器该部位摩擦发热，引起附着物起火等。

（4）设备故障

在生产或生活中，一些设施设备疏于维护保养，导致在使用过程中无法正常运行，因摩擦、过载、短路等原因造成局部过热，从而引发火灾。如：一些电子设备长期处于工作或通电状态，因散热不力，最终导致内部故障而引起火灾。

（5）玩火

未成年儿童因缺乏看管，玩火取乐，是造成火灾发生的常见原因之一。每逢节日庆典，不少人喜爱燃放烟火爆竹或者点孔明灯来增加气氛，被点燃的烟花爆竹或者孔明灯本身即是火源，稍有不慎，就易引发火灾。如每年春节期间，火灾发生起数会有较大幅度的上升。

（6）放火

放火主要是指采用人为放火的方式引起的火灾。一般是指当事人以放火为手段达到某种目的。这类火灾为当事人故意为之，通常经过一定的策划准备，因而往往缺乏初期救助，火灾发展迅速，后果严重。

（7）雷击

雷电导致的火灾原因，大体有3种：一是雷电直接击在建筑物上发生热反应、机械效应作用等；二是雷电产生静电感应作用和电磁感应作用；三是高电位雷电波沿着电气线路或者金属管道系统侵入建筑物内部。在雷电较多的地区，建筑物上如果没有设置可靠的防雷保护设施，便可能发生雷击起火。

（8）储存易燃易爆危险品仓库失火

造纸厂、棉纺厂、化工厂及油库等单位由于储存大量易燃易爆物质，很容易发生火灾，而且造成损失会很严重。1988年8月2日长沙气温高达40℃，造纸厂两垛芦苇发生自燃，火灾持续5天5夜才被扑灭。

（9）地震

地震由于其震动作用会导致炉具倾倒、损坏，引起火灾；强烈地震时，电气线路和设备都有可能损失或产生故障，有时还会发生电弧，引起易燃物质的燃烧，产生火灾；震后搭建的防震棚密度很大，消防通道狭窄，又没有必要的消防器材和设备，一旦着火，不易灭火，易形成"火烧连营"，造成重大损失。

1923年日本关东地区发生特大地震，地震发生时，恰值中午，东京等地的市民忙着做午饭，许多人家炉火正旺。大地震袭来，炉倒灶翻，火焰四溅，火星乱飞。位于关东地区的东京、横滨两大城市不仅人口稠密，而且房屋多为木结构，地震又将煤气管道破坏，煤气四溢，遇火即燃。居民的炉灶提供了火源，煤气、木结构房屋又是上好的"燃料"，几种因素的组合，使东京等地变成一片火海，造成了巨大的人员伤亡。

（10）消防准备不足

公共消防设施和专业消防力量建设明显滞后。不少城市没有判定消防规划，或消防站、消火栓等建设数量明显不足，达不到国家规范要求。一些建筑内的消防设施不能满足火灾救援和疏散的需要，一旦建筑发生火灾，会贻误灭火救人的良机，造成火势迅速蔓延和逃生救人困难。

6.1.5 城镇火灾的特征

随着城镇化进程的加速，经济持续快速发展，社会财富日益增多，火灾给人类造成的财产损失也越来越巨大。无数的火灾实例表明，火灾具有以下特征：

（1）发生频率高

据统计，在各种灾害中火灾是发生频率高，最经常、最普遍地威胁公众安全和社会发展的主要灾害。由于可燃物质品种多，数量巨大，引火源极其复杂，诱发火灾的因素多，稍有不慎，就可导致火灾发生。以江苏省和浙江省为例来说，仅 2013 年就分别发生火灾 30469 起和 46141 起。

（2）突发性强

火灾的发生往往是突然的、难以预料的，且火灾发展过程瞬息万变，来势凶猛，影响区域广；尤其是爆炸危害具有瞬时性，短时间内可造成大量人员伤亡。

（3）损失大

火灾不仅残害人类生命，给国家财产和公民财产带来了巨大损失，而且严重时会导致基础设施破坏（包括供电、供水、供气、供热、交通和通讯等城市生命线系统工程）、生产系统紊乱、社会经济正常秩序打乱、生态环境遭到破坏。1996 年北京东方化工厂发生火灾造成的损失相当于新中国成立以来北京 47 年火灾损失的 125%，由此可以看出，火灾的破坏性相当大。

（4）灾害复杂

火灾发生地，由于建筑、物质、火源的多样性，人员复杂性，消防条件和气候条件不同，使得灾害发生发展过程极为复杂。如高层建筑，由于烟囱效应使火灾蔓延速度非常快。一般烟囱气垂直上升速度为 240m/min，水平扩散速度为 48m/min；物质的多样性包括各种可燃、易燃、易爆和不同毒性的物质，对于火灾发展速度、建筑耐火和疏散逃生与灭火效果影响很大；各种不同火源，如明火、电气过热、静电、雷电、化学反应和爆炸等引发的火灾，其发生、发展规律有所区别；此外，人员的消防安全意识及逃生自救能力、单位的消防安全管理水平、场所的消防设施和扑救条件、形成灾害时的气候条件等对于火灾的发生、发展和扑救过程都有不同程度的影响。

（5）易形成灾害连锁和灾害链

对于一个城镇或工业企业，其社会生产或生活的整体功能很强，一种灾害现象的发生，常会引发其他次生灾害，造成其他系统功能的失效，如火灾引发爆炸、爆炸又引发火灾，形成灾害链。如 1993 年 8 月 5 日深圳清水河仓库火灾中起火 18 处、发生大爆炸 2 次、小爆炸 7 次，形成明显的灾害链。又如 2000 年发生在美国纽约的"9.11"事件，世贸大厦双子座受飞机撞击发生火灾焚烧坍塌，不仅造成大量人员伤亡，还造成周围建筑严重受损、交通阻塞，并使供电、供气、供水、通讯等多种系统的局部发生灾害，形成明显的火灾连锁反应。

（6）灾后事故处理艰巨

火灾发生后，对于事故的调查、法律责任认定、伤亡人员处理、财产损失保险赔偿、生活与生产恢复、社会秩序恢复等许多方面，处理起来都有很大难度。

（7）公共场所灾患多

城镇公共活动场所（市场、商场、宾馆、饭店、娱乐场所）火灾增多，商场内的不少商品是易燃物品，特别是化纤织物、布料等多为易燃有毒物质；娱乐场所的帷幕、窗帘、家具、沙发等也都是易燃物质，一旦引燃会发生大规模火灾；一般的商场、娱乐场所的装修都大量使用易燃有毒材料，多不做防火阻燃处理，一旦发生火灾，将产生有毒烟气，使人很快失去知觉，失去逃亡能力，以往在这些场所内发生的火灾的教训是深刻的；现代商场逐步向大规模、豪华型方向发展，形成集购物、游乐、办公于一体的多功能的大型建筑，内部有电梯、自动扶梯、步行楼梯等进出口，楼层上下的管线孔洞和缝隙，往往无可靠的立体防火分割措施，一旦发生火灾，"烟囱效应"会使火灾迅速向上层蔓延，形成立体燃烧，容易发生轰燃提前发生的情况。由于此类场所或建筑具有人员密集的特点，因此在此类场所或建筑发生火灾后造成群死群伤的特点较为突出（表6-5）。

6.1.6 燃烧的基本原理

（1）燃烧的链式反应理论

火和电的发明是促进人类物质文明的两座里程碑。虽然火比电发明要早得多，但对于燃烧的实质却长期得不到正确的认识和解释，直到二十世纪初才由苏联科学家谢苗诺夫创建了燃烧的链式反应理论，这是近代用来解释燃烧实质的基本理论，得到了世界化学界的公认。

链式反应理论认为，物质的燃烧经历以下过程：可燃物质或助燃物质先吸收能量而离解成为自由基，再与其他分子相互作用形成连锁反应，将燃烧热释放出来。连锁反应机理大致可分为三段：

1）链引发，即自由基生成，使链反应开始

2）链传递

3）链终止

燃烧是一种复杂的物理化学反应，光和热是燃烧过程中发生的物理现象，自由基发生的连锁反应则说明了燃烧反应的化学实质，按照链式反应理论，燃烧不是两个分子之间直接起作用，而是它们的分裂物——自由基这种中间产物进行的链式反应。

（2）燃烧的形成过程

1）燃烧的类型

燃烧可分为自燃、闪燃、着火、爆炸，每一种类型的燃烧都有各自的特点，每一次火灾均有其产生的初始燃烧的类型。因此必须具体分析每一类型燃烧发生的特殊原因，有针对性地采取防火和灭火措施。

a. 自燃：可燃物在空气中没有外来火源的作用，靠自热或外热而发生燃烧的现象。引起自燃的最低温度称为自燃点，自燃点越低，则火灾的危险性越大。可燃物质在空气中加热时，便开始氧化并放热，当新放出热量超过自然散热量时，可燃物质温度不断升高，反应速度加快，直至温度达到自燃点而发生自燃。自燃分受热自燃和自热自燃，后者是可燃物质自身的化学反应产生热量而导致的自燃。

b. 闪燃：可燃液体的温度越高蒸发的蒸气也越多。当温度不高时，液面上少量的可燃蒸气与空气混合后，遇着火源而发生一闪即灭（延续时间少于5秒）

表6-5 部分公共活动场所火灾案例统计

时间	火灾场所	失火原因	直接财产损失/万元	死亡/受伤/人
1991.5.30	广东东莞兴业制衣厂	烟头引燃	190	72/47
1993.2.14	河北唐山林西百货大楼	电焊引燃	401	86/63
1993.11.19	深圳致丽玩具工艺厂	电线短路	300	84/40
1993.12.13	福州马尾高福纺织公司	人为纵火	604	61/14
1994.6.16	广东珠海前山纺织城	电线短路	9500	93/156
1994.11.27	辽宁阜新艺苑歌舞厅	吸烟引燃	30	233/20
1994.12.8	新疆克拉玛依市友谊馆	照明引燃	100	323/130
1995.4.24	新疆乌鲁木齐水产蛋禽公司录像厅	电线短路	125	51/14
2000.3.29	河南焦作天堂影视厅	点气引燃	20	74/2
2000.12.25	河南洛阳东都大厦	违章电焊	150	309/7
2004.2.15	吉林市中百商厦	烟头引燃	426	54/70
2013.6.3	长春市吉林宝源丰禽业有限公司	电器短路	18000	121/76
2014.3.26	广东揭阳市重大火灾	打火机着火	390	12/5

的燃烧现象称为闪燃。某液体发生闪燃的最低温度称为这种液体的闪点。闪点越低，则火灾的危险性越大。可燃液体之所以会产生一闪即灭的闪燃现象，是因为其在闪点的温度下蒸发的速度数慢，所蒸发出来的蒸气，仅能维持短时间燃烧，而来不及提供足够的蒸气补充维持稳定的燃烧。

c. 着火：可燃物质与火源接触面能燃烧，并且在火源移动后，仍能保持继续燃烧的现象称为着火。可燃物质发生着火的最低温度称为着火点或燃点。控制可燃物质的温度在燃点以下是预防发生火灾的措施之一，冷却法灭火原理也是如此。

d. 爆炸：由于燃烧或裂解作用产生温度升高、压力增加或两者同时发生的现象称为爆炸。爆炸是在瞬间以机械的形式释放出大量的能量，人们利用爆炸的威力在采矿、修筑水库时大大加快工程进度。但爆炸一旦失去控制就会造成人身伤亡和财产的巨大损失。

2）物质燃烧过程

根据可燃物质燃烧时的状态不同，有气相和固相燃烧两种情况。气相燃烧是指在进行燃烧反应过程中，可燃物和助燃物均为气体，这种燃烧的特点是有火焰产生。气相燃烧是一种最基本的燃烧形式，因为绝大多数可燃物质（包括气态、液态、固态可燃物质）的燃烧都是在气上进行的。固相燃烧是指在燃烧反应过程中可燃物质是固态。这种燃烧也称表面燃烧，其特征是燃烧时没有火焰产生，如焦炭的燃烧。

6.1.7 建筑火灾发展过程

火灾可分为建筑火灾、石油化工火灾、交通工具火灾、矿山火灾、森林草原火灾等。随着城市日益扩大，各种建筑越来越多，建筑布局及功能日益复杂，用火、用电、用气和化学物品的应用日益广泛，稍有不慎，就可能引起火灾，建筑又是财产和人员极为集中的地方，导致建筑火灾的危险性和危害性大大增加。因此，保障建筑的防火安全是城镇防火安全的根本环节。

建筑火灾是指各类建筑中，由于人的不安全行为和物的不安全状态相互作用而引起，并危及人们生命和财产的失控燃烧。

一般建筑物室内发生的火灾，最初常常仅局限于起火部位周围的可燃物的燃烧，随着温度的上升，会进一步延烧到室内其他可燃物、内装修和天棚等，造成整个房间起火，进而再从起火房间扩大到其他房间或区域，使整个建筑起火。

火灾温度和持续时间是火灾的重要指标，室内温度与时间变化的关系可用火灾温度曲线来表示（图6-9）。火灾温度曲线的形状代表火灾发展中实际出现的各种燃烧现象。火灾温度曲线反映了温度增长的速度和燃烧速度的变化，曲线上的每一拐点都代表火场上发生的情况。

除地震起火是多处同时起火外，一般建筑内火灾均经历初始、成长、极盛和衰减（熄灭）四个阶段。

1）初起阶段

一般是电火花、未熄烟头等着火源将室内易燃、可燃物点着，经过一段时间阴燃而变成明火，但范

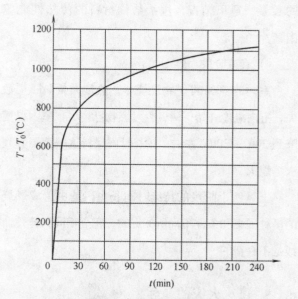

图6-9 标准火灾温度曲线

围很小，此时起火点的局部温度较高，但室内各点温度极不平衡。由于可燃物燃烧性能、分布、通风、散热等条件的影响，燃烧发展比较缓慢，且燃烧发展不稳定，有可能形成火灾，也有可能中途自行熄灭。火灾初起阶段的燃烧面积不大，初起阶段持续时间长短与燃烧条件有很大关系。随着空气对流加剧，使燃烧温度缓慢升高。这一阶段一般持续在几分钟到十几分钟，若能及时发现火情，很容易将火险扑灭在萌芽阶段。

2) 成长阶段

随着时间的持续可燃物的燃烧面积迅速扩大，室内温度上升很快，在短时间内室内燃烧由量变转化为质变而形成轰燃。轰燃是指可燃物受热分解出的可燃气体增多，其与空气混合达到轰燃点时，引发室内全部可燃物在瞬间全面燃烧起来。出现轰燃是成长阶段的重要特征。

3) 极盛阶段

室内火势猛烈处于全面燃烧状态，温度迅速上升，此时室内极大温度可达1000℃左右，室内温度出现极大值是这一阶段的重要特征。在这一阶段烈火冲出房门袭入通道，大火将席卷整幢楼宇。极盛阶段持续的时间长短，主要取决于可燃物的数量、通风情况，围护结构材料的传热性能等因素。

4) 衰减阶段

室内的80%可燃物已烧尽，热量大量向四周散失，室内温度开始下降，当可燃物已烧尽，室内温度降到200~300℃左右，较长时间保持这一范围直到火势熄灭。

上述四个阶段的持续时间长短，是由造成燃烧的多种因素和条件不同所决定的，完全相同的特性曲线是不存在的。

6.1.8 建筑火灾的蔓延

建筑火灾的蔓延，实质上是火灾中燃烧火焰和烟气携带热量的向外传递，导致火灾扩大。建筑物内火灾蔓延是通过热的传播方式进行的，其蔓延形式和起火点、可燃物的燃烧性能和数量、建筑布局、建筑材料等密切相关。火灾蔓延形式有以下几种：

（1）沿着可燃物表面连续不断的燃烧开去。

（2）通过导热性好、距离较近的物体中的热分子的运动，将热量传播到另一端。

（3）热由热源以电磁波的形式直接发射到周围物体上，这就是通常所说的热辐射。当火灾处于发展阶段时，热辐射成为热传播的主要形式。

（4）热对流，是指热量通过流动介质，由空间的一处传播到另一处的现象。热对流是热传播的重要方式，是影响初期火灾发展的最主要因素。

（5）飞火，即未燃烧尽的可燃物碎片或火星飞溅到其他可燃物上引起的燃烧。可燃物燃烧时产生爆裂，或室外有较大的风，就容易产生飞火。

建筑物内某一房间发生火灾，当发展到轰燃之后，火势越来越猛烈，就会突破该房间的维护构件的限制，向其他空间蔓延。对于建筑火灾而言，尤其是高层建筑，烟气对于火灾蔓延起着主要作用，因此，下面就以建筑火灾中烟气的扩散路线阐述火灾蔓延过程。

（1）水平扩散

室内发生火灾后，由于火灾产生烟气的温度高，其密度比周围空气小，因此产生使烟气上升的浮力。烟气上浮过程中，遇到水平楼板或顶棚，改为沿着水平方向继续流动，就形成烟气的水平扩散。室内火灾发生后，由于温度急剧上升，空气迅速膨胀，导致门窗破裂，烟气通过门窗孔洞夺路而去，向室外和走廊中蔓延扩散。一般情况下，烟气只在走廊的上部流动，走廊下部仍为低温空气层，同时室内火灾的烟气还可通过缝隙穿越楼板，向相邻上层房间扩散，通过窗口到室外。

如 1980 年 11 月 21 日上午发生在美国内华达州拉斯维加斯米高梅旅馆的大火，因为建筑内部未设置防火分隔，致使最初从餐厅引起的火势很快蔓延并发展到邻接的赌场，起火后不久整个餐厅和赌场都变成了火海，造成了 84 人死亡，679 人受伤的严重后果。

（2）垂直扩散

在现代建筑中，根据使用功能的需要，常常设置大量的竖向通道，如电梯、步梯、天井、中庭、设备井等竖井。当室内火灾烟气通过走廊、楼梯前室流入楼梯间、电梯井、管井等垂直通道时，烟气在烟囱效应产生的浮力作用下，以高流动速度迅速上升，很快到达建筑物的顶层，使顶层上部充满烟气，再通过外窗流到室外。由火灾层向相邻上层扩散的烟气亦将逐渐充满建筑物各层。建筑物内各种垂直通道是烟气蔓延的主要途径，发生在建筑物底层或下部的火灾、烟气通过竖井在数十秒钟内便可窜至几十层高度，这使人员几乎没有足够时间可供疏散。因此，掌握烟气流动规律，对建设可靠有效的防排烟工程十分重要。

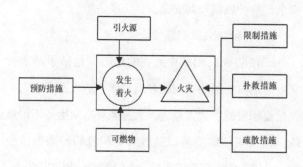

图 6-10　火灾防治对策与措施

并组织实施、消除火灾源、在易起火单位设置禁火标志、履行动火审批手续、制定防火操作规程、爆炸危险场所采取防爆保护、电气线路穿管保护、爆炸场所惰性气体保护、化学物品分类隔离存放，对具有火灾危险的产品采取本安消防技术措施等。

限制措施即防止火灾扩大蔓延的措施。主要包括防止可燃物堆积、设置防火间距、设置防火分隔设施、设置阻火装置、设置防爆泄压装置和设置防烟排烟装置等。

扑救措施即扑救火灾的措施，是属于灾后被动救灾的措施。主要包括制定火灾扑救预案、设置火灾报警联动装置、设置消防给水灭火装置、自动喷水灭火装置、设置气体灭火装置、配置移动灭火器材、设置消防电话通讯装置、设置消防车通道、设置消防水泵接合器和设置火灾扑救面等。

疏散措施即转移到不受火灾影响的安全地点的措施。主要包括：制定消防安全疏散预案、设置安全疏散保护区、设置疏散走道、设置疏散楼梯、设置安全出口、设置安全疏散指示标志、设置火灾事故照明、设置消防广播和设置避难间等。在城镇的消防管理中，需要根据以上的各项措施来制定城镇火灾消防安全对策。

6.2 城镇火灾防治对策与措施

国家在消防方面颁布的法律法规、技术规范和标准已日趋完善，各地根据自身情况也制定了一些地方性消防要求。在城镇消防工作中，这些法律、规范、标准是重要的依据。与城镇防火密切相关的消防规范有《城市消防规划规范》《城市消防站建设标准》《城市消防站设计规范》《建筑设计防火规范》《高层民用建筑设计防火规范》等等。

针对火灾的特点，城镇火灾防治对策和措施一般可以分为以下几类：火灾预防措施、火灾限制措施、火灾扑救措施和火灾疏散措施，见图 6-10 所示。

预防措施即在灾害发生前采取的一系列预防和准备的措施或不使火灾发生的措施，如制定消防规划

6.2.1 城镇消防规划

城镇消防工作的主要目的是：预防火灾和减少火灾危害，加强城镇应急救援工作，保护人身、财产

安全，维护城镇公共安全。

（1）预防火灾和减少火灾危害

"预防火灾和减少火灾的危害"包括了两层含义：一是做好预防火灾的各项工作，防止发生火灾；二是要积极减少火灾危害。火灾绝对不发生是不可能的，但火灾危害是可以通过人类积极的行为而减少的。对于火灾，在我国古代，人们就总结出"防为上，救次之，戒为下"的经验。因此，为了满足社会发展和人类生存对消防安全的期待，一旦发生火灾，就应当及时、有效地进行扑救，最大限度地减少火灾危害。

（2）加强城镇应急救援工作

随着经济社会的快速发展，改革开放不断深化，致灾因素大量增加，非传统安全威胁日益凸显，危险化学品泄漏、道路交通事故、建筑坍塌、重大安全生产事故、空难、爆炸及恐怖事件和群众遇险事件、地震等自然灾害、核与辐射事故和突发公共卫生事件等各类灾害事故时有发生，给人民群众生命财产安全带来了严重危害。因此，根据经济和社会发展的需要，《中华人民共和国消防法》总则第一条就写明"加强应急救援工作"，这是对我国城镇消防工作职能的新拓展。

（3）保护人身、财产安全

人身安全是指公民的生命健康安全，财产安全是指国家、集体以及公民的财产安全。人身安全和财产安全是受火灾直接危害的两个方面，而人的生命健康安全第一宝贵。因此，城镇消防工作中必须贯彻落实科学发展观，践行"以人为本"的思想，在火灾预防上要把保护公民人身安全放在第一位，在火灾扑救中要坚持救人第一的指导思想，切实实行好、维护好、发展好最广大人民的根本利益。

（4）维护城镇公共安全

所谓公共安全是指不特定多数人生命、健康的安全和重大公私财产的安全，其基本要求是社会公众享有安全和谐的生活和工作环境以及良好的社会秩序，公众的生命财产、身心健康、民主权利和自我发展有安全的保障，并最大限度地避免各种灾难的伤害。消防安全是公众安全的重要组成部分，做好消防工作，维护公共安全，是政府及政府有关部门履行社会管理和公共职能、提高公共消防安全水平的重要内容。做好消防工作，维护公共安全，是全社会每个单位和公民的权利和义务。社会各单位和公民应当贯彻预防为主、防消结合的方针，全面落实消防安全责任制，切实维护公共安全、保护消防设施、预防火灾，正确处理好消除火灾隐患和加快经济发展的关系，依法推行消防安全自我管理、自我约束，保护自身合法权益，保障社会主义和谐社会建设。

城市消防规划是城市规划的一个组成部分，是为了城市消防事业制定发展目标、完善消防设施、提高城市预防和减轻火灾损失的城市专项规划，是消防法规的具体体现和落实，是消防工作基本方针"预防为主，防消结合"的实质。

在我国城市规划的初期，尚没有专门的消防规划。20世纪80年代中后期，我国城市火灾形势越来越严重，而城市抵御火灾的能力严重不足，凸显出了城市消防规划的必要性和重要性。根据1990年1月1日公安部、建设部、国家计委和财政部联合颁布了《城市消防规划建设管理规定》，要求城市消防安全布局和消防站、消防给水、消防车通道、消防通讯等公共消防设施，应当纳入城市规划，与其他市政基础设施统一规划，统一设计，统一建设。

2009年修订的《中华人民共和国消防法》中，高度重视消防规划，在第八条规定："地方各级人民政府应当将包括消防安全布局、消防站、消防供水、消防通信、消防车通道、消防装备等内容的消防规划纳入城乡规划，并负责组织实施；城乡消防安全布局不符合消防安全要求的，应当调整、完善；公共消防设施、消防装备不足或者不适应实际需要的，应当增建、改建、配置或者进行技术改造。"

2015年实施的国家标准《城市消防规划规范》(GB 51080—2015)总结了我国城市消防规划工作实践经验，针对城市消防安全布局和公共消防设施规划建设等方面存在的突出问题，从提高城市整体抗御火灾和灭火救援能力出发，对城市消防安全布局及公共消防设施规划、建设和管理等方面，提出了相关要求。

一是对易燃易爆危险品场所设施、耐火等级低或灭火救援条件差的建筑密集区、历史文化街区、城市地下空间，以及防火隔离带、防灾避难场地等消防安全布局提出了管控要求。

二是分别提出了陆上消防站、水上消防站、航空消防站及消防直升机起降点等的设置要求。

三是对消防给水、消防车通道、消防通信等规划内容提出要求。

该规范体现了城市火灾风险管控理念，突出了消防规划内容要纳入城市总体规划的原则要求，明确了消防规划与城市空间布局及土地利用的关系，强调了公共消防设施与城市建设同步发展。该规范的颁布实施，对于科学合理地进行城市消防规划，提升城市消防安全水平具有积极的作用。

然而，目前大多数城镇存在总体消防布局不合理，消防站、消防给水、消防通讯、消防通道等公共消防基础设施严重不足，消防装备数量少且陈旧落后，防灾抗灾能力弱的问题。究其原因，主要是没有制定城镇消防规划或虽已制定，但没有纳入城镇总体规划并付诸实施；没有逐年投入必要的消防经费用于公共消防基础设施建设，以致城镇公共消防基础设施和消防装备建设严重滞后于城镇建设的发展，欠债太多，极不适应城镇消防保卫工作的需要。发生火灾后，不能及时有效扑救，造成不必要的重大经济损失和人员伤亡。为此，必须严格消防规划管理，不折不扣地执行消防规划。

（1）制定消防规划的原则、内容

在我国，城镇消防工作的方针是"预防为主，防消结合"，编制消防规划要从指导思想上树立防火和扑救相结合的长期战略思想，增强城镇居民的灾害意识，消除侥幸心理；消防规划的编制应遵循科学合理、经济适用、适度超前的原则；从步骤上，消防规划要与城镇规划同步，要与城镇规划的不同步骤阶段相适应；落实具体方法，在具体编制前要进行深入地调查研究，详细收集历史资料和进行细致的环境调查研究，并进行科学的预测和推算；树立整体观念，消防规划要与其他防灾规划互相配合，避免条块分割、各自为政，甚至互相冲突或重复建设的工程方案；增强忧患意识，不仅要制定完善的防火规划，还应有火灾扑救规划。

消防规划首先要拟定城镇防治火灾的标准，并成为建筑管理的重要内容；其次需规划消防站的位置及覆盖的范围，规划消防给水、消防通道、消防通讯等公共消防设施；第三要对易燃易爆的工厂、仓库的位置进行布局，并制定火灾防范措施；第四要明确消防工作组织，消防人员的配备和训练教育，消防经费的渠道；第五要规定火灾扑救的组织、调度、火场的指挥管埋等。总之，消防规划要做到组织思想上落实，措施手段上落实，技术方案上落实。

（2）消防规划的基本要求

1）编制城镇消防规划，应结合当地实际对城镇火灾风险、消防安全状况进行分析评估，应按适应城镇经济发展，满足火灾防控和灭火应急救援的实际需要，合理确定城镇消防安全布局，优化配置公共消防设施和消防设备，并应制定管制和实施措施。

2）城镇消防规划应与相关规划协调，公共消防设施应实现资源共享，可充分利用城市基础设施、综合防灾设施，并应符合消防安全要求，市政消火栓、消防车通道等公共消防设施应与城市供水、道路等基础设施同步规划、同步建设。

3）消防规划的主要内容包括：消防安全布局、

图 6-11　城市消防救火现场

消防站及消防装备、消防通信、消防供水、消防车通道等。消防规划的编制应在全面搜集研究相关基础资料，进行火灾风险评估的基础上完成。

（3）城镇消防安全布局

城镇消防安全布局是指符合消防安全要求的城镇建设用地布局和采取的安全措施。是指对各类易燃易爆危险化学物品场所和设施、火灾危险性和危害性较大的其他场所和设施用地、防火隔离带、防灾避难场地等进行的综合部署、具体安排和采取的安全措施。

为了保障城镇的消防安全，城镇消防安全布局需符合以下基本要求。

1）在城镇总体布局中，必须将易燃易爆物品工厂、仓库设在城镇边缘的独立安全地区，并应与影剧院、会堂、体育馆、大商场、游乐场等人员密集的公共建筑或场所保持规定的防火安全距离。选择好大型公共建筑的位置，确保其周围通道畅通无阻。

2）散发可燃气体、可燃蒸汽和可燃粉尘的工厂和大型液化石油气储存基地应布置在城镇全年最小频率风向的上风侧，并与居住区、商业区或其他人员集小地区保持规定的防火距离。大中型石油化工企业、石油库、液化石油气储配站等沿城镇河流布置时，宜布置在城镇河流的下游，并应采取防液体流入河流的可靠措施。

3）在城镇总体布局时，应合理确定液化石油气供应站瓶库、然气调压站的位置，使之符合防火规范要求，并采取有效的措施。合理确定城镇输送甲、乙、丙类液体、可燃气体管道的位置，气体干管上不得修建任何建筑物、构筑物或堆放物资。

4）装运液化石油气和其他易燃易爆化学物品的专用车站、码头、必须布置在城镇或港区的独立安全地段。装运液化石油气和其他易燃易爆化学物品的专用码头，与其他物品码头之间的距离不应小于最大装运船舶长度的两倍，距主航道的距离不应小于最大装运船舶长度的一倍。

5）城区内新建的各种建筑物，应建造一、二级耐火等级的建筑物，控制三级耐火等级建筑，严格限制修建四级耐火等级建筑。

6）地下铁道、地下隧道、地下街、地下停车场的布置与城镇其他建设应有机地结合起来，严格按照规定合理设置防火分隔、疏散通道、安全出口和报警、灭火、防排烟等设施。安全出口必须满足紧急疏散的需要，并应直接通到地面安全地点。

7）设置必要的防护带。工业区与居民区之间要有一定的安全距离内加以绿化，以起到阻止火灾蔓延的作用。

（4）公共消防设施

为保障城镇公共消防安全、灭火救援所需的各类消防站、消防通信设施、消防供水设施、消防车通道等的统称。

1）消防站

消防站是城镇的重要公共设施之一，是保护城镇安全的重要组成部分。

城镇消防站分为陆上消防站、水上消防站和航空消防站。陆上消防站分为普通消防站、特勤消防站和战勤保障消防站。普通消防站分为一级普通消防站和二级普通消防站。城镇消防规划时，要合理确定消防站的位置和分布。

对于陆上消防站布局，城市建设用地范围内普通消防站的规划布局，应以消防队接到出动指令后5min内可以到达其辖区边缘为原则确定，普通消防站的辖区面积不应大于 $7km^2$。

有水上消防任务的水域应设置水上消防站。对于水上消防站布局，应以消防队接到出动指令后30min可以到达其辖区边缘为原则确定，消防队至其辖区边缘距离不应大于 30km。

航空消防站设置应符合：人口规模100万人及以上的城市和确有航空消防任务的城市，宜独立设置航空消防站，并应符合当地空管部门的要求。

2）消防通信

现代化的消防通信是城市消防综合能力的重要标志之一。消防通信应依托城镇通信基础设施，充分利用有线、无线、卫星、计算机等通信技术，建立适应城市特点和消防安全要求的消防通信指挥系统。

城市应设置消防指挥中心，城市消防通信指挥系统应覆盖全市，联通城市消防通信指挥中心和各消防站，并应具有受理火灾及其他灾害事故报警、灭火救援指挥调度、情报信息支撑等主要功能。

3）消防供水

消防供水设施是城镇公共消防设施的重要组成部分。据有关资料统计，许多火灾由小火酿成大灾都

存在着消防水源缺乏的问题，即"火旺源于水少"。因此，无论在城镇给水工程规划中，还是在城镇消防规划中，消防供水都是非常重要的内容。城镇消防用水可由城镇给水系统、消防水池及符合要求的其他人工水体、天然水体、再生水等供给。

消防水量应按同一时间内的火灾起数和一次灭火用水量确定。当给水系统为分片区供水且管网系统未可靠联网时，消防用水量应分片区核定。利用给水系统作为消防水源，必须保障供水高峰时段消防用水的水量和水压要求。

4）消防车通道

消防车道是供消防车灭火时通行的道路。设置消防车道的目的就在于一旦发生火灾后，使消防车顺利到达火场，消防人员迅速开展灭火战斗，及时扑灭火灾，最大限度地减少人员伤亡和火灾损失。

消防车通道由城镇各级道路、居住区和企事业单位内部道路、消防车取水通道、建筑物消防车通道等组成。

消防车通道应满足消防车辆安全、快捷通行的要求，城镇各级道路、居住区和企事业单位内部道路宜设置成环状，减少尽端路。

消防车通道之间的中心线间距不宜大于160m，环形消防车通道至少应有两处与其他车道连通，尽端式消防车通道应设置回车道或回车场地。

总之，消防规划的编制和实施是一项复杂的系统工程，总体要求要符合《中华人民共和国消防法》和地方的消防法规，具体措施要符合相关国家和地方技术规范，如《城市消防规划规范》《建筑设计防火规范》《乙炔站设计规范》《氧气站设计规范》《爆炸和火灾危险环境电力装置设计规范》《城镇燃气设计规范》《火灾自动报警系统设计规范》等。消防规划直接关系到人民生命财产的安全和社会的稳定，因此，各级政府要切实加强对消防工作的领导，组织城镇规划和公安消防等有关部门，抓好城镇消防规划

的制定，并纳入城镇总体规划之中。切实按照规划，合理布局，大力加强消防站、消防给水、消防通道、消防通讯等公共消防设施建设，使之与城镇建设发展同步，保证消防设施同实际需要相适应，确保城镇经济建设和人民生命财产安全。

6.2.2 消防站建设

消防站，即消防队员工作（执勤备战）的场所，很多时候我们叫它"消防队"。它是保护城镇消防安全的公共消防设施，按照地区灾害的危险情况其规模有所不同。消防站的建设，应遵循利于执勤战备、安全实用、方便生活等原则。

对于消防站的布局要求，在消防规划部分予以介绍，本节不再赘述，重点从消防站本身的建设要求进行阐述。

（1）消防站的建设规模

消防站分为普通消防站、特勤消防站和战勤保障消防站三类。普通消防站分为一级普通消防站和二级普通消防站。

根据《城市消防站建设标准》，城市必须设立一级普通消防站。城市建成区内设置一级普通消防站确有困难的区域，经论证可设二级普通消防站。地级以上城市（含）以及经济较发达的县级城市应设特勤消防站和战勤保障消防站。有任务需要的城市可设水上消防站、航空消防站等专业消防站。

消防站车库的车位数应符合表6-6的规定。

表6-6　消防站车库的车位数

消防站类别	普通消防站		特勤消防站、战勤保障消防站
	一级普通消防站	二级普通消防站	
车位数（个）	6～8	3～5	9～12

注：消防站车库的车位数含1个备用车位。

（2）消防站的选址

消防站的选址应符合下列条件：

1）应设在辖区内适中位置和便于车辆迅速出动

的临街地段，其用地应满足业务训练的需要。

2）消防站执勤车辆主出入口两侧宜设置交通信号灯、标志、标线等设施，距医院、学校、幼儿园、托儿所、影剧院、商场、体育场馆、展览馆等公共建筑的主要疏散出口不应小于50m。

3）辖区内有生产、贮存危险化学品单位的，消防站应设置在常年主导风向的上风或侧风处，其边界距上述危险部位一般不宜小于200m。

4）消防站车库门应朝向城市道路，后退红线不小于15m。

（3）消防站装备

普通消防站装备的配备应适应扑救本辖区内常见火灾和处置一般灾害事故的需要。特勤消防站装备的配备应适应扑救特殊火灾和处置特种灾害事故的需要。战勤保障消防站的装备配备应适应本地区灭火救援战勤保障任务的需要。

消防站消防车辆的配备，应符合表6-7的规定：

表6-7　消防站配备车辆数量　　单位：辆

消防站类别	普通消防站		特勤消防站、战勤保障消防站
	一级普通消防站	二级普通消防站	
消防车数量	5～7	2～4	8～11

同时，消防站配备的常用消防车辆品种、消防站主要消防车辆的技术性能以及普通消防站、特勤消防站的灭火器材配备等均应符合国家相关标准的要求。

（4）人员配备

消防站一个班次执勤人员配备，可按所配消防车每台平均定员6人确定，其他人员配备应按有关规定执行。

消防站人员配备数量，应符合表6-8的规定。

表6-8　消防站人员配备数量　　单位：人

消防站类别	普通消防站		特勤消防站	战勤保障消防站
	一级普通消防站	二级普通消防站		
人数	30～45	15～25	45～60	40～55

对于消防站本身的建设，国家标准《城市消防站设计规范》（GB 51054—2014）总结了我国城市消防站建设的实践经验，借鉴了发达国家的相关标准，从适应消防站实战需要出发，着力解决消防站实际使用中遇到的问题，突出体现了消防站实战功能需要。

一是明确了消防站选址和总平面设计的相关规定。规定了消防站的选址条件，提出了消防站主出入口位置、训练场及消防站标志、标线、隔离设施等设置要求。

二是规定了消防站建筑设计及建筑构造的相关要求。针对消防站业务特点和业务用房的功能需求，规定了消防站业务用房和附属用房使用面积指标及具体设计要求。

三是明确了消防站室外训练场地各区域和主要设施的功能要求、设置要求和有关的技术指标。

四是规定了建筑设备与其他设施的相关要求。针对消防站建筑特点、消防工作实际需求以及南北方气候环境差异，规定了给水排水、采暖、通风、空调和防排烟、防雷接地、综合布线、电气等要求。

6.2.3 建筑的耐火等级和建筑构件的耐火性能

建筑的耐火设计，目的在于防止建筑物在火灾时倒塌和火灾蔓延，保障人员的避难安全，并尽量减少财产的损失。建筑物的使用功能不同、重要程度不同，层数不同的建筑物，火灾的危险性是有差异的，因此在设计上要区别对待。

（1）建筑耐火等级

耐火等级是衡量建筑物耐火程度的分级标度，规定建筑物耐火等级的目的在于使不同用途的建筑物具有与之相适应的耐火安全贮备，既利于安全，又节约投资。规定建筑物的耐火等级是《建筑设计防火规范》中建筑防火措施的核心内容。

大量火灾实例表明，耐火等级高的建筑物，发生火灾的次数少，火灾时被火烧坏、倒塌的很少；耐火等级低的建筑物，发生火灾的概率大，火灾时容易被烧坏，造成局部或整体倒塌，火灾损失大。对于不同类型、不同性质的建筑提出不同的耐火等级要求，可以做到既有利于消防安全，又有利于节约建设投资。

当建筑物具有较高的耐火等级时，可以起到以下的作用：

1）在建筑物发生火灾时，确保其在一定的时间内不破坏，不传播火灾，延缓和阻止火势的蔓延。

2）为人们的安全疏散提供必要的疏散时间，保证建筑物内人员安全脱险。

3）为消防人员扑救火灾创造有利条件。建筑物发生火灾后，消防人员一般要进入建筑物内部进行灭火和搜救人员，若主体结构具有足够的抵抗火烧能力，就能够保证消防人员由于建筑本身破坏所带来的威胁。如我国发生的衡阳大火，消防员在扑救过程中发生建筑物整体坍塌，造成了消防官兵的牺牲。

4）为建筑物火灾后修复重新使用提供可能。如韩国大然阁旅馆遭受了火灾袭击，大火燃烧8个小时候其主体结构依然完好，该旅馆在火灾后进行了修复，仍可继续使用，节约了资金。

确定建筑物的耐火等级时，要受到许多因素的影响，如要根据火灾统计资料分析、建筑物的使用性质与重要程度、建筑物的高度和面积、生产和贮存物品的火灾危险性类别等。

我国的《建筑设计防火规范》中，根据建筑物的使用性质、重要程度、规模大小、建筑物的高度、火灾危险、火灾荷载、疏散和扑救难度等因素，把建筑物的耐火等级分为一、二、三、四级，一级最高，耐火能力最强；四级最低，耐火能力最弱。

对于民用建筑，其耐火等级取决于组成该建筑物的建筑构件（如建筑物的墙体、基础、梁、柱、楼板、楼梯、吊顶等一系列基本组成构件）的燃烧性能和耐火极限，《建筑设计防火规范》对不同的建筑耐火等级规定了与其相对应的各种建筑构件的燃烧性能和耐火极限，见表6-9所示。

（2）建筑构件的耐火性能

建筑构件的燃烧性能是由构件的燃烧特性和耐火极限组成的。

1）建筑构件的燃烧性能

是指建筑构件的材料遇火反应，可以分为不燃烧体、难燃烧体和燃烧体三类：

a. 不燃烧体

用非燃材料做成的构件，在空气中受火烧或高温作用时，不起火、不微燃、不碳化，如砖墙、砖柱、钢筋混凝土梁、板、柱等。

b. 难燃烧体

用难燃烧材料做成的构件或用燃烧材料做成而用非燃烧材料做保护层的构件，在空气中受火烧或高温作用时，难起火、难微燃、难碳化，当火源移走后，燃烧或微燃立即停止。如经阻燃处理的木质防火门、木龙骨板条抹灰隔墙等。

c. 燃烧体

用燃烧性材料做成的构件，在明火或高温作用下，能立即着火燃烧，且火源移走后，仍能继续燃烧或微燃。如木柱、木屋架、吊顶、装饰材料等。

对于一级耐火等级建筑，主要建筑构件全部为不燃烧体；对于二级耐火等级建筑，主要建筑构件除吊顶为难燃烧体，其他为不燃烧体；对于三级耐火等级建筑，屋顶承重构件为燃烧体；对于四级耐火等级建筑，防火墙为不燃烧体，其余为难燃烧体和燃烧体。

2）建筑构件的耐火极限

将任一建筑构件按时间—温度标准曲线进行耐火试验，从受到火的作用时起，到失去支持能力或完

表6-9　规范中对各级耐火等级的建筑构件的燃烧性能和耐火极限的要求

构件名称		耐火等级			
		一级	二级	三级	四级
墙	防火墙	不燃性 3.00	不燃性 3.00	不燃性 3.00	不燃性 3.00
	承重墙	不燃性 3.00	不燃性 2.50	不燃性 2.00	难燃性 0.50
	非承重墙	不燃性 1.00	不燃性 1.00	不燃性 0.50	可燃性
	楼梯间和前室的墙，电梯井的墙住宅建筑单元之间的墙和分户墙	不燃性 2.00	不燃性 2.00	不燃性 1.50	难燃性 0.50
	疏散走道两侧的隔墙	不燃性 1.00	不燃性 1.00	不燃性 0.50	难燃性 0.25
	房间隔墙	不燃性 0.75	不燃性 0.50	难燃性 0.50	难燃性 0.25
柱		不燃性 3.00	不燃性 2.50	不燃性 2.00	难燃性 0.50
梁		不燃性 2.00	不燃性 1.50	不燃性 2.00	难燃性 0.50
楼板		不燃性 1.50	不燃性 1.00	不燃性 0.50	可燃性
屋顶承重构件		不燃性 1.50	不燃性 1.00	不燃性 0.50	可燃性
疏散楼梯		不燃性 1.50	不燃性 1.00	不燃性 0.50	可燃性
吊顶（包括吊顶格栅）		不燃性 0.25	难燃性 0.25	难燃性 0.15	可燃性

注：1. 除本规范另有规定外，以木柱承重且墙体采用不燃材料的建筑，其耐火等级应按四级确定。
　　2. 住宅建筑构件的耐火极限和燃烧性能可按现行国家标准《住宅建筑规范》（GB 50368—2005）的规定执行。

整性被破坏或失去隔火作用时为止的这段时间称为耐火极限，以小时"h"表示。

建筑构件达到耐火极限有三个条件，即：失去支持能力；失去完整性；失去隔火作用时为止的这段时间。只要三个条件中达到任一个条件，就可以确定其达到其耐火极限。

a. 失去支撑能力

如果试件在试验中受到火焰或高温作用下，承载能力和刚度降低，截面缩小，承受不了原设计的荷载而发生跨塌或变形量超过规定数值，则表明失去支持力。

b. 失去完整性

主要指薄壁分隔构件（如楼梯、门窗、隔墙、吊顶等）在火焰或高温作用下，发生爆裂或局部塌落，形成穿透裂缝或孔洞，火焰穿过构件，使其背面可燃物燃烧起来。如楼板受火焰或高温作用时，完整性被破坏，火焰穿到上层房间，表明楼板的完整性被破坏。

c. 失去隔火作用

主要指起分隔作用的构件失去隔热过量热传导的性能。在试验中，如果构件的背火面测得的平均温度超过140℃，或背火面任一点温度超过初始温度180℃时，均表明构件失去隔火作用。

3）提高构件耐火极限的措施

建筑构件的燃烧性能和耐火极限与建筑构件的材料性质、构件尺寸、保护层厚度以及构件的构造做法、支撑情况等有着密切的关系，以下几个方面是提高构件耐火极限的几类措施：

a. 处理好构件接缝构造，防止发生穿透性裂缝；

b. 使用导热系数低的材料，或加大构件厚度；

c. 使用不燃性材料；

d. 增加钢筋砼保护层厚度，或喷涂防火涂料；

e. 加大构件截面；

f. 粗钢筋配于截面中部，细钢筋配于角部；

g. 承重构件提高材料强度等级；

h. 改变构件支承条件，增加多余约束。

6.2.4 建筑防火设计

防火安全设计是建筑设计的重要内容，其目的是根据建筑物的材质、结构、用途等，结合建筑物火灾时的着火特性，采取必要的建筑防火措施所进行的设计。

随着人们对结构防火认识的不断深化和结构防火计算与设计理论研究的不断深入，建筑结构防火设计的方法也在不断发展。防火设计方法主要包括：

（1）基于试验的构件防火设计方法

该方法以试验为设计依据，通过进行不同类型构件（梁和柱）在规定荷载分布与标准升温条件下的耐火试验，确定在采取不同防火措施（如防火涂料）后构件的耐火时间。通过进行一系列的试验可确定各种防护措施（包括各种防火措施不同防护程度）相应的构件耐火时间。进行结构防火设计时，可根据构件的耐火时间要求，直接选取对应的防火措施。然而，该方法难以对下列因素的影响加以考虑：

1）荷载分布与大小的影响。例如，在荷载大小相同的条件下，无偏心轴压柱的耐火时间将比偏心受压柱的耐火时间长，而在荷载分布相同的条件下，显然荷载越大，构件耐火时间越短。由于实际结构构件所受的荷载分布与大小千变万化，结构各构件的实际受载状态与试验的标准受载状态很难完全一致。

2）构件的端部约束状态的影响。构件在结构中受到相邻其他构件的约束，构件的端部约束状态不同，构件的承载力及火灾升温所产生的构件温度内力将不同，而这两方面对构件的耐火时间均有重要的影响。结构中构件的端部约束状态同样千变万化，试验很难准确、全面地加以模拟。

（2）基于计算的构件防火设计方法

为考虑荷载的分布与大小及构件的端部约束状态对构件耐火时间的影响，可按所设计结构的实际情况进行一系列构件的耐火试验，但这样做的费用非常昂贵。为解决基于试验的构件防火设计方法存在的问题，结构构件防火计算理论研究引起了很多研究者的重视，开展了大量的研究。理论研究以有限元为主，也有的采用经典解析分析方法，基本建立了能考虑任意荷载形式和端部约束状态影响的构件防火设计方法。目前这种方法已被英国、澳大利亚、欧共体等国家或组织的结构设计规范采用。我国上海市标准《钢结构防火技术规程》也采用这种方法。

（3）基于计算的结构防火设计方法

结构的主要功能是作为整体承受荷载。火灾下结构单个构件的破坏，并不一定意味着整体结构的破坏。特别是对于钢结构，一般情况下结构局部少数构件发生破坏，将引起结构内力重分布，结构仍具有一定继续承载的能力。当结构防火设计以防止整体结构倒塌为目标时，则基于整体结构的承载能力极限状态进行防火设计更为合理。目前结构火灾下的整体反应分析尚是热门研究课题，还没有提出适用于工程实用的方法被有关规范采纳。

（4）基于火灾随机性的结构防火设计方法

现代结构设计以概率可靠度为目标，因火灾的发生具有随机性，且火灾发生后空气升温的变异性很大，要实现结构抗火的概率可靠度设计，必须考虑火灾及空气升温的随机性。考虑火灾随机性的结构抗火设计方法尚属有待研究的课题，但它将是结构抗火设计的发展方向。

对任何结构，无论是构件还是整体结构的抗火设计，均应满足下列要求：

1）在规定的结构耐火极限的时间内，结构的承载力 R_d 应不小于各种作用所产生的组合效应 S_m，即：

$$R_d \geq S_m \qquad (式6-1)$$

2）在各种荷载效应组合下，结构的耐火时间 t_d 应不小于规定的结构耐火极限 t_m，即：

$$t_d \geq t_m \qquad (式6-2)$$

3）火灾下，当结构内部温度均匀时，若记结构达到承载力极限状态时的内部温度为临界温度 T_d，则应不小于规定的耐火极限时间内结构的最高温度 T_m，即：

$$T_d \geq T_m \qquad (式6-3)$$

上述三个要求实际上是等效的，进行结构防火设计时，满足其一即可。此外，对于耐火等级为一级的建筑，除应进行结构构件层次的防火设计外，还宜进行整体结构层次的抗火计算与设计，而对其他耐火等级的建筑，则可只进行结构构件层次的防火设计。

根据我国建筑设计防火规范，对建筑防火设计的主要内容包括：总平面防火设计、防火分区设计、安全疏散合计和建筑结构耐火设计等方面。

（1）总平面防火设计

总平面防火设计是指在城镇或区域的规划或设计中，根据建筑物的使用性质、所处的地形、地势、气候和风向等因素，进行合理布局，尽量避免建筑物相互之间构成火灾威胁或发生火灾、爆炸后造成严重后果，同时为消防车顺畅行驶和顺利扑救火灾提供条件。例如，在区域内设置防止火灾蔓延的防火隔离带，将生产易燃易爆物品的工厂和储存易燃易爆物品的仓库设置在城市边缘或独立的安全地区，与影剧院、会堂、大型商场、体院馆、游乐场等人员密集的公共建筑或场所其他建筑之间保持规定的防火安全距离等。

以工业企业总平面布局为例来说，工厂、仓库的平面布置，要根据建筑的火灾危险性、地形、周围环境以及长年主导风向等，进行合理布置，一般应满足以下要求：

1）规模较大的工厂、仓库，要根据实际需要，合理划分生产区、储存区（包括露天储存区）、生产辅助设施区和行政办公、生活福利区等。

2）同一生产企业，若有火灾危险性大和火灾危险性小的生产建筑，则应尽量将火灾危险性相同或相近的建筑集中布置，以利采取防火防爆措施，便于安全管理。

3）注意环境。在选择工厂、仓库地址时，既要考虑本单位的安全，又要考虑邻近地区的企业的居民的安全。易燃、易爆的工厂或仓库，应用实体围墙与外界隔开。

4）地势条件。甲、乙、丙类液体仓库，宜布置在地势较低的地方，以免对周围环境造成火灾威胁；若其必须布置在地势较高处，则应采取一定的防火措施（如设置截挡全部流散液体的防火堤）。乙炔站等遇水产生可燃气体，会发生火灾爆炸的工业企业，严禁布置在易被水淹没的地方。

对于爆炸物品仓库，宜优先利用地形，如选择多面环山，附近没有建筑物的地方，以减少爆炸时的危害。

5）注意风向。散发可燃气体、可燃蒸气和可燃粉尘的车间、装置等，应布置在厂区的全年主导风向的下风或侧风向。

6）物质接触能引起燃烧、爆炸的，两建筑物或露天生产装置应分开布置，并应保持足够的安全距离。如氧气站空分设备的吸风口，应位于乙炔站和电石渣堆或散发其他碳氢化合物的部位全年主导风向的上风向，且两者必须不小于 100～300m 的距离，如制氧流程内设有分子筛吸附净化装置时，可减少到 50m。

7）为解决两个不同单位合理留出空地问题，厂区或库区围墙与厂（库）区内建筑物的距离不宜小于5m，并应满足围墙两侧建筑物之间的防火间距要求。液氧储罐周围 5m 范围内不应有可燃物和设置沥青路面。

8）变电所、配电所不应设在有爆炸危险的甲、乙类厂房内或贴邻建造。乙类厂房的配电所必须在防火墙上开窗时，应设不燃烧体密封固定窗。

9）甲、乙类生产厂房和甲、乙类物品库房不应设在建筑物的地下或半地下室内。

10）厂房内设置甲、乙类物品的中间库房时，其储量不宜超过一昼夜的需要量。中间仓库应靠外墙布置，并应采用耐火极限不低于 3 小时的不燃烧体墙和 1.5 小时的不燃烧体楼板与其他部分隔开。

11）有爆炸危险的甲、乙类厂房内不应设置办公室、休息室。如必须贴邻本厂房设置时，应采用一、二级耐火等级建筑，并采用耐火极限不低于 3 小时的不燃烧体防火墙隔开和设置直通室外或疏散楼梯的安全出口。

12）有爆炸危险的甲、乙类厂房总控制室应独立设置；其分控制室可毗邻外墙设置，并应用耐火极限不低于 3 小时的不燃烧体墙与其他部分隔开。

13）有爆炸危险的甲、乙类生产部门，宜设在单层厂房靠外墙或多层厂房的最上一层靠外墙处。有爆炸危险的设备应尽量避开厂房的梁、柱等承重构件布置。

（2）防火间距

建筑的间距保持是消防要求的重要方面，为了防止建筑物间的火势蔓延，各幢建筑物之间留出一定的安全距离是非常必要的。通过对建筑物进行合理布局和设置防火间距，减少辐射热的影响，避免相邻建筑物被烤燃，防止火灾在相邻建筑物之间相互蔓延，合理利用和节约土地，并为人员疏散消防人员的援救和灭火提供条件，减少失火建筑对相邻建筑强辐射热和烟气的影响。

防火间距是一座建筑物着火后，火灾不致蔓延到相邻建筑物的空间间隔，两栋建（构）筑物之间，保持适应火灾扑救、人员安全疏散和降低火灾时热辐射等的必要间距。

1）影响防火间距的因素

a. 辐射热

辐射热是影响防火间距的主要因素，辐射热的传导作用范围较大，在火场上火焰温度越高，辐射热强度越大，引燃一定距离内的可燃物时间也越短。辐射热伴随着热对流和飞火则更危险。

b. 热对流

这是火场冷热空气对流形成的热气流，热气流冲出窗口，火焰向上升腾而扩大火势蔓延。由于热气流离开窗口后迅速降温，故热对流对邻近建筑物来说影响较小。

c. 建筑物外墙开口面积

建筑物外墙开口面积越大，火灾时在可燃物的质和量相同的条件下，由于通风好、燃烧快、火焰强度高，辐射热强。相邻建筑物接受辐射热也较多，就容易引起火灾蔓延。

d. 建筑物内可燃物的性质、数量和种类

可燃物的性质、种类不同，火焰温度也不同。可燃物的数量与发热量成正比，与辐射热强度也有一定关系。

e. 风速

风的作用能加强可燃物的燃烧并促使火灾加快蔓延。

f. 相邻建筑物高度的影响

相邻两栋建筑物，若较低的建筑着火，尤其当火灾时它的屋顶结构倒塌，火焰穿出时，对相邻的较高的建筑危险很大，因较低建筑物对较高建筑物的辐射角在30°～45°之间时，根据测定辐射热强度最大。

g. 建筑物内消防设施的水平

如果建筑物内火灾自动报警和自动灭火设备完整，不但能有效地防止和减少建筑物本身的火灾损失，而且还能减少对相邻建筑物蔓延的可能。

h. 灭火时间的影响

火场中的火灾温度，随燃烧时间有所增长。火灾延续时间越长，辐射热强度也会有所增加，对相邻建筑物的蔓延可能性增大。

2）确定防火间距的基本原则

影响防火间距的因素很多，在实际工程中不可能都考虑。除考虑建筑物的耐火等级、建（构）筑物的使用性质、生产或储存物品的火灾危险性等因素外，还考虑到消防人员能够及时到达并迅速扑救这一因素。通常根据下述情况确定防火间距：

a. 考虑热辐射的作用

火灾资料表明，一、二级耐火等级的低层民用建筑，保持7～10m的防火间距，在有消防队进行扑救的情况下，一般不会蔓延到相邻的建筑物。

b. 考虑灭火作战的实际需要

建筑物的建筑高度不同，需使用的消防车也不同。对低层建筑，普通消防车即可；而对高层建筑，则还要使用曲臂、云梯等登高消防车。为此，考虑登高消防车操作场地的要求，也是确定防火间距的因素之一。

c. 考虑节约用地

在进行总平面规划时，既要满足防火要求，又要考虑节约用地。在有消防扑救的条件下，能够阻止火灾向相邻建筑物蔓延为原则。

我国《建筑设计防火规范》根据建筑物的高度及使用性质等因素给出了建筑之间的防火间距要求，以民用建筑为例来说，民用建筑的防火间距见表6-10的要求。

3）防火间距不足时应采取的措施

防火间距由于场地等原因，在不能满足国家有关消防技术规范的要求时，可根据建筑物的实际情况，采取以下措施：

a. 改变建筑物内的生产和使用性质，尽量降低建筑物的火灾危险性。改变房屋部分结构的耐火性能，提高建筑物的耐火等级。

b. 调整生产厂房的部分工艺流程，限制库房内储存物品的数量，提高部分构件的耐火极限能和燃烧性能。

c. 将建筑物的普通外墙改造为实体防火墙。建筑物的山墙对建筑物的通风、采光影响小，设置的窗户

表6-10　民用建筑之间的防火间距　　　　　　　　　　　　　　　　单位：m

建筑类别		高层民用建筑	裙房和其他民用建筑		
		一、二级	一、二级	三级	四级
高层民用建筑	一、二级	13	9	11	14
裙房和其他民用建筑	一、二级	9	6	7	9
	三级	11	7	8	10
	四级	14	9	10	12

注：1. 相邻两座单、多层建筑，当相邻外墙为不燃性墙体且无外露的可燃性屋檐，每面外墙上无防火保护的门、窗、洞口不正对开设且该门、窗、洞口的面积之和不大于外墙面积的5%时，其防火间距可按本表的规定减少25%。
　　2. 两座建筑相邻较高一面外墙为防火墙，或高出相邻较低一座一、二级耐火等级建筑的屋面15m及以下范围内的外墙为防火墙时，其防火间距不限。
　　3. 相邻两座高度相同的一、二级耐火等级建筑中相邻任一侧外墙为防火墙，屋面板的耐火极限不低于1.00h时，其防火间距不限。
　　4. 相邻两座建筑中较低一座建筑的耐火等级不低于二级，相邻较低一面外墙为防火墙且屋顶无天窗，屋面板的耐火极限不低于1.00h时，其防火间距不应小于3.5m；对于高层建筑，不应小于4m。
　　5. 相邻两座建筑中较低一座建筑的耐火等级不低于二级且屋顶无天窗，相邻较高一面外墙高出较低一座建筑的屋面15m及以下范围内的开口部位设置甲级防火门、窗，或设置符合现行国家标准《自动喷水灭火系统设计规范》 GB50084规定的防火分隔水幕或本规范第6.5.3条规定的防火卷帘时，其防火间距不应小于3.5m的；对于高层建筑，不应小于4m。
　　6. 相邻建筑通过连廊、天桥或底部的建筑物等连接时，其间距不应小于本表的规定。
　　7. 耐火等级低于四级的既有建筑，其耐火等级可按四级确定。

少，可将山墙改为实体防火墙。

d. 拆除部分耐火等级低、占地面积小、适用性不强且与新建筑物相邻的原有陈旧建筑物。

e. 设置独立的室外防火墙等。

（3）防火分区设计

建筑物的某个空间起火后，火势会因受热气体的对流、辐射作用，从楼梯、墙壁的烧损处和门窗洞口等向其他空间蔓延开来，最后发展至整栋建筑的火灾。因此，对面积大、层数多的建筑，需要在一定时间内将火势控制在着火的局部区域。

防火分区是通过在建筑物中耐火性能好的分隔构件将建筑空间分割成若干区域，一旦某个区域发生火情，会将火灾限制在这一局部区域之中，不至于很快扩大蔓延至其他区域中去的有效方法。在建筑物内采用划分防火分区这一措施，可以在建筑物一旦发生火灾时，有效地把火势控制在一定的范围内，减少火灾损失，同时可以为人员安全疏散、消防扑救提供有利条件。

对于建筑防火分区，就是用具有一定耐火能力的墙、楼板等分隔构件，作为一个区域的边界构件，能够在一定时间内把火灾控制在某一范围的空间。

建筑防火分区按照其作用，又可分为水平防火分区和竖向防火分区。

1）水平防火分区

水平防火分区是为了防止火灾在水平方向扩大蔓延而设置的，一般是指采用具有一定耐火能力的墙体、门、窗和楼板，按规定的建筑面积标准，分隔的封闭空间（图6-11）。

2）竖向防火分区

为了把火灾控制在一定的楼层范围内，防止从起火层向其他楼层垂直方向蔓延，必须沿建筑物高度划分防火分区，即竖向防火分区。由于竖向防火分区是以每个楼层为基本防火单元的，所以也称为层间防火分区。一般采用具有一定耐火性能的钢筋混凝土楼板、上下楼层之间的窗间墙等作为防火分隔构件（图6-12）。

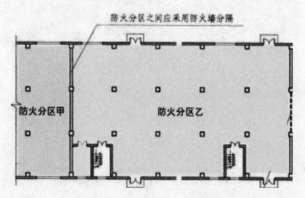

图6-11　水平防火分区示意图

图 6-12　竖向防火分区示意图

我国《建筑设计防火规范》中，对不同耐火等级建筑的允许建筑高度或层数、防火分区最大允许建筑面积进行了规定，见表 6-11 所示。

（4）安全疏散

国内外建筑火灾的实例表明，凡造成重大人员伤亡的火灾，大部分是因没有可靠的安全疏散设施或管理不善，人员不能及时疏散到安全避难区域造成的。有的疏散楼梯不封闭、不防烟；有的疏散出口数量少，疏散宽度不够；有的在安全出口上锁、疏散通道堵塞；有的缺少火灾事故照明和疏散指示标志。可见，如何根据不同使用性质、不同火灾危险性的建筑物，通过安全疏散设施的合理设置，为建筑物内人员和物资的安全疏散提供条件，是建筑防火设计的重要内容，应当引起重视。

安全疏散是指建筑中的人员通过专门的设施和路线，安全的撤离着火的建筑，是建筑物发生火灾后确保人员生命财产安全的有效措施，因此是建筑防火的一项重要内容。建筑发生火灾时，为避免室内人员因火烧、缺氧窒息、烟雾中毒和房屋倒塌造成伤害，要尽快疏散、要尽快转移室内的物资和财产，以减少火灾造成的损失；消防人员必须迅速赶到火灾现场进行灭火，这些行动都必须借助于建筑物内的安全疏散设施来实施。因此，如何保证安全疏散是十分重要的。

1）安全疏散原则

安全疏散设计是指根据建筑的特性设定的火灾条件，针对灾害及疏散形式的预测，采取一系列防火措施保证人员具有足够的安全度。一般来说，安全疏散应遵循以下原则：

a. 简捷明了原则。疏散路线应力求短捷通畅，设计简单明了，易于辨认并且符合人们习惯的疏散路线。

b. 双向疏散原则。在建筑物内的任意一个部位，宜同时有两个或两个以上的疏散方向可供疏散。

c. 保证从着火房间内到房门，从房门经过公共走道到楼梯间，从楼梯间到室外安全地带的整个疏散过程的安全。

d. 避免出现各种人流、物流相互交叉，杜绝出现逆流。如设计时应避免疏散路线与火灾扑救路线的交叉和干扰，因此疏散楼梯与消防楼梯不能共用一个

表 6-11　不同耐火等级建筑的允许建筑高度或层数、防火分区最大允许建筑面积

名称	耐火等级	允许建筑高度或层数	防火分区的最大允许建筑面积（m²）	备注
高层民用建筑	一、二级	按本规范第 5.1.1 条确定	1500	对于体育馆、剧场的观众厅，防火分区的最大允许建筑面积可适当增加。
单、多层民用建筑	一、二级	按本规范第 5.1.1 条确定	2500	
	三级	5 层	1200	—
	四级	2 层	600	—
地下或半地下建筑（室）	一级	—	500	设备用房的防火分区最大允许建筑面积不应大于 1000m²

注：1 表中规定的防火分区最大允许建筑面积，当建筑内设置自动灭火系统时，可按本表的规定增加 1.0 倍；具备设置时，防火分区的增加面积可按该局部面积的 1.0 倍计算。
　　2 裙房与高层建筑主体之间设置防火墙时，裙房的防火分区可按单、多层建筑的要求确定。

前室。

e. 疏散走道不布置成"S"形或"U"形。

f. 疏散通道上的防火门，在发生火灾时必须保持自动关闭状态，防止高温烟气通过敞开的防火门向相邻防火分区（或防火空间）蔓延，影响人员的安全疏散。

g. 在进行安全疏散设计时，应充分考虑人员在火灾条件下的心理状态及行为特点，并在此基础上采取相应的设计方案。

2）安全疏散距离的确定

为了合理布置安全疏散路线，需在考虑安全疏散的允许时间基础上确定安全疏散距离。一般可以按照如下方式进行确定：

a. 安全疏散允许时间

安全疏散允许时间是指建筑物发生火灾时，人员离开着火建筑物到达安全区域的时间。

总疏散时间中疏散时间由下式算出：

$$T_{总} = t_1 + t_2 + t_3 \qquad (式6\text{-}4)$$

式中：$T_{总}$是总疏散时间（min）；

t_1是室内疏散时间（min）；

t_2是通过走道疏散时间（min）；

t_3是通过楼梯的疏散时间（min）。

以上时间是与人员行走距离，疏散速度有关。疏散速度与总人数、人流股数、单股人流通行能力等有关。

安全疏散允许时间是指自建筑物发生火灾，到威胁到人员生命安全的时间。我国根据高温烟气对人的危害以及建筑倒塌等实验测定的时间极限，确定了安全疏散允许的时间（$T_{允}$）。

总疏散时间应小于或等于疏散时间，即$T_{总}$大于或等于$T_{允}$。如果建筑为防烟楼梯，则楼梯上的疏散时间不予计算。

b. 安全疏散距离

根据安全疏散允许时间，可以确定安全疏散距离。民用建筑的安全疏散距离指从房间门或住户门至最近的外部出口或楼梯间的最大距离，厂房的安全疏散距离指厂房内最远工作点到外部出口或楼梯间的最大距离。限制安全疏散距离的目的在于缩短疏散时间，使人们尽快从火灾现场疏散到安全区域。影响安全疏散距离的因素很多，如建筑物的使用性质、

表6-12 直通疏散走道的房间疏散门至最近安全出口的直线距离 单位：m

名称			位于两个安全出口之间的疏散门			位于袋形走道两侧或尽端的疏散门		
			一、二级	三级	四级	一、二级	三级	四级
托儿所、幼儿园老年人建筑			25	20	15	20	15	10
歌舞娱乐放映游艺场所			25	20	15	9	—	—
医疗建筑	单、多层		35	30	25	20	15	10
	高层	病房部分	24	—	—	12	—	—
		其他部分	30	—	—	15	—	—
教学建筑	单、多层		35	30	25	22	20	10
	高层		30	—	—	15	—	—
高层旅馆、公寓、展览建筑			30	—	—	15	—	—
其他建筑	单、多层		40	35	25	22	20	15
	高层		40	—	—	20	—	—

注：1. 建筑内向开向敞开式外廊的房间疏散门至最近安全出口的直线距离可按本表的规定增加。

2. 直通疏散走道的房间疏散门至最近敞开楼梯间的直线距离，当房间位于两个楼梯间之间时，应按本表的规定减少5m；当房间位于袋形走道两侧或尽端时，应按本表的规定减少2m。

3. 建筑物内全部设置自动喷水灭火系统时，其安全疏散距离可按本表及注1的规定增加25%。

人员密集程度、人员本身活动的能力等。

为了确保火灾时室内人员的安全疏散，我国《建筑设计防火规范》对安全出口的设计、安全疏散距离的计算、疏散楼梯的设计等均进行了规定。例如规定公共建筑的安全疏散距离应符合表 6-12 的规定，对于住宅建筑其安全疏散距离符合表 6-13 的规定。

3）安全疏散设施

安全疏散设施主要包括安全出口、疏散楼梯、疏散走道、消防电梯、事故广播、避难层、事故照明和安全指示标志等。

a. 安全出口

建筑物内发生火灾时，为了减少损失，需要把建筑物内的人员和物资尽快撤到安全区域，这就是火灾时的安全疏散，凡是符合安全疏散要求的门、楼梯、走道等都称为安全出口。如建筑物的外门、着火楼层梯间的门、防火墙上所设的防火门、经过走道或楼梯能通向室外的门等，都是安全出口。

布置安全出口要遵照"双向疏散"的原则，即建筑物内常有人员停留在任意地点，均宜保持有两个方向的疏散路线，使疏散的安全性得到充分的保证。安全出口数量的多少，对保证人身安全和物资疏散极为重要。但是，从经济角度出发，也不是设得越多越好。一般来说，每个防火分区安全出口的数量不得少于两个。不过于人员较少或面积较小的防火分区，以及消防队能从外部进行扑救的范围，由于其失火率相对较低，疏散与扑救较为便利，因此也可以适当放宽，不完全强调设两个安全出口。

b. 疏散楼梯

疏散楼梯包括普通楼梯、封闭楼梯、防烟楼梯及室外疏散楼梯等四种。疏散楼梯（室外疏散楼梯除外）均应做成楼梯间，围成楼梯间的墙皆应是耐火极限不低于 2.5h 的非燃烧体，楼梯应耐火 1 ~ 1.5h。

c. 消防电梯

高层建筑发生火灾时，要求消防队员迅速到达起火部位，扑灭火灾和救援遇难人员，如果消防队员从楼梯登高体力消耗很大，难以有效地进行灭火战斗，而且还要受到疏散人流的冲击，因此设置消防电梯，在利于队员迅速登高，而且消防电梯前室还是消防队员进行灭火战斗的立足点，和救治遇难人员的临时场所。

d. 疏散走道

从建筑物着火部位到安全出口的这段路线称为疏散走道，也就是指建筑物内的走廊或过道。

从防火的角度看，对疏散走道的要求如下：疏散走道的吊顶应为耐火极限不低于 0.25h 的非燃装修；不宜过长，应该能使人员在有限的时间内到达安全出口，在疏散走道内应该有防排烟措施；走道上的门应该是防火门，在门两侧 1.4m 范围内不要设台阶，并不能有门槛，以防人员拥挤时跌倒；疏散走道内应有疏散指示标志和事故照明。

e. 火灾事故照明和疏散指示标志

建筑物发生火灾时，正常电源往往被切断，为

表 6-13　住宅建筑直通疏散走道的户门至最近安全出口的直线距离　　　　　　　　　　单位：m

住宅建筑类别	位于两个安全出口之间的户门			位于袋形走道两侧或尽端的户门		
	一、二级	三级	四级	一、二级	三级	四级
单、多层	40	35	25	22	20	15
高层	40	—	—	20	—	—

注：1. 开向敞开式外廊的户门至最近安全出口的最大直线距离可按本表的规定增加 5m。
　　2. 直通疏散走道的户门至最近敞开楼梯间的直线距离，当户门位于两个楼梯间之间时，应按本表的规定减少 5m；当户门位于袋形走道两侧或尽端时，应按本表的规定减少 2m。
　　3. 住宅建筑内全部设置自动喷水灭火系统时，其安全疏散距离可按本表及注 1 的规定增加 25%。
　　4. 跃廊式住宅的户门至最近安全出口的距离，应从户门算起，小楼梯的一段距离可按其水平投影长度的 1.50 倍计算。

了便于人员在夜间或浓烟中疏散，需要在建筑物中安装事故照明和疏散指示标志。

事故照明和疏散指示标志的安装部位：封闭楼梯间、防烟楼梯间及其前室，消防电梯及其前空；消防控制室、配电室、消防水泵室、自备发电机房；观众厅、展览厅、多功能厅、餐厅、商场营业厅、地下室等人员密集的场所。

f. 火灾事故广播

在安装有事故照明和疏散指示标志的场所，应同时安装事故广播系统。以便在紧急情况下同时有声光效应，使人员尽快有秩序地疏散。事故广播系统可与火灾报警系统联动，并按现行国家标准《火灾自动报警系统设计规范》的有关规定设置。

g. 避难层

建筑高度超过100m的公共建筑，应设置避难层，并应符合下列规定：避难层的设置，自高层建筑首层至第一个避难层或两个避难层之间，不宜超过15层；通向避难层的防烟楼梯应在避难层分隔、同层错位或上下层断开，但人员均必须经避难层方能上下；避难层的净面积应能满足设计避难人员避难的要求，并宜按5人/m² 计算；避难层应设消防电梯出口、消防专线电话、消火栓和消防卷盘；避难层应设有应急广播和应急照明，其供电时间不应小于1h，照度不应低于1Lx。

6.2.5 建筑火灾烟害及防治

在各类火灾中，建筑火灾发生频率高，火灾造成人员伤亡多，经济损失大。特别是城镇中不同类型的多层、高层建筑与日俱增。其建筑楼层多，内装修材料多，电器设备多，室内工作居住人员多，建筑功能多，管道竖井多。因此形成建筑火灾的特性：火灾产生的烟气多，毒性大；需要安全疏散的人员多，难度大；火灾中遇难死亡的人数多；火势蔓延快，火烟扩散快；消防人员灭火扑救难。据统计，在火灾伤

亡的受害者中，受烟害而直接死亡者约占死亡总数的1/2 ~ 2/3，且另外1/3 ~ 1/2 因火烧而致死亡者中，多数也是先受烟害晕厥而后被火烧死亡。

（1）火烟的概念

火烟是由热风压、火风压、相互影响，共同作用形成的火灾危害。通常称为内因的火风压和称为外因的热风压共同产生火灾危害，火烟所到之处，可谓"火借风势，风助火威"。当多层、高层建筑室内冬季采暖时，若其底部楼层起火，火烟在火风压和热风压的共同作用下迅速向上部楼层蔓延扩散，从而可能成为二次火源，导致该建筑上部楼层燃烧，而且起火层上部楼层均会受到火烟的污染，而使大楼上部楼层人员处于火烟包围的危险状态之中。这就是冬季多层、高层建筑起火后迅速蔓延扩散的主要原因。当多层、高层室内夏季有空调机工作时，若其上部楼层起火，则火烟火风压和热风压的共同作用下，缓缓向下部楼层蔓延扩散，也可能成为二次火源。导致该建筑下层燃烧，而且起火层下部楼层均会受到火烟的污染，而使楼内下部楼层人员处于火烟包围的危险状态之中。但此时火烟扩散的速度较前述条件下扩散速度小得多，为室内人员疏散和消防人员灭火救助争取了时间。

总之，室内热风压的作用方向，在室内取暖时其方向向上；当室内制冷时热风压作用方向向下，火风压的作用方向总是使其向开口上方流出起火房间。因此在人有空调制冷时，热风压与火风压的作用方向相反，所以起火层产生的火烟扩散运动的速度与快慢与方向取决于热风压与火风压的绝对值大小。

（2）火灾烟气的生成与性质

建筑火灾从物理、化学上讲是建筑构件、室内装饰材料与物品、家具等的热解和燃烧过程。热解（热分解反应）是物质由于温度升高而发生的无氧化作用的不可逆化学分解现象，热解虽不产生发光、

火焰，但却有发烟现象。燃烧是可燃物与助燃物所发生的剧烈氧化放热反应，并伴有火焰、发光、发烟现象。物质在一定温度下，燃烧的反应速度并不快，但热解的速度却很快。火灾烟气（简称火烟）是火灾过程中因热解与燃烧而形成的一种产物。在火灾中热解产物可燃烧产物往往是混染在一起难以分开。

1）火烟组成：火烟的成分和性质取决于热解和燃烧的物质本身化学组成和燃烧条件。建筑火灾的环境条件比较复杂，故火烟的组成也较复杂，但总体由热解和燃烧所生成的气（汽）体、悬浮微粒以及剩余空气三者构成。

a. 热解和燃烧所生成的气（汽）体，以 CO_2、CO、H_2O（水蒸汽）、SO_2、P_2O_5 为主，并含有游离基的中间气态物质。

b. 热解和燃烧所生成的悬浮微粒，有炭黑、焦油类粒子和高沸点物质的凝缩液滴等。起火前的阴燃阶段，烟粒子多为高沸点物质的凝缩液滴，烟常呈白色或青白色；起火阶段烟粒子主要为炭黑，火烟呈黑色；扑火熄灭阶段，因水吸热汽化为水蒸汽，烟气呈白色。

c. 剩余空气：在燃烧过程中没有参与燃烧反应的空气称为剩余空气或过剩空气。

2）火烟的危害性

a. 毒害性：火烟的毒害性表现为缺氧、毒害尘害和高温。空气中含氧量为 21% 时为人的生理所需含量。空气含氧量 ≤ 6% 时人在短时间内会因缺氧而窒息死亡；空气含氧量在 6% ~ 14% 时，人会失去活动能力和智力下降。实际上着火房间空气含氧量只有 3%，火烟中的大量有毒气体，超过正常允许浓度时，则造成人员中毒死亡。火灾产生的 d<10um 的飘尘可达数年之久，对人体呼吸系统造成慢性危害。人对高温的暂时忍耐性最高为 65℃，而火烟温度常在 500℃ 以上。表 6-14 给出了各种可燃物燃烧时产生的有毒气体。

b. 减光性：火烟对可见光不透明有遮蔽作用。此外火烟含有对眼有刺激性气体，更加降低了人的视程。根据实测：火烟中能见距离只有几十厘米。而确保人员安全疏散的最小能见距离是：对起火建筑熟悉者为 5m；对起火建筑陌生者为 30m。

c. 恐怖性：前两者均是对人的生理危害，而火灾时的滚滚浓烟、熊熊烈火则造成人的恐怖，形成心

表 6-14　各种可燃物燃烧时产生的有毒气体

物质名称	燃烧时产生的主要有害气体
木材、纸张	一氧化碳（CO）、二氧化碳（CO_2）
棉花 人造纤维 羊毛	一氧化碳（CO），二氧化碳（CO_2）、硫化氢（H_2S）、氨（NH_3）、氰化氢（HCN）
聚四氟乙烯	二氧化碳（CO_2）、一氧化碳（CO）
聚苯乙烯	二氧化碳（CO_2）、一氧化碳（CO）、乙醛（CH_3CHO）、苯（C_6H_6）、甲苯（$C_6H_6\text{-}CH_3$）
聚氯乙烯	二氧化碳（CO_2）、一氧化碳（CO）、氯（Cl_2）、氯化氢（Hcl）、光气（$COCl_2$）
尼龙	二氧化碳（CO_2）、一氧化碳（CO）、氨（NH_3）、氰化物（XCN）、乙醛（CH_3CHO）
酚树脂	一氧化碳（CO）、氨（NH_3）、氰化物（XCN）
三聚氢胺 一醛树脂	一氧化碳（CO）、氨（NH_3）、氰化物（XCN）
环氧树脂	二氧化碳（CO_2）、一氧化碳（CO）、丙醛（CH_3CH_2CHO）

理危害。受到心理伤害的人会失去活动能力或丧失理智、造成混乱，甚至堆叠而导致大量伤亡。

（3）火烟蔓延扩散的防治

火烟是造成人员伤亡的主要因素，减少火烟蔓延对室内人员的威胁的关键是控制建筑中的热风压大小和建筑火灾中的火风压大小。因此，主要应减少起火房间内的火风压的值，以防止火烟沿安全通道蔓延扩散主要防治对策为：

1）减少起火房间的火风压值。尽量减少室内易燃、可燃物数量，选用不燃或难燃材料或将易燃物变不燃或进行阻燃处理；起火房间内的所有材料必须采用发烟系数和毒性指数较小的材料。

2）建筑设计中在满足建筑功能的前提下，尽量降低层高。以减小火烟流入安全通道的流量。在安全通道内，装饰材料应选用燃点较高或对易燃、可燃材料做不燃、难燃、阻燃处理，防止二次火源增大火风压，增加火烟污染源。

3）降低通道内火烟沿程变化和火风压。必须采用耐火极限符合要求的防火门，尽量减小流入通道中的火烟质量流量，尽可能增大通道断面周长，使通道有更大的侧壁面积参与吸热降温，通道壁材料应采用热阻小的材料，并进行难燃、阻燃化处理。

4）在采用自然通风、排烟的一般建筑中，通过开启通道墙面的外窗，使室外冷空气进行与火烟掺混降温，并降低火烟对通道的热污染和烟、毒污染。高层建筑应采用符合安全条件的机械通风防烟、排烟系统或采用自然排烟、机械通风防烟的混合系统。

（4）高层建筑中防、排烟

高层建筑防、排烟是一项综合性、系统性极强的工作，它既是建筑安全性重要标志之一，又是防火、灭火的重要措施和手段。应采取"预防为主，消防结合"方针。最大限度地减少火灾时火烟生成量，并使火烟迅速而有效地排除，同时防止火烟从着火区向非着火区扩散，防止火烟对安全通道的走廊、楼梯间等处的烟、热、毒的污染，确保室内人员进行安全疏散。

1）起火前着眼于预防。严格防火安全制度措施，加强建筑自身及室内家具的阻燃、难燃、非燃化，完善建筑防火分区、防火隔断措施，完善疏散通及消防报警系统、自动灭火系统、消防给水系统、防排烟系统等设施。

2）起火后，除充分发挥上述消防、安全设施作用外，应对火灾产生的火烟进行控制、疏排。

3）杜绝烟源。建筑设计和室内装修时，应充分考虑到材料的阻燃性；同时室内装饰布置也尽可能使火灾时产生的烟量能降到最限度。

4）消除烟源。室内一旦起火，应能迅速、有效地投入自动灭火喷洒设施，隔绝起火房间内的新鲜空气补给，使火灾消灭于初始阶段。

5）切断烟源。起火后，应有效地切断着火区与非着火区的联系，在防火分区设防烟门，对通风管道进行非燃化处理。切断烟不是根本措施，还应有能迅速排烟、防止蔓延和扩散的有效手段及设施。

6.2.6 建筑火灾探测与预警

火灾初起时尽早发现和扑灭火灾，限制火灾的发展和蔓延，是建筑火灾防治中极为重要的对策。火灾自动报警与联动控制技术是现代电子技术、计算机技术、自动控制技术和消防技术相结合的一项综合技术，它包括火灾参数检测技术、火灾信息处理与自动报警技术、消防设备联动与控制技术、消防系统集成技术等多种高新技术。在建筑设计中设置火灾自动报警系统，可以对建筑物内初起的火灾进行监控，及时发现和通报火情，并启动喷水灭火系统及时扑灭火灾。

火灾探测器按照其检测的火灾参数的不同可分为感温探测器（检测火灾烟气对流热的温度）、感烟探测器（检测烟气中悬浮小颗粒的特性）、火焰探测器（检测燃烧放热引起热辐射特性）、气敏探测器（检测火灾后环境中某些气体含量的变化）以及复合式火灾探测器等。

火灾探测器的选用和设置是否得当，对火灾探测器性能和火灾自动报警系统整体性能的发挥起着非常重要的作用。我国《火灾自动报警系统设计规范》（GB 50116—2013）对火灾探测器的选用和设置有具体规定。一般来说，火灾探测器的选用要根据火灾探测区域内可能发生的初期火灾的形成和发展特点、房间高度、环境条件、是否会造成误报等因素进行综合考虑并选用。

（1）根据火灾的形成与发展特点选用火灾探测器。根据建筑物内可燃物的情况，比如房间内的可燃物主要是棉麻织物、木器等，火灾初起由阴燃阶段，会产生大量的烟而热量较少，很少或没有火焰辐射时，一般应选用感烟式火灾探测器。当房间内的可燃物会在短时间内使火灾发展迅速，有强烈的火焰辐射和少量的烟气时，应选用火焰探测器。散发可燃气体或易燃液体蒸汽的场所，应选用可燃气体探测器。

（2）根据房间高度选用火灾探测器。对火灾探测器使用高度加以限制，是为了在整个探测器保护面积范围内，使火灾探测器有响应的灵敏度，确保其有效性。一般来说，感烟探测器的安装使用高度应小于或等于12m；感温探测器的使用高度应小于或等于8m；火焰探测器的使用高度由其光学灵敏度范围确定。

（3）根据综合环境条件选用火灾探测器。火灾探测器使用的环境条件，如环境温度、气流速度、振荡、空气湿度、光干扰等，对火灾探测器的工作有效性（灵敏度等）会产生影响。一般来说，感烟探测器和火焰探测器的使用温度应小于50℃；当环境中雾化烟雾或凝露存在时，对感烟探测器和火焰探测器的灵敏度会有影响；当环境中存在烟、灰时，会直接影

响感烟火灾探测器的使用等。在选用火灾探测器时，如果不充分考虑环境因素的影响，那么在使用中就会产生误报。误报除了与环境因素有关以外，还与火灾探测器故障或设计中的欠缺、探测器老化和污染、系统维护不周或接地不良等因素有关。

火灾自动报警系统通常由火灾探测器、火灾报警控制器（图6-13），以及联动与控制模块、控制装置等组成。火灾探测器探测到火灾后，由火灾报警控制器进行火灾信息处理并发出报警信号，同时通过联动控制装置实施对消防设备的联动控制和灭火操作。火灾报警控制器按照其用途可以分为区域火灾报警控制器、集中火灾报警控制器和通用火灾报警控制器。区域火灾报警控制器用于火灾探测器的监测、巡检、供电与备电，接受火灾监测区内火灾探测器的输出参数或火灾报警、故障信号，并转换为声、光报警输出，显示火灾部位或故障位置等。区域火灾报警控制器的主要功能包括火灾信息采集与信号处理，火灾模式识别与判断，声、光报警，故障检测与报警，火灾探测器模拟检查，火灾报警计时，备电切换和联动控制等。

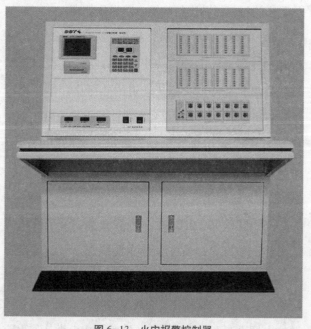

图6-13 火灾报警控制器

集中火灾报警控制器用于接收区域火灾报警控制器的火灾报警信号或设备故障信号，显示火灾或故障部位，记录火灾信息和故障信息，协调消防设备的联动控制和构成终端显示等。

通用火灾报警控制器兼有区域和集中火灾报警控制器的功能，小容量的可以作为区域火灾报警控制器使用，大容量的可以独立构成中心处理系统，其形式多样，功能完备，可以按照特点用作各种类型火灾自动报警系统的中心控制器，完成火灾探测、故障判断、火灾报警、设备联动、灭火控制及信息通信传输等功能。

6.2.7 灭火系统

(1) 初起火灾的扑救

在火灾发展变化中，初起阶段是火灾扑救最有利的阶段，将火灾控制和消灭在初起阶段，就能赢得灭火战斗的主动权，就能显著减少事故损失，反之就会被动，造成难以收拾的局面。

1) 初起火灾的扑救原则

企、事业单位灭火、救灾指挥人员，在指挥灭火救灾中要遵循"救人第一""先控制后消灭""先重点后一般"等原则。

a. 救人第一原则

是指火场上如果有人受到火势威胁，首要任务就是把被火围困的人员抢救出来。运用这一原则，要根据火势情况和人员受火势威胁的程度而定。在灭火力量较强时，人未救出之前，灭火是为了打开救人通道或减弱火势对人员威胁程度，从而更好地为救人脱险、及时扑灭火灾创造条件。在具体实施救人时应遵循"就近优先，危险优先，弱者优先"的基本要求。

b. 先控制、后消灭的原则

对于不能立即扑灭的火灾要首先控制火势的蔓延和扩大，然后在此基础上一举消灭火灾。例如，燃气管道着火后，要迅速关闭阀门，断绝气源，堵塞漏洞，防止气体扩散，同时保护受火威胁的其他设施；当建筑物一端起火向另一端蔓延时，应从中间适当部位控制。

先控制，后消灭在灭火过程中是紧密相连，不能截然分开的。特别是对于扑救初起火灾来说，控制火势发展与消灭火灾，二者没有根本的界限，几乎是同时进行的。应该根据火势情况与本身力量灵活运用这一原则。

c. 先重点，后一般的原则

在扑救初起火灾时，要全面了解和分析火场情况，区分重点和一般。很多时候，在火场上，重点与一般是相对的，一般来说，要分清以下情况：人重于物；贵重物资重于一般物资；火势蔓延迅猛地带重于火势蔓延缓慢地带；有爆炸、毒害、倒塌危险的方面要重于没有这些危险的方面；火场下风向重于火场上风向；易燃、可燃物集中区域重于这类物品较少的区域；要害部位重于非要害部位。

d. 快速，准确，协调作战原则

火灾初起愈迅速，愈准确靠近火点及早灭火，愈有利于抢在火灾蔓延扩大之前控制火势，消灭火灾。

协调作战是指参见扑救火灾的所有组织，个人之间的相互协作，密切配合行动。

2) 初起火灾扑救的基本方法

初起火灾容易扑救，但必须正确运用灭火方法，合理使用灭火器材和灭火剂，才能有效地扑灭初起火灾，减少火灾危害。

灭火的基本方法，就是根据起火物质燃烧的状态和方式，为破坏燃烧必须具备的基本条件而采取的一些措施。具体有以下四种：

a. 冷却灭火法

冷却灭火法，就是将灭火剂直接喷洒在可燃物上，使可燃物的温度降低到自燃点以下，从而使燃烧停止。用水扑救火灾，其主要作用就是冷却灭火。

一般物质起火，都可以用水来冷却灭火。

火场上，除用冷却法直接灭火外，还经常用水冷却尚未燃烧的可燃物质，防止其达到燃点而着火；还可用水冷却建筑构件、生产装置或容器等，以防止其受热变形或爆炸。

b. 隔离灭火法

隔离灭火法，是将燃烧物与附近可燃物隔离或者疏散开，从而使燃烧停止。这种方法适用于扑救各种固体、液体、气体火灾。

采取隔离灭火的具体措施很多。例如，将火源附近的易燃易爆物质转移到安全地点；关闭设备或管道上的阀门，阻止可燃气体、液体流入燃烧区；排除生产装置、容器内的可燃气体、液体，阻拦、疏散可燃液体或扩散的可燃气体；拆除与火源相毗连的易燃建筑结构，形成阻止火势蔓延的空间地带等。

c. 窒息灭火法

窒息灭火法，即采取适当的措施，阻止空气进入燃烧区，或惰性气体稀释空气中的氧含量，使燃烧物质缺乏或断绝氧而熄灭，适用于扑救封闭式的空间、生产设备装置及容器内的火灾。

火场上运用窒息法扑救火灾时，可采用石棉被、湿麻袋、湿棉被、沙土、泡沫等不燃或难燃材料覆盖燃烧或封闭孔洞；用水蒸气、惰性气体（如二氧化碳、氮气等）充入燃烧区域；利用建筑物上原有的门以及生产储运设备上的部件来封闭燃烧区，阻止空气进入。此外，在无法采取其他扑救方法而条件又允许的情况下，可采用水淹没（灌注）的方法进行扑救。但在采取窒息法灭火时，必须注意以下几点：

燃烧部位较小，容易堵塞封闭，在燃烧区域内没有氧化剂时，适于采取这种方法。

在采取用水淹没或灌注方法灭火时，必须考虑到火场物质被水浸没后能否产生的不良后果。

采取窒息方法灭火以后，必须确认火已熄灭，方可打开孔洞进行检查。严防过早地打开封闭的空间

或生产装置，而使空气进入，造成复燃或爆炸。

采用惰性气体灭火时，一定要将大量的惰性气体充入燃烧区，迅速降低空气中氧的含量，以达窒息灭火的目的。

d. 抑制灭火法

抑制灭火法，是将化学灭火剂喷入燃烧区参与燃烧反应，中止链反应而使燃烧反应停止。采用这种方法可使用的灭火剂有干粉和卤代烷灭火剂。灭火时，将足够数量的灭火剂准确地喷射到燃烧区内，使灭火剂阻断燃烧反应，同时还要采取冷却降温措施，以防复燃。

需要指出的是，在火场上采取哪种灭火方法，应根据燃烧物质的性质、燃烧特点和火场的具体情况，以及灭火器材装备的性能进行选择。

（2）自动喷水灭火系统

1）定义与特征

自动喷水灭火系统是由洒水喷头、报警阀组、水流报警装置（水流指示器或压力开关）等组件，以及管道、供水设施组成。并能在发生火灾时喷水的自动灭火系统。

自动喷水灭火系统在火灾发生后能通过各种方式自动启动，并能同时通过加压设备将水送入管网维持喷头洒水灭火一定时间。自动喷水灭火系统是当今世界上公认的最为有效的自救灭火设施，是应用最广泛、用量最大的自动灭火系统。具有工作性能稳定、适应广、安全可靠、经济实用、灭火成功率高、维护简便等优点，可用于各种建筑物中允许用水灭火的场所。

2）分类及特点

自动喷水灭火系统，根据被保护建筑物的性质和火灾发生、发展特性的不同，可以有许多不同的系统形式。通常根据系统中所使用的喷头形式的不同，分为闭式自动喷水灭火系统和开式自动喷水灭火系统两大类。其中，闭式自动喷水灭火系统一般可以分

为湿式自动喷水灭火系统、干式自动喷水灭火系统、预作用自动喷水灭火系统以及重复启闭预作用灭火系统等；开式自动喷水灭火系统一般可以分为雨淋系统、水幕系统、水喷雾系统等（图 6-14 所示）。

闭式自动喷水灭火系统采用闭式喷头，它是一种常闭喷头，喷头的感温、闭锁装置只有在预定的温度环境下，才会脱落，开启喷头。因此，在发生火灾时，这种喷水灭火系统只有处于火焰之中或临近火源的喷头才会开启灭火。

开式自动喷水灭火系统采用的是开式喷头，开式喷头不带感温、闭锁装置，处于常开状态。发生火灾时，火灾所处的系统保护区域内的所有开式喷头一起出水灭火。

a. 湿式自动喷水灭火系统

湿式自动喷水灭火系统，是世界上使用时间最长，应用最广泛，控火、灭火率最高的一种闭式自动喷水灭火系统，目前世界上已安装的自动喷水灭火系统中 70% 以上采用了湿式自动喷水灭火系统。

湿式自动喷水灭火系统，一般包括：闭式喷头、管道系统、湿式报警阀组和供水设备。湿式报警阀的上下管网内均充以压力水。当火灾发生时，火源周围环境温度上升，导致水源上方的喷头开启、出水、管网压力下降，报警阀阀后压力下降致使阀板开启，接通管网和水源，供水灭火。与此同时，部分水由阀座上的凹形槽经报警阀的信号管，带动水力警铃发出报警信号。如果管网中设有水流指示器，水流指示器感应到水流流动，也可发出电信号。如果管网中设有压力开关，当管网水压下降到一定值时，也可发出电信号，消防控制室接到信号，启动水泵供水。

湿式自动喷水灭火系统具有结构简单、施工和管理维护方便、使用可靠、灭火速度快、控火效率高，应用范围广等优点。

但由于管网中充有有压水，当渗漏时会损毁建筑装饰和影响建筑的使用。同时，该系统只适用于环境温度 4℃＜t＜70℃ 的建筑物。

b. 干式自动喷水灭火系统

干式系统主要由闭式喷头、管网、干式报警阀、充气设备、报警装置和供水设备组成。平时报警阀后管网充以有压气体，水源至报警阀前端的管段内充以有压水。当火灾发生时，火源处温度上升，使火源上方喷头开启，首先排出管网中的压缩空气，于是报警阀后管网压力下降，干式报警阀阀前压力大于阀后压力，干式报警阀开启，水流向配水管网，并通过已开启的喷头喷水灭火。

干式自动喷水灭火系统管网中平时不充水，对建筑物装饰无影响，同时，干式自动喷水灭火系统对环境温度也无要求，适用于环境温度低于 4℃ 或年采暖期超过 240 天的不采暖房间和高于 70℃ 的建筑物和场所，如不采暖的地下停车场、冷库以及超过 70℃ 的生产车间等等。

与湿式喷水灭火系统相比，因增加一套充气设备，且要求管网内的气压要经常保持在一定范围内，因此，管理比较复杂，投资较大。该系统灭火时需先排气，故喷头出水灭火不如湿式系统及时，灭火效率低；管网、喷头安装要求严格。

干式自动喷水灭火系统是除湿系统以外使用历史最长的一种闭式自动喷水灭火系统。干式自动喷水灭火系统主要是为了解决某些不适宜采用湿式系统

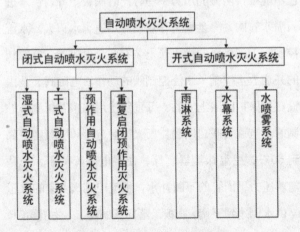

图 6-14 自动喷水灭火系统分类

的场所。虽然干系统灭火效率不如湿式系统，造价也高于湿式系统，但由于它的特殊用途，至今仍受到人们的重视。

c. 预作用自动喷水灭火系统

预作用自动喷水灭火系统主要由闭式喷头、管网系统、预作用阀组、充气设备、供水设备、火灾探测报警系统等组成。

预作用系统平时预作用阀后管网充以低压压缩空气或氮气（也可以是空管），当火灾发生时，由火灾探测系统自动开启预作用阀，使管道充水呈临时湿式系统。因此要求火灾探测器的动作先于喷头的动作，而且应确保当闭式喷头受热开放时管道内已充满了压力水。从火灾探测器动作并开启预作用阀开始充水，到水流流到最远喷头的时间，应不超过 3min，其时水流在配水支管中的流速不应小于 2m/s，由此来确定预作用系统管网最长的保护距离。

火灾发生时，由火灾探测器探测到火灾，通过火灾报警控制箱开启预作用阀，或手动开启预作用阀，向喷水管网充水，当火源处温度继续上升，喷头开启迅速出水灭火。

如果发生火灾时，火灾探测器发生故障，没能发出报警信号启动预作用阀，而火源处温度继续上升，使得喷头开启，于是管网中的压缩空气气压迅速下降，由压力开关探测到管网压力骤降的情况，压力开关发出报警信号，通过火灾报警控制箱也可以启动预作用阀，供水灭火。因此，对于充气式预作用系统，即使火灾探测器发生故障，预作用系统仍能正常工作。

预作用系统同时具备了干式喷水灭火系统和湿式喷水灭火系统的特点，而且还克服了喷水灭火系统控火灭火率低，湿式系统易产生水渍的缺陷，可以代替干式系统提高灭火速度，也可代替湿式系统用于管道和喷头易于被损坏而产生喷水和漏水以致造成严重水渍的场所，还可用于对自动喷水灭火系统安全要求较高的建筑物中。

预作用自动喷水灭火系统的缺点是管道、喷头安装要求高、投资大。因为系统受火灾自动报警联动系统控制，所以较之干式系统复杂，同时对使用维护人员要求较高。

d. 重复启闭预作用灭火系统

从湿式自动喷水灭火系统到预作用自动喷水灭火系统，闭式自动喷水灭火系统得到了很大的发展，功能日趋完善，应用范围也越来越广泛。在 20 世纪 70 年代，在预作用系统的基础上，又发展了一种新的自动喷水灭火系统。这种系统不但能自动喷水灭火，而且当火被扑灭后又能自动关闭；当火灾再发生时，系统仍能重新启动喷水灭火，这就是重复启闭预作用灭火系统，重复启闭预作用灭火系统的组成和工作原理与预作用系统相似。

重复启闭预作用灭火系统的核心部份是一个水流控制阀，阀板是一个与橡皮隔膜膜圈相连的圆形阀，可以垂直上下移动，橡皮隔圈将供水与上室隔开。阀板下部的供水端和上室由一压力平衡管相连。当阀关闭时，上、下阀室的水压相等。阀板的上部面积大于下部面积，阀板上还设有小弹簧，加上阀板自重，使阀板闭合。只有当阀板上部水压降至下部水压的 1/3 时，阀板才会开启，当接在阀上部的排水阀开启排水，压力平衡管上由于装有限流孔板，补水有限，已不能维持两侧的压力平衡，此时阀板上升，供水进入喷水管网，一旦喷头开启便能迅速出水灭火。水流控制阀上部接出的排水管上装有两个电磁阀，电磁阀的开启放水控制了水流控制阀的动作，电磁阀又是由设在被保护区域上方的、可重复使用的感温探测器控制的。当喷头开启控制扑灭火灾后，使环境温度下降到 60℃，感温探测器复原，使得电磁阀关闭。于是随着压力平衡管的不断补水，水流控制阀上室的水压与供水侧达到平衡，阀板又落回到阀座上，关闭阀门。出于安全考虑，系统在电磁阀关闭后 5min 才关闭。

如果火灾复燃增大到重新开启感温探测器，电磁阀重新开启放水，喷头重新喷水灭火。由于感温探测器比喷头更敏感，所以不大可能有更多的喷头开启，而且在火灾增大之前就能重新提供足够的流量。

重复启闭预作用灭火系统功能优于以往所有的喷水灭火系统，其应用范围不受控制。系统在灭火后能自动关闭，节省消防用水，最重要的是能将由于灭火而造成的水渍损失减轻到最低限度。火灾后喷头的替换，可以在不关闭系统，系统仍处于工作状态的情况下马上进行，平时喷头或管网的损坏也不会造成水渍破坏。同时，系统断电时，能自动切换转用备用电池操作，如果电池在恢复供电前用完，电磁阀开启，系统转为湿式系统形式工作。

但是，循环启闭自动喷水灭火系统造价较高，一般只用在特殊场合。

e. 雨淋系统

雨淋系统为开式自动喷水灭火系统的一种，系统所使用的喷头为开式喷头，当发生火灾时，由自动控制装置打开集中控制闸门，使整个保护区域所有喷头同时喷水灭火，好似倾盆大雨，故称雨淋系统。

雨淋系统具有反应快，系统灭火控制面积大，用水量大，在实际应用中系统形式的选择比较灵活的特点，适用于燃烧猛烈，蔓延迅速的严重危险建筑物或场所，如炸药厂、剧院舞台上部、大型演播室、电影摄影棚等等。

f. 水幕系统

水幕系统是开式自动喷水灭火系统的一种。水幕系统喷头成 1～3 排排列，将水喷洒成水幕状，具有阻火、隔火作用，能阻火焰穿过开口部位，防止火势蔓延，冷却防火隔绝物，增强其耐火性能，并能扑灭局部火灾。

水幕系统是自动喷水灭火系统中唯一的一种不以灭火为主要目的的系统。水幕系统可安装在舞台口、门窗、孔洞口用来阻火、隔断火源，使火灾不致通过这些通道蔓延。水幕系统还可以配合防火卷帘、防火幕等一起使用，用来冷却这些防火隔断物，以增加它们的耐火性能。水幕系统还可用为防火分区的手段，在建筑面积超过防火分区的规定要求，而工艺要求又不允许设防火隔断物时，可采用水幕系统来代替防火隔断设施。

g. 水喷雾系统

是开式雨淋自动喷水灭火系统的一种类型，它的组成和工作原理与雨淋系统基本一致。其区别主要在于喷头的结构和性能不同。

该系统采用喷雾喷头把水粉碎成细小的水雾滴之后喷射到正在燃烧的物质表面，通过冷却、窒息以及乳化、稀释的同时作用实现灭火。水雾的自身具有电绝缘性能，可安全地用于电气火灾的扑救。

水喷雾系统适用于扑灭固体火灾、闪点高于 60℃ 的液体火灾和油浸电气设备火灾。

（3）消火栓给水系统

1）系统组成

消火栓给水系统是建筑物的主要灭火设备，由消防给水基础设施、消防给水管网、室内消火栓设备、报警控制设备及系统附件等组成。其中消防给水基础设施包括市政管网、室外给水管网及室外消火栓、消防水池、消防水泵、消防水箱、增压稳压设备、水泵接合器等。

2）系统工作原理

当发现火灾时后，由人打开消火栓箱门，按动火灾报警按钮，由其向消防控制中心发出火灾报警信号或远距离启动消防水泵，然后迅速拉出水带、水枪（或消防水喉），将水带一头与消火栓出口接好，另一头与水松子接好，展（甩）开水带，开启消火栓手轮，握紧水枪（最好两人配合），通过水枪（或水喉）产生的身流，将水身向着火点实施灭火。

开始（火灾初期）消防用水是由高位消防水箱保证，随着消防水泵的正常运行启动，以后的消防用水将由水泵从消防水池抽水加压提供。若发生较大火灾，可利用消防车，通过水泵接合器向室内消火栓给水系统补充消防用水。

3）消火栓

消火栓是消防管网向火场供水的带有阀门的接口，进水端与管道固定连接，出水端可接水带。消火栓按其布置可以分为室内消火栓和室外消火栓。

7 灾害的应急管理与教育

7.1 灾害应急管理概述

7.2 灾害应急预案

7.3 我国有关应急预案介绍

7.4 应急救援技术

7.5 防灾宣传、教育与培训

（提取码：6t33）

8 防灾韧性城市建设

8.1 国内外研究现状

8.2 防灾韧性的表现特征

8.3 防灾韧性与传统减灾的对比

8.4 防灾韧性城市

9 高新技术在安全防灾中的应用

9.1 GIS 在安全防灾中的应用

9.2 GPS 在安全防灾中的应用

9.3 RS 在安全防灾中的应用

9.4 VR 在防灾减灾中的应用

9.5 灾害信息管理系统

附录

附录一：城镇安全防灾实例

1 某城市抗震防灾规划

2 东京都地区防灾规划

3 某市城市消防规划

4 中心避难场所设计

5 基于 GIS 的防灾规划辅助决策与管理系统

（提取码：18ay）

附录二：城镇安全防灾相关法规

1 中华人民共和国突发事件应对法

2 中华人民共和国防震减灾法

3 中华人民共和国防洪法

4 中华人民共和国消防法

5 地质灾害防治条例

后　记

感恩

"起厝功，居厝福"是泉州民间的古训，也是泉州建筑文化的核心精髓，是泉州人"大　精神，善行天下"文化修养的展现。

"起厝功，居厝福"激励着泉州人刻苦钻研、精心建设，让广大群众获得安居，充分地展现了中华建筑和谐文化的崇高精神。

"起厝功，居厝福"是以惠安崇武三匠（溪底大木匠、五峰石艺匠、官住泥瓦匠）为代表的泉州工匠，营造宜居故乡的高尚情怀。

"起厝功，居厝福"是泉州红砖古大厝，创造在中国民居建筑中独树一帜辉煌业绩的力量源泉。

"起厝功，居厝福"是永远铭记在我脑海中，坎坷耕耘苦修持的动力和毅力。在人生征程中，感恩故乡"起厝功，居厝福"的敦促。

感慨

建筑承载着丰富的历史文化，凝聚了人们的思想感情，体现了人与人、人与建筑、人与社会以及人与自然的关系。历史是根，文化是魂。每个地方蕴涵文化精、气、神的建筑，必然成为当地凝固的故乡魂。

我是一棵无名的野草，在改革开放的春光沐浴下，唤醒了对翠绿的企盼。

我是一个远方的游子，在乡土、乡情和乡音的乡思中，踏上了寻找可爱故乡的路程。

我是一块基础的用砖，在莺歌燕舞的大地上，愿为营造独特风貌的乡魂建筑埋在地里。

我是一支书画的毛笔，在美景天趣的自然里，愿做诗人画家塑造令人陶醉乡魂的工具。

感动

我，无比激动。因为在这里，留下了我走在乡间小路上的足迹。1999年我以"生态旅游富农家"立意规划设计的福建龙岩洋畲村，终于由贫困变为较富裕，成为著名的社会主义新农村，我被授予"荣誉村民"。

我，热泪盈眶。因为在这里，留存了我踏平坎坷成大道的路碑。1999年，以我历经近一年多创作的泰宁状元街为建筑风貌基调，形成具有"杉城明韵"乡魂的泰宁建筑风貌闻名遐迩，成为福建省城镇建设的风范，我被授予"荣誉市民"。

我，心花怒发。因为在这里，留住了我战胜病魔勇开拓的记载。我历经十个月潜心研究创作的时代畲寮，终于在壬辰端午时节呈现给畲族山哈们，安国寺村鞭炮齐鸣，众人欢腾迎接我这远方异族的亲人。

我，感慨万千。因为在这里，留载了我研究新农村建设的成果。面对福建省东南山国的优美自然环境，师法乡村园林，开拓性地提出了开发集山、水、田、人、文、宅为一体乡村公园的新创意，初见成效，得到业界专家学者和广大群众的支持。

我，感悟乡村。因为在这里，有着淳净的乡土气息、古朴的民情风俗、明媚的青翠山色和清澈的山泉溪流、秀丽的田园风光，可以获得乡土气息的"天趣"、重在参与的"乐趣"、老少皆宜的"谐趣"和净化心灵的"雅趣"。从而成为诱人的绿色产业，让处在钢筋混凝土高楼丛林包围、饱受热浪煎熬、呼吸尘土的城市人在饱览秀色山水的同时，吸够清新空气的负离子、享受明媚阳光的沐浴、痛饮甘甜的山泉水、脚踩松软的泥土香；感悟到"无限风光在乡村"！

我，深怀感恩。感谢恩师的教诲和很多专家学者的关心；感谢故乡广大群众和同行的支持；感谢众多亲朋好友的关切。特别感谢我太太张惠芳带病相伴和家人的支持，尤其是我孙女励志勤奋自觉苦修建筑学，给我和全家带来欣慰，也激励我老骥伏枥地坚持深入基层。

我，期待怒放。在"外来化"即"现代化"和浮躁心理的冲击下，杂乱无章的"千城一面，百镇同貌"四处泛滥。"人人都说家乡好。"人们寻找着"故乡在哪里？"呼唤着"敢问路在何方？"期待着展现传统文化精气神的乡魂建筑遍地怒放。

感想

唐代伟大诗人杜甫在《茅屋为秋风所破歌》中所曰："安得广厦千万间，大庇天下寒士俱欢颜，风雨不动安如山！"的感情，毛泽东主席在《忆秦娥·娄山关》中所云："雄关漫道真如铁，而今迈步从头越。从头越，苍山如海，残阳如血。"的奋斗精神，当促使我在新型城镇化的征程中坚持努力探索。

圆月璀璨故乡明，绚丽晚霞万里行。